"十二五"普通高等教育本科规划教材
高等院校汽车类创新型应用人才培养规划教材

热工基础(第 2 版)

于秋红　鞠晓丽　郝晓文　张兆营　编著

北京大学出版社
PEKING UNIVERSITY PRESS

内 容 简 介

热工基础是讨论热功转换、热能的合理利用及热量传递规律的科学。热工理论是工科各类专业人才应具备的基本知识，掌握合理用能的基本知识和理论是新世纪复合型人才所必需的重要素质。

本书是热工理论的基础教材，分为工程热力学和传热学两部分。工程热力学部分包括基本概念，热力学基本定律，常用工质的热物理性质，基本热力过程，典型热力循环分析及热能的合理利用；传热学部分包括导热，对流换热，辐射换热，传热与换热器的基本概念及基本计算方法。本书除在各章给出知识要点和掌握程度外，还增加了导入案例和工程实例，有利于帮助学生学习和思考，提高学生分析问题和解决工程问题的能力。

本书参照《热工课程教学基本要求》编写，可作为非能源动力类各专业本科生、成人教育本科生的教材或教学参考书。

图书在版编目(CIP)数据

热工基础/于秋红等编著. —2版. —北京：北京大学出版社，2015.3
高等院校汽车类创新型应用人才培养规划教材
ISBN 978-7-301-25537-7

Ⅰ. ①热… Ⅱ. ①于… Ⅲ. ①热工学—高等学校—教材 Ⅳ. ①TK122

中国版本图书馆 CIP 数据核字(2015)第 033906 号

书　　名	热工基础（第2版）
著作责任者	于秋红　鞠晓丽　郝晓文　张兆营　编著
策划编辑	童君鑫
责任编辑	黄红珍
标准书号	ISBN 978-7-301-25537-7
出版发行	北京大学出版社
地　　址	北京市海淀区成府路 205 号　100871
网　　址	http://www.pup.cn　新浪微博：@北京大学出版社
电子邮箱	编辑部 pup6@pup.cn　总编室 zpup@pup.cn
电　　话	邮购部 62752015　发行部 62750672　编辑部 62750667
印 刷 者	北京虎彩文化传播有限公司
经 销 者	新华书店
	787 毫米×1092 毫米　16 开本　21.75 印张　516 千字
	2009 年 1 月第 1 版
	2015 年 3 月第 2 版　2024 年 8 月第 3 次印刷
定　　价	59.00 元

未经许可，不得以任何方式复制或抄袭本书之部分或全部内容。
版权所有，侵权必究
举报电话：010-62752024　电子邮箱：fd@pup.cn
图书如有印装质量问题，请与出版部联系，电话：010-62756370

第 2 版前言

热工基础是讨论热功转换、热能合理利用和热量传递规律的科学。随着我国社会经济的飞速发展，能源需求量快速增长，而能源紧缺及缺乏高效洁净转换利用已成为制约我国经济发展的关键问题。因此，节能降耗、保护环境是每一个工程技术人员的责任。热工理论知识是各专业实际应用中不可缺少的重要组成部分，掌握合理用能的基本知识和理论是新世纪复合型人才应具备的重要素质。

本书参照《热工课程教学基本要求》，并结合哈尔滨工业大学（威海）热工基础教学大纲，针对非能源动力类、非热工类各专业的应用特点，同时参考国内已有的同类教材及国外原版教材及相关文献编写而成。本书由第 1 版修订而成。

本书保持了第 1 版的基本体系，由两部分组成，即工程热力学部分和传热学部分。部分章节在保持原有体系的基础上进行了修改，使内容更加紧凑、适用；结合教学实践，增加了各章的知识要点、掌握程度和相关知识，使读者更好地掌握每章内容；同时每章给出相关的导入案例和工程实例，增强了趣味性，扩大了知识面，提高了学生分析、解决实际问题的能力。每章均根据一般性和实用性精选了例题、思考题和习题，力求使其具有代表性、启发性和灵活性，也便于读者自学。

本书较适宜的授课学时为 50 学时，带"*"号部分（具体见目录）可选讲，各章的参考教学时数见下表。

章次	建议学时	章次	建议学时
绪论	2	第 7 章 动力装置循环	4
第 1 章 基本概念	2	第 8 章 制冷循环	2
第 2 章 热力学第一定律	4	第 9 章 热量传递的基本理论	2
第 3 章 理想气体的性质与热力过程	4	第 10 章 导热	4
第 4 章 热力学第二定律	4	第 11 章 对流换热	8
第 5 章 实际气体的性质及热力学一般关系式	2	第 12 章 辐射换热	5
第 6 章 水蒸气和湿空气	2	第 13 章 传热与换热器	5

本书第 1～4 章由于秋红编写，第 5～8 章、第 13 章由鞠晓丽编写，第 9～11 章由郝晓文编写，第 12 章由张兆营编写。本书在编写过程中得到哈尔滨工业大学（威海）热能与动力工程系老师们的帮助和支持，在此深表谢意。

由于编者水平有限，书中难免有疏漏和不妥之处，敬请读者批评指正。

编 者
2014 年 11 月

目 录

绪论 ………………………………… 1

第一部分 工程热力学 ………… 5

第1章 基本概念 ……………………… 7
1.1 热力系 ……………………………… 8
1.2 状态及状态参数 …………………… 8
    1.2.1 平衡状态 ……………………… 9
    1.2.2 基本状态参数 ………………… 9
1.3 状态方程及参数坐标图 …………… 10
    1.3.1 状态公理 ……………………… 10
    1.3.2 状态方程 ……………………… 11
    1.3.3 状态参数坐标图 ……………… 11
1.4 准静态过程与可逆过程 …………… 11
    1.4.1 准静态过程 …………………… 11
    1.4.2 可逆过程 ……………………… 12
1.5 功量与热量 ………………………… 12
    1.5.1 功量 …………………………… 12
    1.5.2 热量 …………………………… 13
1.6 热力循环 …………………………… 14
小结 ……………………………………… 16
思考题 …………………………………… 16
习题 ……………………………………… 17

第2章 热力学第一定律 …………… 19
2.1 热力学第一定律的实质 …………… 20
2.2 热力系统的储存能 ………………… 20
2.3 闭口系统的能量方程 ……………… 21
2.4 开口系统的稳定流动能量方程 …… 22
    2.4.1 稳定流动与流动功 …………… 22
    2.4.2 稳定流动能量方程 …………… 23
2.5 稳定流动能量方程的应用 ………… 24
小结 ……………………………………… 27
思考题 …………………………………… 28
习题 ……………………………………… 28

第3章 理想气体的性质与热力过程 ………………………………… 31
3.1 实际气体和理想气体 ……………… 32
3.2 理想气体的热力性质 ……………… 32
    3.2.1 理想气体状态方程 …………… 32
    3.2.2 理想气体的比热容 …………… 34
    3.2.3 理想气体的热力学能、焓和熵 ……………………… 37
3.3 理想气体混合物 …………………… 40
    3.3.1 理想气体混合物的基本定律 ………………………… 40
    3.3.2 理想气体混合物的成分 ……… 41
    3.3.3 混合气体的折合摩尔质量和折合气体常数 ……………… 42
3.4 理想气体的热力过程 ……………… 42
    3.4.1 理想气体的基本热力过程 …… 43
    3.4.2 多变过程 ……………………… 48
3.5 压气机的热力过程 ………………… 51
    3.5.1 单级活塞式压气机的工作过程 ………………………… 51
    3.5.2 单级活塞式压气机的理论耗功 …………………………… 52
    3.5.3 余隙容积的影响 ……………… 52
    3.5.4 多级压缩、级间冷却 ………… 54
*3.6 气体在喷管中的流动 ……………… 55
    3.6.1 喷管中的稳定流动基本方程 ………………………… 55
    3.6.2 喷管截面的变化规律 ………… 57
    3.6.3 喷管中气体流速及流量计算 ………………………… 58
小结 ……………………………………… 61
思考题 …………………………………… 62
习题 ……………………………………… 63

第4章 热力学第二定律 ·············· 66

4.1 热力学第二定律概述 ············ 67
- 4.1.1 热力过程的方向性 ······ 67
- 4.1.2 热力学第二定律的表述 ··· 67

4.2 卡诺循环与卡诺定理 ·········· 68
- 4.2.1 卡诺循环 ·················· 68
- 4.2.2 卡诺定理 ·················· 69

4.3 熵及孤立系统熵增原理 ········ 70
- 4.3.1 熵的导出 ·················· 70
- 4.3.2 不可逆过程熵的变化 ····· 72
- 4.3.3 孤立系统熵增原理与做功能力损失 ·········· 73

4.4 㶲参数的基本概念 ············ 76
- 4.4.1 㶲的定义 ·················· 76
- 4.4.2 热量㶲 ···················· 76

小结 ···································· 77
思考题 ································ 77
习题 ···································· 78

第5章 实际气体的性质及热力学一般关系式 ···························· 80

5.1 实际气体的状态方程 ·········· 81
- 5.1.1 理想气体状态方程应用于实际气体的偏差 ······ 81
- 5.1.2 范德瓦尔方程 ············ 82
- 5.1.3 其他状态方程 ············ 84

5.2 对比态原理与通用压缩因子图 ··· 86
- 5.2.1 对比态原理 ·············· 86
- 5.2.2 通用压缩因子图 ········ 87

5.3 热力学一般关系式 ············ 88
- 5.3.1 主要数学关系式 ········ 89
- 5.3.2 焓、熵及热力学能的一般关系式 ·················· 89

小结 ···································· 93
思考题 ································ 94
习题 ···································· 94

第6章 水蒸气和湿空气 ············ 96

6.1 概述 ·························· 97
- 6.1.1 蒸发与沸腾 ············ 97
- 6.1.2 饱和状态 ·············· 97

6.2 水蒸气的定压产生过程 ········ 98

6.3 水蒸气表和焓熵图 ············ 101
- 6.3.1 水蒸气表 ·············· 101
- 6.3.2 水蒸气图 ·············· 102

6.4 水蒸气的基本热力过程 ········ 104

6.5 湿空气的性质 ················ 106
- 6.5.1 未饱和湿空气和饱和湿空气 ···················· 106
- 6.5.2 绝对湿度、相对湿度和含湿量 ·················· 107
- 6.5.3 湿空气的焓 ············ 108

6.6 湿空气的焓湿图和基本热力过程 ································ 109
- 6.6.1 湿空气的焓湿图 ········ 109
- 6.6.2 湿空气的基本热力过程 ·························· 110

小结 ···································· 112
思考题 ································ 112
习题 ···································· 113

第7章 动力装置循环 ················ 115

7.1 蒸汽动力装置循环 ············ 116
- 7.1.1 朗肯循环 ·············· 117
- 7.1.2 朗肯循环的热效率 ····· 117
- 7.1.3 蒸汽参数对朗肯循环的影响 ······················ 118
- 7.1.4 提高蒸汽动力装置循环热效率的途径 ············ 120

7.2 活塞式内燃机循环 ············ 122
- 7.2.1 活塞式内燃机的实际循环 ······················ 123
- 7.2.2 活塞式内燃机的理想循环 ······················ 124

7.3 燃气轮机循环 ················ 127
- 7.3.1 燃气轮机的组成及工作过程 ···················· 127
- 7.3.2 定压加热理想循环 ····· 128

小结 ···································· 130
思考题 ································ 130

习题 ·············· 131

第8章 制冷循环 ·············· 132

8.1 概述 ·············· 133
8.2 蒸气压缩制冷循环 ·············· 134
    8.2.1 理论循环 ·············· 135
    8.2.2 性能指标 ·············· 135
8.3 其他制冷循环 ·············· 137
    8.3.1 吸收式制冷循环 ·············· 137
    8.3.2 热电制冷循环 ·············· 138
*8.4 热泵循环 ·············· 139
*8.5 汽车空调系统 ·············· 140
小结 ·············· 142
思考题 ·············· 142
习题 ·············· 142

第二部分 传热学 ·············· 145

第9章 热量传递的基本理论 ·············· 147

9.1 热量传递的三种基本方式 ·············· 148
    9.1.1 导热 ·············· 148
    9.1.2 热对流 ·············· 149
    9.1.3 热辐射 ·············· 150
9.2 传热过程和传热系数 ·············· 151
小结 ·············· 153
思考题 ·············· 154
习题 ·············· 154

第10章 导热 ·············· 155

10.1 导热基本定律 ·············· 156
    10.1.1 导热基本概念 ·············· 156
    10.1.2 导热基本定律概述 ·············· 157
    10.1.3 热导率 ·············· 158
10.2 导热微分方程及单值性条件 ·············· 160
    10.2.1 导热微分方程式的导出 ·············· 160
    10.2.2 单值性条件 ·············· 162
10.3 稳态导热 ·············· 164
    10.3.1 平壁的稳态导热 ·············· 165
    10.3.2 圆筒壁的稳态导热 ·············· 168
    10.3.3 肋片的稳态导热 ·············· 170
10.4 非稳态导热 ·············· 175
    10.4.1 一维非稳态导热问题的分析解 ·············· 175
    10.4.2 集总参数法 ·············· 182
*10.5 导热问题的数值解法 ·············· 185
    10.5.1 有限差分法原理 ·············· 185
    10.5.2 二维稳态导热计算解题过程 ·············· 187
小结 ·············· 189
思考题 ·············· 190
习题 ·············· 190

第11章 对流换热 ·············· 193

11.1 概述 ·············· 194
    11.1.1 牛顿冷却公式 ·············· 194
    11.1.2 对流换热的影响因素 ·············· 195
    11.1.3 对流换热的主要研究方法 ·············· 196
11.2 对流换热的数学描述 ·············· 197
    11.2.1 对流换热微分方程组及其单值性条件 ·············· 197
    11.2.2 边界层理论与对流换热微分方程组的简化 ·············· 201
11.3 流体外掠等温平板层流换热分析解 ·············· 205
    11.3.1 求解结果 ·············· 205
    11.3.2 对流换热特征数方程 ·············· 207
11.4 相似原理 ·············· 208
*11.5 单相流体强迫对流换热特征数关联式 ·············· 214
    11.5.1 管内强迫对流换热 ·············· 214
    11.5.2 外掠壁面强迫对流换热 ·············· 217
*11.6 自然对流换热 ·············· 223
*11.7 凝结与沸腾换热 ·············· 227
    11.7.1 凝结换热 ·············· 227
    11.7.2 沸腾换热 ·············· 229
小结 ·············· 232
思考题 ·············· 233
习题 ·············· 234

第 12 章 辐射换热 ……………… 236

12.1 辐射换热的特点与研究方法 … 237
12.1.1 热辐射的本质和特点 … 237
12.1.2 吸收、反射与透射 …… 238
12.1.3 灰体与黑体 …………… 239
12.1.4 辐射强度 ……………… 240
12.1.5 辐射力 ………………… 241
12.1.6 辐射换热的研究方法 … 242

12.2 黑体辐射的基本定律 ………… 242
12.2.1 普朗克定律 …………… 242
12.2.2 斯特藩-玻尔兹曼定律 …………………… 243
12.2.3 兰贝特定律 …………… 245

12.3 实际物体的辐射特性及基尔霍夫定律 ……………………… 245
12.3.1 实际物体的发射特性 … 245
12.3.2 实际物体的吸收特性 … 248
12.3.3 基尔霍夫定律 ………… 249

12.4 辐射换热的计算方法 ………… 250
12.4.1 角系数 ………………… 250
12.4.2 黑体表面之间的辐射换热 …………………… 254
12.4.3 漫灰表面之间的辐射换热 …………………… 255

*12.5 遮热板原理 ……………… 260
*12.6 太阳辐射 ………………… 262

小结 …………………………… 265
思考题 ………………………… 266
习题 …………………………… 266

第 13 章 传热与换热器 ……………… 269

13.1 传热过程 ………………… 270
13.1.1 通过平壁的传热过程 … 270
13.1.2 通过圆筒壁的传热过程 ……………… 271

13.2 换热器 …………………… 272
13.2.1 换热器的种类 ………… 273
13.2.2 平均温差 ……………… 276

*13.3 换热器的热计算 …………… 281
13.3.1 热计算的基本理论 …… 281
13.3.2 平均温差法 …………… 281
13.3.3 效能-传热单元数法 …… 282

小结 …………………………… 288
思考题 ………………………… 288
习题 …………………………… 289

附录 A 附表 ……………………… 291

附录 B 附图 ……………………… 331

附录 C 主要符号 ………………… 335

参考文献 ………………………… 338

绪　　论

本章教学要点

知识要点	掌握程度	相关知识
能源及其利用	掌握能源的概念及分类；热能利用的重要性	能源利用与社会发展的关系，节能减排的意义
热工基础研究内容和方法	掌握热工基础研究对象、研究内容及研究方法	工程热力学和传热学的关系，热工理论发展史

导入案例

一个国家的一次能源消费总量受到该国经济发展总量及发展水平、产业结构、主要能源种类及其转化利用的技术水平、地理气候、消费习惯等各种因素的影响，在评价能源消费状况的时候，为了消除不同国家差别的影响，一般用人均能源消费量或单位GDP的能源消费量进行比较。中国与美国、韩国等国家(2006年)人均一次能源消费量比较，中国人均一次能源消费量是美国的1/6，是韩、法、日、德、英等国家的28%~35%，是全球人均消费量的76%。由此可以说明，如果参照全球或其他国家的人均消耗水平，随着中国经济和社会的发展，即使达到世界中等水平，一次能源消费量还会有翻番的增长。从目前能源开发、资源保障及环境、技术等方面看，这一预测值及由此而造成的碳排放、生态环境、能源开发形成的环境损坏、国际贸易平衡等都将成为影响经济和社会发展的突出问题。另外由此也说明，中国必须走建设资源节约型和节能型国家的新型发展道路，发展先进能源技术，将能源生产、消费带来的不良影响控制在可接受的水平。

➡ 资料来源：国家高技术研究发展计划(十一五863计划)先进能源技术领域专家组。
　　　　　　中国先进能源技术发展概论. 北京：中国石化出版社, 2010.

能源是人类生存的物质基础。能源的开发和合理利用是整个社会可持续发展的源泉。掌握和了解能源的基本知识,不但对能源动力专业人员,而且对机械、材料、环境建筑、工业企业管理等专业人员也是十分必要的,因为学科的交叉、综合已成为当代能源科学发展的一个基本趋势和特征。

1. 能源及其利用

能源是指提供能量的物质资源。由自然界提供的能源有风能、水能、太阳能、地热能、燃料的化学能、原子能及海洋能等。能源有多种分类方法。

(1) 按照来源分。可分为来自地球本身的能量,如地热能和原子能;来自地球以外的太阳能及间接地来自太阳能的风能、水能等;来自地球和其他天体的相互作用而产生的能源,如潮汐能等。

(2) 按照形态分。可分为一次能源和二次能源,如煤炭、石油、天然气、水力能、风能、海洋能等属于一次能源,即在自然界以自然形态存在可以直接开发利用的能源;由一次能源经过加工转换的能源称为二次能源,如电力、煤气、汽油、甲醇等。

(3) 按照实用程度和技术分。可分为常规能源和新能源,常规能源指技术比较成熟、开发时间较长、被广泛利用的能源,如煤炭、石油、天然气等;新能源是指技术尚不成熟、未被大规模利用或处于研究开发阶段的能源,如太阳能、地热能、潮汐能和生物质能等。

(4) 按照对环境的污染程度来分。可分为清洁能源和非清洁能源,如太阳能、风能、水能,对环境无污染或污染很小,被称为清洁能源;而对环境污染较大的能源称为非清洁能源,如煤炭、石油、天然气等。

此外,还有其他分类方法和基准。

能源的利用与社会发展密切相关。从古代能源利用的薪柴时期,到18世纪能源利用的煤炭时期,再到20世纪的石油时期,每一次能源结构的变化,都促进了工业的迅速发展,以及世界经济的发展,能源的利用极大地促进了人类社会的发展。能源开发和利用水平体现了一个国家的国民经济的发展水平。

能源在带给人类社会发展的同时,也在转换和利用中给环境带来了严重污染,如温室效应、酸雨的形成、煤燃烧产生的粉尘、SO_2、NO_x、臭氧层的破坏,等等。这些污染对人体健康和生产都会造成巨大损失。因此我国的能源建设要坚持走可持续发展的道路,合理利用能源,解决能源利用与环境相互协调的难题,即大幅度提高能源利用率和减少污染,并大力开发对环境污染小的新能源。

能量的利用过程实质是能量传递和转换的过程。人类利用的主要能源中,除水能和风能是机械能外,其余都是直接或间接向人类提供热能形式的能量,如太阳能和地热能是直接的热能,燃料的化学能是通过燃烧将化学能释放变为热能的。可见热能是人类利用自然界能源资源的一种最主要的能量形式。目前,以热能形式提供的能量占能源总量的比例相当大,在我国比例为90%以上。因此热能的开发利用对人类社会的发展有着重要意义。热能利用有两种基本方式,直接利用是指直接用热能加热物体,这种利用方式热能的能量形式不发生变化,如取暖、烘干等;间接利用是指把热能转换为机械能或通过发电机转换成电能,在热能的间接利用中,热能的能量形式发生了变化。

我国能源资源丰富,但是人均占有量远低于世界平均水平,而目前我国的单位产值的能耗却是发达国家的数倍。我国的热能利用技术和水平与发达国家相比还有很大差距,要使我国国民经济走可持续发展的道路,合理用能与节约能源是当务之急。为了更加有效、更加经济地利用热能,需要掌握有关能量转换规律和热量传递基本规律方面的知识,提高热能利用水平,促进国民经济的发展。

2. 热工基础研究对象、内容和方法

热工基础是研究热能利用的基本原理和规律,以提高热能利用经济性为主要目的的一门学科,由工程热力学和传热学两部分组成。热能间接利用所涉及的热能和机械能的转换属于工程热力学范畴,热能直接利用所涉及的研究热量传递规律的学科属于传热学。

工程热力学研究对象主要是能量转换,特别是热能转换成机械能的规律和方法,以及提高转换效率的途径。主要包括:研究能量转换的客观规律,即热力学第一定律与热力学第二定律,这是工程热力学的理论基础;研究工质的热力性质和热力过程;应用热力学基本定律研究各种热工设备的工作过程,提出提高能量利用经济性的途径和措施,是研究热能和机械能转换的一个重要目的;研究热工设备涉及的化学和物理问题。

热力学的研究方法有两种:宏观研究方法和微观研究方法。宏观研究方法以热力学第一定律和热力学第二定律等基本定律为基础,针对具体问题采用抽象、概括、理想简化处理的方法,抽出共性,突出本质,建立合适的物理模型,通过推理得出可靠和普遍适用的公式,解决热力过程中的能量转换问题。但宏观研究方法有它的局限性,由于不涉及物质的微观结构,因而不能说明热现象的本质及其内在原因。微观研究方法是从物质的微观结构出发,研究热现象的规律。在对物质的微观结构及微粒运动规律做某些假设的基础上,应用统计学方法,将宏观物理量解释为微观量的统计平均值,从而解释热现象的本质。由于存在某些假设,因此所得理论结果往往不够精确。工程热力学主要采用宏观研究方法。

传热学研究由温差引起的热量传递的规律。凡是有温差存在的地方就有热量自发地从高温物体向低温物体传递。自然界和各种生产技术领域处处存在温差,因此热量的传递是生活和生产中一种非常普遍的现象。

传热学的研究方法主要有理论分析、数值模拟和实验研究。理论分析法是依据基本定律对热传递现象进行分析,建立合理的物理模型和数学模型,用数学分析方法进行求解;对于难以用理论分析法求解的问题,可采用数值计算和计算机进行求解;对于复杂的传热问题无法用上述两种方法求解时,必须采用实验研究法。实验研究法是传热学最基本的研究方法。

热工基础以能量利用和转换规律、热量传递规律为主线,系统阐述在能量利用和转换过程以及热量传递过程中的主要特征,使学生获得较宽广的热工基础理论知识,掌握分析工程上热能转换及热量传递基本规律的能力,具备相应的计算方法和技能。通过本课程的学习获得有关热能利用和转换规律的相关知识,不仅为学生适应学科交叉发展的要求提供必要的基础理论知识,还为学生今后从事热能的合理利用、产品质量的提高和环境保护等提供了一定的基本知识。

工程实例

图 0.1 火力发电厂

以能量转换的形式来看，火力发电厂是燃料燃烧产生的化学能→蒸汽的热势能→机械能→电能。该转换过程包含了热能利用的两种基本方式。火力发电厂如图 0.1 所示。

在锅炉中，燃料的化学能转变为蒸汽的热能；在汽轮机中，蒸汽的热能转变为转子旋转的机械能；在发电机中机械能转变为电能。炉、机、电是火电厂中的主要设备，也称三大主机。

但火力发电带来许多其他副产物，并产生诸多的环境影响。根据卡诺循环原理，总有一部分废弃热要通过冷却塔排放到大气，或被自然江河等水体冷却。化石燃料燃烧后的烟气会被排放到大气，其主要成分是二氧化碳、水蒸气及其他成分，如氮气、氮氧化物、二氧化硫等，如果是煤发电厂，还会有粉煤灰、汞等。煤燃烧后的残渣也必须从锅炉中排除，有些可以用来回收制作建筑材料。

火力发电仍是我国现在电力发展的主力军，为了降低能耗、减少污染物排放，在材料工业发展的支持下，电力技术正朝着高参数的技术方向发展。

第一部分

工程热力学

第一九七

第 1 章 基本概念

本章教学要点

知识要点	掌握程度	相关知识
热力系与工质	掌握基本概念和术语	热力系统的选取和分析
状态参数及基本状态参数	状态参数的特征、分类、状态参数在坐标图上的表示；基本状态参数的定义	状态参数的定义、单位；状态方程；状态公理
平衡状态	平衡状态的定义	平衡状态实现条件
热力过程、功量与热量	可逆过程的体积变化功和热量的计算	准静态过程和可逆过程的特点
热力循环	热力循环的分类、不同热力循环的经济性指标	热力循环与能量转换

导入案例

"温度"一词在日常生活中经常遇到，但要给它一个很确切的定义，似乎又并不容易。在历史上，"温度"和"热"这两个不同的概念曾一度被混淆。第一个明确区分这两个概念的是英国的化学兼物理学家布莱克(J. Black)。他提出两个概念，热的强度——温度，热的数量——热量，从而推动了量热学的发展。

热力学中以热平衡概念为基础对温度作出定义，如图 1.1 所示，如果两个物体各自与第三个物体达到热平衡，则它们彼此也达到了热平衡，无论它们是否接触。温度计之所以能够测定物体温度正是依据这个原理。

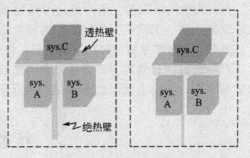

图 1.1 系统热平衡示意

1.1 热 力 系

工程热力学主要研究热能和机械能的转换,能实现这一转换的机器统称为热力发动机,简称热机,如内燃机、蒸汽轮机装置等。实现热能和机械能转换的媒介物质称为工质,如燃气、水蒸气等。

工程热力学中,为了研究问题的需要,人为地划定一个或多个任意几何面所围成的空间作为研究对象,这种空间内物质的总和称为热力系统,简称热力系或系统。热力系以外的物质称为外界,热力系与外界的交界称为边界。边界可以是固定的,也可以是移动的;可以是真实的,也可以是假想的。如图1.2所示的气缸活塞机构,若取气缸中的气体为热力系,则气体和气缸壁间构成的边界是固定的,而气体和活塞内表面构成的边界是移动的。

如图1.3所示的汽轮机,若取汽轮机中的蒸汽为热力系,则蒸汽和汽轮机之间为实际边界,而进出口处则为假想的边界。

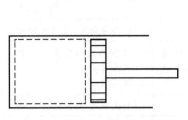

图1.2 闭口系统示意图

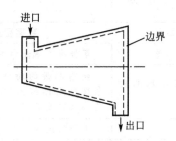

图1.3 开口系统示意图

(1) 闭口系统:系统与外界无物质交换,如图1.2所示。当工质进出气缸的阀门关闭时,气缸内的工质就是闭口系统。由于系统的质量始终保持恒定,所以也常称为控制质量系统。

(2) 开口系统:系统与外界有物质交换,如图1.3所示。运行中的汽轮机就可视为开口系统,在运行过程中,有蒸汽不断地流进流出。由于开口系统是一个划定的空间范围,所以开口系统又称控制容积系统。

(3) 绝热系统:系统与外界无热量交换。

(4) 孤立系统:系统与外界既无能量(功、热量)交换也无物质交换。

(5) 简单可压缩系:热力系由可压缩流体构成,与外界只存在热量及一种形式准静态功的交换系统。工程热力学讨论的大部分系统都是简单可压缩系。

此外,也可按系统内部状况的不同,将系统分为均匀系、非均匀系;单元系、多元系。

严格地讲,自然界中不存在完全绝热或孤立的系统,工程上的绝热或孤立系统是抓住事物的本质,突出主要因素而得到的接近于绝热或孤立的宏观假定。

1.2 状态及状态参数

热能在热机中转换成机械能的过程中,工质的物理特性随时在变化,或者说,工质的宏观物理状态随时在变化。把工质在热力变化过程中的某一瞬间所呈现的宏观物理状态称为热力学状态。用于描述工质所处状态的宏观物理量称为状态参数,如温度、压力等。状态参数具有点函数的性质,它的值取决于给定的状态,与变化过程中所经历的中间态或路径无关。状态参数的这一特性在数学上表现为沿闭合路线的积分等于零。

1.2.1 平衡状态

一个热力系在不受外界影响的条件下(重力场除外),系统的状态参数不随时间而变化的状态称为平衡状态。实现平衡状态必须同时具备热的平衡和力的平衡,即组成热力系统的各个部分之间没有热量的传递,也没有相对位移。如果系统内存在化学反应,还要包括化学平衡。可见,只有系统内或系统与外界之间一切不平衡的作用都不存在时,系统的一切宏观变化方可停止,此时热力系统所处的状态才是平衡状态。

1.2.2 基本状态参数

工程热力学中常用的状态参数有压力、温度、比体积、热力学能、焓、熵等,其中压力、温度、比体积可以直接用仪器测量,使用较多,称为基本状态参数。

1. 压力

单位面积上所受的垂直作用力称为压力(即压强),用符号 p 表示,即

$$p = \frac{F}{A}$$

式中,F 为垂直作用于面积 A 上的力。分子运动学说把气体的压力看作大量气体分子撞击容器壁的平均效果。

1) 绝对压力、表压力和真空度

工质的真实压力称为绝对压力,用 p 表示。图 1.4 所示为 U 形管压力计,一般用于测量微小压力,常用的弹簧管式压力计也用于测量压力。由于压力计本身处于某种环境压力下(通常是大气环境)因此压力计所测得的压力是工质的真实压力(或绝对压力)与环境介质压力之差,称为表压力,用 p_e 表示;或真空度,用 p_v 表示。

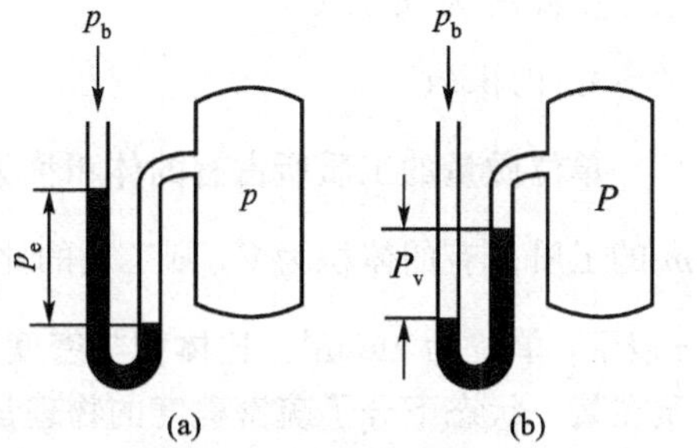

当绝对压力高于环境压力 p_b 时

$$p = p_b + p_e \tag{1-1}$$

当绝对压力低于环境压力 p_b 时

$$p = p_b - p_v \tag{1-2}$$

图 1.4 压力测量示意图

环境压力随测量时间、地点变化而不同,可用压力计测定。即使绝对压力不变,表压力和真空度也会因环境压力的变化而变化。因此,作为工质状态参数的压力是绝对压力。工程计算中,如果被测工质的绝对压力远高于环境压力,则可将环境压力视为常数,如大气压力可近似地取为 0.1MPa;若被测工质的绝对压力较低,就必须按当时当地环境压力的具体数值计算。

2）压力单位

在国际单位制中，压力的单位为 Pa（帕），$1Pa=1N/m^2$。工程上，因 Pa 的单位太小，常用 kPa（千帕）和 MPa（兆帕）作为压力的单位，并有：

$$1MPa=10^3kPa=10^6Pa$$

工程上用到的其他单位制的压力单位有 bar（巴）、mmHg（毫米汞柱）、mmH_2O（毫米水柱）、atm（标准大气压）、at（工程大气压）等，它们与 Pa（帕）之间的换算关系为：

$1bar=10^5Pa$，$1mmHg=133.3Pa$，$1mmH_2O=9.8Pa$，$1atm=1.013×10^5Pa$，$1at=0.98×10^5Pa$

2. 温度

温度是物体冷热程度的标志。从微观上看，温度标志物质分子热运动的激烈程度。关于温度概念的建立及温度的测量是以热力学第零定律（或称热平衡定律）为依据的。热力学第零定律表述为：如果两个物体中的每一个都分别与第三个物体处于热平衡，则这两个物体彼此也处于热平衡。其中第三个物体可用作温度计，即当温度计与被测的物体达到热平衡时，温度计所指示的温度就是被测物体的温度。

进行温度测量需要有温度的数值表示方法，即需要建立温度的标尺或温标。国际单位制采用热力学温标作为基本温标，用这种温标确定的温度称为热力学温度，用符号 T 表示，单位是开尔文，符号为 K（开）。热力学温标取水的三相点（纯水的固、液、气三相平衡共存的状态点）为基准点，并定义其温度为 273.16K。因此，1K 等于水的三相点热力学温度的 1/273.16。

与热力学温标并用的还有热力学摄氏温标，简称摄氏温标。用这种温标确定的温度称为摄氏温度，以符号 t 表示，单位为 ℃，并定义为 $t=(T-273.15)℃$，由此可知，摄氏温标与热力学温标仅起点不同。摄氏温度 0℃ 相当于热力学温度 273.15K。显然，水的三相点温度为 0.01℃。

3. 比体积

单位质量的工质所占有的体积称为比体积，用符号 v 表示，单位为 m^3/kg。如果质量为 m 的工质占有的体积为 V，则工质的比体积为 $v=\dfrac{V}{m}$。单位体积工质的质量称为密度，用符号 ρ 表示，单位为 kg/m^3。比体积与密度互为倒数，即 $\rho v=1$。显然，比体积和密度都是说明工质在某一状态下分子疏密程度的物理量，二者互不独立，通常以比体积作为状态参数。

1.3 状态方程及参数坐标图

用状态参数可以描述一个热力系统，要确切地描述热力系统的状态是否必须知道所有的状态参数呢？

1.3.1 状态公理

状态公理指出：对于组元一定的闭口系统，当其处于平衡状态时，可以用与该系统有关的准静态功形式的数目 n 加上一个象征传热方式的独立状态参数，即 $n+1$ 个独立状态参数来确定。由状态公理可知,对于和外界只有热量和体积变化功(膨胀功或压缩功)的简单可压缩系统,只需两个独立的参数,便可确定它的平衡状态。

1.3.2 状态方程

对于简单可压缩系,只要给定两个相互独立的状态参数,就可确定它的平衡状态,即在工质的基本状态参数 p、v、T 中,只要其中任意两个确定,另一个也随之确定。表示成隐函数的形式

$$F(p, v, T)=0 \qquad (1-3)$$

此式建立了平衡状态下三个基本状态参数之间的关系。这一关系式称为状态方程式。状态方程的具体形式取决于工质的性质。例如,理想气体的状态方程为 $pv=R_g T$。

1.3.3 状态参数坐标图

由于两个独立的状态参数就可以确定简单可压缩系统的状态,所以,可以任选两个参数组成二维平面坐标图来描述被确定的平衡状态,这种坐标图称为状态参数坐标图。如图1.5所示,1、2两点分别代表由独立状态参数 p_1、v_1 和 p_2、v_2 所确定的两个平衡状态。如果系统处于非平衡状态,没有确定的状态参数值,也就无法在图上加以表示。

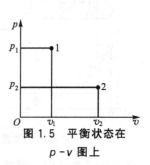

图 1.5 平衡状态在 p-v 图上

1.4 准静态过程与可逆过程

热能和机械能的相互转换必须通过工质的状态变化才能实现。系统由一个状态到达另一个状态的变化过程称为热力过程,简称过程。状态改变意味着系统原来所处的平衡状态被破坏。实际热工设备中进行的过程都是由于系统内部各处温度、压力或密度的不平衡而引起的,所以过程所经历的中间状态是不平衡的,而不平衡态实际上无法用少数几个状态参数描述。为此,研究热力过程时,需要对实际过程进行简化,建立某些理想化的物理模型。准静态过程和可逆过程就是两种理想化的模型。

1.4.1 准静态过程

实际设备中进行的过程都是不平衡的,若过程进行得相对缓慢,工质在平衡被破坏后自动回复平衡所需的时间,即所谓的弛豫时间又很短,工质有足够的时间来恢复平衡,这样的过程就可以近似地看作准静态过程。在状态参数坐标图上可以用连续的实线表示。而由于非平衡过程所经历的不平衡状态没有确定的状态参数,因而不能表示在状态参数坐标图上。

实际上,在系统内外的不平衡势(如压力差、温度差等)不是很大的情况下,可以将实际过程近似地看作准平衡过程。例如,内燃机的转速为2000r/min,每分钟4000个冲程,每个冲程为0.15m,则活塞运动的速度为 4000×0.15m/60s=10m/s,但气体的内部压力波的传播速度是350m/s,远大于10m/s。相对而言,活塞的运动速度很慢,弛豫时间比不平衡势的产生时间短得多,因此这类情况就可按准静态过程处理。

建立准静态过程概念的优点是:可以用确定的状态参数变化描述过程,可以在状态参数坐

标图上表示过程，可以用状态方程进行计算，可以计算过程中系统和外界的功量和热量交换。

1.4.2 可逆过程

准静态过程只是为了对热力系统的热力过程进行描述而提出的。但是当研究涉及系统与外界的功量和热量交换时，就必须引出"可逆过程"这一概念。可逆过程的定义为：如果系统完成了某一过程之后，再沿着原路逆行而回复到原来的状态，外界也随之回复到原来的状态，而不留下任何变化，则这一过程称为可逆过程，否则就是不可逆过程。

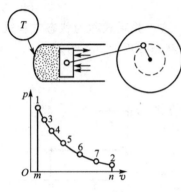

图 1.6 可逆过程示意图

例如，在图 1.6 所示的装置中，取气缸中的工质作为系统，随着系统从热源吸热，工质体积膨胀并对活塞做功，使飞轮转动，系统由初态 1 经历了一系列准平衡状态变化到终态 2。如果此装置是一个不存在摩擦损失的理想机器，那么工质的膨胀功将以动能的形式全部储存于飞轮中。如果利用储存在飞轮中的动能推动活塞缓慢逆行，则系统将由状态 2 沿着原路径逆向被压缩回到初态 1，压缩过程所需要的功正好等于膨胀过程所做的功。与此同时，系统向热源放热，放热量与膨胀时的吸热量相等。于是，当系统回到原来的状态 1 时，系统和外界全部恢复到原来的状态，未留下任何变化，这样的过程就是可逆过程。可见，有摩擦（机械摩擦、工质内部的粘性摩擦等）的过程，都是不可逆过程。因为在正向过程中，有一部分膨胀功由于摩擦变成了热；而在逆向过程中，还要再消耗一部分功用于克服摩擦而变成热，所以要使工质回到初态，外界必须提供更多的功。这样一来，工质虽然回到了初态，但外界却发生了变化。同理，存在温差传热的过程也是不可逆的。实际过程都或多或少地存在摩擦、温差传热等不可逆因素，因此，严格地讲实际过程都是不可逆的，可逆过程是一切热力设备工作过程力求接近的目标，因而可以作为实际过程中能量转换效果比较的标准。典型的不可逆过程有温差传热、混合、扩散、渗透、溶解、燃烧、电加热等。对于一个均匀的无化学反应的系统来说，实现可逆过程最重要的条件是系统的内部和系统与外界之间都处于热和力的平衡，过程中不存在摩擦、温差传热等消耗功的耗散效应。所以说，可逆过程就是无耗散效应的准平衡过程。

1.5 功量与热量

系统实施热力过程时，系统和外界之间在不平衡势差作用下会发生能量交换。能量交换的方式有两种：做功和传热。

1.5.1 功量

在力学中，功（或功量）定义为力和沿力作用方向位移的乘积。若物体在力 F 作用下沿力的方向 x 产生了微小的位移 $\mathrm{d}x$，则该力所做的微元功为

$$\delta W = F \mathrm{d}x$$

如果在力 F 作用下系统从 1 点移到 2 点，移动了有限距离，则所做的功为

$$W = \int_1^2 F\mathrm{d}x$$

从上式可以看出,功的大小不仅与初、终态有关,而且与过程 F 随 x 的变化函数关系有关。功不是状态参数,而是与过程进行的性质、路径有关的过程量。为了以示区别,微小功量用 δW 代表,而不用 $\mathrm{d}W$。

热力学中规定:系统对外做功时取为正值,而外界对系统做功取为负值。

在国际单位制中,功的单位为 J(焦)或 kJ(千焦),比功的单位为 J/kg 或 kJ/kg。

热力系可用不同的方式与外界发生能量的交换。在工程热力学中,热和功的相互转换是通过气体的容积变化功(膨胀功或压缩功)来实现的,它是热力学的一种基本功量。

如图 1.7 所示,取气缸中气体为系统。其压力为 p,活塞面积为 A。当活塞移动了一微小距离 $\mathrm{d}x$ 时,由于工质的体积膨胀非常小,其压力几乎不变,若这一微元过程是准平衡过程,则系统对外做功为

$$\delta W = pA\mathrm{d}x = p\mathrm{d}V \tag{1-4}$$

式中,$\mathrm{d}V$ 为活塞移动距离为 $\mathrm{d}x$ 时气缸中工质体积的增量。如果活塞从位置 1 移动到位置 2,并且过程是准静态过程,则工质所做的膨胀功为

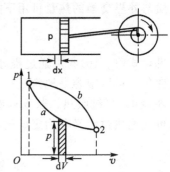

图 1.7 示功图

$$W = \int_1^2 p\mathrm{d}V \tag{1-5}$$

单位质量工质所做的膨胀功为

$$\delta w = p\mathrm{d}v \tag{1-6}$$

$$w = \int_1^2 p\mathrm{d}v \tag{1-7}$$

由于可逆过程就是无耗散效应的准平衡过程,所以式(1-4)~式(1-7)也是计算可逆过程膨胀功的公式。显然,具体计算时,除了工质的初、终态以外,还必须知道工质在状态变化过程中压力和比体积的变化规律。

不难看出,在 p-v 图上可逆线 1-2 下面的面积即为膨胀功,如图 1.7 中的 1-a-2 所示。因此 p-v 图也称为示功图。而且,由于 1—a—2 与 1—b—2 两过程不同,膨胀功也不同,所以,膨胀功是过程量而不是状态量。

1.5.2 热量

系统与外界之间依靠温差传递的能量称为热量,用 Q 表示。单位与功的单位相同,为 J 或 kJ。单位质量工质所传递的热量用 q 表示,单位为 J/kg 或 kJ/kg。热量和功量一样都是热力系统与外界在相互作用的过程中所传递的能量,其数量不仅与系统的初、终状态有关,还与经历的过程有关,因此不能说系统在某状态下具有多少热量或功量。由于热量与功量都是过程量而不是状态量,所以微元过程中传递的微小热量分别用 δQ 和 δq 表示,而不用 $\mathrm{d}Q$ 和 $\mathrm{d}q$ 表示。

工程热力学中规定:系统吸收热量的值为正,系统放出热量的值为负。

在可逆过程中,系统与外界交换的热量的计算公式与功的计算公式具有相同的形式。对照式(1-6),对于微元可逆过程,单位质量工质与外界交换的热量可以表示为

$$\delta q = T ds \quad (1-8)$$

式中，s 称为比熵，单位为 J/(kg·K) 或 kJ/(kg·K)。比熵的定义为

$$ds = \frac{\delta q}{T} \quad (1-9)$$

即在微元可逆过程中，工质比熵的增加等于单位质量工质所吸收的热量除以工质的热力学温度所得的商。比熵 s 同比体积 v 一样是工质的状态参数。这里仅作为基本概念给出了熵的定义，有关熵的物理意义将在后面进一步深入讨论。对于从状态 1 到状态 2 的可逆过程，工质与外界交换的热量可用下式计算。

$$q = \int_1^2 T ds \quad (1-10)$$

可见，式(1-10)与可逆过程膨胀功的计算式(1-5)、式(1-7)的形式完全相同。根据熵的变化，可以很容易地判断一个可逆过程中系统与外界之间热量交换的方向：若 $ds>0$，则 $\delta q>0$，系统吸热；若 $ds<0$，则 $\delta q<0$，系统放热；若 $ds=0$，则 $\delta q=0$，系统绝热，因此可逆绝热过程又称为定熵过程。

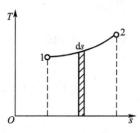

图 1.8 温熵图

与 $p-v$ 图类似，在以热力学温度为纵坐标，以比熵为横坐标的 $T-s$ 图（温熵图）上，如图 1.8 所示。由式(1-10)可知，在从状态 1 到状态 2 的可逆过程中，单位质量工质与外界所交换的热量可以用温熵图中过程曲线 1-2 下面的面积来表示，所以温熵图也称为示热图。

功和热量的不同之处：功是有规则的宏观运动能量的传递，在做功过程中往往伴随着能量形态的转化；热量则是大量微观粒子杂乱热运动的能量的传递，传热过程中能量形态没有发生转化。功转变成热量是无条件的，而热量转变成功是有条件的。

1.6 热力循环

热能和机械能之间的转换，通常都是工质在相应的热力设备中经历一系列的状态变化过程后，又回到原来的状态，使其重新具有做功的能力，实现连续的能量转换。工质从某一状态出发经历一系列热力状态变化后又回到原来初态的热力过程，即封闭的热力过程，称为热力循环，简称循环。

全部由可逆过程组成的循环称为可逆循环；若循环中有部分过程或全部过程是不可逆的，则该循环为不可逆循环。

根据循环所产生的效果不同，可以把循环分为正向循环和逆向循环。将热能转变为机械能的循环称为正向循环；所有热力发动机都是按正向循环工作的，所以正向循环也称为动力循环或热机循环。而将热量从低温热源传递到高温热源的循环称为逆向循环，与正向循环相反，逆向循环是消耗外界提供的功量，如制冷循环。图 1.9 所示为正向循环的 $p-v$ 图与 $T-s$ 图，为了对外输出有效功量，循环的膨胀功应大于压缩功，所以在状态参数坐标图上正向循环都是按顺时针方向进行的。反之，逆向循环需要耗功，故在状态参数坐标图上是按逆时针方向进行的。

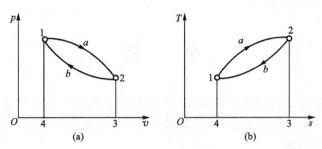

图 1.9 正向循环示意图

经过一个循环之后，工质回到初态，状态参数没有发生变化，于是有

$$\oint dX = 0 \tag{1-11}$$

式中，X 为任意状态参数。

循环中能量利用的经济性是指通过循环所得收益与付出的代价之比，即

$$经济性指标 = \frac{得到的收获}{付出的代价}$$

正向循环所做的净功 W_{net}（收获）与循环中高温热源加给工质的热量 Q_1（代价）的比值称为循环热效率，用 η_t 表示，即

$$\eta_t = \frac{W_{net}}{Q_1} = \frac{Q_1 - Q_2}{Q_1} = 1 - \frac{Q_2}{Q_1} \tag{1-12}$$

与正向循环相反，逆向循环是消耗外界提供的功量，将热量从低温热源传递到高温热源的循环，如制冷装置及热泵的工作循环。当用于制冷装置时，其目的是将热量 Q_2 从低温冷源取出，它的经济指标是制冷系数，用 ε 表示，即

$$\varepsilon = \frac{Q_2}{W_{net}} = \frac{Q_2}{Q_1 - Q_2} \tag{1-13}$$

当逆循环用于热泵时，其目的是向高温热源提供热量 Q_1，它的经济性称为供热系数，用 ε' 表示，即

$$\varepsilon' = \frac{Q_1}{W_{net}} = \frac{Q_1}{Q_1 - Q_2} \tag{1-14}$$

工程实例

弹簧管压力表是工业上常用的测压工具，图 1.10 所示为其内部结构，主要组成部分为一个弯成圆弧形的弹簧管，管的横截面为椭圆形，作为测量元件的弹簧管一端固定起来，通过接头与被测介质相连；另一端封闭，为自由端。自由端借助连杆与扇形齿轮相连，扇形齿轮又和机心齿轮咬合组成传动放大装置。当被测压的流体引入弹簧管时，弹簧管壁受压力作用而使弹簧管伸张，使自由端移动，带动指针指示出被测压力数值。这个压力正是被测流体压力与环境的压力差。

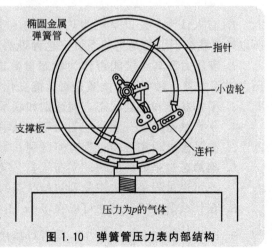

图 1.10 弹簧管压力表内部结构

小 结

本章讨论了热能转换所涉及的基本概念和术语。它们是学习两大基本定律和其他后续内容的基础。其中，一些重要概念（如平衡状态、准静态过程和可逆过程）体现了热力学研究问题和处理问题的方法。

热力系统是根据所研究问题人为地划定的研究对象。按照热力系统和外界的物质和能量交换情况进行分类，常用的热力系统有闭口系统、开口系统、绝热系统和孤立系统。

工质是实现能量转换的媒介物质。

热力系统某一瞬间所呈现的宏观物理状态称为热力学状态。用于描述工质所处状态的宏观物理量称为状态参数。基本状态参数有压力、温度和比体积。

平衡状态具有确定的状态参数，这是平衡状态的特点；准静态过程是实际过程进行的足够缓慢的极限情况。实现准静态过程的条件是推动过程进行的不平衡势差无限小，即 $\Delta p \rightarrow 0$，$\Delta T \rightarrow 0$。

可逆过程与准静态过程的差别在于无耗散损失。一个可逆过程必须同时也是一个准静态过程，但准静态过程则不一定可逆。可逆过程的体积变化功为 $w = \int_1^2 p dv$。类比体积变化功得出熵的定义式 $ds = \dfrac{\delta q}{T}$，和可逆过程热量的计算式 $q = \int_1^2 T ds$。

要实现连续的能量转换，就必须实施热力循环。根据循环所产生的效果不同，可以把循环分为正向循环和逆向循环。无论是正向循环还是逆向循环其经济性都可以表示为

$$\text{经济性指标} = \frac{\text{得到的收获}}{\text{付出的代价}}$$

思 考 题

1. 有人认为，开口系统中热力系统和外界有物质交换，而物质又与能量不可分割，所以开口系统不可能是绝热系统。这种说法对否？为什么？
2. 表压力和真空度能否作为状态参数进行热力计算？若工质的压力不变，则测量其压力的压力表或真空计的读数是否可能变化？
3. 平衡状态和稳定状态有何区别和联系？
4. 平衡状态是否一定是均匀状态？试举例说明。
5. 准静态过程和可逆过程有何区别？
6. 准静态过程如何处理"平衡状态"又有"状态变化"的矛盾？
7. 不可逆过程是无法恢复到初始状态的过程，这种说法是否正确？
8. 在什么条件下压缩功可以在 $p\text{-}v$ 图上表示？
9. $w = \int_1^2 p dv$ 和 $q = \int_1^2 T ds$ 是否可以用于不可逆过程？

10. 正循环和逆循环是如何划分的？

习　题

1-1　用 U 形管压力计测量容器中气体的压力，在水银柱上加一段水，测得水柱高 1020mm、水银柱高 900mm，如图 1.11 所示。若当地大气压力为 755mmHg，求容器中气体的压力为多少 MPa？

1-2　容器中的真空度 $p_v=600$mmHg，气压计上水银柱高度为 755mm，求容器中的绝对压力（以 MPa 表示）。如果容器中绝对压力不变，而气压计上水银柱高度为 770mm，求此时真空表上的读数（以 mmHg 表示）是多少？

1-3　用斜管压力计测量锅炉烟道中烟气的真空度，如图 1.12 所示，管子的倾斜角 $\alpha=30°$，压力计中使用密度 $\rho=0.8\times10^3$ kg/m³ 的煤油，斜管中液柱长度 $l=200$mm。当地大气压力 $p_b=745$mmHg，求烟气的真空度（以 mmH$_2$O 表示）及绝对压力（以 Pa 表示）。

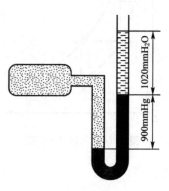

图 1.11　习题 1-1 图

1-4　容器被分隔成 A、B 两室，如图 1.13 所示。已知当地大气压力 $p_b=1.013\times10^5$Pa，B 室内压力表 2 的读数 $p_{e,2}=0.04$MPa，压力表 1 的读数 $p_{e,1}=0.294$MPa，求压力表 3 的读数（用 MPa 表示）。

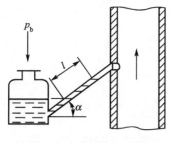

图 1.12　习题 1-3 图

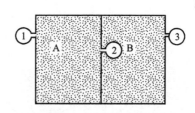

图 1.13　习题 1-4 图

1-5　气缸中封有空气，初态为 $p_1=0.2$MPa、$V_1=0.4$m³，缓慢膨胀到 $V_2=0.8$m³。
(1) 过程 pV 维持不变；
(2) 过程中气体先沿 $\{p\}_{MPa}=0.4-0.5\{V\}_{m^3}$ 膨胀到 $V_m=0.6$m³，再维持压力不变，膨胀到 $V_2=0.8$m³。分别求出两个过程中气体所做的膨胀功。

1-6　有一个绝对真空的钢瓶，当阀门打开时，在大气压力 $p_b=1.013\times10^5$Pa 的作用下，有体积为 0.1m³ 的空气输入钢瓶，求大气对输入钢瓶的空气所做的功。

1-7　某种气体在气缸中进行一个缓慢膨胀过程，其体积由 0.1m³ 增加到 0.25m³，过程中气体压力沿 $\{p\}_{MPa}=0.24-0.4\{V\}_{m^3}$ 变化。若过程中气缸与活塞的摩擦保持为 1200N，当地大气压力为 0.1MPa，气缸截面面积为 0.1m³，试求：
(1) 气体所做的膨胀功 W；
(2) 系统输出的有用功 W_u；

(3) 若活塞与气缸无摩擦，系统输出的有用功 $W_{u,re}$。

1-8 若某种气体的状态方程式为 $pv=R_gT$，现取质量为 1kg 的该气体分别做两次循环，如图 1.14 中循环 1—2—3—1 和循环 4—5—6—4 所示。设过程 1—2 和过程 4—5 中温度 T 不变，都等于 T_a，过程 2—3 和过程 5—6 中压力不变，过程 3—1 和过程 6—4 中体积不变。又设状态 3 和 6 的温度均等于 T_b，试证明两个循环中 1kg 气体对外界做的循环净功相同。

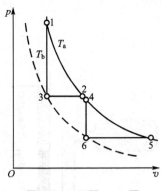

图 1.14 习题 1-8 图

1-9 某蒸汽动力厂加入锅炉的每 1MW 能量要从冷凝器中排出 0.58MW 能量，同时水泵要消耗 0.02MW 功，求汽轮机输出功率和电厂的热效率。

1-10 一所房子利用供暖系数为 2.1 的热泵供暖维持为 20℃。据估算，室外大气温度每低于室内温度 1℃，房子向外散热 0.8kW。若室外温度为 -10℃，求驱动热泵所需的功率。

第 2 章
热力学第一定律

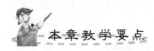
本章教学要点

知识要点	掌握程度	相关知识
热力学第一定律实质	掌握实质,熟练应用	能量守恒定律的应用
热力学能、焓及各种能量、各种功量	理解热力学能、焓的概念,正确区分能量形式;不同功量的含义及计算方法	能量的概念、能量的传递和转换规律
闭口系能量方程	熟悉方程的各种形式	闭口系的概念与特点
稳定流动能量方程的应用	熟练应用开口系稳定流动能量方程,对实际问题进行简化、分析、计算	开口系的特点、稳定流动的条件

导入案例

一台耗电 200W 的电视机,在稳定运行的状态下,不管播出什么节目,都向环境散热 200W,它对房间的加热效应与 200W 的电热器或者 2 个 100W 的电灯的效果是一样的,这是能量守恒原理的必然结论。

2.1 热力学第一定律的实质

能量守恒与转换定律是自然界的一个基本规律。它指出自然界中一切物质都具有能量。能量既不可能被创造，也不可能被消灭，只能从一种形式转变为另一种形式。在转换中，能的总量保持不变。

热力学第一定律实质就是热力过程中的能量守恒和转换定律，它建立了热力过程中的能量平衡关系，是热力学宏观分析方法的主要依据之一。

热力学第一定律可表述为：在热能与其他形式能的互相转换过程中，能的总量始终不变。

根据热力学第一定律，要想得到机械能就必须花费热能或其他能量，那种幻想创造一种不花费能量就可以产生动力的机器的企图是徒劳的。因此，热力学第一定律也可以表述为：不花费能量就可以产生功的第一类永动机是不可能制造成功的。

热力学第一定律适用于一切热力系统和热力过程，不论是开口系统还是闭口系统，热力学第一定律均可表达为

$$进入系统的能量 - 离开系统的能量 = 系统储存能量的增量 \quad (2-1)$$

2.2 热力系统的储存能

工质可以同时进行各种不同形态的运动，相应地也就具有多种不同形式的能量。热力系储存的能量称为储存能，它有内部储存能（热力学能）和外部储存能之分。

1. 热力学能

储存于系统内部的能量称为热力学能，它与系统内工质的内部粒子的微观运动和粒子的空间位置有关。对于不包括化学反应和核变化的简单可压缩系统，热力学能包括分子的内动能和分子的内位能。

在工程热力学中，m kg 工质的热力学能用 U 表示，单位是 J 或 kJ；单位质量（即 1kg）工质的热力学能称为比热力学能，用 u 表示，单位是 J/kg 或 kJ/kg。

根据分子运动论，分子的内动能与工质的温度有关；分子间的位能主要与分子间的距离有关，即工质占据的体积有关。因此，工质的热力学能是温度和体积的函数，即

$$u = f(T, v)$$

2. 外部储存能

外部储存能包括：因宏观运动而具有的宏观动能，简称动能，用 E_k 表示；由于重力场的作用而具有的宏观位能，简称位能，用 E_p 表示。

如果质量为 m 的系统的运动速度为 c_f，则系统的宏观动能为

$$E_k = \frac{1}{2} m c_f^2$$

如果质量为 m 的系统质量中心在系统外部参考坐标系中的高度为 z，则系统的位能为

$$E_p = mgz$$

式中，g 为重力加速度。

3. 系统的总储存能

系统的热力学能、宏观动能与宏观位能之和称为系统的储存能，用 E 表示，即
$$E=U+E_k+E_p$$
单位质量工质的储存能称为比储存能，用 e 表示，单位为 J/kg 或 kJ/kg
$$e=u+e_k+e_p=u+\frac{c_f^2}{2}+gz$$

2.3 闭口系统的能量方程

热力学第一定律的能量方程就是系统变化过程中的能量平衡方程式，是分析状态变化过程的根本方程式。对任何系统，都可以用式(2-1)表示。

在实际热力过程中，许多系统都是闭口系统，如图 2.1 所示的气缸活塞系统就是一个典型的闭口系统。若忽略该系统的宏观动能和宏观位能，即 $\Delta E_k=0$，$\Delta E_P=0$。系统能量的增量仅为热力学能增量 ΔU。设工质由平衡状态 1 变化到平衡状态 2 的状态变化过程中从外界吸取的热量为 Q，对外所做的膨胀功为 W，根据式(2-1)，该闭口系统的热力学第一定律表达式为

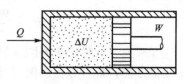

图 2.1 闭口系统

$$Q-W=\Delta U$$

即
$$Q=\Delta U+W \tag{2-2}$$

对于单位质量工质，有
$$q=\Delta u+w \tag{2-3}$$

对于微元过程，有
$$\delta Q=\mathrm{d}U+\delta W \tag{2-4}$$
$$\delta q=\mathrm{d}u+\delta w \tag{2-5}$$

对于可逆过程(或准静态过程)
$$W=\int_1^2 p\mathrm{d}V \quad \text{或} \quad w=\int_1^2 p\mathrm{d}v$$

故对于闭口系统的可逆过程，有
$$Q=\Delta U+\int_1^2 p\mathrm{d}V \tag{2-6}$$
$$q=\Delta u+\int_1^2 p\mathrm{d}v \tag{2-7}$$

对微元可逆过程有
$$\delta q=\mathrm{d}u+p\mathrm{d}v \tag{2-8}$$

闭口系统的能量方程在推导过程中除要求系统是闭口系统外，没有附加任何其他条件，因此式(2-2)和式(2-3)对闭口系统普遍适用，对工质性质也没有限制。

【例 2.1】 一个活塞气缸装置中的气体经历了两个可逆过程，从状态 1 到状态 2，气

体吸热 500kJ，活塞对外做功 800kJ。从状态 2 到状态 3 是一个定压压缩过程，压力为 $p=400$kPa，气体向外散热 450kJ。已知 $U_1=2000$kJ，$U_3=3500$kJ，试求在过程 2—3 中气体体积的变化。

解：取活塞气缸中气体为研究对象，显然是闭口系统。1—2 过程的能量方程为

$$Q_{12}=\Delta U_{12}+W_{12}$$

于是

$$U_2=Q_{12}-W_{12}+U_1=500-800+2000=1700 \text{ (kJ)}$$

同理，对于过程 2—3 有

$$W_{23}=Q_{23}-\Delta U_{23}=Q_{23}-(U_3-U_2)=(-450)-(3500-1700)=-2250\text{(kJ)}$$

由于 2—3 过程是定压压缩过程，其膨胀功计算式可表示为

$$W_{23}=\int_2^3 p\mathrm{d}v=p_3\Delta V$$

因此过程 2—3 中气体体积的变化为

$$\Delta V=\frac{W_{12}}{p_3}=\frac{-2250\times 10^3}{400\times 10^3}=-5.625(\text{m}^3)$$

在解决涉及热现象的能量转换和传递的实际问题时，首先要合理地确定系统，然后建立能量方程，最后分析系统与外界的能量交换及相互作用，化简求解方程。

2.4 开口系统的稳定流动能量方程

工程上有许多热工设备，都不断有工质的流入和流出，例如，工质流过汽轮机、风机、换热器等，除起动、停止或者加减负荷外，在正常运行工况或设计工况下，属于开口系统的稳定流动系统。

2.4.1 稳定流动与流动功

所谓稳定流动系统是指热力系统内各点状态参数不随时间变化的流动系统。若实现稳定流动，必须满足以下条件。

(1) 系统进出口工质的状态不随时间变化。

(2) 进出系统的工质流量相等且不随时间变化，满足质量守恒。

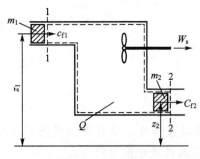

图 2.2 开口系统

(3) 系统内储存的能量保持不变，为此，系统和外界交换的功和热量不随时间变化，满足能量守恒。

稳定流动系统是一个开口系统，对于任何开口系统，为使工质流入系统，外界必须对流入系统的工质做功，这种因工质出、入开口系统而传递的功称为推动功。如图 2.2 所示的开口系统，虚线内为控制容积，进口截面压力为 p_1，为把质量为 m_1、体积为 V_1 的工质推入系统，外界必须做功克服系统阻力，若通过的截面积为 A_1，把工质推入系统移动的距离为 L_1，按照

功的力学定义,推动功应等于推动工质流动的作用力与工质位移的乘积,则推动功为
$$W_1=(p_1A_1)L_1=p_1(A_1L_1)=p_1V_1$$
同理,若有质量为 m_2,体积为 V_2 的工质流出系统,则系统做出的推动功为
$$W_2=p_2V_2$$
单位质量工质的推动功可表示为
$$w=pv$$
可见,对单位质量工质所做的推动功在数值上等于工质的压力和比体积的乘积 pv。它是工质在流动中向前方传递的一种能量,不是工质本身具有的能量,并且只有在工质的流动过程中才出现。当工质不流动时,虽然工质也具有一定的状态参数 p 和 v,但这时的乘积 pv 并不代表推动功。对于同时有工质流入和流出的开口系统而言,使工质流入和流出系统所做的推动功的代数和称为流动功。

2.4.2 稳定流动能量方程

图 2.2 所示的热力系是一个稳定流动系统。取进、出口截面 1—1 与 2—2 以及设备壁面作为系统边界,如图中虚线所示。假设在时间 τ 内,质量为 m_1 的工质以 c_{f1} 流速从 1—1 截面流入系统,与此同时,质量为 m_2 的工质以 c_{f2} 流速从 2—2 截面流出系统,系统与外界交换的热量为 Q,工质通过机器的旋转轴与外界交换的功 W_s 称为轴功。由稳定流动的条件(2)可知 $m_1=m_2=m$,在 τ 时间内进入系统的能量为
$$Q+m\left(u_1+\frac{1}{2}c_{f1}^2+gz_1\right)+mp_1v_1$$
离开系统的能量为
$$W_s+m\left(u_2+\frac{1}{2}c_{f2}^2+gz_2\right)+mp_2v_2$$
由于稳定流动系统内各点参数不随时间变化,因此系统与外界交换的热量和功量也不随时间而变化,故系统的总能量保持不变,即
$$\Delta E=0$$
将上述各项代入热力学第一定律的一般表达式(2-1)可得
$$\left[Q+m\left(u_1+p_1v_1+\frac{1}{2}c_{f1}^2+gz_1\right)\right]-\left[W_s+m\left(u_2+p_2v_2+\frac{1}{2}c_{f2}^2+gz_2\right)\right]=0$$
令 $H=U+PV$,H 称为焓;$h=\dfrac{H}{m}=u+pv$,h 称为比焓。于是开口系统的稳定流动能量方程式为
$$Q=\Delta H+\frac{1}{2}m\Delta c_f^2+mg\Delta z+W_s \tag{2-9}$$
对于单位质量工质,稳定流动能量方程式为
$$q=\Delta h+\frac{1}{2}\Delta c_f^2+g\Delta z+w_s \tag{2-10}$$
对于微元过程,稳定流动能量方程式(2-9)和式(2-10)可分别表示为
$$\delta Q=\mathrm{d}H+\frac{1}{2}m\mathrm{d}c_f^2+mg\mathrm{d}z+\delta W_s$$
$$\delta q=\mathrm{d}h+\frac{1}{2}\mathrm{d}c_f^2+g\mathrm{d}z+\delta w_s$$

在推导稳定流动能量方程的过程中,除要求系统是稳定流动外,没有附加其他任何条件,所以式(2-9)和式(2-10)适用于任何工质的稳定流动过程。

在稳定流动能量方程式(2-9)与式(2-10)中,等号右边除焓差外,其余三项是不同类型的机械能,它们都是工程技术上可以直接利用的。在工程热力学中,将这三项之和称为技术功,用 W_t 表示,即

$$W_t = \frac{1}{2} m \Delta c_f^2 + mg\Delta z + W_s \tag{2-11}$$

对于单位质量工质

$$w_t = \frac{1}{2} \Delta c_f^2 + g\Delta z + w_s$$

于是式(2-9)与式(2-10)可改写为

$$Q = \Delta H + W_t \tag{2-12}$$

$$q = \Delta h + w_t \tag{2-13}$$

对于开口系统的稳定流动过程,由于系统内各点的状态都不随时间发生变化,所以整个流动过程的总效果相当于一定质量的工质从进口截面处的状态 1 变化到出口截面处的状态 2,并与外界进行了热量和功量的交换。因此,也可以将这一定质量的工质作为闭口系统加以研究,所得的能量方程式和上述稳定流动能量方程式是等效的。将闭口系统的热力学第一定律表达式(2-3)和式(2-10)进行比较,可得

$$w = (p_2 v_2 - p_1 v_1) + \frac{1}{2}(c_{f2}^2 - c_{f1}^2) + g(z_2 - z_1) + w_s \tag{2-14}$$

式中,w 为单位质量工质由于体积变化所做的膨胀功,是由热能转变而来的。由式(2-14)可见,工质在稳定流动过程中所做的膨胀功,一部分用于维持工质流动所必须做出的净流动功($p_2 v_2 - p_1 v_1$),一部分用于增加工质本身的宏观动能和位能,其余部分才作为热力设备输出的轴功。由技术功的定义式可知,式(2-14)可改写为

$$w = (p_2 v_2 - p_1 v_1) + w_t$$

即

$$w_t = w - (p_2 v_2 - p_1 v_1) \tag{2-15}$$

对可逆过程

$$w_t = \int_1^2 p\,dv + p_1 v_1 - p_2 v_2 = \int_1^2 p\,dv - \int_1^2 d(pv) = -\int_1^2 v\,dp \tag{2-16}$$

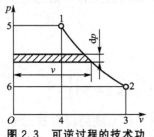

图 2.3 可逆过程的技术功

可逆过程的技术功 w_t 在 $p-v$ 图上可以用过程曲线与纵坐标之间的面积表示,如图 2.3 所示。

于是,可逆过程稳定流动能量方程式可写为

$$q = \Delta h - \int_1^2 v\,dp \tag{2-17}$$

对于微元可逆过程有

$$\delta q = dh - v\,dp \tag{2-18}$$

2.5 稳定流动能量方程的应用

在实际工程中,大部分热力设备、装置不但可以当作开口系统处理,而且工质的流动

都可作为稳定流动，所以稳定流动能量方程的应用十分广泛。在分析具体问题时，对于不同的热力设备和热力过程，应根据具体问题的不同条件做出合理简化，使能量方程更加简单明了。下面以几种典型的热力设备为例，说明稳定流动能量方程式的应用。

1. 动力机械

工质流经燃气轮机、汽轮机等动力机时，压力降低，利用工质膨胀做功，对外输出轴功 w_s。如图 2.4 所示，此类热力系由于采用了良好的保温隔热措施，通过设备外壳的散热量极少，可认为热力过程是绝热过程，即 $q=0$。如果再忽略动、位能的变化，由式(2-10)可得

$$w_s = h_1 - h_2 \tag{2-19}$$

即对外输出的轴功等于工质的焓降。

2. 压缩机械

当工质流经压气机、风机、水泵等压缩机械时，压力升高，外界对工质做轴功，如图 2.5 所示，情况与动力机械恰恰相反。如果设备无专门冷却措施，也可以认为是绝热的，即 $q=0$，同样可得到式(2-19)，但此时算出的 w_s 为负值。

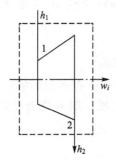

图 2.4 叶轮式动力机

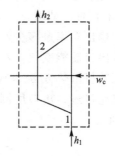

图 2.5 叶轮式耗功机

3. 热交换器

热交换器也称换热器，如锅炉及各种加热器、冷却器、散热器、蒸发器和冷凝器等都属于这类设备。工质流过这类设备时与外界无功量交换，即 $w_s=0$，且动能、位能的变化可以忽略，故据式(2-10)可得

$$q = h_2 - h_1 \tag{2-20}$$

即单位质量工质与外界交换的热量等于换热器进出口处工质比焓的变化。

4. 喷管与扩压管

喷管是使流动工质加速的管道，而扩压管是使流动工质增压的管道，工质流经这类设备时，不对设备做功，位能差很小，可以不计，而且因管道长度小，工质流速大，来不及和外界交换热量，故热量交换也可忽略不计。由式(2-10)可得

$$\frac{1}{2}(c_{f2}^2 - c_{f1}^2) = h_1 - h_2 \tag{2-21}$$

5. 绝热节流

工质在管内流动，如果流通截面突然发生变化，如流经阀门或流量孔板等，在缩口处工

质的流速突然增加，压力急剧下降，并在缩口附近产生漩涡，流过缩口后流速减慢，压力又回升。这种现象称为节流，如图2.6所示。由于存在摩擦和涡流，节流是典型的不可逆过程，工质处于不稳定的非平衡状态，所以严格说节流是不稳定流动。但观察发现，在离缩口稍远的1—1和2—2截面上，流动情况基本稳定，可以近似地用稳定流动能量方程式进行分析。由于两个截面上流速差别不大，动能变化可以忽略；节流过程工质对外不做轴功；此外，由于流过两个截面之间的时间很短，与外界的热量交换很少，可以近似认为节流过程是绝热的，即 $q=0$。于是，运用稳定流动能量方程式(2-10)可简化为

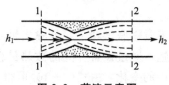

图 2.6 节流示意图

$$h_2 = h_1 \tag{2-22}$$

即在忽略动能、位能变化的绝热节流过程中，节流前后工质的焓值相等。但需注意，在两个截面之间，特别是缩口附近，流速变化很大，焓值并非处处相等，因此不能将绝热节流过程理解为定焓过程。

【例2.2】 汽轮机进口的蒸汽压力是13MPa，温度为540℃，焓为3443.25kJ/kg，进口速度为70m/s。出口压力为0.005MPa，焓值为2009kJ/kg，出口速度为140m/s。当蒸汽质量流量为400t/h时，试求：

(1) 汽轮机的输出功率是多少？
(2) 若忽略进出口动能变化，对输出功率有多大影响？
(3) 若考虑汽轮机散热 6.81×10^5 kJ/h 时，对输出功率有多大影响？

解：(1) 取汽轮机进、出口所围空间为控制体积系统，则系统为稳定流动系统。由稳定流动能量方程知

$$q = \Delta h + \frac{1}{2}\Delta c_f^2 + g\Delta z + w_s$$

按题意 $q=0$，$\Delta z=0$ 得

$$\begin{aligned}w_s &= -\Delta h - \frac{1}{2}\Delta c_f^2 = (h_1 - h_2) - \frac{1}{2}(c_{f2}^2 - c_{f1}^2)\\ &= (3443.25 - 2009) - \frac{1}{2}(140^2 - 70^2) \times 10^{-3}\\ &= 1.4269 \times 10^3 \text{(kJ/kg)}\end{aligned}$$

汽轮机功率为

$$\begin{aligned}P &= q_m w_s = 400 \times 10^3 \times 1.4269 \times 10^3\\ &= 57.076 \times 10^7 \text{(kJ/h)}\\ &= 158.54 \times 10^3 \text{(kW)}\end{aligned}$$

(2) 若略去进、出口动能变化，则

$$\begin{aligned}w_s' &= -\Delta h = h_1 - h_2\\ &= (3443.25 - 2009)\\ &= 1.43425 \times 10^3 \text{(kJ/kg)}\end{aligned}$$

汽轮机功率为

$$\begin{aligned}P' &= q_m w_s' = 400 \times 10^3 \times 1.43425 \times 10^3\\ &= 57.37 \times 10^7 \text{(kJ/h)}\end{aligned}$$

$$=159.36×10^3 (kW)$$

相对误差为

$$\varepsilon_k = \frac{|p-p'|}{p} = \frac{|158.54×10^3 - 159.36×10^3|}{158.54×10^3} = 0.515\%$$

（3）若考虑汽轮机散热 $6.81×10^5$ kJ/h 时

$$w_s'' = q - \Delta h - \frac{1}{2}\Delta c_f^2$$

经计算得

$$p'' = 158.36×10^3 (kW)$$

相对误差

$$\varepsilon_k = \frac{|p-p''|}{p} = \frac{|158.54×10^3 - 158.36×10^3|}{158.54×10^3} = 0.114\%$$

通过计算可以看出，虽然汽轮机工作中动能差、散热量的绝对值较大，但相对汽轮机输出的功而言却小到可以忽略不计。

工程实例

> 许多工程问题伴随着能量变化。生命过程也不例外，例如，肌肉收缩时，高能磷酸键的化学能转变为机械能而做功。人体是由大量基础单元——细胞构成的复杂体系，其内每时每刻都在进行无数过程，所有这些过程都与能量有关，也遵从能量守恒和转换定律。
>
> 人体的活动要消耗能量，正常情况下，维持生命活动的能源主要是食物。无论人在工作还是休息，新陈代谢都在进行。食物被分解，化学能转换成人体新陈代谢过程中所需要的各种形式的能量，以满足不同器官、组织和细胞的需要。
>
> 简单地说，新陈代谢过程是燃烧"食物"——碳水化合物、脂肪和蛋白质的过程。

小 结

热力学第一定律阐明了热能与机械能相互转换的数量关系。能量的转换有赖于物质的状态变化，同时能量有质的差别，正确认识储存能、热力学能等各种能量，是应用热力学第一定律的基础。

热力学第一定律用于闭口系统的能量方程为

$$Q = \Delta U + W$$

热力学第一定律用于稳定流动系统的能量方程为

$$Q = \Delta H + \frac{1}{2}m\Delta c_f^2 + mg\Delta z + W_s$$

引入技术功的概念后稳定流动系统的能量方程可表示为

$$Q = \Delta H + W_t$$

可见，热能转变为机械能要靠物系体积的改变，但实际表现出来的并不总是膨胀功，引入了其他几种不同形式的功，使同一性质的能量平衡方程式以不同形式、不同内容出现。

思 考 题

1. 热量和热力学能有什么区别？有什么联系？
2. 为什么推动功出现在开口系统能量方程式中，而不出现在闭口系统能量方程式中？
3. 膨胀功、轴功、技术功、推动功之间有何区别与联系？
4. 焓的物理意义是什么？
5. 能量方程 $q = \Delta h - \int_1^2 v dp$ 适用于什么工质、什么过程？
6. 判断下列说法是否正确。
   (1) 气体被压缩时一定消耗外功。
   (2) 气体膨胀时一定对外做功。
   (3) 工质不能一边压缩一边吸热。
   (4) 工质不能一边压缩一边放热。
7. 判断下列各式是否正确。
   (1) $q = \Delta u + w$
   (2) $\delta q = du + d(pv)$
   (3) $q = \Delta h + \Delta w_t$
   (4) $Q = \Delta U + \int p dv$
   (5) $q = du + \int p dv$
8. 如果将能量方程式写为 $\delta q = du + p dv$ 或 $\delta q = dh - v dp$，则它们的适用范围如何？

习 题

2-1　1kg 氧气置于如图 2.7 所示的气缸内，缸壁能充分导热，且活塞与缸壁无摩擦。初始时氧气压力为 0.5MPa、温度为 27℃。若气缸长度为 $2l$，活塞质量为 10 kg，试计算拔除销钉后，活塞能达到的最大速度。

2-2　气体在某一过程中吸收了 50J 的热量，同时热力学能增加了 84J，问此过程是膨胀过程还是压缩过程？对外做功是多少？

2-3　有一个橡皮气球，当其内部气体的压力和大气压同为 0.1MPa 时呈自由状态，体积为 0.3m³。气球受火焰照射，体积膨胀 1 倍，压力上升为 0.15MPa。设气球的压力升高和体积成正比，求：
(1) 该过程中气体做的功；
(2) 用于克服橡皮气球弹力所做的功；
(3) 若初始时气体温度为 17℃，求球内气体的吸热量。已知该气体的气体常数 $R_g = 287J/(kg \cdot K)$，热力学能 $\Delta u = 0.72 \{\Delta T\}_K kJ/kg$。

2-4　如图 2.8 所示，气缸内空气的体积为 0.008m³，温度为 17℃。初始时空气压力为 0.1013MPa，弹簧处于自由状态。现向空气加热，使其压力升高，并推动活塞上升而压缩弹簧。已知活塞面积为 0.08m^2，弹簧刚度 $k=400\text{N/cm}$，空气热力学能变化关系式为 $\Delta u=0.718\{\Delta T\}_K \text{kJ/kg}$，环境大气压力 $p_b=0.1\text{MPa}$，试求使气缸内空气压力达到 0.3 MPa 所需的热量。

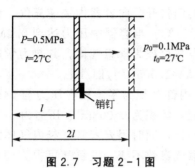
图 2.7　习题 2-1 图

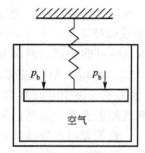
图 2.8　习题 2-4 图

2-5　有一个容积为 3m^3 的刚性透热的储气罐，在供气过程中使罐内理想气体的压力由 3MPa 降至 1.2 MPa。假定理想气体满足 $u=c_V T$，$h=c_p T$ 及 $c_p-c_V=R=$ 常数，并忽略气体的动位能变化，试求供气过程中储气罐与环境交换的热量。

2-6　某蒸汽动力厂中锅炉以 40t/h 的蒸汽供入蒸汽轮机，进口处压力表上读数是 9MPa，蒸汽的焓为 3441kJ/kg；蒸汽轮机出口处真空表上的读数为 0.0974MPa，出口蒸汽的焓为 2248kJ/kg。汽轮机对环境散热为 6.81×10^5 kJ/h。求：
(1) 进、出口处蒸汽的绝对压力（当地大气压是 101325Pa）；
(2) 不计进、出口动能差和位能差时汽轮机的功率；
(3) 进口处蒸汽速度为 70m/s、出口处速度为 140m/s 时对汽轮机的功率有多大影响？
(4) 蒸汽进、出口高度差为 1.6m 时对汽轮机的功率又有多大影响？

2-7　空气稳定流入绝热喷管，进口截面面积为 80m^2，压力 300kPa，温度 200℃，速度是 30m/s；出口压力 100kPa，速度 180m/s。试求（1）质量流量；（2）出口温度；（3）出口截面面积。空气满足理想气体状态方程 $pv=R_g T$，且 $R_g=0.287\text{kJ/(kg·K)}$。

2-8　空气和燃料进入用于房间采暖的炉膛。空气的比焓为 302kJ/kg，燃料的比焓是 43027kJ/kg。离开炉膛的燃气比焓为 616kJ/kg。空气燃料比为 17kg（空气）/kg（燃料）。经过炉膛壁的循环水吸收热量，房间需要热量 17.6kW。试确定每天的燃料消耗量。

2-9　一个很大的容器放出 2kg 某种理想气体，过程中系统吸热 200kJ。已知放出的 2kg 气体的动能如完全转化为功，就可以发电 3600J，其比焓的平均值 $\bar{h}=301.7\text{kJ/kg}$。有人认为此容器中原有 20kg、温度为 27℃ 的理想气体，试分析这一结论是否合理。假定该气体的比热力学能 $u=c_V T$，且 $c_V=0.72\text{kJ/(kg·K)}$。

2-10　某大型燃气轮机装置的压缩机从环境大气中吸入压力为 95kPa、温度为 20℃ 的空气，空气进入压气机时速度较小，流出压气机时气流压力为 1.52MPa、温度为 430℃、速度为 90m/s，压气机输入功率为 5000kW，试确定空气的质量流量。已知空气的焓仅是温度的函数，$h=c_p T$。空气的 $c_p=1.004\text{kJ/(kg·K)}$。

2-11　空气在压气机中被压缩。压缩前空气的参数为 $p_1=0.1\text{MPa}$，$v_1=0.845\text{m}^3/\text{kg}$，压缩后的参数为 $p_2=0.8\text{MPa}$，$v_2=0.175\text{m}^3/\text{kg}$。设在压缩过程中 1kg 空气的热力学能增加 146.5kJ，同时向外放出热量 50kJ。压气机每分钟产生压缩空气 10kg。试求：

(1) 压缩过程中对每千克空气做的功;
(2) 每生产 1kg 压缩空气所需的功(技术功);
(3) 带动此压气机所用电动机的功率。

2-12 一个刚性绝热容器，容积 $V=0.028\text{m}^3$，原先装有压力为 0.1MPa、温度为 21℃的空气。现将连接此容器与输气管道的阀门打开，向容器内快速充气。设输气管道内气体的状态参数保持不变：$p=0.7\text{MPa}$，$t=21℃$。当容器中压力达到 0.2MPa 时阀门关闭，求容器内气体可能达到的最高温度。设空气可视为理想气体，其热力学能与温度的关系为 $u=0.72\{T\}_K \text{kJ/kg}$；焓与温度的关系为 $h=1.005\{T\}_K \text{kJ/kg}$。

2-13 医用氧气袋中空时呈扁平状态，内部容积为零。接在压力为 14MPa、温度为 17℃的钢质氧气瓶上充气。充气后氧气袋隆起，体积为 0.008m^3、压力为 0.15MPa，由于充气过程很快，氧气袋与大气换热可以忽略不计，同时因充入氧气袋内气体的质量与钢瓶内气体的质量相比甚少，故可以认为钢瓶内氧气参数不变。设氧气可视为理想气体，其热力学能可以表示为 $u=0.657\{T\}_K \text{kJ/kg}$，焓与温度的关系为 $h=0.917\{T\}_K \text{kJ/kg}$，求充入氧气袋内的氧气有多少？

注：习题 2-11~2-13 为非稳定流动习题，选做。

第 3 章
理想气体的性质与热力过程

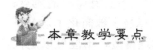
本章教学要点

知识要点	掌握程度	相关知识
理想气体状态方程	熟练掌握，正确应用	平衡状态，分子运动论
理想气体的比热容、热力学能、焓和熵的计算	理解概念、熟练应用比热容计算过程热量，以及计算理想气体的热力学能、焓和熵的变化量	状态参数的特点；热力学第一定律；分子运动论
理想气体热力过程	熟练掌握四种基本热力过程及多变过程与外界热量、功量交换的计算及在 $p\text{-}v$、$T\text{-}s$ 图上的特点	过程量、状态量的概念；可逆过程、不可逆过程的特点
理想气体热力过程的应用	了解压气机的热力过程特点及分析方法	压气机结构及工作原理

导入案例

实验测得氮气在温度为 175K，比体积为 0.00375m³/kg 时，压力为 10MPa。若利用理想气体状态方程计算，则压力为 13.86MPa。为什么出现这么大的误差？主要原因是，在该状态下，不能把氮气作为理想气体来处理。

3.1 实际气体和理想气体

热能与机械能之间的转换需要以工质为媒介,并且转换的效率与工质的性质密切相关。因此,在研究热能与机械能之间的转换规律时,必须同时研究工质的热力性质。由于热能和机械能的相互转换是通过工质膨胀做功实现的,因此采用的工质都是容易膨胀的气态物质。

实际气体分子本身具有体积,分子间存在相互作用力,分子持续不断地做无规则的热运动,分子数目庞大等。因此,使得实际气体的热力性质的研究非常复杂,即压力 p、比体积 v、温度 T 之间的关系一般比较复杂。但是,通过大量实验发现,当密度比较小,也就是比体积比较大时,处于平衡状态的气态物质的基本状态参数之间将近似地保持一种简单的关系。为此,人们提出了理想气体的模型。

理想气体是一种实际不存在的假想气体,认为分子是一些弹性的、不具有体积的质点;分子之间没有相互作用力。在这两点假设条件下,气体分子的运动规律极大地简化了,分子两次碰撞之间为直线运动,且弹性碰撞无动能损失。对此简化后的物理模型,不但可以定性地分析气体的某些热力现象,而且可以定量地导出状态参数间存在的简单函数关系。

实验证明,当气体的压力不太高,温度不太低时,气体分子间的作用力及分子本身的体积皆可忽略,气体的性质就比较接近理想气体,气体可作为理想气体处理。例如,在常温下,只要压力不超过 5MPa,工程上常用的 O_2、N_2、H_2、CO 等气体及主要由这些气体组成的空气及燃气,都可以作为理想气体处理,不会产生很大误差。另外,大气或燃气中所含的少量水蒸气,由于其分压力很低,比体积很大,也可作为理想气体处理。但是火力发电厂中所使用的水蒸气,压力比较高,密度比较大,离液态不远,不能作为理想气体看待。至于气体在什么情况下才能按理想气体处理,何时必须按实际气体对待,主要取决于气体所处的状态以及计算所要求的精确度。在工程中经常用到的很多气体,如空气、燃气、烟气等,一般可以按理想气体进行分析和计算,并能保证一定的精度。所以,关于理想气体的讨论,无论在理论上还是在实用上都有很重要的意义。

3.2 理想气体的热力性质

3.2.1 理想气体状态方程

实验证明,在平衡状态时,理想气体的三个基本状态参数之间存在着一定的函数关系,这就是物理学中波义耳·马略特定律、盖·吕萨克定律和查理定律所表达的内容,综合这些经验定律,可以得到理想气体 p、v、T 之间的数学关系式为

$$pv = R_g T \tag{3-1}$$

式(3-1)于 1834 年由克拉贝龙(Clapeyron)首先导出,因此称为克拉贝龙方程式。凡是遵循克拉贝龙方程的气体都被称为理想气体,所以克拉贝龙方程又称为理想气体的状态方程。p 为气体的绝对压力,单位是 Pa;v 为比体积,单位是 m^3/kg;温度 T 是热力学温

度，单位是 K；气体常数 R_g 的单位是 J/(kg·K)。

在国际单位制中，物质的量的单位为 mol(摩尔)。1mol 物质的质量称为摩尔质量，以 M 表示，单位为 kg/mol。1kmol 物质的质量数值与气体的相对分子质量的数值相同，1mol 物质的体积称为摩尔体积，用 V_m 表示，$V_m = Mv$。

对于理想气体，由式(3-1)可得

$$pV_m = MR_g T$$

引入 $R = MR_g$ 得到

$$pV_m = RT \tag{3-2}$$

阿伏伽德罗定律指出，在同温、同压下，任何气体的摩尔体积 V_m 都相等。R 是与气体种类和气体状态无关的常数。R 称为摩尔气体常数，其值可由气体在任意一状态下的参数确定，如在标准状态下($p_0 = 101325\text{Pa}$，$T_0 = 273.15\text{K}$)，1kmol 任何气体所占体积皆约为 22.41410m³，代入式(3-2)可得

$$R = \frac{p_0 V_{m0}}{T_0} = \frac{101325 \times 22.41410}{273.15 \times 1000} = 8.314 \text{ [J/(mol·K)]}$$

这里，各参数的下角标"0"指标准状态。p、V_m、T 的单位选择不同，R 的数值和单位也不同。有了摩尔气体常数，只要知道气体的摩尔质量(或相对分子质量)，任何一种气体的气体常数 R_g 就可按式(3-3)确定。

$$R_g = \frac{R}{M} \tag{3-3}$$

不同物量时理想气体状态方程可归纳为

1kg 气体 $\quad\quad pv = R_g T$
1mol 气体 $\quad\quad pV_m = RT \tag{3-4}$
质量为 m 的气体 $\quad\quad pV = mR_g T \tag{3-5}$
物质的量为 n mol 的气体 $\quad\quad pV = nRT \tag{3-6}$

【例3.1】 某储气罐储有 CO_2 气体，刚性储气罐的体积为 3m³，压力表读数为 30kPa，温度计指示为 30℃，若向罐内充入 CO_2 气体 12kg 后，温度指示为 70℃，问此时压力表读数为多少？设当地大气压力为 100kPa。

解： 根据题意，充气前储气罐 CO_2 的热力参数为

$$p_1 = (30+100) \times 10^3 = 130 \times 10^3 \text{(Pa)}, \quad T_1 = 30+273 = 303\text{(K)}, \quad V = 3\text{m}^3$$

摩尔质量 $M = 44$，则

$$R_g = \frac{R}{M} = \frac{8.314}{44 \times 10^{-3}} = 188.95 \text{[J/(kg·K)]}$$

充气前储气罐内气体质量，由 $p_1 V = m_1 R_g T_1$ 得

$$m_1 = \frac{p_1 V}{R_g T_1} = \frac{130 \times 10^3 \times 3}{188.95 \times 303} = 6.81 \text{(kg)}$$

充入 12kg 气体后，储气罐内气体质量为

$$m_2 = m_1 + 12 = 18.81 \text{(kg)}$$

于是有

$$p_2 = \frac{m_2 R_g T_2}{V} = \frac{18.81 \times 188.9 \times (70+273)}{3} = 0.406 \text{(MPa)}$$

所以此时压力表的读数为

$$p_{2e} = p_2 - p_b = 0.406 \times 10^6 - 100 \times 10^3 = 0.306 (\text{MPa})$$

此题是利用理想气体状态方程解决实际问题。注意：理想气体状态方程中压力采用绝对压力，温度为热力学温度。

3.2.2 理想气体的比热容

1. 比热容的定义

物体温度升高 1K(或 1℃)所需要的热量称为该物体的热容量，简称热容，以 C 表示，$C = \dfrac{\delta Q}{dT}$，单位为 J/K。单位质量物质的热容量称为该物质的比热容(质量热容)，用 c 表示，单位为 J/(kg·K)，其定义式为

$$c = \frac{\delta q}{dT} \quad \text{或} \quad c = \frac{\delta q}{dt} \tag{3-7}$$

1mol 物质的热容量称为摩尔热容，以 C_m 表示，单位为 J/(mol·K)。标准状态下 1m³ 物质的热容称为体积热容，以 C' 表示，单位为 J/(m³·K)，三者之间的关系为

$$C_m = Mc = 0.0224141 C' \tag{3-8}$$

2. 比定容热容和比定压热容

气体的热容因工质不同而不同。同时，由于热量是与过程性质有关的量，如果工质初、终态相同而过程不同，吸入或放出的热量就不同，工质的比热容也就不同，所以工质的比热容与过程的性质有关。热力设备中，工质往往是在接近压力不变或体积不变的条件下吸热或放热的，即定容过程和定压过程，所以比定容热容和比定压热容是两种常用的比热容，分别以 c_p 和 c_V 表示。定义如下

$$c_V = \frac{\delta q_V}{dT} \tag{3-9}$$

$$c_p = \frac{\delta q_p}{dT} \tag{3-10}$$

引用热力学第一定律解析式(2-8)、式(2-18)，对可逆过程，有

$$\delta q = du + p dv$$

$$\delta q = dh - v dp$$

定容时，$dv = 0$，故有

$$c_V = \left(\frac{\delta q}{dT} \right)_V = \left(\frac{du + p dv}{dT} \right)_V = \left(\frac{\partial u}{\partial T} \right)_V \tag{3-11}$$

定压时，$dp = 0$，故有

$$c_p = \left(\frac{\delta q}{dT} \right)_p = \left(\frac{dh - v dp}{dT} \right)_p = \left(\frac{\partial h}{\partial T} \right)_p \tag{3-12}$$

式(3-11)和式(3-12)直接由比热容的定义导出，故适用于一切工质，不限于理想气体。

对于理想气体，其分子间不存在相互作用力，因此理想气体的热力学能仅包含与温度有关的分子动能，也就是说，理想气体的热力学能只是温度的单值函数。于是，由式(3-11)可得理想气体的比定容热容为

$$c_V = \frac{du}{dT} \tag{3-13}$$

对于理想气体，根据焓的定义
$$h = u + pv = u + R_g T$$
可见，理想气体的焓也是温度的单值函数，于是由式(3-12)可将理想气体的比定压热容表示为
$$c_p = \frac{dh}{dT} \tag{3-14}$$
应用焓的定义和理想气体状态方程式，式(3-14)可写成
$$c_p = \frac{dh}{dT} = \frac{d(u+pv)}{dT} = \frac{du}{dT} + \frac{d(R_g T)}{dT} = c_V + R_g$$
即理想气体的比定压热容与比定容热容的关系为
$$c_p - c_V = R_g \tag{3-15}$$
将式(3-15)两边乘以摩尔质量 M，可得
$$C_{p,m} - C_{V,m} = R \tag{3-16}$$

式(3-15)和式(3-16)称为迈耶公式。由迈耶公式可见，气体的比定压热容大于比定容热容，这是因为定容时气体不对外膨胀做功，所加入的热量全部用于增加气体本身的热力学能，使温度升高；而在定压过程中，气体在受热温度升高的同时，还要克服外力对外膨胀做功，因此相同质量的气体在定压过程中温度同样升高 1K 要比在定容过程中需要更多的热量。对于不可压缩流体及固体，比定压热容和比定容热容相等。

比值 c_p/c_V 称为比热容比，用符号 γ 表示
$$\gamma = c_p/c_V \tag{3-17}$$
由式(3-15)与式(3-17)得
$$c_V = \frac{1}{\gamma - 1} R_g \tag{3-18}$$
$$c_p = \frac{\gamma}{\gamma - 1} R_g \tag{3-19}$$

3. 利用比热容计算热量

按照不同的精度要求和计算要求，理想气体的比热容有以下几种。

1) 真实比热容

因为理想气体的热力学能和焓只是温度的函数，所以理想气体比热容也只是温度的函数，该函数通常由实验得出，可表示为多项式形式，即
$$c = a_0 + a_1 T + a_2 T^2 + \cdots \tag{3-20}$$
式中，$a_0, a_1, a_2 \cdots$ 为常数，可查阅书后附录或有关手册。

因为这种由多项式定义的比热容能比较真实地反映理想气体比热容与温度之间的关系，故称为真实比热容。

利用式(3-20)可计算理想气体在热力过程中的吸热量
$$q = \int_{T_1}^{T_2} c \, dT = \int_{T_1}^{T_2} (a_0 + a_1 T + a_2 T^2 + \cdots) dT$$

2) 平均比热容

为了工程计算方便，同时又不影响计算精度，引入平均比热容的概念。所谓平均比热容是在一定温度范围(t_1 到 t_2)内真实比热容的积分平均值

$$c\big|_{t_1}^{t_2} = \frac{q_{1-2}}{t_2-t_1} = \frac{\int_{t_1}^{t_2} c\,dt}{t_2-t_1} \tag{3-21}$$

考虑到

$$\int_{t_1}^{t_2} c\,dt = \int_{0℃}^{t_2} c\,dt - \int_{0℃}^{t_1} c\,dt = c\big|_{0℃}^{t_2}(t_2-0) - c\big|_{0℃}^{t_1}(t_1-0) \tag{3-22}$$

气体的平均比热容可以表示为

$$c\big|_{t_1}^{t_2} = \frac{c\big|_{0℃}^{t_2} t_2 - c\big|_{0℃}^{t_1} t_1}{t_2-t_1} \tag{3-23}$$

过程热量可按式(3-22)计算。式中 $c\big|_{0℃}^{t_1}$ 和 $c\big|_{0℃}^{t_2}$ 分别表示温度自 0℃ 到 t_1 和 0℃ 到 t_2 之间的平均比热容值。工程上,将常用气体从 0℃ 到 t 之间的平均比热容列成表格供计算查用。附录 A-3 提供了几种常用理想气体的平均比定压热容数值。

3) 平均比热容直线关系式

工程上为简化计算,常使用平均比热容的直线关系式,其计算精度能满足一般要求。将理想气体的真实比热容与温度的函数关系近似地表示为直线关系式 $c=a+bt$。这时热量

$$q = \int_{t_1}^{t_2} c\,dt = \int_{t_1}^{t_2} (a+bt)\,dt = a(t_2-t_1) + \frac{b}{2}(t_2^2-t_1^2)$$

$$= \left[a + \frac{b}{2}(t_2+t_1)\right](t_2-t_1)$$

由上式可得出 t_1 到 t_2 间的平均比热容

$$c\big|_{t_1}^{t_2} = a + \frac{b}{2}(t_2+t_1) \tag{3-24}$$

式(3-24)称为平均比热容直线关系式。本书附录 A-5 中给出了一些气体的平均比热容直线关系式 $c\big|_{t_1}^{t_2} = a + \frac{b}{2}t$。使用时只要用 t_1+t_2 代替 t 就可求得 t_1 至 t_2 间的平均比热容。

4) 定值比热容

在计算精度要求不高或温度变化范围不大的情况下,可以不考虑温度对比热容的影响,将比热容近似作为定值处理,通常称为定值比热容。根据分子运动论,如果气体分子具有相同原子数,则其摩尔热容相同且为定值,其数值见表 3-1,也可以在附录中查取。

表 3-1 理想气体的定值摩尔热容

	单原子气体	双原子气体	多原子气体
$C_{V,m}$	$\frac{3}{2}R$	$\frac{5}{2}R$	$\frac{7}{2}R$
$C_{p,m}$	$\frac{5}{2}R$	$\frac{7}{2}R$	$\frac{9}{2}R$
γ	1.67	1.40	1.29

【例 3.2】 试计算每千克氧气从 200℃ 定压加热至 380℃ 所吸收的热量。

(1) 按平均比热容计算;
(2) 按定值比热容计算。

解:(1) 查附录 A-3 得

$$c_p\big|_{0℃}^{200℃} = 0.935\,kJ/(kg\cdot K)$$

$$c_p\Big|_{0℃}^{300} = 0.950 \text{kJ/(kg·K)}$$
$$c_p\Big|_{0℃}^{400} = 0.965 \text{kJ/(kg·K)}$$

所以

$$c_p\Big|_{0℃}^{380} = c_p\Big|_{0℃}^{300} + \frac{(380-300)}{(400-300)}\left(c_p\Big|_{0℃}^{400} - c_p\Big|_{0℃}^{300}\right)$$
$$= 0.95 + 0.8 \times (0.965 - 0.95)$$
$$= 0.962 \text{ [kJ/(kg·K)]}$$

故从 200℃ 加热到 380℃ 所吸收的热量

$$q = c_p\Big|_{t_1}^{t_2}(t_2 - t_1) = \frac{c_p\Big|_{0℃}^{t_2} \cdot t_2 - c_p\Big|_{0℃}^{t_1} \cdot t_1}{t_2 - t_1}(t_2 - t_1)$$
$$= c_p\Big|_{0℃}^{t_2} \cdot t_2 - c_p\Big|_{0℃}^{t_1} \cdot t_1$$
$$= c_p\Big|_{0℃}^{380} \times 380 - c_p\Big|_{0℃}^{200} \times 200$$
$$= 0.962 \times 380 - 0.935 \times 200$$
$$= 178.6 \text{(kJ/kg)}$$

(2) 氧气是双原子气体，采用表 3-1 给定的比热容计算，则氧气的比热容为

$$c_p = \frac{7}{2}\frac{R}{M} = \frac{7}{2} \times \frac{8.314}{32 \times 10^{-3}} = 0.909 \text{ [kJ/(kg·K)]}$$

则

$$q = c_p \Delta t = 0.909 \times (380 - 200) = 163.7 \text{(kJ/kg)}$$

上述两种计算方法中，利用平均比热容计算比较准确，定值比热容计算误差较大。

3.2.3 理想气体的热力学能、焓和熵

1. 理想气体的热力学能和焓

理想气体的热力学能和焓都是温度的单值函数，由式(3-13)和式(3-14)可得

$$du = c_V dT \tag{3-25}$$
$$dh = c_p dT \tag{3-26}$$

需强调的是，虽然以上两式热力学能和焓的增量计算用的分别是比定容热容和比定压热容，但由于热力学能和焓是状态参数，故以上两式适用于理想气体的任何过程。

根据式(3-25)和式(3-26)，理想气体在任一过程中热力学能和焓的变化 Δu 和 Δh 可以分别由以下积分式求得。

$$\Delta u = \int_1^2 c_V dT \tag{3-27}$$

$$\Delta h = \int_1^2 c_p dT \tag{3-28}$$

根据计算精度的要求，可以选用真实比热容或平均比热容进行计算，还可以直接查取热力学能-温度表和焓-温度表。计算中基准点的选择是任意的，对 Δu 和 Δh 的计算无影响，但是，只有当以 0K 为基准时，u 和 h 才同时为零。

2. 理想气体的熵

在热工计算中，熵的计算具有特别重要的意义。与热力学能和焓相同，在一般的热工

计算中，只涉及熵的变化量，因此不管选择哪一个基准态，都不会影响任意两个状态间熵变的计算值。由熵的定义式、热力学第一定律表达式可得

$$ds = \frac{\delta q_{rev}}{T} = \frac{du + p dv}{T}$$

$$ds = \frac{\delta q_{rev}}{T} = \frac{dh - v dp}{T}$$

对理想气体，$du = c_V dT$，$dh = c_p dT$，$pv = R_g T$，代入上式可得

$$ds = c_V \frac{dT}{T} + R_g \frac{dv}{v} \tag{3-29}$$

$$ds = c_p \frac{dT}{T} - R_g \frac{dp}{p} \tag{3-30}$$

对式(3-29)和式(3-30)两边积分得到理想气体任一热力过程熵变量的计算式

$$\Delta s = \int_{T_1}^{T_2} c_V \frac{dT}{T} + R_g \ln \frac{v_2}{v_1} \tag{3-31}$$

$$\Delta s = \int_{T_1}^{T_2} c_p \frac{dT}{T} - R_g \ln \frac{p_2}{p_1} \tag{3-32}$$

利用理想气体的状态方程还可以推导得到

$$ds = c_V \frac{dp}{p} + c_p \frac{dv}{v} \tag{3-33}$$

若按定值比热容，计算式为

$$\Delta s = c_V \ln \frac{p_2}{p_1} + c_p \ln \frac{v_2}{v_1} \tag{3-34}$$

从以上各式可以看出，理想气体的熵变完全取决于初态和终态，而与所经历的途径无关。也就是说，理想气体的熵是一个状态参数。因此以上各熵变计算式对于理想气体的任何过程都适用。

【例 3.3】 CO_2 按定压过程流经冷却器，$p_1 = p_2 = 0.105$MPa，温度由 600K 冷却到 366K，试计算 1kg CO_2 的热力学能变化量、焓变化量及熵变化量，并分别使用平均比热容表和真实比热容经验式计算。

解： 已知 $T_1 = 600$K，$T_2 = 366$K，即 $t_1 = 326.85$℃，$t_2 = 92.85$℃。$p_1 = p_2 = 0.105$MPa，由附录 A-2 查得 $M = 44.01 \times 10^{-3}$ kg/mol。

(1) 使用平均比热容表计算。

由附录 A-3 查得 CO_2 的平均比定压热容 $c_p \big|_{0℃}^{t}$，利用例 3.2 的内差值法可得到

$$c_p \big|_{0℃}^{t_1} = 0.95813 \text{kJ/(kg·K)}, \quad c_p \big|_{0℃}^{t_2} = 0.86235 \text{kJ/(kg·K)}$$

CO_2 的气体常数为

$$R_g = \frac{8.3145 \times 10^{-3}}{M} = \frac{8.3145 \times 10^{-3}}{44.01 \times 10^{-3}} = 0.1889 [\text{kJ/(kg·K)}]$$

由比定压热容与比定容热容的关系知，平均比定容热容为

$$c_V \big|_{0℃}^{t} = c_p \big|_{0℃}^{t} - R_g$$

所以

$$c_V \big|_{0℃}^{t_1} = c_p \big|_{0℃}^{t_1} - R_g = 0.95813 - 0.1889$$
$$= 0.76923 [\text{kJ/(kg·K)}]$$

$$c_V\Big|_{0℃}^{t_2} = c_p\Big|_{0℃}^{t_2} - R_g = 0.86235 - 0.1889$$
$$= 0.67345[\text{kJ}/(\text{kg} \cdot \text{K})]$$

于是有
$$\Delta u = c_V\Big|_{0℃}^{t_2} t_2 - c_V\Big|_{0℃}^{t_1} t_1$$
$$= 0.67345 \times 92.85 - 0.76923 \times 326.85$$
$$= -188.89(\text{kJ}/\text{kg})$$
$$\Delta h = c_p\Big|_{0℃}^{t_2} t_2 - c_p\Big|_{0℃}^{t_1} t_1$$
$$= 0.86235 \times 92.85 - 0.95813 \times 326.85$$
$$= -233.09(\text{kJ}/\text{kg})$$

t_1 到 t_2 间的平均比定压热容为
$$c_p\Big|_{t_1}^{t_2} = \frac{\Delta h}{t_2 - t_1} = \frac{-233.09}{92.85 - 326.85} = 0.9961[\text{kJ}/(\text{kg} \cdot \text{K})]$$

所以比熵的变化量为
$$\Delta s = c_p\Big|_{t_1}^{t_2} \ln\frac{T_2}{T_1} - R_g \ln\frac{p_2}{p_1} = 0.9961 \times \ln\frac{366}{600}$$
$$= -0.4924[\text{kJ}/(\text{kg} \cdot \text{K})]$$

(2) 使用真实比热容经验式计算。

由附录 A-11 查得 CO_2 的摩尔定压热容为
$$\frac{C_{p,m}}{R} = 2.401 + 8.735 \times 10^{-3} T - 6.607 \times 10^{-6} T^2 + 2.002 \times 10^{-9} T^3$$

由迈耶公式
$$\frac{C_{V,m}}{R} = \frac{C_{p,m}}{R} - 1$$
$$= (2.401 - 1) + 8.735 \times 10^{-3} T - 6.607 \times 10^{-6} T^2 + 2.002 \times 10^{-9} T^3$$

于是有
$$\Delta u = \frac{R}{M}\int_{T_1}^{T_2} \frac{C_{V,m}}{R} dT = \frac{8.3145 \times 10^{-3}}{44.01 \times 10^{-3}} \times [(2.401 - 1) \times (366 - 600) +$$
$$\frac{8.735 \times 10^{-3}}{2} \times (366^2 - 600^2) -$$
$$\frac{6.607 \times 10^{-6}}{3} \times (366^3 - 600^3) +$$
$$\frac{2.002 \times 10^{-9}}{4} \times (366^4 - 600^4)]$$
$$= -189.53(\text{kJ}/\text{kg})$$
$$\Delta h = \frac{R}{M}\int_{T_1}^{T_2} \frac{C_{p,m}}{R} dT = \frac{8.3145 \times 10^{-3}}{44.01 \times 10^{-3}} \times [2.401 \times (366 - 600) +$$
$$\frac{8.735 \times 10^{-3}}{2} \times (366^2 - 600^2) -$$
$$\frac{6.607 \times 10^{-6}}{3} \times (366^3 - 600^3) + \frac{2.002 \times 10^{-9}}{4} \times (366^4 - 600^4)]$$
$$= -233.78(\text{kJ}/\text{kg})$$

因为 $p_1 = p_2$, $\ln\frac{p_2}{p_1} = 0$, 故

$$\Delta s = \frac{R}{M}\int_{T_1}^{T_2} \frac{C_{p,m}}{R}\frac{dT}{T} - R_g \ln\frac{p_2}{p_1} = \frac{8.3145\times 10^{-3}}{44.01\times 10^{-3}} \times$$

$$\left[2.401\times \ln\frac{366}{600} + 8.735\times 10^{-3}\times(366-600) - \right.$$

$$\frac{6.607\times 10^{-6}}{2}\times(366^2-600^2) +$$

$$\left.\frac{2.002\times 10^{-9}}{3}\times(366^3-600^3)\right]$$

$$= -0.4902(\text{kJ/kg})$$

3.3 理想气体混合物

工程上除纯质理想气体外,还常用到由多种气体组成的混合气体。例如,锅炉中燃料燃烧所产生的烟气,是由 CO_2、H_2O、N_2、SO_2 等气体组成的混合气体。又如,空气主要是由 O_2 和 N_2,此外还有 H_2O、CO_2 等其他少量气体组成的。

如果混合气体中各组成气体(简称组元)都具有理想气体的性质,各组元之间不发生化学反应,则整个混合气体也具有理想气体的性质,其 p、v、T 之间的关系也符合理想气体状态方程式,这样的混合气体称为理想气体混合物。

3.3.1 理想气体混合物的基本定律

1. 分压力定律

理想气体混合物的压力是各组元分子撞击容器壁而产生的。各组元分子的热运动不因存在其他组元分子而受影响,通常,将各组元单独占有与混合气体相同的体积 V 并处于与混合气体相同的温度 T 时所呈现的压力,称为该组元的分压力,用 p_i 表示。显然,混合气体的总压力应该等于各组元分压力之和,即

$$p = p_1 + p_2 + \cdots + p_k = \sum_{i=1}^{k} p_i \quad (3-35)$$

式中,p 为混合气体的总压力;p_i 为第 i 种组元的分压力。式(3-35)所表示的规律称为道尔顿分压定律,如图 3.1 所示。

道尔顿分压定律仅适用于理想混合气体,因为实际混合气体中,各组元气体之间存在着相互作用与影响。

2. 分体积定律

混合气体中第 i 种组元处于与混合气体相同压力 p 和温度 T 时所单独占据的体积,称为该组元的分体积,用 V_i 表示,如图 3.2 所示。理想混合气体的总体积等于各组元的分体积之和,这一规律也常称为亚美格分体积定律。

即

$$V = V_1 + V_2 + \cdots + V_k = \sum_{i=1}^{k} V_i \quad (3-36)$$

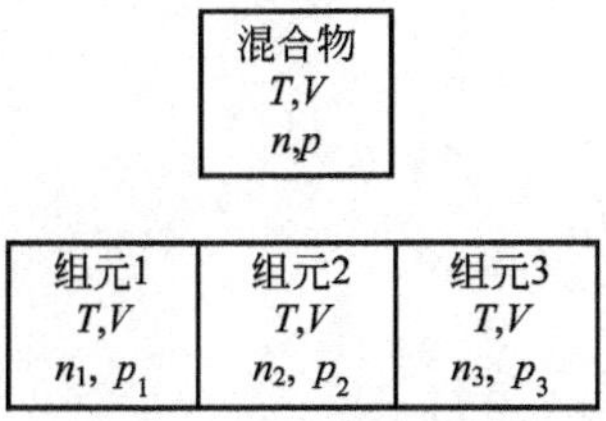

```
┌─────────────┐              ┌─────────────────────┐
│   混合物    │              │      混合物         │
│    T,V      │              │       p,T           │
│    n,p      │              │ n=n₁+n₂+n₃, V       │
└─────────────┘              └─────────────────────┘
```
```
┌──────┬──────┬──────┐       ┌──────┬──────┬──────┐
│组元1 │组元2 │组元3 │       │组元1 │组元2 │组元3 │
│ T,V  │ T,V  │ T,V  │       │ p,T  │ p,T  │ p,T  │
│n₁,p₁ │n₂,p₂ │n₃,p₃ │       │n₁,V₁ │n₂,V₂ │n₃,V₃ │
└──────┴──────┴──────┘       └──────┴──────┴──────┘
```

　　图3.1　混合物的分压力 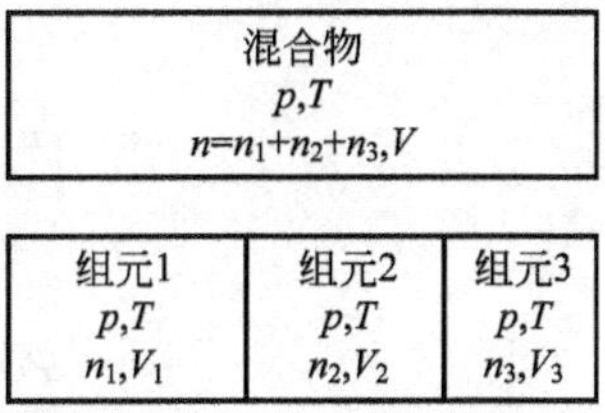　　　　　图3.2　混合物的分体积

3.3.2　理想气体混合物的成分

　　理想气体混合物的性质取决于各组元的热力性质和成分。各组元在混合气体中所占的数量份额称为理想气体混合物的成分。按所用物量单位的不同，成分的表示方法分为三种：质量分数、摩尔分数与体积分数。

1. 质量分数

　　如果混合物由 k 种气体组成，其中第 i 种组元气体的质量 m_i 与混合气体总质量 m 的比值称为该组元的质量分数，用 w_i 表示，即

$$w_i = \frac{m_i}{m} \tag{3-37}$$

　　由于各组元质量之和等于混合物的总质量，所以，各组元质量分数之和等于1。

$$\sum_{i=1}^{k} w_i = 1 \tag{3-38}$$

2. 摩尔分数

　　气体混合物中，第 i 种组元气体的摩尔数 n_i 与混合气体的摩尔数 n 的比值称为该组元的摩尔分数，用 x_i 表示，即

$$x_i = \frac{n_i}{n} \tag{3-39}$$

　　由于各组元物质的量之和等于混合物的总量，所以，各组元气体的摩尔分数之和等于1，即

$$\sum_{i=1}^{k} x_i = 1 \tag{3-40}$$

3. 体积分数

　　气体混合物中，第 i 种组元气体的分体积 V_i 与混合气体总体积 V 的比值称为该组元的体积分数，用 φ_i 表示，即

$$\varphi_i = \frac{V_i}{V} \tag{3-41}$$

　　由分体积定律，各组元气体的体积分数之和也等于1，即

$$\sum_{i=1}^{k} \varphi_i = 1 \tag{3-42}$$

4. 各成分之间的关系

　　将理想气体状态方程分别用于气体混合物和第 i 种组元气体，比较两式很容易得到 $x_i = \varphi_i$，所以理想气体混合物的成分表示法实际上只有两种。不难证明，各成分之间存在下列换算关系。

$$x_i = \varphi_i \tag{3-43}$$

$$w_i = \frac{x_i M_i}{\sum_{i=1}^{k} x_i M_i} \tag{3-44}$$

$$\varphi_i = \frac{w_i/M_i}{\sum_{i=1}^{k} w_i/M_i} \tag{3-45}$$

式中，M_i 为第 i 种组元的摩尔质量。

3.3.3 混合气体的折合摩尔质量和折合气体常数

由于混合气体是由摩尔质量不同的多种气体组成的，因此为了计算方便，引入折合摩尔质量。若混合气体的总质量为 m，总物质的量为 n，则混合气体的折合摩尔质量为

$$M_{eq} = \frac{m}{n} \tag{3-46}$$

当混合物成分已知时，折合摩尔质量可以确定。若已知摩尔分数 x_i（或体积分数 φ_i），则

$$M_{eq} = \frac{\sum_{i=1}^{k} m_i}{n} = \frac{\sum_{i=1}^{k} n_i M_i}{n} = \sum_{i=1}^{k} x_i M_i \tag{3-47}$$

由气体常数 R_g 与摩尔气体常数 R 的关系，可求得混合物的气体常数，即折合气体常数

$$R_{g,eq} = \frac{R}{M_{eq}} = \frac{R}{m/\sum_{i=1}^{k} n_i} = \frac{R \cdot \sum_{i=1}^{k} m_i/M_i}{m} = \sum_{i=1}^{k} w_i \cdot \frac{R}{M_i}$$

于是有

$$R_{g,eq} = \sum_{i=1}^{k} w_i R_{g,i} \tag{3-48}$$

【例 3.4】 已知气体的体积分数为 $\varphi_{N_2}=78.026\%$，$\varphi_{O_2}=21.000\%$，$\varphi_{CO_2}=0.030\%$，$\varphi_{H_2}=0.014\%$，$\varphi_{Ar}=0.930\%$。试计算其折合摩尔质量和折合气体常数。

解： 由式（3-47）知折合摩尔质量为

$$M_{eq} = \sum_{i=1}^{k} x_i M_i$$

由于体积分数在数量上与摩尔分数相等，故

$$M_{eq} = 0.78026 \times 28 + 0.21 \times 32 + 0.0003 \times 44 + 0.00014 \times 2 + 0.0093 \times 39.94$$
$$= 28.95 (kJ/kmol)$$

折合气体常数为

$$R_{g,eq} = \frac{R}{M_{eq}} = \frac{8.314}{28.95} = 0.287 \ [kJ/(kg \cdot K)]$$

3.4 理想气体的热力过程

热能和机械能的相互转换是通过工质的一系列状态变化过程来实现的，而不同的热力

过程是在不同的外部条件下产生的。研究热力过程的目的就在于研究外部条件对热能和机械能转换的影响,力求通过有利的外部条件,合理地安排工质的热力过程,达到提高热能和机械能转换效率的目的。

实际热力过程都是比较复杂的,严格地讲都是不可逆过程。为了便于分析和突出能量转换的主要矛盾,在理论研究中通常采用抽象、概括的方法,将实际的、复杂的不可逆过程简化为可逆过程,然后借助某些经验系数进行修正。有时为了突出实际过程中状态参数变化的主要特征,将实际过程近似为具有简单规律的典型过程,如换热器中流体的温度和压力都在变化,但温度变化是主要的,压力变化却很小,可以认为是在压力不变的条件下进行的热力过程;燃气轮机中燃气的热力过程,因燃气流速很快,与外界交换的热量很少,可以看作绝热过程。这种保持一个状态参数不变的过程称为基本热力过程。工程热力学将热力设备中的各种热力过程概括为几种典型过程,即定容、定压、定温和定熵过程。同时为使问题简化,这里只分析理想气体可逆过程。

理想气体热力过程的研究步骤可概括为以下几点:

(1) 根据过程特点,得出过程方程式 $p=f(v)$。

(2) 由过程方程及状态方程找出不同状态时状态参数间的关系,从而确定未知参数。

(3) 确定过程中的比热力学能、比焓、比熵的变化量,分析过程中的膨胀功、技术功和热量等能量交换关系,建立功量和热量计算式。

(4) 在 $p-v$ 图和 $T-s$ 图上表示出各过程,并进行定性分析。

3.4.1 理想气体的基本热力过程

1. 定容过程

气体比体积保持不变的过程称为定容过程。

1) 过程方程式

定容过程方程式为

$$v = 常数 \tag{3-49}$$

2) 基本状态参数间关系

根据过程方程式和理想气体状态方程式,定容过程初、终态基本状态参数间的关系为

$$v_1 = v_2 \tag{3-50}$$

$$\frac{T_2}{T_1} = \frac{p_2}{p_1} \tag{3-51}$$

3) 功量和热量计算

因为理想气体的热力学能和焓都是温度的单值函数,所以理想气体所经历的任何过程都有

$$\Delta u = \int_1^2 c_V dT$$

$$\Delta h = \int_1^2 c_p dT$$

由 $v=$ 常数,$dv=0$,则定容过程中气体的膨胀功为零,即

$$w = \int_1^2 p dv = 0$$

定容过程的技术功为

$$w_t = -\int_1^2 v\,dp = v(p_1 - p_2) \qquad (3-52)$$

过程热量可根据热力学第一定律第一解析式得出

$$q = \Delta u + w = \Delta u + 0 = \Delta u$$

或用比热容进行计算

$$q = \int_1^2 c_V\,dT$$

当比热容取定值比热容时

$$q = c_V \Delta T$$

4) 定容过程在 $p\text{-}v$ 图与 $T\text{-}s$ 图上的表示

由于 $v=$ 常数，定容过程在 $p\text{-}v$ 图上为一条垂直于 v 轴的直线，如图 3.3 所示。$T\text{-}s$ 图上定容线为一条斜率为正的指数曲线，如图 3.3 所示。

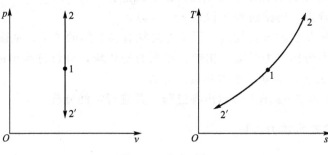

图 3.3 定容过程

其斜率可由理想气体熵 ds 的表达式分析得出

$$ds = c_V \frac{dT}{T} + R_g \frac{dv}{v}$$

定容过程 $dv/v = 0$，故有 $ds = c_V(dT/T)$，若比热容为定值，则积分得 $T = T_0 e^{(s-s_0)/c_V}$，斜率为

$$\left(\frac{\partial T}{\partial s}\right)_v = \frac{T}{c_V}$$

1—2 为定容吸热过程，1—2′ 为定容放热过程。

2. 定压过程

气体压力保持不变的过程称为定压过程。

1) 过程方程式

定压过程方程式为

$$p = 常数 \qquad (3-53)$$

2) 基本状态参数间关系

根据过程方程式及理想气体状态方程式，定压过程初、终态基本状态参数间的关系为

$$p_1 = p_2$$

$$\frac{T_2}{T_1} = \frac{v_2}{v_1} \qquad (3-54)$$

3) 功量和热量计算

由于 $p=$ 常数，所以定压过程对外做的膨胀功为

$$w = \int_1^2 p\mathrm{d}v = p(v_2 - v_1)$$

定压过程的技术功为

$$w_t = \int_1^2 v\mathrm{d}p = 0$$

根据闭口系统的热力学第一定律表达式，气体在定压过程中吸收或放出的热量为

$$q = u_2 - u_1 + p(v_2 - v_1) = h_2 - h_1 \tag{3-55}$$

或用比热容进行计算

$$q = \int_1^2 c_p \mathrm{d}T$$

当比热容取定值比热容时

$$q = c_p \Delta T$$

4) 定压过程在 p-v 图与 T-s 图上的表示

由于 $p=$ 常数，所以定压过程线在 p-v 图上为一条平行于 v 轴的直线。在 T-s 图上，过程曲线也是一条指数函数曲线，对于定压过程，由

$$\mathrm{d}s = c_p \frac{\mathrm{d}T}{T} - R_g \frac{\mathrm{d}p}{p}$$

若比热容取为定值，可得 $T = T_0 \mathrm{e}^{(s-s_0)/c_p}$，斜率为

$$\left(\frac{\partial T}{\partial s}\right)_p = \frac{T}{c_p}$$

由于理想气体 $c_p > c_V$，所以在 T-s 图上，定容线斜率大于定压线斜率，过同一状态点的定压线较定容线平坦，如图 3.4 所示。

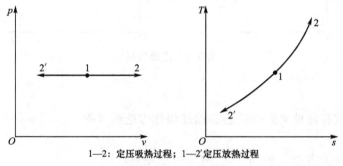

1—2: 定压吸热过程; 1—2′定压放热过程

图 3.4 定压过程

3. 定温过程

气体温度保持不变的过程称为定温过程。

1) 过程方程式

定温过程方程式为

$$pv = 定值 \tag{3-56}$$

2) 基本状态参数间关系

根据过程方程式和理想气体状态方程式，定温过程初、终态基本状态参数间的关系为

$$T_1 = T_2 \tag{3-57}$$

$$\frac{v_1}{v_2} = \frac{p_2}{p_1} \tag{3-58}$$

3) 功量和热量计算

根据过程方程，过程的膨胀功为

$$w = \int_1^2 p\,dv = \int_1^2 \frac{R_g T}{v} = R_g T \ln \frac{v_2}{v_1} = R_g T \ln \frac{p_1}{p_2}$$

定温过程的技术功为

$$w_t = -\int_1^2 v\,dp = -\int_1^2 \frac{R_g T}{p}dp = R_g T \ln \frac{p_1}{p_2} \tag{3-59}$$

可见，在定温过程中，膨胀功与技术功在数值上相等。

由理想气体热力性质知 $\Delta T=0$，即 $\Delta u=0$，于是定温过程热量可根据热力学第一定律第一解析式得出

$$q = \Delta u + w = w$$

因此，在理想气体的定温过程中，膨胀功、技术功和热量三者相等。

4) 定温过程在 p-v 图与 T-s 图上的表示

由 $pv=$ 定值可知，在 p-v 图上，定温过程线为一条等边双曲线，在 T-s 图上，定温过程为一条水平线，如图 3.5 所示。其中，1—2 代表定温吸热过程，1—2′ 代表定温放热过程。

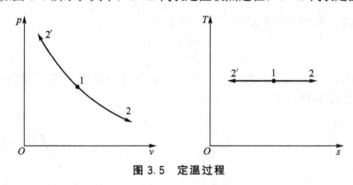

图 3.5　定温过程

4. 定熵过程

气体与外界没有热量交换的状态变化过程称为绝热过程。

1) 过程方程式

绝热过程的特征为 $\delta q=0$，$q=0$。对于可逆绝热过程

$$ds = \frac{\delta q}{T} = 0$$

因此，可逆绝热过程的熵保持不变，称为定熵过程。

根据理想气体熵变的微分表达式和定熵过程熵不变的特点，由

$$ds = c_p \frac{dv}{v} + c_V \frac{dp}{p} = 0$$

且比热容比关系式 $\dfrac{c_p}{c_V}=\gamma$，则

$$\frac{dp}{p} + \gamma \frac{dv}{v} = 0$$

当取比热容比 γ 为定值时，对上式积分可得
$$\ln p + \gamma \ln v = 常数$$
即
$$pv^\gamma = 常数 \tag{3-60}$$

式(3-60)即为定熵过程的过程方程式。定熵指数（绝热指数）通常以 κ 表示。对于理想气体的定熵指数等于比热容比 γ，因此定熵过程的过程方程式又可表示为
$$pv^\kappa = 定值 \tag{3-61}$$

2）基本状态参数间关系

根据过程方程式和理想气体状态方程式，定熵过程初、终态基本状态参数间的关系为
$$\frac{p_2}{p_1} = \left(\frac{v_1}{v_2}\right)^\kappa \tag{3-62}$$

$$\frac{T_2}{T_1} = \left(\frac{p_2}{p_1}\right)^{\frac{\kappa-1}{\kappa}} \tag{3-63}$$

$$\frac{T_2}{T_1} = \left(\frac{v_1}{v_2}\right)^{\kappa-1} \tag{3-64}$$

3）功量和热量计算

对于绝热过程，$q=0$，根据热力学第一定律，过程的膨胀功为
$$w = -\Delta u = u_1 - u_2 \tag{3-65}$$

即工质经绝热过程所做的膨胀功等于热力学能的减少，这一结论对任何工质的可逆或不可逆绝热过程均适用。对于比热容为定值的理想气体，上式可进一步表示为
$$w = c_V(T_1 - T_2) = \frac{1}{\kappa-1}R_g(T_1 - T_2) = \frac{1}{\kappa-1}(p_1 v_1 - p_2 v_2) \tag{3-66}$$

对于理想气体的可逆过程，还可导出
$$\begin{aligned} w &= \frac{1}{\kappa-1}R_g T_1 \left[1 - \left(\frac{p_2}{p_1}\right)^{\frac{\kappa-1}{\kappa}}\right] \\ &= \frac{1}{\kappa-1}R_g T_1 \left[1 - \left(\frac{v_1}{v_2}\right)^{\kappa-1}\right] \end{aligned} \tag{3-67}$$

由热力学第一定律，技术功为
$$w_t = -\Delta h = h_1 - h_2$$

同理可得
$$w_t = \frac{\kappa}{\kappa-1}R_g T_1 \left[1 - \left(\frac{p_2}{p_1}\right)^{\frac{\kappa-1}{\kappa}}\right] \tag{3-68}$$

显然，技术功是膨胀功的 κ 倍，即
$$w_t = \kappa w \tag{3-69}$$

4）定熵过程在 p-v 图与 T-s 图上的表示

从定熵过程方程式 $pv^\kappa = 定值$ 可以看出，在 p-v 图上，定熵过程线为一条高次双曲线，其斜率为
$$\left(\frac{\partial p}{\partial v}\right)_s = -\kappa \frac{p}{v} \tag{3-70}$$

与定温线斜率 $\left(\dfrac{\partial p}{\partial v}\right)_T = -\dfrac{p}{v}$ 相比，因 $\kappa > 1$，定熵线斜率的绝对值大于定温线，所以定熵线

更陡些。在 T-s 图上，定熵过程线为一条垂直线，如图 3.6 所示，其中，1—2 代表绝热膨胀；1—2′代表绝热压缩。

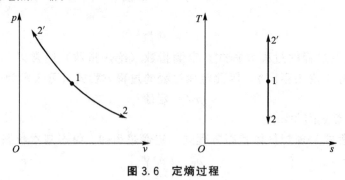

图 3.6 定熵过程

3.4.2 多变过程

1. 多变过程的定义及过程方程式

前面讨论的四种典型热力学过程，在过程中均有工质某一状态参数保持不变或者与外界无热量交换。而在实际热机中，工质的状态参数都有显著变化，并且与外界有热量交换。这时它们不能简化为上述四种典型热力过程。通过研究发现，许多过程可以近似地用下面的关系式描述。

$$pv^n = 定值 \tag{3-71}$$

式中，n 称为多变指数，理论上 n 可以是 $-\infty \sim +\infty$ 之间的任何一个实数，满足这一规律的过程就称为多变过程，式(3-71)即为多变过程的过程方程式。

不同的多变过程，具有不同的 n 值，多变过程可以有无穷多种。当多变指数为某些特定的值时，多变过程便表现为相应的典型热力过程。

当 $n=0$ 时，$p=$定值，为定压过程；
当 $n=1$ 时，$pv=$定值，为定温过程；
当 $n=\kappa$ 时，$pv^\kappa=$定值，为定熵过程；
当 $n=\pm\infty$ 时，$v=$定值，为定容过程。

2. 多变过程中状态参数的变化规律

比较多变过程的过程方程式与定熵过程的过程方程式，可以发现，两方程的形式相同，所不同的是指数，因此只要将定熵指数 κ 换成多变指数 n，定熵过程的初、终状态关系式就可用于多变过程。

$$\frac{p_2}{p_1} = \left(\frac{v_1}{v_2}\right)^n \tag{3-72}$$

$$\frac{T_2}{T_1} = \left(\frac{p_2}{p_1}\right)^{\frac{n-1}{n}} \tag{3-73}$$

$$\frac{T_2}{T_1} = \left(\frac{v_1}{v_2}\right)^{n-1} \tag{3-74}$$

3. 功量和热量计算

参照定熵过程膨胀功和技术功的计算，可得多变过程膨胀功和技术功

$$w = c_V(T_1 - T_2) = \frac{1}{n-1}R_g(T_1 - T_2) = \frac{1}{n-1}(p_1v_1 - p_2v_2)$$

$$= \frac{1}{n-1}R_gT_1\left[1 - \left(\frac{p_2}{p_1}\right)^{\frac{n-1}{n}}\right] \tag{3-75}$$

$$= \frac{1}{n-1}R_gT_1\left[1 - \left(\frac{v_1}{v_2}\right)^{n-1}\right]$$

$$w_t = \frac{n}{n-1}R_gT_1\left[1 - \left(\frac{p_2}{p_1}\right)^{\frac{n-1}{n}}\right]$$

$$= nw \tag{3-76}$$

多变过程的热量

$$q = \Delta u + w$$

$$= c_V(T_2 - T_1) + \frac{1}{n-1}R_g(T_1 - T_2) \tag{3-77}$$

由 $c_V = \frac{1}{\kappa - 1}R_g$，$R_g = c_V(\kappa - 1)$ 代入式(3-77)得

$$q = c_V(T_2 - T_1) + \frac{\kappa - 1}{n - 1}c_V(T_1 - T_2)$$

$$= \frac{n - \kappa}{n - 1}c_V(T_2 - T_1) \tag{3-78}$$

$$= c_n(T_2 - T_1)$$

式中，$c_n = \frac{n-\kappa}{n-1}c_V$ 称为多变比热容。

4. 多变过程在 p-v 图与 T-s 图上的表示

在 p-v 图与 T-s 图上，从同一初态出发画出四种基本热力过程的过程线，如图 3.7 所示。

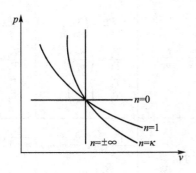
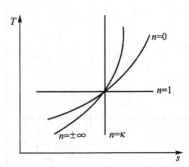

图 3.7 多变过程

通过比较过程线的斜率，可以看出多变过程线的分布规律。多变过程线在 p-v 图上的斜率为

$$\frac{dp}{dv} = -n\frac{p}{v} \tag{3-79}$$

在 T-s 图上的斜率为

$$\frac{dT}{ds} = \frac{T}{c_n} \tag{3-80}$$

如图 3.7 所示，在 p-v 图上多变过程线的分布规律为：从定容线出发，n 由 $-\infty \rightarrow$

$0 \to +\infty$，按顺时针方向递增。在 $T-s$ 图上，多变过程线的分布规律也是多变指数 n 按顺时针方向递增。

为了分析多变过程的能量传递和转换，需要确定过程中的功和热量的正负值。这些可根据多变过程和四条典型过程线的相对位置来判断。

膨胀功 w 的正负以定容线为分界。在 $p-v$ 图上，过同一初态的多变过程，若过程线位于定容线右侧，则 $w>0$；反之 $w<0$。在 $T-s$ 图上，若过程线位于定容线右下方，则 $w>0$。

技术功 w_t 的正负是以定压线为分界。在 $p-v$ 图上，过同一初态的多变过程，若过程线位于定压线下方，则 $w_t>0$；反之 $w_t<0$。在 $T-s$ 图上，若过程线位于定压线右下方，则 $w_t>0$。

热量 q 的正负以定熵线为分界。在 $p-v$ 图上，过同一初态的多变过程，若过程线位于定熵线右上方，则 $q>0$；若过程线位于定熵线的左下方，则 $q<0$。在 $T-s$ 图上，若过程线位于定熵线右方，则 $q>0$；若过程线位于定熵线左方，则 $q<0$。

由于理想气体的热力学能和焓是温度的单值函数，所以，Δu 和 Δh 的正负取决于 ΔT 的正负。ΔT 的正负以定温线为分界。在 $p-v$ 图上，过同一初态的多变过程，若过程线位于定温线右上方，则 $\Delta T>0$，即 $\Delta u>0$，$\Delta h>0$；若过程线位于定温线左下方，则 $\Delta T<0$。在 $T-s$ 图上，若过程线位于定温线上方，则 $\Delta T>0$，反之 $\Delta T<0$。

理想气体可逆热力过程的部分计算公式见表 3-2，以便于读者计算、分析。

表 3-2 理想气体可逆过程计算公式

过程	定容	定压	定温	定熵	多变
多变指数	∞	0	1	κ	n
过程方程	$v=$定值	$p=$定值	$pv=$定值	$pv^\kappa=$定值	$pv^n=$定值
初、终状态参数间的关系	$\dfrac{T_2}{T_1}=\dfrac{p_2}{p_1}$	$\dfrac{T_2}{T_1}=\dfrac{v_2}{v_1}$	$\dfrac{v_1}{v_2}=\dfrac{p_2}{p_1}$	$\dfrac{p_2}{p_1}=\left(\dfrac{v_1}{v_2}\right)^\kappa$ $\dfrac{T_2}{T_1}=\left(\dfrac{p_2}{p_1}\right)^{\frac{\kappa-1}{\kappa}}$ $\dfrac{T_2}{T_1}=\left(\dfrac{v_1}{v_2}\right)^{\kappa-1}$	$\dfrac{p_2}{p_1}=\left(\dfrac{v_1}{v_2}\right)^n$ $\dfrac{T_2}{T_1}=\left(\dfrac{p_2}{p_1}\right)^{\frac{n-1}{n}}$ $\dfrac{T_2}{T_1}=\left(\dfrac{v_1}{v_2}\right)^{n-1}$
过程功 w	0	$p(v_2-v_1)$ 或 $R_g(T_2-T_1)$	$R_g T\ln\dfrac{v_2}{v_1}$	$\dfrac{1}{\kappa-1}(p_1v_1-p_2v_2)$ 或 $\dfrac{R_g}{\kappa-1}(T_1-T_2)$	$\dfrac{1}{n-1}(p_1v_1-p_2v_2)$ 或 $\dfrac{R_g}{n-1}(T_1-T_2)$
技术功 w_t	$v(p_1-p_2)$	0	$w_t=w=q$	κw	nw
过程热量 q	Δu	Δh	w	0	$\dfrac{n-k}{n-1}c_V(T_2-T_1)$

【例 3.4】 设氮气在压气机中可逆地从初态 $p_1=0.1\text{MPa}$，$t_1=27\text{℃}$ 压缩到终态 $p_2=0.8\text{MPa}$，$t_2=227\text{℃}$。求过程的多变指数。

解：查附录 A-2，氮气 $R_g=297\text{kJ/(kg·K)}$，故

$$v_1 = \frac{R_g T_1}{p_1} = \frac{297 \times (273+27)}{0.1 \times 10^6} = 0.891 (\text{m}^3/\text{kg})$$

$$v_2 = \frac{R_g T_2}{p_2} = \frac{297 \times (273+227)}{0.8 \times 10^6} = 0.186 (\text{m}^3/\text{kg})$$

由 $p_1 U_1^n = p_2 U_2^n$ 得

$$n = \frac{\ln \dfrac{p_2}{p_1}}{\ln \dfrac{v_1}{v_2}} = \frac{\ln \dfrac{0.8}{0.1}}{\ln \dfrac{0.891}{0.186}} = 1.33$$

3.5 压气机的热力过程

用来压缩空气或其他气体的设备称为压气机。压气机应用广泛,动力工程中的锅炉通风、制冷工程中氨气的压缩等,都要用到压气机。

压气机不是动力机,而是靠外功来对气体进行压缩的一种工作机。压气机的种类很多,可分为活塞式(或称往复式)和叶轮式(或称回转式)两大类。各种类型的压气机又可分为单级的和多级的。根据产生压缩气体压力的大小,习惯上又常分为通风机、鼓风机和压气机。各种压气机虽然构造不同,工作压力范围不同,但它们的压气过程并无本质区别,都要经过吸气、压缩、排气三个阶段,都必须消耗外功。本节主要分析活塞式压气机的工作过程。

3.5.1 单级活塞式压气机的工作过程

单级活塞式压气机的理想工作过程如图 3.8 所示。假设活塞从气缸的左止点开始向右移动,这时进气阀打开,f-1 为气体进入气缸,直至活塞移动到右止点,这是压气机的吸气过程;当活塞从右止点向左移动时,进、排气阀均关闭,吸入气缸里的气体被压缩,即 1-2 为气体的压缩过程;活塞继续左行,排气阀开启,压缩气体被排出气缸,2-g 为排气过程,活塞移动到气缸的左止点,所有压缩气体排出气缸。

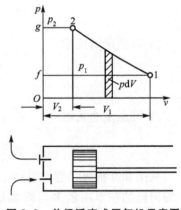

图 3.8 单级活塞式压气机示意图

可见,活塞式压气机的工作循环由吸气、压缩、排气三个过程组成。在此三个过程中,吸气和排气过程都不是热力过程,只是气体的移动过程,只有压缩过程 1—2 才是热力过程。

压缩过程有两种极限情况:一种是过程进行极快,气体与外界的换热可以忽略不计,过程可视为绝热压缩过程,如图 3.9 中 1—2_s;另一种过程进行得十分缓慢,而且气缸散热条件良好,压缩过程中,气体的温度始终保持与初温相同,过程可视为定温压缩过程,如图 3.9 中 1—2_T。压气机的实际压缩过程通常在上述两者之间,即过程为多变指数为 n 的过程,且 $1 < n < \kappa$,如图 3.9 中的 1—2_n。

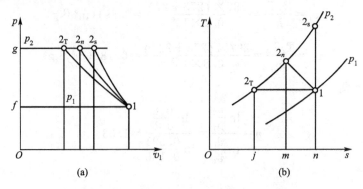

图 3.9 压缩过程的 $p-v$ 图和 $T-s$ 图

3.5.2 单级活塞式压气机的理论耗功

压气机的耗功应为进气过程的推动功 p_1v_1、压缩功 $w = \int_1^2 p\mathrm{d}v$ 和排气过程的推动功 p_2v_2 的代数和。由第 2 章式(2-16)知,此值即为气体在压缩过程 1—2 中外界对工质所做的技术功。按热力学规定压气机耗功为负值,即

$$w_c = -w_t = \int_1^2 v\mathrm{d}p$$

压气机所消耗的技术功的大小取决于压缩过程的性质,针对上述三种情况,对定值比热容理想气体,根据本章 3.4 节各热力过程的功量计算关系可知:

1) 可逆绝热压缩

$$w_{c,s} = -w_{t,s} = \frac{\kappa R_g T_1}{\kappa - 1}\left[\left(\frac{p_2}{p_1}\right)^{\frac{\kappa-1}{\kappa}} - 1\right] \quad (3-81)$$

2) 可逆定温压缩

$$w_{c,T} = -w_{t,T} = R_g T \ln \frac{p_2}{p_1} \quad (3-82)$$

3) 可逆多变压缩

$$w_{c,n} = -w_{t,n} = \frac{nR_g T_1}{n-1}\left[\left(\frac{p_2}{p_1}\right)^{\frac{n-1}{n}} - 1\right] \quad (3-83)$$

从图 3.9 很容易看出:$w_{c,s} > w_{c,n} > w_{c,T}$,$T_{2,s} > T_{2,n} > T_{2,T}$,即三种压缩过程中,绝热压缩消耗的技术功最多,终温最高;定温压缩消耗的技术功最少;多变压缩介于二者之间。因此,尽量减小压缩过程的多变指数 n,使过程接近于定温过程是有利的。所以一般压气机都采用冷却措施,即在气缸壁内制成冷却水套夹层或在气缸外壁加装风冷散热片,使气体在压缩过程中不断向外散热。

3.5.3 余隙容积的影响

在实际活塞式压气机中,不允许活塞与气缸盖及进、排气阀发生碰撞,否则会损坏机器。因此在排气终了时活塞与气缸盖之间必须留有一定的空隙,这个空隙称为余隙容积。

单级活塞式压气机具有余隙容积时的示功图如图3.10所示。图中V_c表示余隙容积，$V_h = V_1 - V_3$，是活塞从左止点到右止点时扫过的容积，称为气缸排量。由于余隙容积的存在，在排气终了时有高压气体残留在余隙容积内，在下一个吸气行程中，只有余隙容积中残留的高压气体膨胀到进气压力时，才能从外界吸入新气。因此气缸的有效吸气容积$V = V_1 - V_4$小于排量V_h，二者的比值反映了气缸容积的有效利用程度，称为容积效率，用η_V表示，即

$$\eta_V = \frac{V}{V_h} = \frac{V_1 - V_4}{V_1 - V_3} \tag{3-84}$$

假设压缩过程1—2和余隙容积中剩余气体的膨胀过程3—4都是多变过程，且多变指数均为n，则

$$\frac{V_4}{V_3} = \left(\frac{p_3}{p_4}\right)^{\frac{1}{n}} = \left(\frac{p_2}{p_1}\right)^{\frac{1}{n}}$$

所以

$$\eta_V = \frac{V}{V_h} = \frac{(V_1 - V_3) - (V_4 - V_3)}{V_1 - V_3} = 1 - \frac{V_3}{V_1 - V_3}\left(\frac{V_4}{V_3} - 1\right)$$

式中，$\frac{V_3}{V_1 - V_3} = \frac{V_c}{V_h}$称为余隙比，$\frac{p_2}{p_1} = \pi$称为增压比，故有$\frac{V_4}{V_3} = \left(\frac{p_2}{p_1}\right)^{\frac{1}{n}} = \pi^{\frac{1}{n}}$。式(3-84)可写成

$$\eta_V = \frac{V}{V_h} = 1 - \frac{V_3}{V_1 - V_3}\left(\frac{V_4}{V_3} - 1\right) = 1 - \frac{V_c}{V_h}\left(\pi^{\frac{1}{n}} - 1\right) \tag{3-85}$$

从式(3-85)可以看出，余隙比$\frac{V_c}{V_h}$增加，η_V降低；增压比π提高，η_V也降低。当π增加到某一值时容积效率为零，如图3.11所示。工程上，余隙容积一般为0.03~0.08，单级压气机的增压比一般限制在6~7以下。

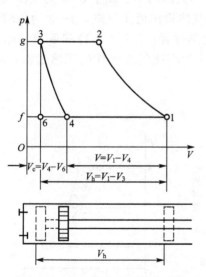

图3.10 有余隙容积时的示功图

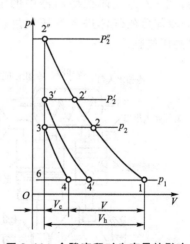

图3.11 余隙容积对生产量的影响

有余隙容积存在时，压气机的理论耗功为

$$W_c = \text{面积}_{12gf1} - \text{面积}_{43gf4}$$

即

$$w_c = \frac{np_1V_1}{n-1}\left[\left(\frac{p_2}{p_1}\right)^{\frac{n-1}{n}} - 1\right] - \frac{np_4V_4}{n-1}\left[\left(\frac{p_3}{p_4}\right)^{\frac{n-1}{n}} - 1\right]$$

由于 $p_1 = p_4$，$p_3 = p_2$，则

$$w_c = \frac{n}{n-1} p_1 (V_1 - V_4) \left[\left(\frac{p_2}{p_1} \right)^{\frac{n-1}{n}} - 1 \right] = \frac{n}{n-1} p_1 V (\pi^{\frac{n-1}{n}} - 1)$$
$$= \frac{n}{n-1} m R_g T_1 (\pi^{\frac{n-1}{n}} - 1) \tag{3-86}$$

如果生产 1kg 压缩气体，则式(3-86)可写为

$$w_c = \frac{n}{n-1} R_g T_1 (\pi^{\frac{n-1}{n}} - 1) \tag{3-87}$$

式(3-87)与式(3-83)完全相同，说明如生产增压比相同、质量相同的同种压缩气体，则余隙容积的存在不影响压气机所消耗的功，因为理论上余隙容积中的压缩气体在膨胀过程中所做的功和压缩过程中所需要的功正好相等。但实际上，由于存在摩擦损失，余隙容积中的气体在压缩过程中所需要的功必然大于在膨胀过程中所做的功，因而余隙容积的存在使压气机多消耗功。此外，余隙容积的存在还使气缸的进气量减少，气缸容积不能充分利用，所以在设计制造活塞式压气机时应尽量减少余隙容积。

3.5.4 多级压缩、级间冷却

已经分析得出，气体压缩以等温压缩最有利，即采用冷却措施既可以减少压气机消耗的功，又可以降低压缩气体的温度，使运行安全。因此，压气机常采用多级压缩、级间冷却。

多级压缩、级间冷却就是将气体从低压到高压依次在几个气缸中压缩，从前一个气缸排出的压缩气体首先引入冷却器冷却，然后再引入下一级气缸继续压缩。图 3.12(a)是两级压缩、中间冷却的压缩机示意图，图 3.12(b)为其示功图。图中 e—1 为低压气缸吸入气体；1—2 为低压气缸气体的压缩过程；2—f 为气体排出低压气缸；f—2 为压缩气体进入中间冷却器；2—$2'$ 为气体在冷却器中的定压放热过程；$2'$—f 为冷却后的气体排出冷却器；f—$2'$ 为冷却后的气体进入高压气缸；$2'$—3 为高压气缸气体的压缩过程；3—g 为压缩气体排出高压气缸。

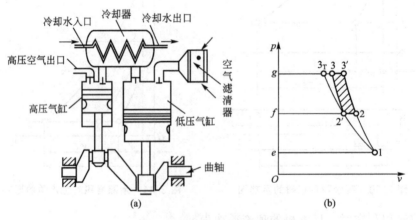

图 3.12 两级压缩、中间冷却示意图

这样分级压缩所消耗的功等于每一级耗功的总和，即等于面积 $e12fe$ 加上面积 $f2'3gf$。如果不采用分级压缩，则其耗功为面积 $e13ge$。可见，采用分级压缩、级间冷却可节省图 3.12(b)中阴影部分的面积。若每一级压缩的多变指数 n 都相同，且气体被冷却到压缩前的温度，即

$T_{2'} = T_1$，则两级压缩气体的总耗功为

$$w_c = w_{c,L} + w_{c,H}$$

$$= \frac{nR_g T_1}{n-1}\left[\left(\frac{p_2}{p_1}\right)^{\frac{n-1}{n}} - 1\right] + \frac{nR_g T_{2'}}{n-1}\left[\left(\frac{p_3}{p_2}\right)^{\frac{n-1}{n}} - 1\right]$$

$$= \frac{nR_g T_1}{n-1}\left[\left(\frac{p_2}{p_1}\right)^{\frac{n-1}{n}} + \left(\frac{p_3}{p_2}\right)^{\frac{n-1}{n}} - 2\right]$$

式中，$w_{c,L}$ 表示低压缸耗功，$w_{c,H}$ 表示高压缸耗功。

从式中可以看到，在初压 p_1 和终压 p_3 给定的条件下，两级压缩的总耗功量与级间压力 p_2 的大小有关。理论上存在一个使总耗功量最小的 p_2。令 $dw_c/dp_2 = 0$，可得最有利的级间压力为

$$p_2 = \sqrt{p_1 p_3} \quad \text{或} \quad \frac{p_2}{p_1} = \frac{p_3}{p_2}$$

此式表明，当两级增压比相等时，压气机耗功量最小，且此时两级压缩的耗功相等。对于多级压缩可类推。理论上，分级越多越省功，因为级数越多，过程越接近理想的等温压缩过程。但级数过多，压气机结构过于复杂，造价也会增加，所以实际一般不会超过 4 级。

*3.6 气体在喷管中的流动

在实际热力过程中，经常要处理气体和蒸汽在管路设备中的流动，如在蒸汽轮机、燃气轮机等动力设备中，使高温高压气体通过喷管产生高速气流，然后利用高速气流冲击叶轮旋转而输出机械功。喷管就是用于增加气体或蒸汽流速的变截面短管，在工程上应用广泛。与喷管中的热力过程相反，在工程实际中还有另一种转换，即高速气流进入变截面短管时，气流的流速降低，而压力升高。这种能使气流压力升高而速度降低的变截面短管称为扩压管。扩压管在叶轮式压气机中得到应用。由于气体在扩压管中所经历的过程是喷管中过程的逆过程，所以，本书只介绍气体在喷管中的流动过程。

3.6.1 喷管中的稳定流动基本方程

所谓稳定流动，就是指工质以恒定的流量连续不断地进出系统，系统内部及界面上各点工质的状态参数和宏观运动参数都保持一定，不随时间变化。气体在喷管中的流动过程可看作稳定流动，如果只考虑气体的参数沿喷管的轴向发生变化，则问题可以简化为一维稳定流动问题。

1. 连续性方程

图 3.13 所示为一维稳定流动示意图，设流经截面 1—1 和 2—2 的质量流量分别为 q_{m1} 和 q_{m2}，若在此两截面没有流进和排出的流体，则根据质量守恒定律有

$$q_{m1} = q_{m2} = q_m = \frac{Ac_f}{v} = 常数 \quad (3-88)$$

式中，A 为截面积，c_f 为流速。

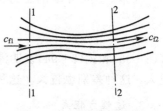

图 3.13 一维稳定流动

将式(3-88)微分,并整理得

$$\frac{dA}{A}+\frac{dc_f}{c_f}-\frac{dv}{v}=0 \tag{3-89}$$

式(3-88)称为稳定流动连续性方程。它描述了流体的流速、比体积和截面之间的关系,该式适用于任何工质的可逆与不可逆过程。

2. 稳定流动能量方程

在任意流道内做稳定流动的气体或蒸汽,服从稳定流动能量方程式(2-10),即

$$q=\Delta h+\frac{1}{2}\Delta c_f^2+g\Delta z+w_s$$

对于喷管而言,流体流过时速度高、时间短,来不及与外界热交换,可视为绝热稳定流动,而且流动过程不做功,位能变化可忽略,则上式可简化为

$$\Delta h+\frac{1}{2}\Delta c_f^2=0$$

或写成

$$h+\frac{1}{2}c_f^2=常数 \tag{3-90}$$

式(3-90)的微分形式为

$$dh+c_f dc_f=0 \tag{3-91}$$

式(3-90)表明,喷管任一截面上的焓与动能之和保持为定值,因而气体动能的增加等于气流的焓降。该式是研究喷管内流动的能量变化的基本关系式,既适用于可逆过程,也适用于不可逆过程。

气体在绝热流动过程中,因受到某些物体的阻碍流速降为零的过程称为绝热滞止过程。由能量方程式(3-90)知,当气体绝热滞止时速度为零,故滞止时气体的焓 h_0 为

$$h_0=h+\frac{c_f^2}{2} \tag{3-92}$$

对于理想气体,若比热容取为定值,由式(3-92)可得

$$c_p T_0=c_p T+\frac{c_f^2}{2}$$

所以滞止温度为

$$T_0=T+\frac{c_f^2}{2c_p} \tag{3-93}$$

式中,T 和 c_f 分别为任一截面上气流热力学温度和流速。

气体绝热滞止时的压力称为滞止压力,根据绝热过程方程式有

$$p_0=p\left(\frac{T_0}{T}\right)^{\frac{\kappa}{\kappa-1}} \tag{3-94}$$

式(3-93)和式(3-94)表明滞止温度高于气流温度,滞止压力高于气流压力,且气流速度越大,这种差别也越大。这种现象对高速流动的场合有特别重要的意义。

3. 过程方程式

如上所述,气体在喷管中的流动可视为绝热流动,同时又无摩擦和扰动,因此,可认为过程是可逆绝热过程。对于理想气体,若比热容取为定值,则有

$$pv^\kappa = 常数$$

对于微元过程

$$\frac{\mathrm{d}p}{p} + \kappa \frac{\mathrm{d}v}{v} = 0 \tag{3-95}$$

若比热容随过程变化，则 κ 取过程范围内的平均值。对于水蒸气一类的实际气体，式(3-95)仍可采用，但 κ 不再是 $\frac{c_p}{c_V}$，而是一个纯经验数值。

4. 声速方程

由物理学已经知道，声音在气体中的传播速度为声速，即声速 c 可按下式计算

$$c = \sqrt{\kappa p v} \tag{3-96}$$

对于理想气体，可进一步写成

$$c = \sqrt{\kappa R_g T} \tag{3-97}$$

可见，声速不是一个固定不变的常数，它与介质的性质及其状态有关，也是状态参数。理想气体中的声速只取决于热力学温度，因此，介质处于某一状态的声速称为当地声速。

在研究气体流动时，通常把气体的流速与当地声速的比值称为马赫数，用符号 Ma 表示。

$$Ma = \frac{c_f}{c} \tag{3-98}$$

马赫数是研究气体流动特性的一个很重要的数值。当 $Ma<1$ 时，即气流速度小于当地声速时，称为亚声速；当 $Ma=1$ 时，气流速度等于当地声速；当 $Ma>1$ 时，气流速度大于当地声速，称为超声速。

连续性方程式、可逆绝热过程方程式、稳定流动能量方程式和声速方程式是分析流体一维、稳定、不做功的可逆绝热流动过程的基本方程组。

3.6.2 喷管截面的变化规律

喷管的设计应该使喷管在给定的进口压力和出口压力下，尽可能获得更多的动能。这就要求喷管的流道形状符合流动过程的规律，不产生任何能量损失，使气体在喷管中进行可逆绝热流动。这时喷管截面积的变化和气体速度变化、状态变化之间的关系，就可由上述喷管流动基本方程式求得。

对于喷管定熵稳定流动过程，由热力学第一定律第二解析式 $\delta q = \mathrm{d}h - v\mathrm{d}p$ 并考虑绝热条件，则

$$\mathrm{d}h = v\mathrm{d}p$$

对比式(3-91)，可得

$$c_f \mathrm{d}c_f = -v\mathrm{d}p \tag{a}$$

由过程方程式(3-95)有

$$\mathrm{d}p = -\kappa p \frac{\mathrm{d}v}{v} \tag{b}$$

将式(b)代入式(a)得

$$c_f dc_f = \kappa p v \frac{dv}{v}$$

上式可改写为

$$\frac{dv}{v} = \frac{c_f^2}{\kappa p v} \frac{dc_f}{c_f} \tag{c}$$

将式(c)代入连续性方程式(3-89),整理后得

$$\frac{dA}{A} = (Ma^2 - 1)\frac{dc_f}{c_f} \tag{3-99}$$

式(3-99)表明,喷管截面与气体流速之间的变化规律取决于马赫数 Ma,变化规律如下。

$Ma<1$,亚声速流动,$dA<0$,说明亚声速流若要加速,则气流截面收缩,如图3.14(a)所示,称为渐缩喷管。

$Ma=1$,声速流动,$dA=0$,气流截面缩至最小。

$Ma>1$,超声速流动,$dA>0$,说明超声速流若要加速,则气流截面扩张,如图3.14(b)所示,称为渐扩喷管。

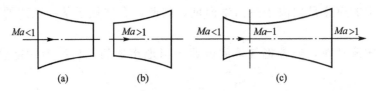

图 3.14 喷管示意图

分析式(3-99)可知,通过渐缩喷管,气流速度最大只能达到声速。若使气流在喷管中由亚声速连续增加至超声速,则其截面变化应该是先收缩后扩张,即缩放喷管,或称为拉伐尔喷管,如图3.14(c)所示。其最小截面处称为喉部,喉部气流速度即为当地声速,此处是气流由亚声速变为超声速的转折点,称为临界截面,截面上各参数称为临界参数,临界参数用相应参数加下脚标 cr 表示,如临界压力表示为 p_{cr} 等。

3.6.3 喷管中气体流速及流量计算

喷管的计算一般分为设计计算和校核计算两种。计算中包含流速的计算、流量的计算及喷管的形状选择和尺寸计算。这里只介绍流速和流量的计算方法。

1. 流速的计算

根据能量方程式(3-90)

$$h + \frac{1}{2}c_f^2 = 常数$$

则

$$\frac{1}{2}(c_{f2}^2 - c_{f1}^2) = h_1 - h_2$$

一般情况喷管进口流速 c_{f1} 与出口流速 c_{f2} 相比很小,可以忽略,于是出口截面上流速为

$$c_{f2} \approx \sqrt{2(h_0 - h_2)} \tag{3-100}$$

式(3-100)由能量方程导出,对理想气体和实际气体均适用,与过程是否可逆无关。

若为定比热理想气体,且流动可逆,则

$$c_{f2} = \sqrt{2(h_0 - h_2)} = \sqrt{2c_p(T_0 - T_2)}$$
$$= \sqrt{\frac{2\kappa}{\kappa-1}R_g T_0 \left(1 - \frac{T_2}{T_0}\right)} = \sqrt{\frac{2\kappa}{\kappa-1}R_g T_0 \left[1 - \left(\frac{p_2}{p_0}\right)^{\frac{\kappa-1}{\kappa}}\right]}$$

或

$$c_{f2} = \sqrt{\frac{2\kappa}{\kappa-1}p_0 v_0 \left[1 - \left(\frac{p_2}{p_0}\right)^{\frac{\kappa-1}{\kappa}}\right]} \quad (3-101)$$

可见，喷管出口截面的流速取决于工质的性质、进口截面处工质的状态及进出口截面处工质的压力比 p_2/p_0。当工质及进口截面处的状态确定时，喷管出口截面的流速只取决于压力比 p_2/p_0，并随 p_2/p_0 的减小而增大。

由前面分析已知，$Ma=1$ 的截面称为临界截面，该截面的压力为临界压力，压力比 p_{cr}/p_0 称为临界压力比，用符号 ν_{cr} 表示。由式(3-101)可得临界截面上的流速为

$$c_{f,cr} = \sqrt{\frac{2\kappa}{\kappa-1}p_0 v_0 \left[1 - \left(\frac{p_{cr}}{p_0}\right)^{\frac{\kappa-1}{\kappa}}\right]}$$

而此处流速应等于当地声速，即

$$c_{f,cr} = \sqrt{\kappa p_{cr} v_{cr}}$$

比较上面两式，并根据过程方程 $p_0 v_0^\kappa = p_{cr} v_{cr}^\kappa = $ 常数，可求得临界压力比为

$$\nu_{cr} = \frac{p_{cr}}{p_0} = \left(\frac{2}{\kappa+1}\right)^{\frac{\kappa}{\kappa-1}} \quad (3-102)$$

从式(3-102)可以看出，临界压力比与工质性质有关。对于理想气体，若取定值比热容，则双原子气体的 $\kappa=1.4$，$\nu_{cr}=0.528$。对于水蒸气，如取过热蒸汽的 $\kappa=1.3$，则 $\nu_{cr}=0.546$；对于干饱和蒸汽，如取 $\kappa=1.135$，则 $\nu_{cr}=0.577$。

将式(3-102)代入式(3-101)，可得临界流速为

$$c_{f,cr} = \sqrt{\frac{2\kappa}{\kappa+1}p_0 v_0} \quad (3-103)$$

对于理想气体

$$c_{f,cr} = \sqrt{\frac{2\kappa}{\kappa+1}R_g T_0}$$

临界压力比是分析管内流动的一个非常重要的数值，是选择喷管形状的重要依据。由前面分析可知，当 $p_2/p_0 \geq \nu_{cr}$，即 $p_2 \geq p_{cr}$ 时，应选择渐缩喷管；当 $p_2/p_0 < \nu_{cr}$，即 $p_2 < p_{cr}$ 时，应选择渐放喷管。

2. 流量的计算

根据气体稳定流动的连续性方程，气体通过喷管任何截面的质量流量都是相等的，即

$$q_{m1} = q_{m2} = q_m = \frac{Ac_f}{v} = 常数$$

可见，无论按哪一个截面计算流量，所得的结果都应该是一样的。通常选用最小截面来计算流量。

即

$$q_m = \frac{A_2 c_{f2}}{v_2}$$

对于理想气体在渐缩喷管中的流动，由状态参数关系

$$v_2 = v_0 \left(\frac{p_2}{p_0}\right)^{\frac{1}{\kappa}}$$

速度计算关系式(3-101)

$$c_{f2} = \sqrt{\frac{2\kappa}{\kappa-1} p_0 v_0 \left[1 - \left(\frac{p_2}{p_0}\right)^{\frac{\kappa-1}{\kappa}}\right]}$$

根据连续性方程可得

$$q_m = A_2 \sqrt{\frac{2\kappa}{\kappa-1} \frac{p_0}{v_0} \left[\left(\frac{p_2}{p_0}\right)^{\frac{2}{\kappa}} - \left(\frac{p_2}{p_0}\right)^{\frac{\kappa+1}{\kappa}}\right]} \qquad (3-104)$$

或写成

$$q_m = A_{\min} \sqrt{\frac{2\kappa}{\kappa-1} \frac{p_0}{v_0} \left[\left(\frac{p_2}{p_0}\right)^{\frac{2}{\kappa}} - \left(\frac{p_2}{p_0}\right)^{\frac{\kappa+1}{\kappa}}\right]}$$

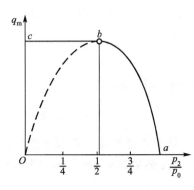

图 3.15 渐缩喷管的流量-压力变化图

由式(3-104)可见，在喷管出口截面积与进口参数 p_0、v_0 保持不变的情况下，流量 q_m 只取决于压力比 p_2/p_0，流量随压力比的变化关系如图 3.15 所示。当 $p_2/p_0 = 1$ 时，$q_m = 0$。随着 p_2/p_0 的减小，流量 q_m 逐渐增加，当 p_2/p_0 达到临界压力比时，q_m 达到最大值 $q_{m,\max}$。在此之后，继续减小喷管出口所在的空间压力(也称为背压)，出口截面的压力仍维持临界压力不变，流量保持最大值 $q_{m,\max}$。

将前面已得到的临界压力比关系式(3-102)代入流量计算式(3-104)可得

$$q_{m,\max} = A_{\min} \sqrt{\frac{2\kappa}{\kappa+1} \left(\frac{2}{\kappa+1}\right)^{\frac{2}{\kappa-1}} \frac{p_0}{v_0}} \qquad (3-105)$$

只要喷管的背压小于临界压力，则其喉部截面上的压力就总是保持临界压力，其流量总保持最大值 $q_{m,\max}$，不随背压的降低而增大，所以式(3-105)也适用于缩放喷管。

工程实例

整体煤气化联合循环(IGCC)发电系统是将煤气化技术和高效的联合循环相结合的先进动力系统。它由两大部分组成，即煤的气化与净化部分和燃气-蒸汽联合循环发电部分。第一部分的主要设备有气化炉、空分装置、煤气净化设备(包括硫的回收装置)；第二部分的主要设备有燃气轮机发电系统、余热锅炉、蒸汽轮机发电系统。IGCC 的工艺过程如下：煤经汽化成为中低热值煤气，经过净化，除去煤气中的硫化物、氮化物、粉尘等污染物，变为清洁的气体燃料，然后送入燃气轮机的燃烧室燃烧，加热气体工质以驱动燃气透平做功，燃气轮机排气进入余热锅炉加热给水，产生过热蒸汽驱动蒸汽轮机做功。其原理如图 3.16 所示。

IGCC 技术把高效的燃气-蒸汽联合循环发电系统与洁净的煤气化技术结合起来，既有高发电效率，又有极好的环保性能，是一种有发展前景的洁净煤发电技术。

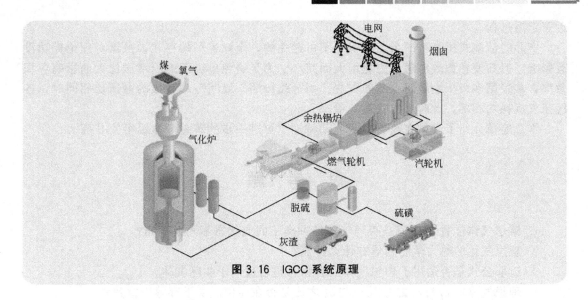

图 3.16 IGCC 系统原理

小　　结

本章讨论了理想气体的热力性质和热力过程，主要包括理想气体状态方程及应用；理想气体的比热容；理想气体的热力学能、焓和熵；理想气体的混合物及理想气体的热力过程。

理想气体状态方程的基本形式为

$$pv = R_g T$$

气体常数 R_g 是随工质而异的常数，工质一定时，其值是一个确定的常数。摩尔气体常数 R 是与工质无关的常数。二者的关系为

$$R_g = \frac{R}{M}$$

理想气体的比热容有真实比热容、平均比热容、平均比热容直线关系式及定值比热容，可根据精度要求选用。

理想气体的热力学能和焓只是温度的单值函数，计算关系式为

$$\Delta u = \int_1^2 c_V \mathrm{d}T \text{ 及 } \Delta h = \int_1^2 c_p \mathrm{d}T$$

理想气体的熵不仅与温度有关，而且与压力或体积有关。

$$\Delta s = \int_{T_1}^{T_2} c_p \frac{\mathrm{d}T}{T} - R_g \ln \frac{p_2}{p_1} \text{ 或 } \Delta s = \int_{T_1}^{T_2} c_V \frac{\mathrm{d}T}{T} + R_g \ln \frac{v_2}{v_1}$$

理想气体混合物仍具有理想气体的一切特性，利用理想气体混合物的成分可以求解折合气体常数和折合摩尔质量。

在理想气体的热力过程部分主要讨论了四个典型基本过程，即定容过程、定压过程、定温过程、定熵过程，以及具有一般意义的多变过程；得出了过程方程、状态参数之间的关系及过程中所交换的热量和功量的计算关系；分析了各过程在 p-v 图和 T-s 图上的表示方法。

用来压缩空气或其他气体的设备称为压气机。活塞式压气机绝热压缩耗功最多，定温压缩最少，多变压缩介于两者之间，所以应尽量减少压缩过程的多变指数，使压缩过程接

近于定温过程。

实际的活塞式压气机的余隙容积是不可避免的,余隙容积的存在,虽然对理论耗功没有影响,但却使容积效率随压力比增大而减小。为了避免单级压缩因增压比大而影响容积效率,常采用多级压缩级间冷却的方法。当分级压缩、级间冷却各级的增压比相同时,各级压气机耗功相等,此时压气机耗功最小。

本章简单介绍了气体在喷管中的流动特性。更进一步的研究可参看相关书籍。

思 考 题

1. 摩尔气体常数 R 的值是否随气体的种类不同或状态不同而不同?
2. 理想气体的热力学能和焓有什么特点?
3. 迈耶公式是否适用于理想气体混合物?是否适用于实际气体?
4. 理想气体的 c_p 与 c_V 之差及 c_p 与 c_V 之比是否在任何温度下都等于常数?
5. 熵的数学定义式为 $ds = \dfrac{\delta q_{rev}}{T}$,比热容的定义式为 $\delta q = c dT$,故 $ds = \dfrac{c dT}{T}$。理想气体的比热容是温度的单值函数,所以理想气体的熵也是温度的单值函数。这一结论是否正确?为什么?
6. 道尔顿分压定律和亚美格分体积定律是否适用于实际气体混合物?
7. 理想气体在定容过程和定压过程中,热量可根据过程中气体的比热容乘以温差进行计算。定温过程的温度不变,如何计算理想气体定温过程的热量?
8. 判断下列说法是否正确。

   (1) 绝热过程即定熵过程。
   (2) 多变过程即任意过程。
   (3) 定容过程即无膨胀(或压缩)功的过程。

9. 在 $T-s$ 图上如何表示绝热过程的技术功 w_t 和膨胀功 w。

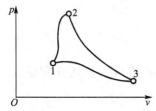

图 3.17 思考题 10 图

10. 有两个任意过程 1—2 及 1—3,2、3 在同一条绝热线上,如图 3.17 所示,试问 Δu_{12} 与 Δu_{13} 哪个大?若 2、3 在同一条等温线上,结果又如何?

11. 在 $T-s$ 图上,如何将理想气体任意两个状态间的热力学能和焓的变化表示出来?
12. 余隙容积具有不利影响,是否可能完全消除它?
13. 在生产高压气体时,若仅采用分级压缩而不同时采用中间冷却,是否可行?为什么?
14. 考虑活塞式压气机余隙容积的影响,压气机的耗功和产量如何变化?
15. 对改变气流速度起主要作用的是通道的形状还是气流本身的状态变化?
16. 当有摩擦损耗时,喷管的流出速度同样可用 $c_{f2} = \sqrt{2(h_0 - h_2)}$ 来计算,似乎与无摩擦损耗时相同,那么,摩擦损耗表现在哪里?
17. 高速飞行的飞机,其机翼为什么冬天也不结冰?

习　题

3-1　空气压缩机每分钟从大气中吸入温度 $t_b=17℃$、压力等于当地大气压力 $p_b=750$mmHg 的空气 $0.2m^3$，充入体积 $V=1m^3$ 的储气罐中，如图 3.18 所示。储气罐中原有空气的温度 $t=17℃$，表压力 $p_{e,1}=0.05$MPa，问经过多长时间储气罐内的气体压力才能提高到 $p_2=0.7$MPa、温度 $t_2=50℃$？

3-2　截面面积 $A=100cm^2$ 的气缸内充有空气，活塞距底面高度 $h=10$cm，活塞及负载的总质量是 195kg，如图 3.19 所示。已知当地大气压力 $p_b=771$mmHg、环境温度 $t_b=27℃$，气缸内空气恰与外界处于热力平衡状态。将负载去掉 100kg，活塞将上升，最后与环境重新达到热力平衡。设空气可以通过气缸壁与外界充分换热，达到热平衡时空气的温度等于环境大气的温度。试求活塞上升的距离、空气对外做的功及与环境交换的热量。

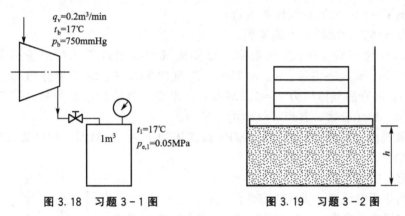

图 3.18　习题 3-1 图　　　　图 3.19　习题 3-2 图

3-3　空气初态时 $T_1=480$K、$p_1=0.2$MPa，经某一状态变化过程被加热到 $T_2=1100$K、$p_2=0.5$MPa。试求 1kg 空气的 u_1、u_2、Δu、h_1、h_2、Δh，并要求：

（1）按平均比热容表计算；

（2）按空气的热力性质表计算；

（3）若上述过程为定压过程，即 $T_1=480$K，$T_2=1100$K，$p_1=p_2=0.2$MPa，则这时的 u_1、u_2、Δu、h_1、h_2、Δh 有何改变？

（4）对计算结果进行简单的讨论：为什么由气体性质表得出的 u、h 与平均比热容表得出的 u、h 不同？两种方法得出的 Δu、Δh 是否相同？为什么？

3-4　体积 $V=0.5m^3$ 的密闭容器中装有 27℃、0.6MPa 的氧气，加热后温度升高到 327℃。试求加热量，并要求：

（1）按比热容的算术平均值计算；

（2）按平均摩尔热容表计算；

（3）按真实摩尔热容经验式计算；

（4）按平均比热容直线关系式计算；

（5）按气体热力性质表计算。

3-5　某种理想气体初态时 $p_1=520$kPa、$V_1=0.1419m^3$，经放热膨胀过程，终态的

$p_2 = 170\text{kPa}$、$V_2 = 0.2744\text{m}^3$，过程中焓值变化 $\Delta H = -67.95\text{kJ}$。已知该气体的比定压热容 $c_p = 5.20\text{kJ/(kg·K)}$，且为定值，试求：

(1) 热力学能变化量 ΔU；

(2) 比定容热容 c_V 和气体常数 R_g。

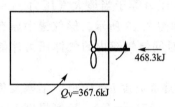

图 3.20 习题 3-6 图

3-6 2kg 理想气体，定容情况下吸热量 $Q_V = 367.6\text{kJ}$，同时输入搅拌功 468.3kJ，如图 3.20 所示。该过程中气体的平均比热容 $c_p = 1.124\text{kJ/(kg·K)}$，$c_V = 0.934\text{kJ/(kg·K)}$。已知初态温度 $t_1 = 280℃$，试求：

(1) 终态温度 t_2；

(2) 热力学能、焓、熵的变化量 ΔU、ΔH 和 ΔS。

3-7 混合气体各组分的摩尔数为 $x_{CO_2} = 0.4$、$x_{N_2} = 0.2$、$x_{O_2} = 0.4$，混合气体的温度 $t = 50℃$，表压力 $p_e = 0.04\text{MPa}$，气压计上读数为 $p_b = 750\text{mmHg}$。试求：

(1) 体积 $V = 4\text{m}^3$ 的混合气体的质量；

(2) 混合气体在标准状态下的体积。

3-8 50kg 废气和 75kg 空气混合。已知废气中各组成气体的质量分数为 $w_{CO_2} = 14\%$、$w_{O_2} = 6\%$、$w_{H_2O} = 5\%$、$w_{N_2} = 75\%$，空气中 O_2、N_2 的质量分数 $w_{O_2} = 23.2\%$、$w_{N_2} = 76.8\%$。混合后气体压力 $p = 0.3\text{MPa}$，试求混合气体的质量分数、折合气体常数、折合摩尔质量、摩尔分数、各组成气体的分压力。

3-9 氧气由 $t_1 = 40℃$、$p_1 = 0.1\text{MPa}$ 被压缩到 $p_2 = 0.4\text{MPa}$，试计算压缩 1kg 氧气消耗的技术功。

(1) 按定温压缩计算；

(2) 按绝热压缩计算，设比热容为定值；

(3) 将它们表示在同一 $p-v$ 图和 $T-s$ 图上，并比较两种情况下技术功的大小。

3-10 3kg 空气，$p_1 = 1\text{MPa}$，$T_1 = 900\text{K}$，绝热膨胀到 $p_2 = 0.1\text{MPa}$。设比热容为定值，绝热指数 $\kappa = 1.4$，求：(1)终态参数 T_2 和 v_2；(2)过程功和技术功；(3)ΔU 和 ΔH。

3-11 某理想气体在 $T-s$ 图上的四种过程如图 3.21 所示，在 $p-v$ 图上画出相应的四个过程，并对每个过程说明 n 的范围，吸热还是放热，膨胀过程还是压缩过程。

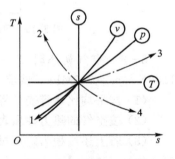

图 3.21 习题 3-11 图

3-12 试将满足以下要求的多变过程表示在 $p-v$ 图和 $T-s$ 图上(先标出四个基本过程)：

(1) 工质膨胀，吸热且降温；

(2) 工质压缩、放热且升温；

(3) 工质压缩、吸热且升温；

(4) 工质压缩、降温且降压；

(5) 工质放热、降温且升压；

(6) 工质膨胀且升压。

3-13 有 1kg 空气，初始状态为 $p_1 = 0.5\text{MPa}$，$t_1 = 500℃$。(1)绝热膨胀到 $p_2 = 0.1\text{MPa}$；(2)定温膨胀到 $p_2 = 0.1\text{MPa}$，(3)多变膨胀到 $p_2 = 0.1\text{MPa}$，多变指数 $n = 1.2$。试将

各过程画在 $p\text{-}v$ 图和 $T\text{-}s$ 图上,并计算 Δs_{12}。设过程可逆,且比热容 $c_V=0.718\text{kJ}/(\text{kg}\cdot\text{K})$。

3-14 试证明:理想气体在 $T\text{-}s$ 图上的任意两条定压线(或等容线)之间的水平距离相等,即求证 $\overline{14}=\overline{23}$(图 3.22)。

3-15 容器 A 中装有 0.2kg 的一氧化碳,压力为 0.07MPa、温度为 77℃。容器 B 中装有 8kg 一氧化碳,压力为 0.12MPa、温度为 27℃,如图 3.23 所示。A 和 B 的壁面均为透热壁面,之间用管道和阀门相连。现打开阀门,一氧化碳气体由 B 流向 A。若压力平衡时温度同为 $t_2=42℃$,一氧化碳为理想气体,过程中平均比热容 $c_V=0.745\text{kJ}/(\text{kg}\cdot\text{K})$,试求:

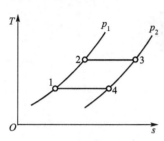

图 3.22 习题 3-14 图

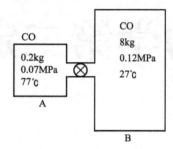

图 3.23 习题 3-15 图

(1) 平衡时终压力 p_2;
(2) 吸热量 Q。

3-16 大容器内水蒸气的 $p_B=1.5\text{MPa}$、$t_B=320℃$,比焓 $h_B=3080.9\text{kJ/kg}$。通过阀门与汽轮机连接,汽轮机排气流入 $V=0.6\text{m}^3$ 的小容器,如图 3.24 所示。初始时小容器内为真空,打开阀门向小容器充入蒸汽,直至终压、终温分别为 $p_2=1.5\text{MPa}$、$t=400℃$ 后关闭阀门。这时 $v_2=0.229\text{m}^3/\text{kg}$,$u_2=2911.5\text{kJ/kg}$。充气过程为绝热,汽轮机中也是绝热膨胀,且不计动能差、位能差的影响。设大容器内蒸汽参数保持不变,终态时汽轮机和相连接管道内的蒸汽质量可不计,求:
(1) 汽轮机做功 w_t;
(2) 移走汽轮机,蒸汽直接充入小容器,则当小容器内蒸汽压力为 1.5MPa 时终温是否仍为 400℃?

3-17 空气瓶内装有 $p_1=3\text{MPa}$、$T_1=296\text{K}$ 的压缩空气,可驱动一台小型汽轮机,用作发动机的起动装置,如图 3.25 所示。要求该汽轮机能产生 5kW 的平均输出功率,并持续 0.5min 而瓶内空气压力不得低于 0.3MPa。设汽轮机进行的是可逆绝热过程,汽轮机的出口排气压力保持 $p_b=0.1\text{MPa}$,空气瓶是绝热的。不计管路和阀门的摩擦损失,问空气瓶的体积 V 至少要多大?

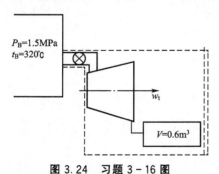

图 3.24 习题 3-16 图

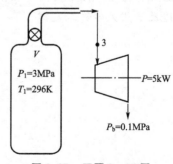

图 3.25 习题 3-17 图

第4章 热力学第二定律

本章教学要点

知识要点	掌握程度	相关知识
热力学第二定律	深刻理解热力学第二定律的实质	热力学第一定律；能量的实质；过程的方向性
卡诺循环、卡诺定理	掌握卡诺循环、卡诺定理及其意义	单热源热机；热机热效率的极限
孤立系统熵增原理	掌握熵参数，利用孤立系统熵增原理进行分析计算	热力学第二定律的数学表达式；熵方程
㶲参数的概念	了解㶲参数基本概念	㶲参数及能量贬值原理

导入案例

有人曾计算过，地球表面有 $10^9 \, km^3$ 的海水，若以海水作为单一热源，把海水的温度降低 $0.25\,℃$，则其放出的热量将能变成 $10^{15} \, kW \cdot h$ 的电能，足够全世界使用 1000 年。只用海洋作为单一热源的热机虽然不违反热力学第一定律，转变过程中能量是守恒的，但却违反了热力学第二定律。

4.1 热力学第二定律概述

4.1.1 热力过程的方向性

自然界中所发生的涉及热现象的热力过程都具有方向性。不需要任何外界作用而自动进行的过程称为自发过程。不能独立地自动进行而需要外界帮助作为补充条件的过程称为非自发过程。例如，热量由高温物体传向低温物体就是一个自发过程，反之则不能自发进行；机械能通过摩擦转变为热能的过程也是一个自发过程。

实践证明，不仅热量传递、热能与机械能的相互转换具有方向性，自然界的一切自发过程都具有方向性。例如，水自动地由高处向低处流动，气体自动地由高压区向低压区膨胀，不同气体的混合过程，气体的自由膨胀过程，燃烧过程等，都是只能自发地向一个方向进行。而非自发过程不能自动发生，并不是说非自发过程不能发生，而是若想使非自发过程进行，就必须付出某种代价，或者说给外界留下某种变化。这就是说，自发过程是不可逆的，不可逆是自发过程的重要特征和属性。而热力学第二定律要解决的正是非自发过程的补偿和补偿限度问题。

4.1.2 热力学第二定律的表述

热力学第二定律是阐明自然界中一切热过程进行的方向、条件和限度的定律。自然界中热过程的种类很多，因此表述热力学第二定律的方式也很多。由于各种表述所揭示的是一个共同的客观规律，因而它们是彼此等效的。下面介绍两种具有代表性的表述。

克劳修斯说法：不可能将热从低温物体传至高温物体而不引起其他变化。也就是从热量传递的角度表述的热力学第二定律。它指明了热量只能自发地从高温物体传向低温物体，反之，非自发过程并非不能实现，而是必须花费一定的代价。

开尔文说法：不可能从单一热源取热，并使之完全转变为功而不产生其他影响。这是从热功转换的角度表述的热力学第二定律，例如，理想气体定温膨胀过程进行的结果，就是从单一热源取热并将其全部变成了功，但与此同时，气体的压力降低，体积增大，即气体的状态发生了变化，或者说产生了其他影响。因此，并非热不能完全变为功，而是必须有其他影响为代价才能实现。

如果能从单一热源取热并使之完全变为功而不引起其他变化，那么就可以制造一种以环境为单一热源，使机器从中吸热来对外做功的热机。这种热机称为第二类永动机。它虽然不违反热力学第一定律，即在转变过程中能量是守恒的，但却违反了热力学第二定律。如果这种热机可以制造成功，就可以利用大气、海洋等作为单一热源，将大气、海洋中取之不尽的热能转变为功，维持它永远转动，这显然是不可能的。因此，热力学第二定律又可表述为：第二类永动机是不可能制造成功的。

热力学第二定律的以上两种表述，各自从不同的角度反映了热过程的方向性。它们在实质上是统一的、等效的，如果违反了其中一种表述，也必然违反另一种表述，可以采用反证法进行等效性的证明。

4.2 卡诺循环与卡诺定理

单一热源的热机已被热力学第二定律否定,即热机的热效率不可能达到100%。那么,在一定条件下,热机的热效率最大能达到多少?它又与哪些因素有关?法国工程师卡诺(S. Carnot)于1824年提出了一种理想的热机工作循环——卡诺循环。

4.2.1 卡诺循环

卡诺循环由两个可逆定温过程和两个可逆绝热过程组成,如图4.1所示,1—2为定温吸热过程,单位质量的工质从高温热源吸收热量;2—3为绝热膨胀过程,工质温度从 T_1 降到 T_2;3—4为定温放热过程,工质向低温热源 T_2 放出热量;4—1为绝热压缩过程,工质温度从 T_2 升到 T_1,工质完成一个循环又回到初态。

根据热机循环的热效率计算关系式得循环热效率为

$$\eta_t = \frac{w_{\text{net}}}{q} = 1 - \frac{q_2}{q_1}$$

对于卡诺循环而言,由图4.1中的 T-s 图很容易得出卡诺循环的热效率为

$$\eta_c = 1 - \frac{T_2(s_2 - s_1)}{T_1(s_2 - s_1)} = 1 - \frac{T_2}{T_1} \tag{4-1}$$

卡诺循环是两个恒温热源间最简单的可逆循环,除了卡诺循环外还可以有其他的可逆循环,即两热源间的极限(完全)回热循环,称为概括性卡诺循环,如图4.2所示。

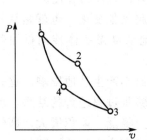

图 4.1 卡诺循环

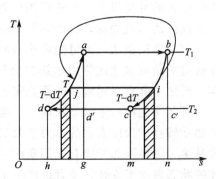

图 4.2 概括性卡诺循环

它由两个可逆定温过程 a—b 和 c—d,以及两个同类型的其他可逆过程 b—c 和 d—a 组成。为使该循环可逆,使 b—c 过程的放热量等于 d—a 过程的吸热量。这种利用工质在放热过程中放出的热量又施加给循环中工质吸热过程的方法称为回热。若 b—c 过程的放热量全部被 d—a 过程所吸收,则称之为极限(完全)回热。可以证明,概括性卡诺循环与同温限间的卡诺循环的热效率相等。

由于实际传热过程存在温差,因此不可能完全回热,但利用回热可以提高热效率。在现代动力循环中已广泛采用部分回热措施,以提高热效率。例如,在7.1.4节中介绍了蒸汽动力循环中如何利用回热,提高循环热效率的方法。

4.2.2 卡诺定理

在两个热源间工作的一切可逆循环的热效率是否都相等？与采用的工质是否有关？不可逆循环的热效率又如何？卡诺定理解决这些问题。

定理一：在相同的高温热源和低温热源间工作的一切可逆热机具有相同的热效率，与工质的性质无关。

下面用反证法证明定理一：假设在温度为 T_1 的高温热源与温度为 T_2 的低温热源间工作有两个任意的可逆热机 A 和 B，如图 4.3(a)所示，其热效率分别为 η_A 和 η_B。两个热机从高温热源吸取的热量都为 Q_1，当 A 和 B 都按正向循环工作时，热效率分别为 $\eta_A = \dfrac{W_A}{Q_1}$、$\eta_B = \dfrac{W_B}{Q_1}$。比较 A 机与 B 机的热效率，有三种可能：$\eta_A > \eta_B$、$\eta_A < \eta_B$、$\eta_A = \eta_B$。假如 $\eta_A > \eta_B$，根据热效率的定义可知 $W_A > W_B$，$Q_{2A} < Q_{2B}$。这时可让热机 A 按正向循环工作，用输出功 W_A 中的一部分 W_B 带动热机 B 逆向循环工作，如图 4.3(b)所示。联合热机 A、B，运行一个循环后的总结果是：从低温热源吸收热量 $Q_{2B} - Q_{2A}$，对外做功 $W_A - W_B$，高温热源没有任何变化。相当于一台单一热源的第二类永动机。这显然违背了热力学第二定律，因此 $\eta_A > \eta_B$ 是不可能的。同样可以证明，$\eta_A < \eta_B$ 也是不可能的。于是只有一种可能性，即 $\eta_A = \eta_B$。由于上述证明没有限定工质的性质，所以结论对使用任何工质的可逆热机都适用。

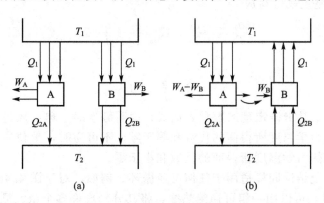

图 4.3 卡诺定理证明示意图

定理二：在相同高温热源和低温热源间工作的任何不可逆热机的热效率都小于可逆热机的热效率。

同样可以采用反证法证明，思路与定理一的证明相同，本书不再赘述。

任何一种将热能转化为机械能或其他能量的转换装置，都受到热力学第二定律的制约。卡诺定理从理论上确定了通过热机循环实现热能转变为机械能的条件，指出了提高热机热效率的方向，即热效率均不可能超过相应的卡诺循环的热效率。

综合以上讨论可以得出以下结论。

(1) 卡诺循环的热效率只取决于高温热源的温度与低温热源的温度，而与工质的性质无关。提高 T_1、降低 T_2，可以提高卡诺循环的热效率。

(2) 卡诺循环的热效率总是小于1，不可能等于1，因为 $T_1 \to \infty$ 或 $T_2 = 0\,\text{K}$ 都是不可能的。这说明，通过热机循环不可能将热能全部转变为机械能。

（3）当 $T_1=T_2$ 时，卡诺循环的热效率等于零。这说明没有温差是不可能连续不断地将热能转变为机械能的，只有一个热源的第二类永动机是不可能存在的。

4.3 熵及孤立系统熵增原理

熵是与热力学第二定律紧密相关的状态参数，是判断实际过程方向、过程能否实现、是否可逆的依据，对帮助读者定量地理解热力学第二定律具有重要意义。

4.3.1 熵的导出

第1章已给出了熵的概念，并指出比熵是状态参数。比熵是由热力学第二定律导出的状态参数，本节从循环出发，利用卡诺循环及卡诺定理导出状态参数熵。

根据卡诺定理和卡诺循环，无论采用什么工质，在温度分别为 T_1 与 T_2 的恒温热源间的循环，有

$$\eta_t = 1 - \frac{q_2}{q_1} \leqslant 1 - \frac{T_2}{T_1}$$

式中，对于可逆循环取等号，不可逆循环取小于号。考虑工质吸热为正，放热为负，取 q_1、q_2 代数值，于是上式可写成

$$\frac{q_1}{T_1} \leqslant -\frac{q_2}{T_2} \quad \text{或} \quad \frac{q_1}{T_1} + \frac{q_2}{T_2} \leqslant 0$$

即

$$\sum \frac{q}{T} \leqslant 0 \tag{4-2}$$

式（4-2）实际上是卡诺定理的数学表达式，说明可逆时，单位质量工质与热源交换的热量除以热源的热力学温度所得商的代数和等于零。不可逆时，单位质量工质与热源交换的热量除以热源的热力学温度所得商的代数和小于零。

可以证明，以上结论同样适用于任何可逆循环。例如，对于图4.4所示的任意可逆循环 1—A—2—B—1，可以用一组可逆绝热线，将其分割成许多个微元循环。这些微元循环都是由两个可逆绝热过程及两个微小过程组成的，如微元循环 a—b—f—g—a。当微元循环的数目极大，即绝热间隔极小时，这些微小过程（如 a—b 与 f—g）就分别接近于定温过程，这些微元循环可以分别看作微元卡诺循环，无数这样的微元卡诺循环构成了任意可逆循环 1—A—2—B—1。对每一个微元卡诺循环，如果在 T_{1i} 温度下吸收热量 δq_{1i}，在 T_{2i} 温度下放出热量 δq_{2i}，由式（4-2）知，对任意微元卡诺循环有

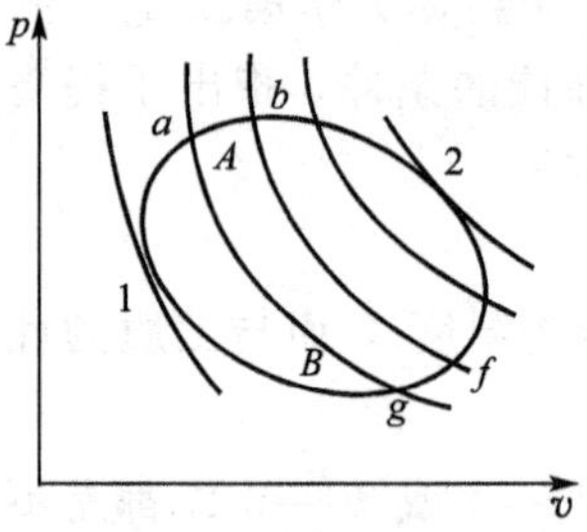

$$\frac{\delta q_{1i}}{T_{1i}} + \frac{\delta q_{2i}}{T_{2i}} = 0$$

对由无穷多个微元卡诺循环组成的任意可逆循环 1—A—2—B—1 有

$$\sum_{i=1}^{\infty}\left(\frac{\delta q_{1i}}{T_{1i}} + \frac{\delta q_{2i}}{T_{2i}}\right) = 0$$

对于所有微元卡诺循环积分有

图 4.4 熵的导出

$$\int_{1A2}\frac{\delta q_1}{T_{r1}}+\int_{2B1}\frac{\delta q_2}{T_{r2}}=0$$

式中，δq_1 与 δq_2 代表微元循环与外界交换的热量，本身为代数值，吸热为正，放热为负，因此可以统一用 δq_{rev} 表示；T_{r1}、T_{r2} 分别为微元循环对外进行热交换时热源的温度，统一用 T_r 表示，则

$$\int_{1A2}\frac{\delta q_{\text{rev}}}{T_r}+\int_{2B1}\frac{\delta q_{\text{rev}}}{T_r}=0 \qquad (4-3)$$

从而

$$\oint\frac{\delta q_{\text{rev}}}{T_r}=0 \qquad (4-4)$$

式(4-4)称为克劳修斯积分等式。它表明，工质经历一个任意可逆循环后，$\dfrac{\delta q_{\text{rev}}}{T_r}$ 沿整个循环的积分为零。

将式(4-3)变换为

$$\int_{1A2}\frac{\delta q_{\text{rev}}}{T_r}=-\int_{2B1}\frac{\delta q_{\text{rev}}}{T_r}$$

由积分性质得

$$\int_{1A2}\frac{\delta q_{\text{rev}}}{T_r}=\int_{1B2}\frac{\delta q_{\text{rev}}}{T_r}$$

可见，从状态1到状态2，$\dfrac{\delta q_{\text{rev}}}{T_r}$ 的积分无论经 1—A—2，还是 1—B—2，只要是可逆过程，其积分值就相等，与路径无关。根据状态参数的特性，$\dfrac{\delta q_{\text{rev}}}{T_r}$ 一定是某一状态参数的全微分，这一状态参数就称为比熵，用 s 表示，单位是 $J/(kg \cdot K)$。于是

$$ds=\frac{\delta q_{\text{rev}}}{T_r} \qquad (4-5)$$

式中，T_r 为热源的热力学温度，由于是可逆过程，也就等于工质的热力学温度 T。对于质量为 m 的工质的微元可逆过程

$$dS=\frac{\delta Q_{\text{rev}}}{T_r} \qquad (4-6)$$

可逆过程的熵变为

$$\Delta S=S_2-S_1=\int_1^2\frac{\delta Q_{\text{rev}}}{T_r}$$

式中，S 为质量 m 工质(或系统)的熵，单位是 J/K。对于可逆循环，克劳修斯积分等式可表示成

$$\oint\frac{\delta Q_{\text{rev}}}{T_r}=0 \qquad (4-7)$$

任意不可逆循环如图4.5所示，由虚线表示的不可逆过程 1—A—2 和实线表示的可逆过程 2—B—1 组成。由卡诺定理知，在同等条件下，可逆循环效率最高。根据式(4-2)，有

$$\frac{\delta q_{1i}}{T_{1i}}+\frac{\delta q_{2i}}{T_{2i}}<0$$

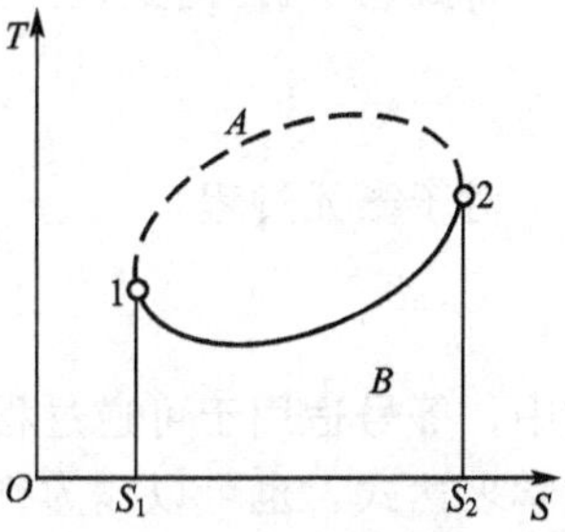

图 4.5 不可逆过程熵变

于是有

$$\oint \frac{\delta q}{T_r} < 0 \tag{4-8}$$

对于质量为 m 工质

$$\oint \frac{\delta Q}{T_r} < 0 \tag{4-9}$$

此式为克劳修斯不等式。

综合式(4-7)与式(4-9)，可写成

$$\oint \frac{\delta Q}{T_r} \leqslant 0 \tag{4-10}$$

式中，等号用于可逆循环，不等号用于不可逆循环。式(4-10)可作为判断依据，判断循环是否可以实现，是否可逆，是热力学第二定律的一种数学表达式。

4.3.2 不可逆过程熵的变化

由任意不可逆循环如图 4.5 可知

$$\oint \frac{\delta Q}{T_r} < 0$$

又可以写成

$$\int_{1A2} \frac{\delta Q}{T_r} + \int_{2B1} \frac{\delta Q}{T_r} < 0$$

由于 2—B—1 为可逆过程，故有

$$\int_{2B1} \frac{\delta Q}{T_r} = S_1 - S_2$$

代入上式得

$$\int_{1A2} \frac{\delta Q}{T_r} + (S_1 - S_2) < 0$$

即

$$S_2 - S_1 > \int_{1A2} \frac{\delta Q}{T_r} \tag{4-11}$$

如果 1—A—2 为可逆过程，则

$$S_2 - S_1 = \int_{1A2} \frac{\delta Q}{T_r} \tag{4-12}$$

将式(4-11)与式(4-12)综合，即为

$$S_2 - S_1 \geqslant \int_1^2 \frac{\delta Q}{T_r} \tag{4-13}$$

对于微元过程

$$dS \geqslant \frac{\delta Q}{T_r} \tag{4-14}$$

式中，等号适用于可逆过程，不等号适用于不可逆过程。此式是热力学第二定律的另一种数学表达式，也可以作为判据，用于判断过程能否进行，是否可逆。

故对于任意过程或循环可逆与否的判别式可综合为

(1) $\oint \frac{\delta Q}{T_r} \leqslant 0$，用于判断循环。

(2) $S_2 - S_1 \geqslant \int_1^2 \frac{\delta Q}{T_r}$，用于判断过程。

(3) $dS \geqslant \frac{\delta Q}{T_r}$，用于微元过程。

对于一个微元不可逆过程有

$$dS > \frac{\delta Q}{T_r}$$

可见，在不可逆过程中，初、终态熵的变化大于过程中工质与热源交换的热量除以热源温度 $\frac{\delta Q}{T_r}$。将此差值用 δS_g 表示，称为熵产。于是有

$$dS = \frac{\delta Q}{T_r} + \delta S_g \qquad (4-15)$$

即在不可逆过程中熵的变化由两部分组成：一部分是与外界热交换引起的 $\frac{\delta Q}{T_r}$，称为熵流，用 δS_f 表示；另一部分是由不可逆因素引起的熵产 δS_g。

即

$$dS = \delta S_f + \delta S_g \qquad (4-16)$$

式(4-16)为闭口系统的熵方程。熵流 δS_f 因其工质吸热、放热或与外界无热交换，故其值可以大于零、小于零或等于零。而熵产 δS_g 由于是不可逆因素引起的，其值恒大于零，且不可逆性越大，熵产 δS_g 的值越大。所以无论是什么性质的不可逆，熵产的量都是过程不可逆性大小的共同度量。

4.3.3 孤立系统熵增原理与做功能力损失

1. 孤立系统熵增原理

孤立系统是与外界没有任何能量交换的系统，故 $\delta Q = 0$。所以由式(4-14)可得

$$dS_{iso} \geqslant 0 \qquad (4-17)$$

式中，等号用于可逆过程，不等号用于不可逆过程。式(4-17)表明，孤立系统的熵只能增大或者不变，绝不能减小，这一规律称为孤立系统熵增原理。它说明孤立系统的熵增完全由熵产组成，其大小只取决于系统内部的不可逆性。一切实际过程都一定朝着使孤立系统的熵增大的方向进行，任何使孤立系统熵减小的过程都是不可能发生的。

孤立系统的熵增解决了过程的方向性问题，揭示了一切热力过程进行时所必须遵循的客观规律，反映了热力学第二定律的本质，是热力学第二定律的另一种数学表达式。

2. 做功能力的损失

系统的做功能力是指在给定的环境条件下，系统达到与环境热力平衡时可能做出的最大有用功。通常将环境温度 T_0 作为衡量做功能力的基准温度。任何系统只要经历不可逆过程，就将造成做功能力的损失，就会使包含其在内的孤立系统的熵增加。因此孤立系统熵增与做功能力损失之间存在着一定的关系，下面进行推导。

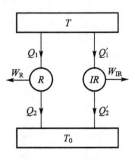

图 4.6 做功能力损失导出示意图

设一台可逆热机 R 和一台不可逆热机 IR，同时在温度为 T 的热源与温度为 T_0 的环境之间工作，如图 4.6 所示。根据卡诺定理

$$\eta_R > \eta_{IR}$$

$$\frac{W_R}{Q_1} > \frac{W_{IR}}{Q_1'}$$

可以调节两热机从热源吸收的热量相同，$Q_1 = Q_1'$，可得

$$W_R > W_{IR}$$

因不可逆引起的做功的损失用 I 表示，则

$$I = W_R - W_{IR}$$
$$= (Q_1 - Q_2) - (Q_1' - Q_2')$$
$$= Q_2' - Q_2$$

现把热源、环境及两热机取为孤立系统，则根据孤立系统熵增原理有

$$\Delta S_{iso} = \Delta S_T + \Delta S_{T_0} + \Delta S_I$$

式中，ΔS_I 为工质的熵变，根据状态参数性质，$\Delta S_I = 0$。故

$$\Delta S_{iso} = \Delta S_T + \Delta S_{T_0}$$
$$= \frac{-(Q_1 + Q_1')}{T} + \frac{Q_2 + Q_2'}{T_0}$$

根据卡诺定理，对可逆机有

$$\frac{Q_1}{T} = \frac{Q_2}{T_0}$$

且 $Q_1 = Q_1'$，于是上式可以简化为

$$\Delta S_{iso} = \frac{Q_2'}{T_0} - \frac{Q_2}{T_0} = \frac{1}{T_0}(Q_2' - Q_2) = \frac{I}{T_0}$$

即

$$I = T_0 \Delta S_{iso} \tag{4-18}$$

上述推导并未假定引起不可逆的因素，因此，对任何不可逆系统均适用。

【例 4.1】 某人声称发明了一个循环装置，在热源 T_1 及冷源 T_2 之间工作，假设 $T_1 = 1700K$，$T_2 = 300K$。该装置能输出净功 1200kJ，而向冷源放热 600kJ，试判断该装置在理论上是否可行。

解： 根据能量守恒定律，装置内工质从高温热源吸热

$$Q_1 = Q_2 + W_{net} = 600 + 1200 = 1800(kJ)$$

装置热效率

$$\eta_t = \frac{W_{net}}{Q_1} = \frac{1200}{1800} = 66.67\%$$

在同温限的恒温热源间工作的卡诺循环的热效率为

$$\eta_c = 1 - \frac{T_2}{T_1} = 1 - \frac{300}{1700} = 82.35\%$$

比较两效率 $\eta_t < \eta_c$，根据卡诺定理，此装置有可能实现，是一部不可逆热机。

【例 4.2】 有一个循环装置,在温度为 1000K 和 300K 的恒温热源间工作,装置与高温热源交换的热量为 2000kJ,与外界交换的功量为 1200kJ,请判断此装置是热机还是制冷机。

解: 根据能量守恒定律

$$|Q_2| = |Q_1| - |W_{net}| = 2000 - 1200 = 800 (kJ)$$

假设此装置为制冷机,则循环中工质从低温热源吸热,即 $Q_2 = 800$kJ,向高温热源放热,$Q_1 = -2000$kJ,则

$$\oint \frac{\delta Q}{T_r} = \frac{Q_1}{T_1} + \frac{Q_2}{T_2} = \frac{-2000}{1000} + \frac{800}{300} = 0.66 > 0$$

由克劳修斯不等式 $\oint \frac{\delta Q}{T} \leqslant 0$,可知该装置不可能是制冷循环。

假设此装置为热机,则循环中工质从高温热源吸热,$Q_1 = 2000$kJ,向低温热源放热,即 $Q_2 = -800$kJ,则

$$\oint \frac{\delta Q}{T_r} = \frac{Q_1}{T_1} + \frac{Q_2}{T_2} = \frac{2000}{1000} - \frac{800}{300} = -0.66 < 0$$

符合克劳修斯不等式,所以该装置是不可逆热机循环。

【例 4.3】 利用孤立系统熵增原理求解例 4.2。

解: 取高温热源、低温热源和循环装置为系统,构成孤立系统。由孤立系统熵增原理

$$\Delta S_{iso} = \Delta S_{T_1} + \Delta S_I + \Delta S_{T_2} \geqslant 0$$

其中工质在装置中完成一个循环,$\Delta S_I = \oint dS = 0$。

假设此装置为制冷机,则低温热源向工质放热,$Q_2 = -800$kJ,高温热源吸热,$Q_1 = 2000$kJ。利用例 4.2 已知条件,则有

$$\Delta S_{iso} = \Delta S_{T_1} + \Delta S_I + \Delta S_{T_2}$$

$$= \frac{Q_1}{T_1} + 0 + \frac{Q_2}{T_2}$$

$$= \frac{2000}{1000} + \frac{-800}{300}$$

$$= -0.66 < 0$$

违反了孤立系统熵增原理,所以不可能是制冷机。

再假设此装置为热机,在循环中高温热源向工质放热,$Q_1 = -2000$kJ,低温热源从工质吸热,$Q_2 = 800$kJ,则

$$\Delta S_{iso} = \Delta S_{T_1} + \Delta S_I + \Delta S_{T_2}$$

$$= \frac{Q_1}{T_1} + 0 + \frac{Q_2}{T_2}$$

$$= \frac{-2000}{1000} + \frac{800}{300}$$

$$= 0.66 > 0$$

符合孤立系统熵增原理,可见该装置循环为不可逆热机循环,与例 4.2 结果一致。

需要注意的是,应用孤立系统熵增原理计算每个物体熵变时,必须以该对象为主体来确定其熵变的正负。

*4.4 㶲参数的基本概念

各种形态的能量相互转换时,具有明显的方向性,如机械能、电能、水能和风能,它们理论上可百分之百地转换为热能。但反方向,热能转换为机械能、电能等却不可能全部转换,转换能力受到热力学第二定律的制约。可见,仅从能量的数量上衡量其价值是不够的,不同形式的能量具有质的区别。㶲参数的引出,为评价能量的"量"和"质"提供了一个统一尺度。它表示能量的可用性或做功能力。

4.4.1 㶲的定义

当系统由任意状态可逆地变化到与给定环境相平衡的状态时,理论上可以转换为任何其他形式能量的最大值称之为㶲。

因为只有可逆过程才有可能进行最完全的转换,所以可以认为,㶲是在给定的环境条件下,在可逆过程中理论上可做出的最大有用功。而在环境条件下不可能转换为有用功的那部分能量称为㸢。任何能量 E 都由㶲 E_x 和㸢 A_n 两部分组成,即

$$E = E_x + A_n$$

4.4.2 热量㶲

在给定的环境条件(环境温度为 T_0)下,热量 Q 中可转化为有用功的最大值是热量㶲。用 $E_{x,Q}$ 表示。不可能转换为有用功的热量称热量㸢,用 $A_{n,Q}$ 表示。

以环境 T_0 为冷源,以温度为 T 的系统($T > T_0$)为热源,当其可逆变化到与环境状态相平衡的状态时,放出的热量为 Q,则其热量㶲 $E_{x,Q}$ 等于在该热源与温度为 T_0 的环境之间工作的卡诺循环热机所做出的功,即

$$E_{x,Q} = Q\left(1 - \frac{T_0}{T}\right) \tag{4-19}$$

工程实例

以空气作为热源的热泵称为空气源热泵或气源热泵(Air Source Heat Pump, ASHP)。空气源热泵技术是基于逆卡诺循环原理建立起来的一种节能、环保制热技术。它以极少的电能,吸收空气中大量的低温热能,通过压缩机的压缩变为高温热能,是一种节能高效的热泵技术。空气源热泵在运行中,蒸发器从空气中的环境热能中吸取热量以蒸发传热工质,工质蒸气经压缩机压缩后压力和温度上升,高温蒸气通过永久黏结在储水箱外表面的特制环形管冷凝器冷凝成液体时,释放出的热量传递给了空气源热泵储水箱中的水,冷凝后的传热工质通过膨胀阀返回到蒸发器,然后再被蒸发,如此循环往复。空气源热泵被广泛用于学校宿舍、酒店、洗浴中心等场所。

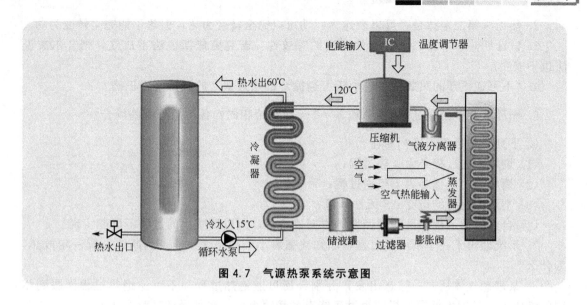

图 4.7 气源热泵系统示意图

小 结

本章讨论了热能转换所涉及的基本定律——热力学第二定律。热力学第二定律典型的说法是克劳修斯说法和开尔文说法。虽然两种说法表述上不同,但实质上是相同的,具有等效性。

卡诺循环和卡诺定理是热力学第二定律的重要内容之一,它不仅指出了具有两个热源热机的最高效率,而且奠定了热力学第二定律的基础。

在高温热源 T_1,低温热源 T_2 间工作的卡诺循环,其热效率为

$$\eta_c = 1 - \frac{T_2}{T_1}$$

用 η_r 表示工作在两个恒温热源之间的可逆循环的效率,η_t 表示该温限间的其他循环的热效率,则卡诺定理可表示为

$$\eta_r \geqslant \eta_t$$

利用卡诺循环和卡诺定理可以导出状态参数熵,即

$$dS = \frac{\delta Q_{rev}}{T_r}$$

热力学第二定律的数学表达式有:用于判断循环是否可行、可逆的克劳修斯不等式 $\oint \frac{\delta Q}{T_r} \leqslant 0$;用于判断过程是否可行、可逆的 $dS \geqslant \frac{\delta Q}{T_r}$;以及孤立系统熵增原理 $dS_{iso} \geqslant 0$。

孤立系统熵增与做功能力损失之间存在着一定的关系,即 $I = T_0 \Delta S_{iso}$。

思 考 题

1. 自发过程是不可逆过程,非自发过程必为可逆过程。这一说法是否正确?为什么?

2. 热力学第二定律是否可以表达为：功可以完全转变为热，但热不能完全转变为功。

3. 试证明热力学第二定律各种说法的等效性：若克劳修斯说法不成立，则开尔文说法也不成立。

4. "不可逆循环的热效率一定小于可逆循环的热效率"的说法是否正确？

5. 循环热效率公式 $\eta_t = 1 - \dfrac{q_2}{q_1}$ 和 $\eta_t = 1 - \dfrac{T_2}{T_1}$ 是否相同？各适用于哪些场合？

6. 下列说法是否正确？为什么？
(1) 熵增大的过程必为吸热过程；
(2) 熵增大的过程必为不可逆过程；
(3) 不可逆过程的熵变 ΔS 无法计算；
(4) 自然界的过程都是朝着熵增的方向进行的，所以熵减小的过程不可能实现。

7. 系统经历了一个不可逆过程，已知终态熵小于初态熵，能否判断该过程一定放热，为什么？

8. 某理想气体从同一初态出发，分别经历可逆绝热过程和不可逆绝热过程膨胀到相同的终压力，试用坐标图分析两个过程终态的熵哪个大？对外做的功哪个大？

9. 某理想气体从同一初态出发，分别经历可逆绝热压缩过程和不可逆绝热压缩过程到相同的终压力，在 $p\text{-}v$ 图和 $T\text{-}s$ 图上画出两个过程，并在 $T\text{-}s$ 图上表示两过程的技术功及不可逆过程的㶲损失。

习 题

4-1 设有一由两个定温过程和两个定压过程组成的热力循环，如图 4.8 所示。工质加热前的状态为 $p_1 = 0.1\text{MPa}$、$T_1 = 300\text{K}$，定压加热到 $T_2 = 1000\text{K}$，再在定温下每千克工质吸热 400kJ。试分别计算不采用回热和采用极限回热循环的热效率，并比较它们的大小。工质的比热容 $c_p = 1.004\text{kJ/(kg·K)}$。

4-2 试证明：同一种工质在参数坐标图(如 $p\text{-}v$ 图)上的两条绝热线不可能相交。

4-3 如图 4.9 所示，一台在恒温热源 T_1 和 T_0 之间工作的热机 E，做出的循环净功 W_{net} 正好带动工作于 T_H 和 T_0 之间的热泵 P，热泵的供热量 Q_H 用于谷物烘干。已知 $T_1 = 1000\text{K}$，$T_H = 360\text{K}$，$T_0 = 290\text{K}$，$Q_1 = 100\text{kJ}$。(1)若热机效率 $\eta_t = 40\%$，热泵供暖系数 $\varepsilon' = 3.5$，求 Q_H；(2)设 E 和 P 都以可逆机代替，求此时的 Q_H；(3)计算结果 $Q_H > Q_1$，表示冷源中有部分热量传入温度为 T_H 的热源，此复合系统并未消耗机械功而将热量由 T_0 传给了 T_H，是否违背了热力学第二定律？为什么？

4-4 某热机工作于 $T_1 = 2000\text{K}$、$T_2 = 300\text{K}$ 的两个恒温热源之间，试问下列几种情况能否实现，是否是可逆循环？(1)$Q_1 = 1\text{kJ}$，$W_{net} = 0.9\text{kJ}$；(2)$Q_1 = 2\text{kJ}$，$Q_2 = 0.3\text{kJ}$；(3)$Q_2 = 0.5\text{kJ}$，$W_{net} = 1.5\text{kJ}$。

4-5 有人设计了一台热机，工质分别从温度为 $T_1 = 800\text{K}$、$T_2 = 500\text{K}$ 的两个高温热源吸热 $Q_1 = 1500\text{kJ}$ 和 $Q_2 = 500\text{kJ}$，以 $T_0 = 300\text{K}$ 的环境为冷源，放热 Q_3，问：(1)如要求热机做出循环净功 $W_{net} = 1000\text{kJ}$，该循环能否实现？(2)最大循环净功 $W_{net,max}$ 为多少？

4-6 试判别下列几种情况的熵变是正是负还是可正可负。

(1) 闭口系统中理想气体经历一个可逆过程，系统与外界交换功量 20kJ、热量 20kJ；

(2) 闭口系统经历一个不可逆过程，系统与外界交换功量 20kJ、热量 -20kJ；

(3) 工质稳定流经开口系统，经历一个可逆过程，开口系统做功 20kJ，换热 -5kJ，工质流在进出口的熵变；

(4) 工质稳定流经开口系统，按不可逆绝热变化，系统对外做功 10kJ。系统的熵变。

4-7 燃气经过燃气轮机由 0.8MPa、420℃绝热膨胀到 0.1MPa、130℃。设比热容 $c_p=1.01$kJ/(kg·K)，$c_V=0.732$kJ/(kg·K)。(1)该过程能否实现？过程是否可逆？(2)若能实现，计算 1kg 燃气做出的技术功 w_t，设进、出口的动能差、位能差忽略不计。

4-8 0.25kg 的 CO 在闭口系统中由 $p_1=0.25$MPa、$t_1=120$℃膨胀到 $p_2=0.125$MPa、$t_2=25$℃，做出膨胀功 $W=8.0$kJ。已知环境温度 $t_0=25$℃，CO 的 $R_g=0.297$kJ/(kg·K)，$c_V=0.747$kJ/(kg·K)。试计算过程热量，并判断该过程是否可逆。

4-9 根据熵增与热量㶲的关系讨论对气体定容加热、定压加热、定温加热时，哪一种方式较为有利？比较的基础分两种情况：(1)从相同的初温出发；(2)达到相同的终温。（比较时取同样的热量）

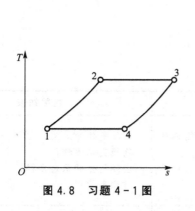

图 4.8 习题 4-1 图

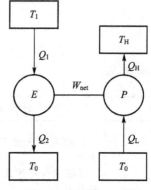

图 4.9 习题 4-3 图

4-10 设工质在 1000K 的恒温热源和 300K 恒温冷源间按 a—b—c—d—a 工作，如图 4.10 所示。工质从热源吸热和向冷源放热都存在 50K 的温差。(1)计算循环的热效率；(2)设体系的最低温度即环境温度 $T_0=300$K，求热源每供给 1000kJ 热量时两处不可逆传热引起的㶲损失 I_1 和 I_2 及总㶲损失。

4-11 100kg 温度为 0℃的冰，在 20℃的环境中融化为水后升温至 20℃。已知冰的溶解热为 335kJ/kg，水的比热容 $c_w=4.187$kJ/(kg·K)，求：(1)冰融化为水并升温到 20℃的熵变；(2)包括相关环境在内的孤立系统的熵变；(3)㶲损失，并将其表示在 T-s 图上。

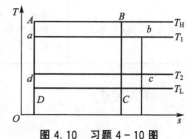

图 4.10 习题 4-10 图

4-12 两物体 A 和 B 的质量及比热容相同，即 $m_1=m_2=m$，$c_{p,1}=c_{p,2}=c_p$，温度各为 T_1 和 T_2，且 $T_1>T_2$。设环境温度为 T_0。(1)按一系列微元卡诺循环工作的可逆机以 A 为热源、以 B 为冷源，循环进行后 A 物体的温度逐渐降低，B 物体的温度逐渐升高，直至两物体温度相同，同为 T_f 为止，试证明 $T_f=\sqrt{T_1 T_2}$，以及最大循环功 $W_{max}=mc_p(T_1+T_2-2T_f)$；(2)若 A 和 B 直接传热，热平衡时温度为 T_m，求 T_m 以及不等温传热引起的㶲损失。

第 5 章
实际气体的性质及热力学一般关系式

本章教学要点

知识要点	掌握程度	相关知识
实际气体	理解实际气体相对理想气体的差异； 掌握实际气体性质的研究目的及研究方法	实际气体的定义； 范德瓦尔方程； 实际气体的状态方程； 对比态原理
热力学一般关系式	掌握几种典型的状态方程的原理； 熟悉实际气体的 u、h、s 等参数的热力学一般关系式	闭口系统的四个基本关系式； 麦克斯韦关系式； 熵、热力学能和焓的热力学一般关系式

导入案例

1662 年，波义耳（R. Boyle）根据实验结果提出：在密闭容器中的定量气体，在恒温下，气体的压强和体积成反比关系，这一说法被称之为波义耳定律。这是人类历史上第一个被发现的"定律"。1847 年，勒尼奥（H. V. Regnoult）做了大量实验，发现除氢气以外，没有一种气体严格遵守波义耳定律。之后随着实验精度的提高，人们发现实际气体有着与理想气体不同的性质，如体积变化时内能也发生变化、有相变的临界温度等。实际气体的分子具有分子力，即使在没有碰撞时，分子之间也有相互作用，因而其状态的变化关系偏离理想气体状态方程。只是在低压强下，理想气体状态方程才较好地反映了实际气体的性质，随着气体密度的增加，两者的偏离越来越大。最早的实际气体状态方程式是 1873 年由范德瓦尔（Van der Waals）提出的。

目前常用的热力循环的工质主要是水蒸气,而制冷循环常以氨、氟利昂等物质的蒸气作为工质。这些工质在循环中距液相极近,因此都不能作为理想气体来研究,即不能应用理想气体的状态方程式、比热容以及理想气体的有关特性关系式。为了对上述实际循环进行能量分析,就有必要深入研究实际气体的性质、状态参数之间的函数关系及变化规律。本章主要论述了实际气体的一般特性及研究实际气体的一般方法,并建立适用于任意简单可压缩系统的热力学一般关系式。

5.1 实际气体的状态方程

5.1.1 理想气体状态方程应用于实际气体的偏差

实际气体不同于理想气体的根本在于两者的微观粒子结构不同。理想气体在假设微观分子结构模型时,认为分子是有弹性的、不占据体积的质点,分子间不论其距离远近(相对于分子本身的尺寸),分子间没有相互作用力。显然这是一种假想的、实际上并不存在的气体。但理想气体的提出,为气态物质的热力学研究提供了极大方便。本节将分析理想气体状态方程用于实际气体时的偏差。

理想气体遵循波义耳-查理等实验定律,即遵守气体状态方程式 $pv=R_g T$。由此可得出 $\dfrac{pv}{R_g T}=1$,即对于理想气体,比值 $\dfrac{pv}{R_g T}$ 是与压力、温度无关的常数,在 $\dfrac{pv}{R_g T}-p$ 图上是一条 $\dfrac{pv}{R_g T}$ 值等于 1 的水平线。但实验证明,实际气体并不符合这一规律,如图 5.1 所示。从图 5.1 中发现,随着压力 p 的升高,温度 T 的降低,实际气体与理想气体的偏差程度越来越大。

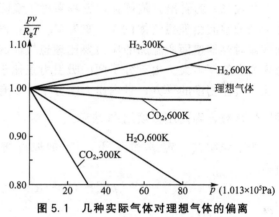

图 5.1 几种实际气体对理想气体的偏离

实际气体偏离于理想气体的程度,通常采用压缩因子或压缩系数 Z 表示。

$$Z=\frac{pv}{R_g T}=\frac{pV_m}{RT} \tag{5-1}$$

式中,V_m 为摩尔体积,单位是 m^3/mol。显然对于理想气体,Z 恒等于 1。对于实际气体,Z 可大于 1,也可小于 1。Z 值与 1 偏离越远,表明这时的实际气体距理想气体的偏差越大。Z 值的大小取决于气体种类、温度及压力,因此 Z 是状态函数。

为了说明压缩因子 Z 的物理含义,在此将式(5-1)改写为

$$Z=\frac{pv}{R_g T}=\frac{v}{R_g T/p}=\frac{v}{v_i} \tag{5-1a}$$

式中,v 是实际气体在 p、T 时的比容;v_i 是理想气体的比容。因此压缩因子 Z 即为 p、T 相同时,实际气体与理想气体的比容比。当 $Z>1$ 时,说明该实际气体的比容大于同温同

压下的理想气体的比容,即实际气体较理想气体更难压缩;反之,$Z<1$,说明实际气体的可压缩性大。因此,压缩因子 Z 的实质是反映气体压缩性的大小。

5.1.2 范德瓦尔方程

为了获得准确的实际气体状态方程,人们经过百余年的努力,已取得了不少成绩。距今为止导出了成百上千种状态方程。这些状态方程基本分为两种形式:一种是从理论分析出发得出方程的形式,然后通过实验拟合方程中的常数项,属于理论型或半理论型;另一种是根据实验数据拟合出纯经验型状态方程。在各种状态方程中,范德瓦尔方程是一个具有特殊意义的实际气体状态方程式,它为实际气体状态方程的研究开辟了道路。

1873 年,范德瓦尔通过实际气体微观结构特性分析,在理想气体状态方程的形式上加以修正,提出了范德瓦尔状态方程,即

$$\left(p+\frac{a}{V_m^2}\right)(V_m-b)=RT \text{ 或 } p=\frac{RT}{V_m-b}-\frac{a}{V_m^2} \tag{5-2}$$

式中,a 与 b 是与气体种类有关的特征数,称为范德瓦尔常数,根据实验数据确定;$\frac{a}{V_m^2}$ 是压力 p 的修正项,称为内压力。

从式(5-2)看出,范德瓦尔方程考虑了实际气体分子具有一定的体积,因而分子可自由活动的空间由理想气体的 V_m 变为 V_m-b;同时考虑到实际气体的分子间的引力作用,则气体对容器壁面所施加的压力要比理想气体的小,也就是说气体受到的实际压力要比压力表测出的压力大。由于分子间的吸引力正比于吸引分子的数目和被吸引分子的数目,即正比于气体密度的平方;且内压力与分子类型有关,因此以 a 表示气体分子间作用力强弱的特性常数,则内压力项用 $\frac{a}{V_m^2}$ 表示。

为了说明在一定 p 和 T 下,V_m 的取值情况,可将式(5-2)按 V_m 的降幂次排列,可得

$$pV_m^3-(bp+RT)V_m^2+aV_m-ab=0 \tag{5-3}$$

式(5-3)是关于 V_m 的三次方程式。根据 p 和 T 取值的不同,V_m 的解有三种情况,分别是 3 个不等的实根、3 个相等的实根或 1 个实根 2 个虚根。为了便于分析,按式(5-3)表述的范德瓦尔方程,在 p-V_m 图上绘制 CO_2 的一簇等温线,如图 5.2 所示。当压力 p 远大于内压力 $\frac{a}{V_m^2}$,同时 V_m 远大于 b 时,即图 5.2 中线 AD,基本符合于理想气体的状态特征线。当 $T<T_c$ 时,等温线经过一个最大值点 N 和一个最小值点 M,这些极值点的轨迹线如图中虚线所示。在临界点 C,最大值点和最小值点重合。

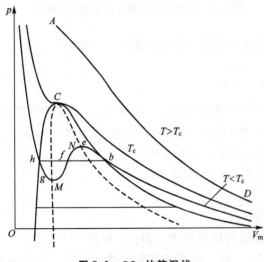

图 5.2 CO_2 的等温线

从图 5.2 发现，当温度高于临界温度 T_c 时，每一个 p 都只有一个 V_m 值，即只有 1 个实根。当温度低于临界温度 T_c 时，1 个压力 p 对应 3 个 V_m 值，其中最小值是饱和液线上的饱和液的摩尔体积，最大值为干饱和蒸汽线的干饱和蒸汽的摩尔体积。根据平衡态稳定条件：$c_V > 0$，$\left(\frac{\partial p}{\partial V_m}\right)_T < 0$，在图中曲线 $hgfeb$ 中存在 $\left(\frac{\partial p}{\partial V_m}\right)_T > 0$，因此曲线 $hgfeb$ 并不代表实际气体的曲线，而被中间水平直线 hb 代替，即中间的 V_m 无意义。在当温度等于临界温度时，3 个实根合并为 1 个，即对于 p_{cr}，V_m 有 3 个相等的实根。实验证明，在温度远高于临界温度的区域，范德瓦尔方程与实际结果吻合较好，但在较低压力和较低温度时两者间的误差较大。另外，对于图中所示的较低温度，范德瓦尔等温曲线出现负压，这表示液体处于承受负压而没有蒸发的状态，这种状态已在实验中获得。

另外，从图 5.2 看出，在临界点 C 处等温线有一个拐点，则此处压力对摩尔体积的一阶偏导数和二阶偏导数均为 0，即

$$\left(\frac{\partial p}{\partial V_m}\right)_{T_{cr}} = 0, \quad \left(\frac{\partial^2 p}{\partial V_m^2}\right)_{T_{cr}} = 0$$

将范德瓦尔方程式(5-3)求导，代入以上关系可得

$$\left(\frac{\partial p}{\partial V_m}\right)_{T_{cr}} = -\frac{RT_{cr}}{(V_{m,cr} - b)^2} + \frac{2a}{V_{m,cr}^3} = 0$$

$$\left(\frac{\partial^2 p}{\partial V_m^2}\right)_{T_{cr}} = -\frac{2RT_{cr}}{(V_{m,cr} - b)^3} - \frac{6a}{V_{m,cr}^4} = 0$$

上式与式(5-3)联立方程组求解可得

$$p_{cr} = \frac{a}{27b^2}, \quad T_{cr} = \frac{8a}{27Rb}, \quad V_{m,cr} = 3b \tag{5-4a}$$

$$a = \frac{27}{64}\frac{(RT_{cr})^2}{p_{cr}}, \quad b = \frac{RT_{cr}}{8p_{cr}}, \quad R = \frac{8}{3}\frac{p_{cr}V_{m,cr}}{T_{cr}} \tag{5-4b}$$

由此可见，气体的范德瓦尔常数 a 和 b 除了可以根据实验获得外，还可由实测的临界压力 p_{cr} 和临界温度 T_{cr} 的值通过式(5-4b)计算得到。表 5-1 给出了常见物质的临界参数和由实验数据拟合得出的范德瓦尔常数。

表 5-1 常见物质的临界参数和范德瓦尔常数

物质	T_{cr}/K	p_{cr}/MPa	$V_{m,cr}$/(m³/kmol)	$Z_{cr}(=p_{cr}V_{m,cr}/RT_{cr})$	a/[(MPa·m⁶)/kmol²]	b/(m³/kmol)
空气	132.5	3.77	0.0829	0.284	0.1358	0.0364
一氧化碳	133	3.50	0.0928	0.294	0.1463	0.0394
二氧化碳	304.2	7.38	0.0946	0.276	0.3653	0.04278
正丁烷	425.2	3.80	0.257	0.274	1.380	0.1196
氟利昂 12	385	4.01	0.214	0.270	1.078	0.0998
甲烷	190.7	4.64	0.0991	0.290	0.2285	0.0427
氮	126.2	3.39	0.0897	0.291	0.1361	0.0385

范德瓦尔方程是半经验的状态方程,它可较好地定性描述实际气体的基本特性,但在定量上不够准确,尤其用于气体临界区或其附近时有较大误差。在此基础上,许多派生的状态方程相继出现,其中一些具有很好的实用价值。

【例 5.1】 已知 CO_2 温度为 373K,比容为 $0.012m^3/kg$,试利用范德瓦尔方程式确定 CO_2 的压力,并与从理想气体状态方程所得结果做比较。

解: 由表 5-1 查得

$$a = 0.3653 (MPa \cdot m^6)/kmol^2$$
$$b = 0.04278 m^3/kmol$$

按范德瓦尔方程式计算得

$$p = \frac{RT}{V_m - b} - \frac{a}{V_m^2} = \frac{8314 \times 373}{0.012 \times 44 - 0.04278} - \frac{0.3653 \times 10^6}{(0.012 \times 44)^2}$$
$$= 5.081 \times 10^6 (Pa) = 5.081 (MPa)$$

按理想气体方程式计算得

$$p = \frac{RT}{V_m} = \frac{8314 \times 373}{0.012 \times 44} = 5.873 \times 10^6 (Pa) = 5.873 (Pa)$$

5.1.3 其他状态方程

实际气体状态方程式一般都含有反应物质特性的常数,如范德瓦尔方程式含有 a 和 b 两个常数。一般来说,状态方程式中含有的常数越多,精确度往往越高,适用的压力范围也越宽,但形式越复杂。基于这一思想,继范德瓦尔方程之后,出现了许多实际气体的状态方程。这些方程不再将范德瓦尔常数视为常数。而是看作温度或其他参数的函数,或者引入更多的常数来描述分子之间的相互作用。下面就介绍几个较著名的状态方程。

1. R-K 方程

里德立(Redlich)和匡(Kwong)于 1949 年提出 R-K 方程,该方程保留了体积的三次方程的简单形式,通过对内压力项 $\frac{a}{V_m^2}$ 的修正,使精度得到提高。其表达形式为

$$p = \frac{RT}{V_m - b} - \frac{a}{T^{0.5} V_m (V_m + b)} \tag{5-5}$$

式中,a 和 b 是物质的固有常数,可从实验数据拟合求得,也可通过下式利用临界参数求取近似值。

$$a = \frac{0.427480 R^2 T_{cr}^{2.5}}{p_{cr}} \quad b = \frac{0.08664 R T_{cr}}{p_{cr}}$$

R-K 方程被认为是近代最好的二参数方程式,因它的适用范围广、计算精度高而被广泛使用。用于烃类、N_2、H_2 等非极性气体时精度很高,即使在高压下误差很小,但对 NH_3、H_2O 等极性分子气体误差较大。为此,1972 年出现了对 R-K 方程的修正 R-K-S 方程,从而拓宽了 R-K 方程的使用范围。

2. 维里状态方程

维里(Virial)于 1901 年提出了以无穷级数形式表示的状态方程,表达式为

$$Z = \frac{pv}{R_g T} = 1 + \frac{B}{v} + \frac{C}{v^2} + \frac{D}{v^3} + \cdots \tag{5-6}$$

式中，B、C、D 等都是与物质种类和温度有关的函数，称为第二、第三、第四维里系数，分别表示微观结构中 2 个、3 个、4 个 …… 分子相互作用的效应。维里系数可由实验确定，目前第二维里系数的数据比较丰富，第三、第四维里系数数据相对缺乏。维里方程物理意义较明确，且级数函数易于整理数据和比较分析。另外，多级数的函数形式具有很大的适应性，通过截取不同项数来满足不同精度的要求。因此维里方程被认为是很有前途的状态方程，它对于实际气体的研究具有重要的理论意义。当 $p \to 0$ 时，维里方程只有一项，即为理想气体的状态方程。同时其他许多状态方程都可以转换成维里方程的形式。但由于对高级维里系数计算的困难，目前超过三项以上的维里方程很少应用。

3. B-B 方程

1928 年比特(Beattie)和布里奇曼(Bridgman)提出了 B-B 方程，具体表达式为

$$p = \frac{R_g T}{v^2}\left(1 - \frac{c}{vT^3}\right)\left(v + B_0 - \frac{bB_0}{v}\right) - \frac{A_0}{v^2}\left(1 - \frac{a}{v}\right) \tag{5-7}$$

式中，A_0、B_0、a、b、c 都是与物质种类和温度有关的常数，可通过实验数据拟合得到。

B-B 方程也可写成维里方程形式，即

$$Z = \frac{pv}{R_g T} = 1 + \frac{B}{v} + \frac{C}{v^2} + \frac{D}{v^3} + \cdots$$

式中，$B = B_0 - \frac{A_0}{RT} - \frac{c}{T^3}$；$C = \frac{A_0 a}{RT} - B_0 b - \frac{B_0 c}{T^3}$；$D = \frac{B_0 bc}{T^3}$。$B$、$C$、$D$ 称为第二、第三、第四维里系数。

4. 马丁-侯方程(MH 方程)

马丁(Martin)和我国侯虞均教授在对不同化合物的 p、v、T 数据分析后，于 1955 年共同开发了一个精度较高、常数确定简便、适用范围广的解析型多常数状态方程，通常称为 MH55 方程。1959 年马丁又做了修改，称为 MH59 方程，该方程目前已被国际制冷学会选定作为制冷剂热力性质计算的状态方程。其表达式为

$$p = \frac{R_g T}{v - b} + \sum_{i=2}^{5} \frac{f_i(T)}{(v - b)^i} \tag{5-8}$$

式中，$f_i(T)$ 为温度函数，可由下式计算：

$$f_i(T) = A_i + B_i T + C_i e^{-kT_r}$$

式中，T_r 为对比温度，即 T/T_{cr}；A_i、B_i、C_i 为方程常数，其中 $k = 5.475$，$B_4 = 0$，$C_4 = 0$，其余 A_2、A_3、A_4、A_5、B_2、B_3、B_5、C_2、C_3、C_5、b 共 11 个常数均可通过物质的临界参数及正常沸点计算得到。MH 方程是既可用于烃类又可用于各种制冷剂以及极性物质的多常数状态方程。与同类方程相比，MH 方程常数的确定只需要临界参数以及一个饱和蒸气压数据，而不需要其他的 p、v、T 数据。因此，MH 方程具有预测性，这是它的一大优点。

另外，哈尔滨工业大学的严家禄教授于 1978 年提出了一个实际气体通用状态方程。可以说，实际气体的状态方程目前仍处于发展阶段，不断会有新的方程提出来。随着计算机技术的发展及计算精度要求的提高，用计算机进行热物性参数的计算成为必要，文献提供了上述几种状态方程的计算程序及其编制原理，有兴趣的读者可查阅。

5.2 对比态原理与通用压缩因子图

前已述及,实际气体的状态方程包含了与气体固有性质有关的常数,这些常数的确定需要借助物质的 p、v、T 数据拟合才能得到。若能排除这些物性常数,使方程具有普遍性,则物质的热力性质计算将大大简便。由此引入了"对比态"的概念。

5.2.1 对比态原理

实际气体的近似计算根据范德瓦尔方程在临界点处的性质,即式(5-4a),则对于符合范德瓦尔方程的任何实际气体有

$$Z_{cr} = \frac{p_{cr}V_{m,cr}}{RT_{cr}} = \frac{(a/27b^2) \cdot 3b}{R(8a/27Rb)} = 0.375$$

上式说明,处于临界状态的各种气体性质是相似的。由此推知,偏离临界状态程度相同的气体其性质也相似。为了衡量气体状态偏离临界状态的远近程度,引入了对比态参数的概念。对比态参数是气体的状态参数与该气体的临界状态参数的比值,即

$$p_r = \frac{p}{p_{cr}}, \quad T_r = \frac{T}{T_{cr}}, \quad v_r = \frac{v}{v_{cr}}$$

下面以范德瓦尔方程为例,说明对此态原理。

将对比态参数代入式(5-2),并结合式(5-4b)中常系数 a 和 b 与临界参数的关系式,可导出

$$\left(p_r + \frac{3}{v_r^2}\right)(3v_r - 1) = 8T_r \tag{5-9}$$

式(5-9)消去了所有与气体种类有关的常数 a、b、R,是适用于符合范德瓦尔方程的一切实际气体的对比态方程,因此称之为范德瓦尔对比态方程。这说明符合范德瓦尔方程的实际气体满足对比态原理。当然,这一结论不仅适用于符合范德瓦尔方程的一切实际气体,还可以推广到符合任一两常数(R 除外)方程的实际气体。由此符合两常数方程的实际气体其 p-v-T 关系均可表示为

$$f(p, v, T, a, b, R) = 0$$

根据临界点满足的条件和状态方程可知,上式中的 R、a、b 均可利用临界参数 p_{cr}、v_{cr}、T_{cr} 代替,同时引入对比态参数 p_r、T_r、v_r,则任何一个两常数方程均可转变为不含与气体种类有关的常数的通用状态方程,即

$$f(p_r, T_r, v_r) = 0 \tag{5-10}$$

式(5-10)也可称为对比态原理的数学表达式,对于满足同一对比态方程的各种气体,可以认为它们的热力学性质相似。由此可见,所有符合任何两常数方程的实际气体都满足对比态原理,而且其对比态方程相同,临界压缩因子的数值也相同。然而,对于那些适用范围广、准确度高的状态方程,其常数项均远超过两个,因而无法利用临界点所满足的两个条件将所有的常数消去,获得通用的对比态方程。所以说,对比态原理是一个近似的原理。实验同样表明,对比态原理并非十分准确,尤其在低压区。但在缺乏详细资料的情况下,可借助某资料充分地参考流体的热力性质来估算其他工作流体的性质。

5.2.2 通用压缩因子图

前面已讨论过，实际气体偏离于理想气体的程度可用压缩因子 Z 来描述，Z 与气体种类及状态参数 (p, T) 有关，故对于每种气体必存在函数关系 $Z=f(p, T)$，将这一关系绘制成图，则称为压缩因子图。图 5.3 给出了 N_2 的压缩因子图。

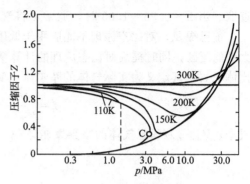

图 5.3 N_2 的压缩因子

由压缩因子 Z 和临界压缩因子 Z_{cr} 的定义可得

$$\frac{Z}{Z_{cr}}=\frac{pV_m/(RT)}{p_{cr}V_{m,cr}/(RT_{cr})}=\frac{p_r v_r}{T_r}$$

结合对比态原理，上式可以写成

$$Z=f_1(p_r, T_r, Z_{cr}) \tag{5-11}$$

若 Z_{cr} 已知，则式(5-11)可进一步简化为

$$Z=f_2(p_r, T_r) \tag{5-12}$$

实际气体的临界压缩因子 Z_{cr} 在 0.23～0.33 内，通常取 Z_{cr} 的平均值为 0.27，将式(5-12)绘制成图，称之为通用压缩因子图，如图 5.4 所示。图中示出了在 $T_r=0.8$～15.0 和 $p_r=0.1$～50 内实际气体与理想气体的偏差。在工程计算时，Z 一般均可从图 5.4

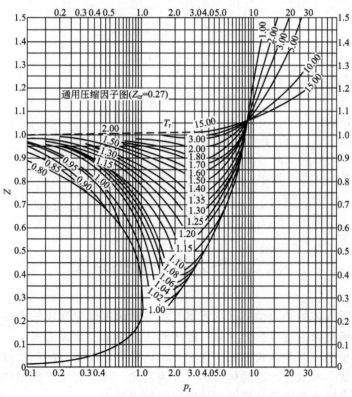

图 5.4 通用压缩因子图

查取。当 $Z=0.95\sim1.05$ 时，通常可将气体作理想气体处理。

前已提及，对比态原理不能应用于低压区，因而具有很大的局限性。为了将应用范围扩大到低压区，同时提高对比态原理的计算精度，苏国桢提出了一个新的对比态参数——理想比体积 v'_r，其定义为实际气体的摩尔体积 V_m 与理想气体的临界摩尔体积之比，即

$$v'_r = \frac{V_m}{V_{m,i,cr}} = \frac{zRT/p}{RT_{cr}/p_{cr}} = \frac{ZT_r}{p_r}$$

式中，$V_{m,i,cr}$ 为理想气体的临界摩尔体积。结合式(5-12)可得

$$v'_r = f_3(p_r, T_r)$$

故有

$$f(p_r, T_r, v'_r) = 0 \tag{5-13}$$

式(5-13)称为改进的对比态原理，它说明气体之间存在着通用的对比态关系。实践证明式(5-13)比较接近实验结果，因而提高了对比态原理的计算精度，并且可用于低压区。

【**例 5.2**】 已知 CO_2 的温度为 373K，压力为 4MPa，试分别用通用压缩因子图和理想气体状态方程求 CO_2 的比容。

解：

(1) 按通用压缩因子图求解。查表 5-1 得 CO_2 的临界参数为 $p_{cr}=7.38\text{MPa}$，$T_{cr}=304.2\text{K}$，则对比温度

$$T_r = \frac{T}{T_{cr}} = \frac{373}{304.2} = 1.226$$

对比压力

$$p_r = \frac{p}{p_{cr}} = \frac{4}{7.38} = 0.54$$

查图 5.4 得

$$Z = 0.904$$

查附录 A-2 得，CO_2 的气体常数

$$R_g = 189\text{J}/(\text{kg}\cdot\text{K})$$

根据式(5-1)得

$$v = \frac{ZR_gT}{p} = \frac{0.904\times189\times373}{4\times10^6} = 0.0159(\text{m}^3/\text{kg})$$

(2) 按理想气体状态方程求解。

$$v = \frac{R_gT}{p} = \frac{0.189\times10^3\times373}{4\times10^6} = 0.0176(\text{m}^3/\text{kg})$$

5.3 热力学一般关系式

前已述及实际气体的热力学能、焓和熵等均不能采用理想气体的简单关系式计算，也不能直接测量。但可以通过以热力学第一定律和热力学第二定律为基础，结合某些状态参数的定义式而导出的一般关系式求出。这些关系式通常以偏微分的形式表示，故也称为热力学的微分关系式。本章所讨论的热力学一般关系式，除了适用于理想气体外，同样适用于流体及固体，只要这些工质是简单可压缩的纯物质即可。

在推导热力学一般关系式时，常用到二元函数的一些微分性质，在此有必要对二元函

数的一些微分性质做简单回顾。

5.3.1 主要数学关系式

对于简单可压缩系，热力学中的状态参数主要有两个独立变量。如果状态参数 z 表示为另外两个独立状态参数 x、y 的函数，即 $z=f(x,y)$，由于热力学中的状态参数为点函数，点函数的微分即为全微分，则有

$$dz = \left(\frac{\partial z}{\partial x}\right)_y dx + \left(\frac{\partial z}{\partial y}\right)_x dy \tag{5-14}$$

或写成

$$dz = Mdx + Ndy \tag{5-14a}$$

式中，$M=\left(\frac{\partial z}{\partial x}\right)_y$，$N=\left(\frac{\partial z}{\partial y}\right)_x$，且 M、N 也是 x、y 的连续函数，在此对 M、N 分别求导，由于二阶混合偏导数均连续时，其混合偏导数与求导次序无关，则有

$$\left(\frac{\partial M}{\partial y}\right)_x = \left(\frac{\partial N}{\partial x}\right)_y \tag{5-15}$$

式(5-15)是检验函数 $dz=Mdx+Ndy$ 为全微分的充要条件，也是检验点函数是否是状态参数的充要条件。因此简单可压缩系的所有状态参数都必须满足这一条件。

为了研究物质的某些物理量，确定偏导数间的关系非常重要。若 $z=$ 常数，则 $dz=0$，式(5-14)将变为

$$\left(\frac{\partial z}{\partial x}\right)_y dx + \left(\frac{\partial z}{\partial y}\right)_x dy = 0$$

上式两边同时除以 dy，并移项整理得

$$\left(\frac{\partial z}{\partial x}\right)_y \left(\frac{\partial x}{\partial y}\right)_z + \left(\frac{\partial z}{\partial y}\right)_x = 0$$

将上式除以 $\left(\frac{\partial z}{\partial y}\right)_x$，经整理得

$$\left(\frac{\partial z}{\partial x}\right)_y \left(\frac{\partial x}{\partial y}\right)_z \left(\frac{\partial y}{\partial z}\right)_x = -1 \tag{5-16}$$

式(5-16)称为循环关系式，利用它可将一些变量转换成指定的变量。

另外一个联系各状态参数偏导数的重要关系式是链式关系式。如果有4个参数 x、y、z、w，其中独立变量为2个，则对于函数 $x=x(y,w)$ 有

$$dx = \left(\frac{\partial x}{\partial y}\right)_w dy + \left(\frac{\partial x}{\partial w}\right)_y dw \tag{a}$$

对于函数 $y=y(z,w)$ 有

$$dy = \left(\frac{\partial y}{\partial z}\right)_w dz + \left(\frac{\partial y}{\partial w}\right)_z dw \tag{b}$$

将式(b)代入式(a)，取 $dw=0$，即 w 取常数，可得

$$\left(\frac{\partial x}{\partial y}\right)_w \left(\frac{\partial y}{\partial z}\right)_w \left(\frac{\partial z}{\partial x}\right)_w = 1 \tag{5-17}$$

式(5-17)称为链式关系式，它和式(5-16)均为基本关系式，具有普遍的适用性。

5.3.2 焓、熵及热力学能的一般关系式

在研究焓、熵及热力学能的一般关系式时，首先回顾一下闭口系统的基本关系式。

1. 闭口系统的四个基本关系式

1) 热力学能的基本关系式

根据热力学第一定律，对于闭口系统的可逆过程有

$$\delta q = du + \delta w = du + p dv$$

根据热力学第二定律，在可逆过程中热量的计算式为 $\delta q = T ds$

联合上述两式可得

$$du = T ds - p dv \tag{5-18}$$

2) 焓的基本关系式

根据焓的定义式 $h = u + pv$ 有

$$dh = du + p dv + v dp$$

将式(5-18)代入上式可得

$$dh = T ds + v dp \tag{5-19}$$

3) 自由能的基本关系式

令 $F = U - TS$，F 称为自由能，或称亥姆霍兹(Helmholtz)函数，则 f 称为比亥姆霍兹函数，即 1kg 物质的亥姆霍兹函数，故有

$$dF = dU - T dS - S dT \tag{c}$$

$$df = du - T ds - s dT \tag{d}$$

将式(5-18)代入式(d)得

$$df = -s dT - p dv \tag{5-20}$$

4) 自由焓的基本关系式

令 $G = H - TS$，G 称为自由焓，或称吉布斯(Gibbs)函数，则 g 称为比吉布斯函数，故有

$$dg = dh - T ds - s dT \tag{e}$$

将式(5-18)代入式(e)得

$$dg = -s dT + v dp \tag{5-21}$$

式(5-18)～式(5-21)通常称为吉布斯方程，它是简单可压缩系统状态参数间的基本关系式，适用于闭口系统平衡状态的一切热力过程，包括可逆与不可逆过程。虽然采用可逆过程的关系式 $\delta w = p dv$ 和 $\delta q = T ds$，但应指出，上述参数 U、H、F、G 均为状态参数，也就是说当系统从一个平衡态变化到另一个平衡态时，只要系统的初、终状态相同，不管系统经历的过程是否可逆，上述 4 个参数的变化量均相同。

若系统进行的是可逆定温过程，$dT = 0$，则有 $df = -p dv$，$dg = v dp$，由此可见，亥姆霍兹函数表示可逆过程外界对系统所做的膨胀功，而吉布斯函数表示可逆定温过程中系统对外所做的技术功。也就是说，在可逆定温条件下亥姆霍兹函数是热力学能可以自由释放转化为功的部分，而 TS 是热力学能中无法转变为功的部分，称为束缚能。同样，吉布斯函数是可逆定温条件下焓中能转变为功的部分，TS 是束缚能。

2. 麦克斯韦关系式

由于状态参数 U、H、F、G 为点函数，利用点函数的特性，即式(5-15)，将上述吉布斯方程式(5-18)～式(5-21)应用全微分条件，可导出把 p、v、T 和 s 联系起来的重要关系式——麦克斯韦关系式。

以比热力学能 $u=u(s, v)$ 为例，则 $\mathrm{d}u = \left(\dfrac{\partial u}{\partial s}\right)_v \mathrm{d}s + \left(\dfrac{\partial u}{\partial v}\right)_s \mathrm{d}v$，对照式（5-18）$\mathrm{d}u = T\mathrm{d}s - p\mathrm{d}v$，可得

$$\left(\frac{\partial u}{\partial s}\right)_v = T;\quad \left(\frac{\partial u}{\partial v}\right)_s = -p$$

利用二元函数的二阶混合偏导与求导次次序无关，即 $\dfrac{\partial^2 u}{\partial s\,\partial v} = \dfrac{\partial^2 u}{\partial v\,\partial s}$，可得

$$\left(\frac{\partial T}{\partial v}\right)_s = -\left(\frac{\partial p}{\partial s}\right)_v \tag{5-22}$$

同样，根据 $h=h(s, p)$，$f=f(T, v)$，$g=g(T, p)$，结合式（5-19）～式（5-21）按照上述同样的方法分别可以得到

$$\left(\frac{\partial T}{\partial p}\right)_s = \left(\frac{\partial v}{\partial s}\right)_p \tag{5-23}$$

$$\left(\frac{\partial p}{\partial T}\right)_v = \left(\frac{\partial s}{\partial v}\right)_T \tag{5-24}$$

$$\left(\frac{\partial v}{\partial T}\right)_p = -\left(\frac{\partial s}{\partial p}\right)_T \tag{5-25}$$

以上四式称为麦克斯韦关系式。它对计算热力学状态参数极其重要。因为借助这些关系式，利用易测的参数 p、v、T 就能方便推导出不可测的参数 u、h 和 s。具体推导过程如下介绍。

3. 熵、热力学能和焓的热力学一般关系式

实际气体的比热力学能 u、比焓 h、比熵 s 也可通过状态方程求得，只是不同于理想气体的简单状态方程，其表达形式要复杂得多。下面就热力学微分方程的角度来进行推导具体的焓、熵及热力学能的一般关系式。

1）熵的一般关系式

熵可表示为基本状态参数 p、v、T 中任意两个参数的函数，于是可得 3 个普遍适用的函数式，即 $s=s(T, v)$，$s=s(p, v)$，$s=s(T, p)$。

下面以 $s=s(T, v)$ 为例，s 为点函数，则有

$$\mathrm{d}s = \left(\frac{\partial s}{\partial T}\right)_v \mathrm{d}T + \left(\frac{\partial s}{\partial v}\right)_T \mathrm{d}v \tag{5-26}$$

在定容过程中，根据比热容的定义，具有下列关系

$$c_V \mathrm{d}T_v = T\mathrm{d}s_v$$

即

$$\left(\frac{\partial s}{\partial T}\right)_v = \frac{c_V}{T}$$

根据麦克斯韦关系式（5-24）

$$\left(\frac{\partial s}{\partial v}\right)_T = \left(\frac{\partial p}{\partial T}\right)_v$$

将上述两个偏导数代入熵的全微分方程，可得

$$\mathrm{d}s = \frac{c_V}{T}\mathrm{d}T + \left(\frac{\partial p}{\partial T}\right)_v \mathrm{d}v \tag{5-27}$$

式（5-27）称为第一 $\mathrm{d}s$ 方程。

若以 T、p 为独立变量，则熵的全微分方程为

$$ds = \left(\frac{\partial s}{\partial T}\right)_p dT + \left(\frac{\partial s}{\partial p}\right)_T dp \tag{5-28}$$

在定压过程下，具有下列关系

$$c_p dT_p = T ds_p$$

即

$$\left(\frac{\partial s}{\partial T}\right)_p = \frac{c_p}{T}$$

根据麦克斯韦关系式(5-25)

$$\left(\frac{\partial s}{\partial p}\right)_T = -\left(\frac{\partial v}{\partial T}\right)_p$$

将上述两个偏导数代入熵的全微分方程，可得第二 ds 方程：

$$ds = \frac{c_p}{T} dT - \left(\frac{\partial v}{\partial T}\right)_p dp \tag{5-29}$$

同理可得以 p、v 为独立变量第三 ds 方程：

$$ds = \frac{c_V}{T}\left(\frac{\partial T}{\partial p}\right)_v dp + \frac{c_p}{T}\left(\frac{\partial T}{\partial v}\right)_p dv \tag{5-30}$$

上述三个 ds 方程是计算工质熵变的基本热力学微分方程，由于比定压热容 c_p 比比定容热容 c_V 易于实验测定，因此第二 ds 方程更为适用。方程在推导过程中并没有对工质做任何假设，因而适用于任何工质。

2) 热力学能的一般关系式

根据熵的 3 个微分方程，热力学能同样可以得到相应的 3 个微分方程，其中以 T、v 为独立变量的内能微分方程最为简单。

对于简单可压缩系统，有 $du = Tds - pdv$

将第一 ds 方程代入上式可得第一 du 方程：

$$du = c_V dT + \left[T\left(\frac{\partial p}{\partial T}\right)_v - p\right]dv \tag{5-31}$$

同样，将第二、第三 ds 方程代入，可得以 T、p 和 p、v 为独立变量的第二、第三 du 方程。

3) 焓的一般关系式

与推导 du 方程相同，将 ds 方程代入焓的基本关系式(5-19) $dh = Tds + vdp$ 可以得到相应的 dh 方程。其中最常用的是以 T、p 为独立变量的 dh 方程。

$$dh = c_p dT + \left[v - T\left(\frac{\partial v}{\partial T}\right)_p\right]dp \tag{5-32}$$

其他两个焓方程读者可自行推导。

【例 5.3】 已知某种气体的 $pv = f(T)$，$u = u(T)$，求该气体的状态方程。

解：由式(5-31)得

$$du = c_V dT + \left[T\left(\frac{\partial p}{\partial T}\right)_v - p\right]dv$$

即

$$\left(\frac{\partial u}{\partial v}\right)_T = T\left(\frac{\partial p}{\partial T}\right)_v - p$$

根据题意有

$$\left(\frac{\partial u}{\partial v}\right)_T = 0$$

故

$$T\left(\frac{\partial p}{\partial T}\right)_v = p$$

又因 $pv = f(T)$，则有

$$T\frac{1}{v}\left(\frac{\partial f(T)}{\partial T}\right)_v - \frac{1}{v}f(T) = 0$$

即

$$T\frac{\mathrm{d}f(T)}{\mathrm{d}T} - f(T) = 0$$

所以

$$f(T) = cT$$

代入已知条件得

$$pv = cT \quad (c \text{ 为常数})$$

工程实例

目前，能源、制冷及石油化工行业所使用的离心式压缩机（图5.5）日益发展，这些压缩机所使用的气体介质种类很多，大都为实际气体，与理想气体的规律性有很大差别，此时气体介质只能按照实际气体进行计算分析。在气体状态方程中实际气体与理想气体的区别在于压缩性系数，因此，实际气体的压缩性系数 Z 是一个重要的参数。工程上主要通过两种方法进行计算，一是对比态原理，二是经验和半经验状态方程。

图 5.5　离心压缩机模型

小　　结

实际气体由于距液态较近，构成气体的微观粒子间的作用力不容忽略，因而不能作为理想气体处理，即第 3 章中所介绍的理想气体的状态方程及特性关系式已不再适用。本章重点讨论实际气体的一般特性、研究实际气体热力性质的一般方法及适用于任何简单可压缩纯物质的热力学一般关系式。

实际气体偏离于理想气体的程度，通常采用压缩因子或压缩系数 Z 表示，$Z = \dfrac{pv}{R_g T} =$

$\frac{pV_m}{RT}$。Z 是状态函数，Z 值与 1 偏离越远，表明这时的实际气体距理想气体的偏差越大。Z 值的大小取决于气体种类、温度及压力。

目前研究实际气体热力性质的方法主要有两种。一种方法是利用实际气体的状态方程，状态方程种类繁多，其中范德瓦尔方程最具代表意义。目前随着状态方程准确度的提高，这种方法可获得相当精确的结果。但由于准确的状态方程往往较为复杂，因而难于通过解析法求解。通常可利用状态方程做成图表形式，以供查算。另一种方法是依据对比态原理，利用通用压缩因子对理想气体状态方程计算的结果进行修正，这种方法突出优点在于通用性好，适用于任何实际气体。但由于对比态原理只是一个近似的原理，因而该种方法计算的结果精度不高，但在气体热力性质资料缺乏的情况下，这种方法较为简便，同时一般能够满足工程中精度的要求。

对于简单可压缩系，热力学中的状态参数主要有两个独立变量。依据热力学第一、二定律及状态参数的特性，导出了适用于任何工质的熵、热力学能及焓的一般关系式。同时提出了亥姆霍兹函数和吉布斯函数，其物理含义分别为：亥姆霍兹函数表示可逆过程外界对系统所做的膨胀功；而吉布斯函数表示可逆定温过程中系统对外所做的技术功。

思 考 题

1. 实际气体与理想气体相比，其性质有何差异，产生这种差异的原因是什么？在什么条件下实际气体才能视为理想气体？
2. 有人认为"既然范德瓦尔方程相对其他实际气体的状态方程其精度不高，因而它对实际气体性质的研究并无多大意义，教材中完全可以删除这部分内容。"你同意这种说法吗？为什么？
3. 压缩因子 Z 的物理含义是什么？能否将 Z 看作常数？
4. 什么是对比态原理？为什么说对比态是一个近似的原理，引入对比态原理的意义是什么？
5. 什么是特征函数？试说明 $u=u(s, p)$ 是否是特征函数？
6. 热力学微分方程式对工质的热物性的研究有什么意义？
7. 本章中所导出的各种关系式对不可逆过程是否适用？为什么？

习 题

5-1 试求范德瓦尔气体在定温膨胀时所做的功。

5-2 容积为 $0.3m^3$ 的储槽内装有丙烷，已知储槽的爆破压力为 2.76MPa，为了安全，要求当储槽内所装丙烷压力为 126℃ 时，不超过爆破压力的一半，问槽内能装多少丙烷。

5-3 NH_3 气体的压力 $p=10.13MPa$，温度 $T=633K$。试求其压缩因子和密度，并和根据理想气体状态方程计算的密度加以比较。

5-4 容积为 0.425m^3 的容器内充满氮气，压力为 16.21MPa，温度为 189K。试分别利用：理想气体状态方程、范德瓦尔方程、通用压缩因子计算容器内氮气的质量。

5-5 试证明状态方程为 $p(v-b)=R_gT$（其中 b 为常数）的气体。
(1) 其热力学能 $du=c_V dT$；
(2) 其焓 $dh=c_V dT$；
(3) 其可逆绝热过程的过程方程式为 $p(v-b)^\kappa=$ 常数。

5-6 对于范德瓦尔气体，试证：

(1) $du=c_V dT+\dfrac{a}{v^2}dv$；

(2) 定温过程焓差为 $(h_2-h_1)_T=p_2 v_2-p_1 v_1+a\left(\dfrac{1}{v_1}-\dfrac{1}{v_2}\right)$；

(3) 定熵过程熵差为 $(s_2-s_1)_T=R_g \ln\dfrac{v_2-b}{v_1-b}$。

5-7 有某种气体，当其体积保持固定时，其压力 p 正比于绝对温度 T，试证明此气体的熵随体积增大而增大，即 $\left(\dfrac{\partial s}{\partial v}\right)_T>0$。

5-8 有 1kmol 氧气，在 $T=500\text{K}$ 下，由 $V_1=5\text{m}^3$ 定温膨胀到 $V_2=20\text{m}^3$。氧气符合范德瓦尔方程，求此定温过程中氧气所吸收的热量及所做的膨胀功。

第 6 章
水蒸气和湿空气

 本章教学要点

知识要点	掌握程度	相关知识
水蒸气	理解饱和状态的概念； 掌握水蒸气的定压形成过程及其特性； 掌握利用水蒸气的热力性质图、表确定其状态参数的方法； 了解水蒸气基本热力过程的分析与简单计算	定压条件下水蒸气的产生过程； 水蒸气状态参数的确定方法； 水蒸气表和焓熵图
湿空气	了解湿空气的概念、性质； 理解湿空气的简单热力计算	湿空气的性质； 湿空气的基本热力过程

导入案例

图 6.1 瓦特发明的蒸汽机模型

蒸汽机是利用水蒸气作为工质产生动力的装置，是人类在发明用火以后，在征服自然、改造自然的能力方面的重要成就。早在 1689 年及 1712 年，英国军人萨弗姆和铁匠纽可门分别制造出了蒸汽机，早期的蒸汽机效率较低。1979 年，英国的发明家瓦特在吸取了 18 世纪初有关热学的新成就的基础上，经过大量的试验，终于制造了一台单动式蒸汽机，如图 6.1 所示，它提高了蒸汽机的效率，从而完善了从热能到机械能的转化。

6.1 概　　述

水蒸气是人类在热力系统中较早应用的工质，水蒸气来源丰富、耗资少、无污染、比热容大、传热性能好等优点至今在工业上仍得到广泛应用。例如，热电厂以水蒸气作为工质完成能量的转换，同时以水蒸气作为热源加热供热网络中的循环水，空调系统中以水蒸气对空气进行加热或加湿。此外，制冷用工质（如氨、氟利昂）及自然工质（如丙烷、丁烷）等蒸气，其热力性质与水蒸气的性质变化规律类似，因此掌握水蒸气的性质，对熟悉其他蒸气的性质具有普遍指导意义。

本节首先介绍一下水蒸气的相关概念。

6.1.1 蒸发与沸腾

众所周知，水由液态转变为气态的过程称为汽化，反之，蒸汽（或气体）转变为液态的过程称为液化或凝结。汽化有两种形式：蒸发和沸腾。

1）蒸发

在液体表面进行的汽化过程称为蒸发。蒸发是液面上某些动能大的分子克服周围液体分子的引力而逸出液面的现象。蒸发有一个非常显著的特点：能够在任何温度下进行。蒸发时，因液体表面的分子要克服它周围分子的引力而做功，消耗了液体本身的内能，温度降低。蒸发速度取决于液体的性质、温度、蒸发表面积及液面上气流的流速。

2）沸腾

在一定压力下对液体进行加热，当其达到一定温度时，液体内部开始产生大量气泡，气泡上升到液面破裂随即放出大量蒸汽，这种在液体内部和表面同时进行的剧烈汽化过程，称为沸腾。实验证明，在一定压力下，液体沸腾时的温度一定，该温度定义为沸点。沸点与液体的性质有关，对于同种液体，沸点还随压力的升高而增大。例如，在标准大气压下，水的沸点是100℃，而在压力为1MPa时，水的沸点为179.9℃。

6.1.2 饱和状态

为了说明饱和状态的特性，在此对封闭容器内的汽化过程进行分析，如图6.2所示。若对该容器进行加热，液态水随即汽化，产生大量水蒸气置于液面以上，液体温度越高，汽化速度越快。在汽化过程中，液化过程同时进行，且液化速度取决于蒸汽压力。随着过程的进行，总会达到这样一个时刻，汽化速度等于液化速度，即从液面飞散到上面空间的蒸汽分子的数量等于与液面发生碰撞返回液面的水蒸气分子数量。此时撤去热源，假设容器与外界无任何热量交换，汽液分子数将保持在一定数量而处于动态平衡。在此期间，两种过程仍在不断进行，但宏观状态保持不变，这种汽液两相处于动态平衡的状态称为饱和状态。处于饱和状态下的液体和蒸汽分别称为饱和液体和饱和蒸汽。在饱和状态下，蒸汽与液体的温度相等，压力相等，该温度称为饱和温度，用符号 t_s 表示；该压力称为饱和压力，用符号 p_s 表示。实验证明，一个饱和温度总是对应一个确定的饱和压力，反之亦然，即

$$t_s = f(p_s) \text{ 或 } p_s = f(t_s) \tag{6-1}$$

饱和温度和饱和压力之间具体的函数关系式可由物质的性质而定。表示饱和压力和饱和温度关系的状态参数图（p-t 图）称为相图，图 6.3 是由实验测出的水的三相图，图中，C 点为临界点（详见 6.2 节）。T_C 称为临界温度，与临界温度相对应的饱和压力称为临界压力，记为 p_C。从图 6.3 可看出，临界温度是最高的饱和温度，临界压力是最高的饱和压力。A 点称为三相点，三相点状态是物质气、液、固三相平衡共存的状态。从图 6.3 可看出，三相点压力是最低的汽-液两相平衡的饱和压力，三相点温度是最低的汽-液两相平衡的饱和温度。水的三相点温度和三相点压力分别为：

$$T_{tp}=273.16\text{K}, \quad p_{tp}=611.659\text{Pa}$$

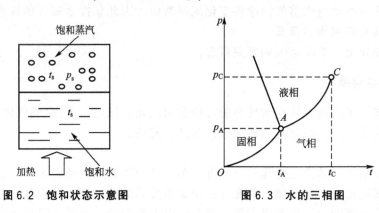

图 6.2 饱和状态示意图　　　　图 6.3 水的三相图

6.2 水蒸气的定压产生过程

工业和生活中所用的水蒸气通常是由锅炉在定压情况下对水加热产生的，为了形象化，假设水在气缸内进行定压加热，其原理如图 6.4 所示。图中气缸内盛有 1kg、0.01℃ 的水，通过增减活塞上的重物使水处在不同的指定压力下定压吸热。水蒸气的产生过程一般分为预热、汽化和过热 3 个阶段。

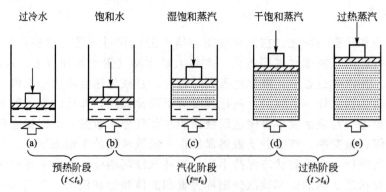

图 6.4 水蒸气的定压产生过程

1. 预热阶段

假设初始容器内的水压力为 p，此时水温为 0.01℃，低于压力 p 所对应的饱和温度

t_s,该状态下的水称为未饱和水或过冷水,如图 6.4(a)所示。在此用下角标"0"表示未饱和水的状态参数值,如比体积为 v_0,温度为 t_0。对未饱和水加热,水温逐渐升高,比体积也稍有增大。当水温达到压力 p 所对应的饱和温度 t_s 时,水达到了饱和状态,称为饱和水,如图 6.4(b)所示。饱和水的状态参数用上角标"'"表示,如比体积、比焓、比熵分别为 v'、h'、s'。从未饱和水到饱和水的过程为水的定压预热阶段。单位质量 0.01℃的未饱和水加热到饱和水所需的热量称为液体热,用 q_l 表示。根据热力学第一定律有

$$q_l = h' - h_0 \tag{6-2}$$

2. 汽化阶段

对饱和水继续加热,水开始沸腾、汽化,这种汽、液两相共存的混合物称为湿饱和蒸汽,简称湿蒸汽,如图 6.4(c)所示。此时,温度、压力恒定,分别为饱和温度和饱和压力,两者并非彼此独立。随着加热过程的进行,水逐渐减少,蒸汽逐渐增加。此时,要想确定其状态,必须确定其中汽、水的成分比例。一般用单位质量湿蒸汽中所含干蒸汽的质量,即湿蒸汽的干度 x 表示。

$$x = \frac{m_v}{m_v + m_w} = \frac{m_v}{m} \tag{6-3}$$

式中,m 为湿蒸汽的质量;m_v 和 m_w 分别为湿蒸汽中饱和蒸汽和饱和水的质量。

当对饱和水继续加热直到最后一滴水变为饱和蒸汽时,容器内的蒸汽称为干饱和蒸汽,简称干蒸汽,即 $x=1$,如图 6.4(d)所示。干饱和蒸汽的状态参数用上角标"″"表示,如 v''、h'' 和 s'' 等。在整个汽化过程中,温度始终保持 t_s 不变,比体积明显增大。把 1kg 饱和水变成 1kg 干饱和蒸汽所需要的热量称为汽化潜热,简称汽化热,用 r 表示,则有

$$r = h'' - h' \text{ 或 } r = T_s(s'' - s') \tag{6-4}$$

3. 过热阶段

对干饱和蒸汽继续加热,蒸汽的温度会再度升高,高于压力 p 所对应的饱和温度 t_s,同时比体积继续增大,此时的蒸汽称为过热蒸汽,如图 6.4(e)所示。过热蒸汽的温度与同压力下饱和温度之差称之为过热度,用符号 Δt 表示

$$\Delta t = t - t_s \tag{6-5}$$

定压下,1kg 饱和蒸汽加热为 1kg 过热蒸汽所吸收的热量称为过热热,用符号 q_{su} 表示

$$q_{su} = h - h'' \tag{6-6}$$

式中,h 为过热蒸汽的焓。

可见,水蒸气的定压产生过程经历了预热、汽化和过热 3 个阶段,以及过冷、饱和水、湿饱和蒸汽、干饱和蒸汽和过热蒸汽 5 个状态,其形成过程用 $p\text{-}v$ 图和 $T\text{-}s$ 图表示,如图 6.5 所示。在 $p\text{-}v$ 图上,过程线是一条水平线,1_0—$1'$、$1'$—$1''$、$1''$—1 分别为定压预热、定压汽化、定压过热 3 个过程。1_0、$1'$、1_x、$1''$、1 分别与图 6.4 中的 5 个状态相对应。在 $T\text{-}s$ 图上,水蒸气的定压形成过程可分为 3 段:1_0—$1'$ 段,定压预热过程,温度升高,熵增大,过程线向右上方倾斜;$1'$—$1''$ 段,定压汽化过程,温度保持不变,均为该压力下水的饱和温度,熵增大,过程线为一条水平线;$1''$—1 段,定压过热过程,温度继续升高,熵增大,过程线向右上方倾斜。整个汽化过程中工质所吸收的热量可由 $T\text{-}s$ 图上过程线 $1_0 1' 1_x 1'' 1$ 下所包围的面积表示。

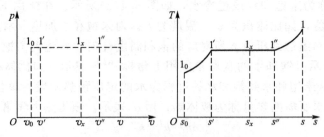

图6.5 水蒸气的定压产生过程

在不同压力下,水蒸气的饱和温度不同,改变压力 p 可得类似上述汽化过程 $2_0 2' 2'' 2$、$3_0 3' 3'' 3$ 等,如图6.6所示。将图中不同压力下的相应点连接成线可得线 $1_0 2_0 3_0 \cdots$、线 $1' 2' 3' \cdots$ 及线 $1'' 2'' 3'' \cdots$,它们分别表示 0℃ 未饱和水、饱和水及干饱和蒸汽的状态变化轨迹。线 $1' 2' 3' \cdots$ 称为饱和水线,线 $1'' 2'' 3'' \cdots$ 称为干饱和蒸汽线。从图明显看出,随着压力的增大,饱和水和饱和蒸汽两状态点之间的距离逐渐缩短,最终汇合于一点,此时饱和水和饱和蒸汽之间的差异完全消失,汽化在瞬间完成,这一点称为临界点,用"C"表示,这一特殊状态称为临界状态。其对应的状态参数用下角标"cr"表示。例如,水的临界状态参数为 $p_{cr}=22.064\text{MPa}$,$t_{cr}=373.99℃$,$v_{cr}=0.00316\text{m}^3/\text{kg}$,$h_{cr}=2085.9\text{kJ/kg}$,$s_{cr}=4.4092\text{kJ/(kg·K)}$。$t_{cr}$ 是最高的饱和温度,水在 p_{cr} 下被加热到 t_{cr} 就立即全部汽化,不存在气、液共存的情况。

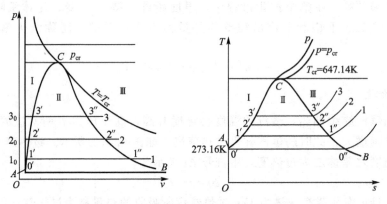

图6.6 不同压力下水蒸气的产生过程

由图6.6可见,饱和水线和饱和蒸汽线将 p-v 图分为Ⅰ、Ⅱ、Ⅲ三个区域。Ⅰ区为饱和水线 CA 以左,称为过冷水(或称未饱和水)区,Ⅱ区为饱和水线 CA 和饱和蒸汽线 CB 之间的区域,此区域气液两相共存,称为湿饱和蒸汽(简称湿蒸汽)区,Ⅲ区为饱和蒸汽线 CB 以右区域,称为过热蒸汽区(简称过热区)。

由于水的压缩性很小,压缩后升温极微,因此在 T-s 图上的定压加热线与饱和水线很接近,可近似认为重合。同时水受热膨胀的影响大于压力升高压缩的影响,故在 p-v 图上饱和水线向右方倾斜。而蒸汽受热膨胀的影响小于压力升高压缩的影响,即干饱和蒸汽的比体积和熵均随压力的增加而减小,故在 p-v 图和 T-s 图上均向左方偏斜。

综上所述,水的汽化过程在 p-v 图和 T-s 图的变化规律,可归纳为一点(临界点)、两线(饱和水线和饱和蒸汽线)、三区(过冷水区、湿饱和蒸汽区、过热蒸汽区)、五态(过冷水态、饱和水态、湿饱和蒸汽态、干饱和蒸汽态、过热蒸汽态)。

6.3 水蒸气表和焓熵图

在进行水蒸气的热量或功量计算时,必然需要确定状态参数。由于水蒸气的性质与理想气体差异很大,因此不可能按理想气体状态方程进行计算。对于水蒸气的状态参数,虽然存在一些经验公式和半经验理论公式,但由于过于复杂因而不能用作工程计算。为此,人们在长期的实验研究和理论分析的基础上,将各种状态下的水和水蒸气的状态参数制成表格或绘制成图供工程计算查用。近几年,随着计算机的普及,计算水和水蒸气的状态参数的各种软件已相继问世。本节将主要介绍水蒸气图表的结构及使用方法。

6.3.1 水蒸气表

1. 零点的确定

水及水蒸气的热力学能 u、焓 h 及熵 s 在计算时,往往不必求其绝对值,只需求出变化值,故需要选择一个基准点。若规定基准点的 u、h、s 为零,则其余各点相应的状态参数就是它与基准点的相对值。为了实现水蒸气表的通用性和统一性,1985年第十届国际水蒸气性质会议上规定以三相点的液相水作为基准点,即以 273.16K 的液相水作为基准点,规定该点状态下的液相水的热力学能和熵为 0。附录 A-7、附录 A-8 是以此为起点编制的水蒸气骨架表。而对于氟利昂、氨等其他蒸气的热力性质图表,因各国编制的基准点不同,故数据差距较大。因此,在查用不同文献的数据表时要注意其基准点,不同基准点的图表不能混用。

2. 水蒸气表

水蒸气表可分为两大类:一类是饱和水与干饱和蒸汽性质表,另一类是未饱和水与过热蒸汽性质表,现分别绍如下。

1) 饱和水与干饱和蒸汽性质表

根据工程计算的需要,饱和水与干饱和蒸汽性质表又可分为两种形式:一种以温度排序,一种以压力排序,附录 A-7 和附录 A-8 分别列出不同饱和温度和饱和压力下的状态参数。表中无内能 u 项,可根据 $u=h-pv$ 计算得到。对于表中没有列出的其他状态点的参数值可采用内插法求取。同时,表中也没有列出湿蒸汽的参数值,需要通过计算求得。例如,对于干度为 x 的湿蒸汽的状态参数,根据湿蒸汽的性质,可采用下式求取。

$$v = xv'' + (1-x)v' \, (\mathrm{m^3/kg}) \tag{6-7}$$

$$h = xh'' + (1-x)h' = h' + xr \, (\mathrm{kJ/kg}) \tag{6-8}$$

$$s = xs'' + (1-x)x' = s' + \frac{r}{T_s} \, [\mathrm{kJ/(kg \cdot K)}] \tag{6-9}$$

2) 过冷水和过热蒸汽表

附录 A-9 为过冷水和过热蒸汽表,表中黑粗线上方为未饱和水的状态参数,黑粗线下方为过热蒸汽的状态参数。该表也未列出内能,可用公式 $u=h-pv$ 计算;对于表中没有列出的其他状态点同样需要用到内插法。尤其是当压力和温度表中均未列出时,需要两次插值，可先内插压力也可先内插温度。

综上所述，利用水蒸气性质表可查阅水蒸气五种状态下的参数值，实际应用中，经常遇到已知水蒸气的任意两个状态参数值，那么如何求其他参数值呢？这就需要在查表之前，首先利用已知的状态参数确定水蒸气所处的状态，然后查找相应状态下的水蒸气性质表。

【例 6.1】 已知水蒸气的压力为 $p=0.5\text{MPa}$，比体积 $v=0.35\text{m}^3/\text{kg}$，求水蒸气其他状态参数的值。

解：利用附录 A-8 查得，压力 $p=0.5\text{MPa}$ 时，$v'=0.0010925\text{m}^3/\text{kg}$，$v''=0.37486\text{m}^3/\text{kg}$，因为 $v'<v<v''$，因此水蒸气处于湿饱和蒸汽状态。

查同一表得，$t_s=151.867℃$，$h'=640.35\text{kJ/kg}$，$h''=2748.59\text{kJ/kg}$，$s'=1.8610\text{kJ/(kg·K)}$，$s''=6.8214\text{kJ/(kg·K)}$。

根据已知条件 $v=0.35\text{m}^3/\text{kg}$，确定水蒸气的干度。

$$x=\frac{v-v'}{v''-v'}=\frac{0.35-0.0010925}{0.37486-0.0010925}=0.9335$$

$$h=xh''+(1-x)h'=0.9335\times 2748.59+(1-0.9335)\times 640.35=2608.4(\text{kJ/kg})$$

$$s=xs''+(1-x)s'=0.9335\times 6.8214+(1-0.9335)\times 1.8610=6.4915\,[\text{kJ/(kg·K)}]$$

$$u=h-pv=2608.4-0.5\times 10^6\times 0.35\times 10^{-3}=2433.4(\text{kJ/kg})$$

6.3.2 水蒸气图

尽管水蒸气性质表比较准确，但由于表中列出的状态点是不连续的，通常需要插值计算，同时也不能直接查找湿蒸汽的状态参数值。而利用水蒸气的热力性质图可以更方便地查取数据和更直观地分析热力过程，它是目前广泛采用的一种重要工具。

前面提及的水蒸气的 p-v 图和 T-s 图主要应用于水蒸气的热力过程和热力循环的定性分析。当对水蒸气的热力过程的功量和热量进行定量计算时，则需要计算过程线下包围的面积，这很不方便。而在以水蒸气 h 和 s 为纵横坐标的焓熵图（h-s 图）上，技术功为 0 的热力过程的热量和绝热过程的技术功均可直接用线段 Δh 表示，从而大大方便了计算，因此水蒸气 h-s 图成为工程计算的重要用图。图 6.7 是水蒸气热力性质图——焓熵图（h-s 图），图中 $x=0$ 为饱和水线，$x=1$ 为干饱和蒸汽线，C 为临界点。图中也列出了定压线簇、定温线簇和定容线簇。

由热力学第一定律的第二解析式 $Tds=\text{d}h-v\text{d}p$ 可得在 h-s 图上的定压线、定容线和定温线的斜率分别如下。

定压线斜率 $\left(\frac{\partial h}{\partial s}\right)_p=T$，定容线斜率 $\left(\frac{\partial h}{\partial s}\right)_v=T+v\left(\frac{\partial p}{\partial s}\right)_v$，定温线斜率 $\left(\frac{\partial h}{\partial s}\right)_T=T+v\left(\frac{\partial p}{\partial s}\right)_T$。

定压线在 h-s 图上为一簇自左下方向右上方延伸的呈发散状的线群，从右到左压力逐渐增大。在湿蒸汽区，定压即定温，故定压线为直线；在过热蒸汽区，随着过热温度的升高，定压线的斜率随之增大，为一簇向上翘的曲线。

在定容过程中，由于 $\left(\frac{\partial p}{\partial s}\right)_v>0$，故 $\left(\frac{\partial h}{\partial s}\right)_v>\left(\frac{\partial h}{\partial s}\right)_p$，即定容线为一簇由左下方向右上方延伸的曲线，其延伸方向与定压线相近，但定容线比定压线陡峭。为区别起见，定容线

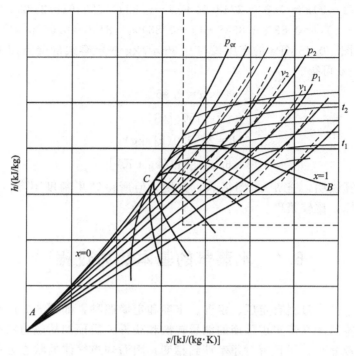

图 6.7 水蒸气的焓熵图

一般为红色线。与定压线相反,定容线群从右到左比体积逐渐减小。

在湿蒸汽区域,压力与温度保持不变,故有 $\left(\frac{\partial p}{\partial s}\right)_T=0$,即 $\left(\frac{\partial h}{\partial s}\right)_p=\left(\frac{\partial h}{\partial s}\right)_T$,也就是说,湿蒸汽区定温线与定压线相重合。进入过热蒸汽区,由于 $\left(\frac{\partial p}{\partial s}\right)_T<0$,故 $\left(\frac{\partial h}{\partial s}\right)_T<\left(\frac{\partial h}{\partial s}\right)_p$,即定温线斜率小于定压线,随着过热度的增加,定温线逐渐趋于平坦。当蒸汽过热度足够大时,定温线接近于定焓线,表明此时的过热蒸汽的性质趋于理想气体。

蒸汽动力装置中应用的水蒸气均为干度较高的湿蒸汽和过热蒸汽,因此在实用的水蒸气 h-s 图上仅给出图 6.7 用虚线框处的部分,并将其放大。当需要查取未饱和水及干度较低的湿蒸汽的状态参数时,还需借助水蒸气的热力性质表。

【例 6.2】 已知水蒸气的压力 $p=0.45\text{MPa}$、比体积 $v=0.35\text{m}^3/\text{kg}$,分别用水蒸气表及 h-s 图确定其状态并求其他状态参数。

解:(1)用水蒸气表确定水蒸气的状态。

查附录 A-8 压力 $p=0.45\text{MPa}$ 不存在,需要进行内插,结果如下。

$v'=0.0010880\text{m}^3/\text{kg}$,$v''=0.41875\text{m}^3/\text{kg}$,$h'=622.61\text{kJ}/\text{kg}$,$h''=2743.54\text{kJ}/\text{kg}$,$s'=1.8190\text{kJ}/(\text{kg}\cdot\text{K})$,$s''=6.8588\text{kJ}/(\text{kg}\cdot\text{K})$。

$$v'<v=0.35<v''$$

所以为湿饱和蒸汽。

$$x=\frac{v-v'}{v''-v'}=\frac{0.35-0.0010880}{0.41875-0.0010880}=0.83$$

$$t_s=155.365(\text{℃})$$

$$h = xh'' + (1-x)h' = 0.83 \times 2743.54 + (1-0.83) \times 622.61 = 2382.98 (\text{kJ/kg})$$
$$s = xs'' + (1-x)s' = 0.83 \times 6.8588 + (1-0.83) \times 1.8190 = 6.0020 [\text{kJ/(kg·K)}]$$

（2）查 $h-s$ 图。0.45MPa 的定压线与 0.35m³/kg 的定容线的交点即为蒸汽所处的状态点，查附录 B-5 可得。

$$x = 0.95$$
$$t = 150.7(\text{℃})$$
$$h = 2652.0(\text{kJ/kg})$$
$$s = 6.384[\text{kJ/(kg·K)}]$$

通过本题查算说明：查 $h-s$ 图简单、方便，但所得结果精度不高；查表结果精确，但由于要进行内插，比较繁琐。

6.4 水蒸气的基本热力过程

水蒸气的基本热力过程有定压、定温、定容和定熵四种，如图 6.8 所示。研究水蒸气的热力过程的基本目的在于实现预期的能量转换和获得工质预期的热力状态。由于水蒸气的状态方程都比较复杂，而且有时还牵涉到相变，因而理想气体的状态方程及热力过程的解析公式均不能使用，而只能利用热力学第一定律和热力学第二定律的基本方程，以及水蒸气的热力性质图表。具体的分析步骤如下：

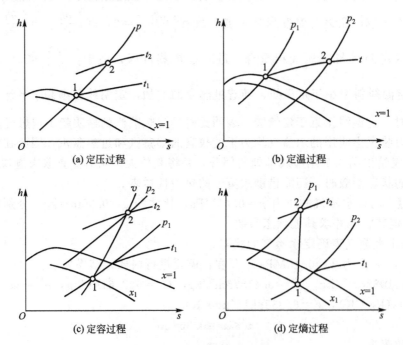

图 6.8 水蒸气的基本热力过程

（1）根据蒸汽初态的两个独立变量，通常为 (p, t)，(p, x)，(t, x)，从水蒸气热力性质表中或 $h-s$ 图中查得其他参数。

(2) 根据过程特征及一个已知的终态参数确定终态，查出其他状态参数。
(3) 根据已求得的初、终态参数，计算 q、Δu 和 w。具体方法如下：

① 定压过程参数确定如下。
$$p = 常数$$
$$w = \int_1^2 p\mathrm{d}v = p(v_2 - v_1)$$
$$q = \Delta h = h_2 - h_1$$
$$\Delta u = u_2 - u_1$$
$$w_t = -\int_1^2 v\mathrm{d}p = 0$$

② 定温过程参数确定如下。
$$T = 常数$$
$$q = \int_1^2 T\mathrm{d}s = T(s_2 - s_1)$$
$$\Delta u = u_2 - u_1$$
$$w = q - \Delta u = T(s_2 - s_1) - [(h_2 - p_2 v_2) - (h_1 - p_1 v_1)]$$
$$= T(s_2 - s_1) - \Delta h + (p_2 v_2 - p_1 v_1)$$

③ 定容过程参数确定如下。
$$v = 常数$$
$$w = \int_1^2 p\mathrm{d}v = 0$$
$$q = \Delta u = u_2 - u_1$$
$$w_t = -\int_1^2 v\mathrm{d}p = v(p_1 - p_2)$$

④ 定熵过程参数确定如下。
$$s = 常数$$
$$q = \int_1^2 T\mathrm{d}s = 0$$
$$w = -\Delta u = u_1 - u_2$$
$$w_t = -\Delta h = h_1 - h_2$$

对于定熵过程，有时也可用理想气体的定熵过程的方程式 $pv^\kappa =$ 常数，进行分析计算。但应注意式中的指数 κ 并非定熵指数，而是一个经验指数，且随气压、气温和干度而变，在热力工程中，可近似取为如下各值。

过热蒸汽，$\kappa = 1.3$；饱和蒸汽（150℃），$\kappa = 1.24$；饱和蒸汽（100℃），$\kappa = 1.18$；蒸汽（$x > 0.7$），$\kappa = 1.035 + 0.1x$。

在实际应用中，水蒸气的定压过程和定熵过程最为常见，这两个过程也是构成蒸气循环的主要热力过程。例如，水蒸气的加热（如锅炉中水和水蒸气的加热）和冷却（如水蒸气在冷凝器中的冷凝）过程，在忽略粘性摩阻的情况下均实现的是定压过程；水蒸气的膨胀（如水蒸气在汽轮机中的膨胀做功）过程和压缩（如水蒸气在压气机中的压缩）过程，在忽略系统与外界热交换的条件下，均可视为定熵过程，当然这些过程均假设为可逆。

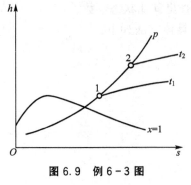

图 6.9 例 6-3 图

【例 6.3】 过热蒸汽在 0.6MPa 压力下,从 200℃ 定压加热到 400℃,如图 6.9 所示。试求此过程中热量、功量及内能的变化量。

解:根据 p_1、t_1 及 t_2 在水蒸气 $h-s$ 图(附录 B-5)上确定初、终两态(点 1 和点 2),如图 6.9 所示,并查得:$h_1 = 2850 \text{kJ/kg}$,$v_1 = 0.35 \text{m}^3/\text{kg}$,$h_2 = 3270 \text{kJ/kg}$,$v_2 = 0.51 \text{m}^3/\text{kg}$。

在定压过程中

$$q = \Delta h = h_2 - h_1 = 3270 - 2850 = 420 \text{(kJ/kg)}$$

$$w = p(v_2 - v_1)$$
$$= 0.6 \times 10^3 \times (0.51 - 0.35) = 96 \text{(kJ/kg)}$$

$$\Delta u = q - w = 420 - 96 = 324 \text{(kJ/kg)}$$

6.5 湿空气的性质

众所周知,空气是一种混合气体,其主要由氮气、氧气等气体和水蒸气组成,在通常情况下,往往忽略水蒸气的影响。但在通风、空调、干燥等工程中,为了满足生产工艺和生活的要求,必须保证空气达到一定的温度及湿度,在这种情况下就不能忽略水蒸气的影响。我们把这种含有水蒸气的空气称为湿空气,而完全不含水蒸气的空气称为干空气。本节将对湿空气的性质及有关热力计算进行讨论。

6.5.1 未饱和湿空气和饱和湿空气

湿空气是由干空气和水蒸气构成的混合物。通常,湿空气中水蒸气的分压力很低(0.003~0.004MPa),大多处于过热状态,因此湿空气中的水蒸气也可作为理想气体来处理。根据道尔顿分压力定律,湿空气的总压力 p 等于干空气分压力 p_a 及水蒸气分压力 p_v 之和,即

$$p = p_a + p_v \tag{6-10}$$

式中,下标 v 代表水蒸气,a 代表干空气。

在通风、空调及干燥工程中,若没有进行特意抽空或压缩,湿空气的总压力也就是当时当地的大气压力 p_b,因而式(6-10)可写成

$$p_b = p_a + p_v \tag{6-11}$$

湿空气中的水蒸气通常处于过热状态,即水蒸气的分压力 p_v 低于当时温度 t 对应的饱和压力 p_s(图 6.10 中的状态点 a)。这种湿空气称为未饱和湿空气。未饱和空气具有吸湿能力,即它能容纳更多的水蒸气。

若保持湿空气温度不变,增加湿空气中水蒸气的量,则水蒸气分压力 p_v 随之增大。水蒸气状态将沿定温线 ab 变化,直至 b 点而达到饱和状态,即此时水蒸气分压力 p_v 达到了温度 t 对应的饱和压力 p_s。这种由干空气和饱和蒸气组成的湿空气称为饱和湿空气。饱和湿空气不再具有

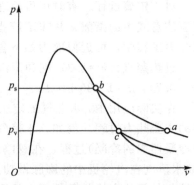

图 6.10 湿空气中水蒸气的 $p-v$ 图

吸收水分的能力，即在温度保持不变的情况下，继续向饱和湿空气中加入水蒸气，则将有水滴析出。

对未饱和湿空气，若在水蒸气分压力 p_v 不变的情况下逐渐冷却，使未饱和空气的温度逐渐下降，由于湿空气总压、干空气和水蒸气的分压均不变，则过程中水蒸气沿分压力 p_v 不变的定压线 ac 变化，直至 c 点而达到饱和状态。若继续冷却降温，则湿空气中部分水蒸气将凝结为水，出现所谓的结露现象，故 c 点称为露点。c 点的温度称为露点温度，记为 t_d。露点温度 t_d 在工程中是一个重要的参数，如在冬季采暖季节，房屋建筑外墙内表面温度必须高于室内湿空气的露点温度，否则外墙内表面将出现凝结现象。

6.5.2 绝对湿度、相对湿度和含湿量

前已述及，水蒸气的分压力可以反映湿空气中水蒸气的含量，但并不直观。为了方便湿空气热力过程的分析计算，在此有必要引入其他反映水蒸气含量的参数：绝对湿度、相对湿度和含湿量。

1. 绝对湿度

1m³ 湿空气中所含有的水蒸气的质量称为湿空气的绝对湿度。绝对湿度也就等于湿空气中水蒸气的密度 ρ_v，按理想气体状态方程其计算式为

$$\rho_v = \frac{m}{V} = \frac{p_v}{R_{g,v} T} \tag{6-12}$$

式中，$R_{g,v}$ 为水蒸气的气体常数，取为 461.5 J/(kg·K)。

在一定温度下，绝对湿度随湿空气中水蒸气的分压力 p_v 的增大而增大，当 p_v 增大到该温度下水蒸气所对应的饱和压力 p_s 时，绝对湿度达到最大值，称为饱和绝对湿度，记为 ρ_s，其计算式为

$$\rho_s = \frac{m}{V} = \frac{p_s}{R_{g,v} T} \tag{6-13}$$

由此可见，绝对湿度仅能说明湿空气中实际所含水蒸气质量的多少，而不能反映湿空气的干燥或潮湿的程度及吸湿能力的大小。为此，引入相对湿度的概念。

2. 相对湿度

湿空气的绝对湿度 ρ_v 与同温度下饱和湿空气的饱和绝对湿度 ρ_s 的比值，称为相对湿度，记为 φ，计算式为

$$\varphi = \frac{\rho_v}{\rho_s} = \frac{p_v/(R_{g,v} T)}{p_s/(R_{g,v} T)} = \frac{p_v}{p_s} \tag{6-14}$$

相对湿度 φ 的数值为 0~1，它反映了湿空气中水蒸气含量接近饱和的程度。某温度下，φ 越小，说明空气越干燥，吸湿能力越强，对于干空气，$\varphi=0$；反之，φ 越大，空气越潮湿，吸湿能力越弱，对于饱和湿空气，$\varphi=1$。

3. 含湿量

在空调及干燥过程中，湿空气被加湿或去湿，其中水蒸气的质量是变化的（增加或减少），但其中干空气的质量是不变的。因此，以 1kg 干空气的质量为计算单位显然比较方便。在此定义 1kg 干空气中所含水蒸气的质量，称为湿空气的含湿量（又称比湿度），记为 d，即

$$d = \frac{m_v}{m_a} = \frac{\rho_v}{\rho_a} \tag{6-15}$$

式中，d 的单位为 kg/kg(干空气)，又可写成 kg/kg(a)。

由理想气体状态方程可得

$$\rho_v = \frac{p_v}{R_{g,v}T}$$

$$\rho_s = \frac{p_s}{R_{g,v}T}$$

式中，$R_{g,v}=461.5\text{J}/(\text{kg}\cdot\text{K})$，$R_{g,a}=287\text{J}/(\text{kg}\cdot\text{K})$，故式(6-15)可写成

$$d = \frac{R_{g,a}}{R_{g,v}} \times \frac{p_v}{p_a} = \frac{287}{461.5} \times \frac{p_v}{p_a}$$

$$= 0.622\frac{p_v}{p_a} = 0.622\frac{p_v}{p_b - p_v} \quad [\text{kg/kg(干空气)}] \tag{6-16}$$

式(6-16)说明，当大气压力一定时，湿空气的含湿量 d 仅取决于水蒸气的分压力 p_v，即 $d=f(p_v)$。由于 $p_v=\varphi p_s$，则式(6-16)变为

$$d = 0.622\frac{\varphi p_s}{p_b - \varphi p_s} \tag{6-17}$$

6.5.3 湿空气的焓

湿空气的焓等于干空气的焓与水蒸气的焓之和，即

$$H = m_a h_a + m_v h_v$$

考虑到在热力过程中，水蒸气的质量通常是变化的，而干空气的质量保持不变，为此提出了以单位质量干空气为计算基准的比焓，即

$$h = \frac{H}{m_a} = h_a + dh_v \quad [\text{kJ/kg(干空气)}] \tag{6-18}$$

由于湿空气中干空气和水蒸气的分压力均不高，同时温度变化范围不大(通常不超过 100℃)，此时干空气和水蒸气的比热容均可视为常数，通常干空气的定压比热容取为 $1.005\text{kJ}/(\text{kg}\cdot\text{K})$，水蒸气的定压比热容取为 $1.842\text{kJ}/(\text{kg}\cdot\text{K})$。工程中通常取 0℃时干空气的焓值为 0，则干空气的比焓为

$$h_a = c_p t = 1.005t \quad [\text{kJ/kg(干空气)}]$$

水蒸气可按下列经验公式计算

$$h_v = 2501 + 1.842t \quad [\text{kJ/kg(水蒸气)}]$$

式中，2501kJ/kg 为 0℃饱和水蒸气的焓值。

将干空气焓计算式代入湿空气焓的计算式，则

$$h = h_a + dh_v$$
$$= 1.005t + d(2501 + 1.842t) \quad [\text{kJ/kg(干空气)}] \tag{6-19}$$

【例 6.4】 有温度 $t=30℃$、相对湿度 $\varphi=60\%$ 的湿空气 5000m^3，当时大气压 $B=0.1\text{MPa}$。求露点 t_d、绝对湿度 ρ_v、含湿量 d、湿空气的总焓 H。

解：(1) 露点。根据水蒸气性质表(附录 A-7)，当 $t=30℃$ 时，查得水蒸气的饱和压力 $p_s=0.042451\text{MPa}$，由式(6-14)得水蒸气的分压力为

$$p_v = \varphi p_s = 0.6 \times 0.0042451 = 0.002547(\text{MPa})$$

查附录 A-8，经插值法得 $t_d = 21.14(℃)$。

(2) 绝对湿度。由式(6-12)得

$$\rho_v = \frac{p_v}{R_{g,v}T} = \frac{0.002547 \times 10^6}{461.5 \times 303} = 0.0182 (\text{kg/m}^3)$$

(3) 含湿量。由式(6-16)得

$$d = 0.622 \frac{p_v}{p_b - p_v} = 0.622 \times \frac{0.002547}{0.1 - 0.002547} = 0.01624 [\text{kg/kg}(干空气)]$$

(4) 湿空气的总焓。由式(6-19)得

$$h = h_a + dh_v$$
$$= 1.005t + d(2501 + 1.842t)$$
$$= 1.005 \times 30 + 0.01624 \times (2501 + 1.842 \times 30)$$
$$= 71.7 [\text{kJ/kg}(干空气)]$$

当 $V = 5000\text{m}^3$ 时,干空气的质量为

$$m_a = \frac{p_a V}{R_a T} = \frac{(0.1 - 0.002547) \times 10^3 \times 5000}{0.287 \times 303} = 5603(\text{kg})$$

则湿空气的总焓

$$H = m_a h = 5603 \times 71.1 = 401735 (\text{kJ})$$

6.6 湿空气的焓湿图和基本热力过程

6.6.1 湿空气的焓湿图

上一节中介绍了湿空气的 p_b、t、φ、d、t_d、h 等状态参数的定义及其计算式,要想确定湿空气的状态必须已知其中三个独立的状态参数,才能确定其他的参数。在工程计算中,除了应用公式计算外,为了方便分析计算,人们绘制了各种湿空气的线算图,其中,最常用的是焓湿图(h-d 图)。为了使图面开阔,读数方便,h 与 d 坐标轴之间成135°夹角,并取0℃的焓值为0,如图6.11所示。下面对焓湿图的绘制及构成做简单介绍。

1. 定焓湿量线(定 d 线)

定 d 线是一组平行于纵坐标轴的直线,露点 t_d 表示湿空气冷却到 $\varphi = 100\%$ 时的温度,因此含湿量 d 相同、状态不同的湿空气具有相同的特点。

2. 定焓线(定 d 线)

定 h 线是一组与横轴成135°的平行直线。

3. 定温线(定 t 线)

根据式(6-19),当 t 为某一定值时,h 与 d 呈线性关系,其斜率为 $2501 + 1.842t$。由于各定温线的温度不同,因此每条定温线的斜率

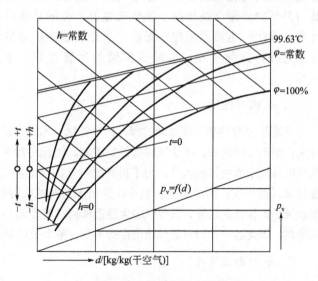

图 6.11 湿空气的焓湿图

不等,温度越高,斜率越大,但由于 2501 远远大于 $1.842t$,所以各定温线之间又几乎是平行的。

4. 定相对湿度线(定 φ 线)

定 φ 线是一组上凸形的曲线。根据式(6-17),在一定的大气压力 p_b 下,当 φ 为某一定值时,d 与 p_s 呈一一对应关系,而 p_s 又是温度 t 的函数。所以,对某定 φ 线来说,把不同温度下的 p_s 代入式(6-17),就可得到相应温度下的一系列 d 值。这样,在 h-d 图上就得到一系列的状态点,连接这些状态点就可得到某一定相对湿度线。显然,$\varphi=0$ 的定相对湿度线就是干空气线,$\varphi=100\%$ 的定相对湿度线就是饱和湿空气线,也是不同含湿量 d 的露点线。

5. 水蒸气分压力线(定 p_v 线)

由式(6-16)知,在一定的总压力 p_b 下,水蒸气分压力 p_v 是含湿量 d 的单值函数,即 $p_v=f(d)$。由于湿空气中水蒸气的分压力 p_v 相对总压力 p_b 来说,其值较小,因而 p_b-p_v 可近似认为常数,则 p_v 与 d 的关系近似直线,两者之间的关系线通常绘制在 h-d 图的 $\varphi=100\%$ 的定相对湿度线下部,并在右边的纵轴上标出 p_v 的数值,如图 6.11 所示。

h-d 图都是在一定的大气压力下绘制而成的,附录 B-1 是在大气压力 $p_b=0.1\text{MPa}$ 的条件下绘制的。前面已提到,湿空气状态的确定必须已知 3 个独立的状态参数。但由于 h-d 图是在一定的大气压力下,因此,在利用 h-d 图确定湿空气的状态时,只需已知另外两个独立参数,就可以确定其他参数,这也是利用湿空气 h-d 图进行分析计算的一大优势。h-d 图可用于确定湿空气的各种状态参数,同时也可用来表示湿空气的热力过程,并进行分析计算。

6.6.2 湿空气的基本热力过程

工程上经常涉及的湿空气的热力过程有加热、冷却及冷却去湿、绝热加湿等典型热力过程或这些过程的组合。对湿空气热力过程的分析,主要是讨论湿空气的状态变化,以及其与外界的能量交换情况。湿空气热力过程的计算可以根据湿空气的热力性质,采用解析计算的方法,也可以采用查图法。后者能够迅速地确定湿空气的状态,并能形象地表达其变化过程,方便直观,可减少繁琐的运算过程。下面介绍两种工程上常用的典型热力过程。

1. 加热吸湿过程

工程上经常遇到干燥处理过程,如对谷物、木材、纺织品等产品的烘干,若采用自然风干的方法,则不仅时间长,还受气候条件的限制,因此一般采用人工干燥的方法,即利用未饱和湿空气来吸收被干燥物体的水分,为了提高湿空气的吸湿能力,通常先对湿空气加热,加热过程中含湿量 d 保持不变,相对湿度 φ 减小,因而湿空气的吸湿能力增强。加热后的湿空气送入干燥室,吸收被干燥物体的水分,湿空气的含湿量和相对湿度均增加。由于湿空气在吸湿过程中与外界基本绝热,因此这一过程可看作焓值保持不变。整个过程如图 6.12 中过程 1—2—3 所示。

2. 冷却去湿过程

在空气调节中,为了满足人体的舒适度,室内空气的相对湿度应维持在一定范围内,若湿度太大,通常需要对湿空气进行去湿。具体的去湿过程为:先对湿空气冷却,温度降低,在温度降至露点以前其含湿量保持不变,相对湿度逐渐增加;当相对湿度等于1时,再继续冷却,则湿空气沿 $\varphi=1$ 的饱和曲线向含湿量减小、温度降低的方向进行,同时析出水分,达到去湿的目的,如图 6.13 所示的过程 1—2—3。

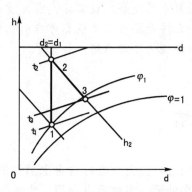

图 6.12 湿空气的加热吸湿过程

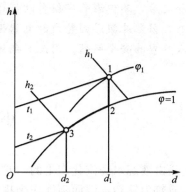

图 6.13 湿空气的冷却去湿过程

【例 6.5】 设大气压力为 0.1MPa,温度为 34℃,相对湿度为 80%。若利用空调设备使湿空气冷却去湿至 10℃,然后通入加热器中加热至 20℃,如图 6.14 中的过程线 1—2—3,已知通入空调设备的干空气量为 20kg,试确定:

(1) 终态空气的相对湿度;
(2) 湿空气在空调设备中除去的水分质量;
(3) 湿空气在空调设备中放出的热量及在加热器中所吸收的热量。

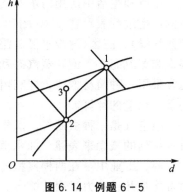

图 6.14 例题 6-5

解:(1) 由 $t_1=34℃$,$\varphi_1=80\%$,查附录 B-1 得
$h_1=104\text{kJ/kg}$(干空气),$d_1=0.0274\text{kg/kg}$(干空气)
由 $t_2=10℃$,$\varphi_1=100\%$,查附录 B-1 得
$h_2=29.6\text{kJ/kg}$(干空气),$d_2=7.6\times10^{-3}\text{kg/kg}$(干空气)
由 $t_3=20℃$,$d_2=d_3$,查附录 B-1 得
$h_3=39.5\text{kJ/kg}$(干空气),$\varphi_3=54\%$

(2) 湿空气在空调装置中除去的水分为
$$m_w=m_a(d_1-d_2)=20\times(0.0274-0.0076)=0.396\text{(kg)}$$

(3) 湿空气在空调器中放出的热量为
$$\begin{aligned}Q_{12}&=m_a(h_2-h_1)+m_w h_w=m_a(h_2-h_1)+m_w c_w t_2\\&=20\times(29.6-104)+0.396\times4.18\times10\\&=-1.471\times10^3\text{(kJ)}\end{aligned}$$

湿空气在加热器中吸收的热量为
$$Q_{23}=m_a(h_3-h_2)=20\times(39.5-29.6)=198\text{(kJ)}$$

工程实例

载人航天飞船中空间狭小，航天员每人每天呼出气体所带的水蒸气及皮肤蒸发的水蒸气约 1.8kg，若按三名宇航员计算，几个小时便可使船舱空气中的水蒸气达到饱和。水蒸气饱和之后，不但影响宇航员的舒适性，而且水蒸气会结成露珠，在失重条件下处于飘浮状态，若露珠飘浮到舱内的电器设备上，尤其是插座上，很有可能引起舱内电路短路，造成严重的安全问题。因此，船舱内必须解决好除湿问题。

小　结

水蒸气是由液态水经汽化产生的，它离液态较近；湿空气是指含有水蒸气的空气。这两种气体性质较为复杂，因而不能作为理想气体来处理。本章重点介绍了水蒸气和湿空气的热力性质及基本热力过程的计算。

工业和生活中所用的水蒸气通常是在定压条件下对水加热产生的，水蒸气在定压情况下的产生过程表示在 $p-v$ 图和 $T-s$ 图上，可概括为一点(临界点)、两线(饱和水线和饱和蒸汽线)、三区(过冷水区、湿饱和蒸汽区和过热蒸汽区)及五态(过冷水态、饱和水态、湿饱和蒸汽态、干饱和蒸汽态和过热蒸汽态)。由于水蒸气复杂的热力性质，工程计算中通常采用一种简易方法，即利用水蒸气的热力性质图、表来确定其状态并进行热力过程的功量、热量的计算。

湿空气是一种由氮气、氧气等气体和水蒸气所组成的一种混合气体，其热力性质可通过一系列的概念来表述，如水蒸气的分压力、饱和压力、绝对湿度、相对湿度、含湿量、比焓等。工业中存在两种典型的湿空气热力过程分别是加热吸湿过程和冷却去湿过程，有时可能是几种热力过程的综合。湿空气的热力计算通常也采用图表的简易算法，最常用的水蒸气热力性质图是 $h-d$ 图。

思　考　题

1. 有没有 500℃ 的水？有无 0℃ 或低于 0℃ 的蒸汽存在？有无低于 0℃ 的水存在？为什么？

2. 计算湿蒸汽的状态参数可以利用式(6-7)，仿照该式，对于干度为 x 的湿蒸汽其密度为 ρ_x，能够写成 $\rho_x=(1-x)\rho'+x\rho''$ 吗？为什么？

3. 锅炉在定温过程中产生的水蒸气能否满足 $q=w$ 的关系？为什么？

4. 前已学过，$dh=c_p dT$ 普遍适用于任何工质的定压过程。试问：水蒸气在定压汽化时 $dT=0$，由此得出水定压汽化时有 $dh=c_p dT=0$。该推论正确吗？为什么？

5. 临界点、三相点的物理含义分别是什么？

6. 在分析湿空气问题时，为什么不用单位质量的湿空气，而选用单位质量的干空气作为计量单位？

7. 试解释结露、结霜现象,并说明它们的发生条件。
8. 为什么冬季室内取暖时,空气比较干燥?
9. 对于湿空气的含湿量而言,相对湿度越大,含湿量越高。这种说法对吗?为什么?
10. 同一地区,阴雨天的大气压力为什么比晴朗天气的大气压低?

习 题

6-1 利用水蒸气表填充表中数据。

表6-1 习题6-1附录

	p/MPa	t/℃	v/(m³/kg)	h/(kJ/kg)	x
1	9	500			
2	0.5			3244	
3	0.5				0.9
4		360		3140	

6-2 一个刚形容器的体积为 $1m^3$,其中盛有 $0.01m^3$ 的饱和水,其余空间充满饱和蒸汽,容器中的压力为 0.1MPa,现对容器进行加热使水全部汽化,问需加多少热量?

6-3 在 $V=60L$ 的容器中装有湿饱和蒸汽,经测定其温度 $t=210℃$,干饱和蒸汽的含量 $m_v=0.57kg$,试求此湿饱和蒸汽的干度、比体积及焓值。

6-4 气缸内盛有20kg的水蒸气,初态为 $p=0.2MPa$,$x=0.9$,定压下膨胀到初始容积的两倍,试求:
(1) 终温度;
(2) 过程中水蒸气所做的功;
(3) 过程中水蒸气所吸收的热量。

6-5 某空调设备采用 $p=0.3MPa$,$x=0.94$ 的湿蒸汽来加热空气。暖风机空气的流量为 $4000m^3/h$,空气通过暖风机从0℃加热到120℃。设空气流过暖风机后全部变为 $p=0.3MPa$ 的凝结水,试求每小时需要多少质量的蒸汽(假设空气的比热容为定值)。

6-6 汽轮机入口蒸汽的压力为 $p_1=1.3MPa$,$t_1=350℃$,出口蒸汽压力 $p_2=0.005MPa$,假设蒸汽在汽轮机内进行的是理想绝热膨胀,忽略进出口动能差,试求每千克蒸汽流过汽轮机所用的轴功及排汽的温度和干度。

6-7 有一个废热锅炉,进入的烟气温度为600℃,排烟温度为200℃。此时锅炉每小时可产生温度为100℃的干饱和蒸汽200kg,锅炉进水温度为20℃,锅炉效率为60%,试求:(1)每小时通过的烟气量;(2)将烟气的放热过程及蒸汽的吸热过程定性的表示在同一个温熵图上。

6-8 压力为0.1MPa、温度为30℃、相对湿度为60%的湿空气经绝热节流至压力为0.05MPa,试问节流后湿空气的相对湿度。

6-9 某火力发电厂冷却塔如图6.15所示,已知进水流量 $q_{w1}=200t/h$,进口

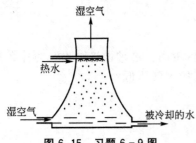

图 6.15 习题 6-9 图

水温 $t_{w1}=30℃$，被冷却至 $t_{w2}=15℃$ 后循环使用。进入冷却塔下部的湿空气参数为 $t_3=15℃$，$\varphi=60\%$，离开塔顶时为温度 $t_4=25℃$ 的饱和湿空气。设大气压力 $B=0.1\mathrm{MPa}$，试求：

（1）冷却塔需供给的干空气量；

（2）水蒸发而损失的水量。

第 7 章 动力装置循环

本章教学要点

知识要点	掌握程度	相关知识
蒸汽动力装置循环	掌握动力装置循环的基本组成及其热力学分析方法； 理解蒸汽动力循环的装置、流程及热力过程的组成	朗肯循环； 朗肯循环热效率的计算； 提高蒸汽动力装置循环热效率的途径
活塞式内燃机循环	了解活塞式内燃机动力循环装置及热力过程的组成； 掌握内燃机循环的构成及效率的计算方法； 了解提高内燃机循环效率的具体方法和途径	活塞式内燃机的实际循环的简化与概括； 活塞式内燃机循环的分类； 活塞式内燃机循环效率的计算
燃气轮机循环	了解燃气轮机循环的组成及工作过程； 了解燃气轮机循环效率的计算及提高效率的途径	燃气轮机定压加热理想循环

导入案例

饱和蒸汽卡诺循环

根据热力学第二定律,在一定温度范围内工作的一切循环,以卡诺循环的效率最高。那么动力循环是否可以采用以饱和蒸汽为工质的卡诺循环呢?图 7.1 为饱和蒸汽卡诺循环的 T-s 图,表明了蒸汽卡诺循环的构成。

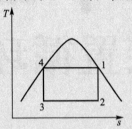

图 7.1 饱和蒸汽卡诺循环

图 7.1 中,4—1 为工质在锅炉内的定温(定压)吸热过程;1—2 为工质在汽轮机内的绝热膨胀做功过程;2—3 为工质在凝汽器内的定压放热过程;3—4 为工质在压气机内的绝热压缩过程。上述 4 个过程中,前 3 个可近似实现,最后 1 个却很难实现,因为压缩的是湿蒸汽,比体积大,需要制造庞大的压缩机,且压缩效率低。此外,饱和蒸汽卡诺循环的上限温度只能在其临界温度以下,而下限温度只能高于环境温度,其间温差不大,故即使实现了饱和蒸汽卡诺循环,其效率也并不高。

将热能转换为机械能的设备称为热力发动机,简称热机。热机通过工质的热力循环(动力装置循环),能够将一部分热能连续不断地转换为机械能。动力装置循环按所用工质不同可分为蒸汽动力装置循环和气体动力装置循环(内燃机、燃气轮机)两大类。

实际的动力装置循环是复杂的不可逆的,为了使分析简化,突出主要因素,需要对实际动力装置循环进行抽象、简化,用可逆的封闭的理论循环来替代实际循环。通过对理论循环的分析,找出影响循环热效率的主要因素及提高该循环经济性指标的措施,以指导实际循环的改善。

目前分析动力装置循环主要有三种方法。第一种是以热力学第一定律为基础的"热力学第一定律分析法"(也称"焓分析法"),这种分析方法以能量的数量为立足点,从能量转换的数量关系来评价循环的经济性,以热效率为其指标。另一种方法是以热力学第二定律为基础的"第二定律分析法"(也称"熵分析法"),这种分析方法从能量的"品质"方面对能量传递和转换过程进行分析,以孤立系统的熵增原理为依据,以能量转换过程的不可逆熵产为指标。第三种是近几年来出现的结合热力学第一定律和热力学第二定律的㶲分析方法,将能量的"量"和"质"达到完美的统一,因而㶲分析法越来越受到热工界的重视。本书限于篇幅,只介绍了第一种分析方法。

本章将介绍三种常见动力装置循环的工作原理,并对相应的理想循环进行热力学第一定律分析。

7.1 蒸汽动力装置循环

以水蒸气作为工质的热动力装置称为蒸汽动力装置,它是现代电力生产主要的热动力装置,也是大型船舶的主要动力装置之一。最基本的理想蒸汽动力装置循环称为朗肯循环,它是现代大型热动力装置的基础,如大型热力发电厂、地热电站、核电站等都是在此基础上发展起来的。因此朗肯循环是研究其他复杂蒸汽动力装置循环的基础。本节主要讨论朗肯循环的组成及其热力学分析。

7.1.1 朗肯循环

朗肯循环系统由锅炉、汽轮机、冷凝器及水泵4个基本热力设备组成，如图7.2(a)所示。具体的工作过程如下：水在锅炉中定压加热，汽化成干饱和蒸汽(过程4—6)；饱和蒸汽在过热器中定压吸热(过程6—1)，变成过热蒸汽(也称新蒸汽)，高温高压过热蒸汽在汽轮机内绝热膨胀做功(过程1—2)，使汽轮机转动，带动发电机发电。汽轮机做完功的蒸汽(也称乏汽)在冷凝器内向冷却水放热，等压冷凝成饱和水(过程2—3)。从冷凝器出来的凝结水压力很低必须通过给水泵绝热压缩，升压到锅炉压力(过程3—4)，再次送入锅炉，从而完成一个基本循环。整个循环在 $T\text{-}s$ 图上的表示如图7.2(b)所示。

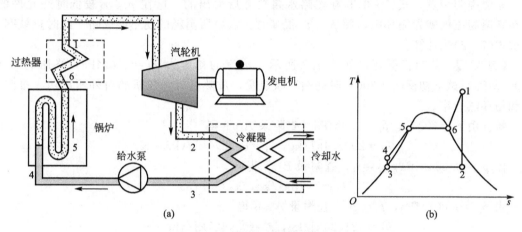

图7.2 朗肯循环装置流程示意图

7.1.2 朗肯循环的热效率

热效率是指工质在完成热力循环中所吸收的热量转换成有用功的百分数，也就是说热效率是热力循环热能转换为功的有效程度，用符号 η_t 表示

$$\eta_t = \frac{w_0}{q_1} \tag{7-1}$$

式中，w_0 为1kg蒸汽在汽轮机中绝热膨胀对外所做的功(kJ/kg)；q_1 为1kg蒸汽在锅炉定压下所吸收的热量(kJ/kg)。

根据稳定流动能量方程，蒸汽在锅炉和过热器的总吸热量为

$$q_1 = h_1 - h_4$$

蒸汽在汽轮机中绝热膨胀对外所做的功为

$$w_s = h_1 - h_2$$

冷凝器中蒸汽的放热量为

$$q_2 = h_2 - h_3$$

冷凝水在水泵中绝热压缩所消耗的功为

$$w_p = h_4 - h_3$$

循环蒸汽所做的净功为

$$w_0 = (h_1 - h_2) - (h_4 - h_3)$$

将上述各式代入式(7-1)可得，循环热效率为

$$\eta_t = \frac{w_0}{q_1} = \frac{(h_1 - h_2) - (h_4 - h_3)}{h_1 - h_4} = \frac{q_1 - q_2}{q_1} \tag{7-2}$$

式中，h_1 为过热蒸汽的焓，h_2 为乏汽的焓，h_3 和 h_4 分别为冷凝器排汽压力 p_2 下凝结水和锅炉压力 p_1 下过冷水的焓。以上参数可利用水和水蒸气的热力性质图表或计算程序确定。

由于水的压缩性很小，所以水流经水泵消耗的压缩功仅为汽轮机做功的2%左右，一般可忽略不计，即 $h_3 \approx h_4$，则式(7-2)可简化为

$$\eta_t \approx \frac{h_1 - h_2}{h_1 - h_4} \approx \frac{h_1 - h_2}{h_1 - h_3} \tag{7-3}$$

需要说明一点，式(7-3)是在忽略水泵功之后得出的，这在 p_1、t_1 较低时是允许的，但在高温高压的朗肯循环中，即 p_1、t_1 很高时，水泵所消耗的功不能忽略，此时热效率只能按式(7-2)来计算。

【例7.1】 某朗肯循环，如图7.2所示，蒸汽的初压为 $p_1 = 3.0\text{MPa}$，终压为 $p_2 = 0.004\text{MPa}$，试求初温 $t_1 = 300℃$ 时的循环吸热量、放热量、汽轮机的对外输出功、排汽干度和循环热效率。

解： 由 $t_1 = 300℃$，$p_1 = 3.0\text{MPa}$，查附录A-9得

$$h_1 = 2992.4\text{kJ/kg}, \quad s_1 = 6.5371\text{kJ/(kg·K)}$$

由 $p_2 = 0.004\text{MPa}$，$s_2 = s_1$，查附录B-5得

$$h_2 = 1978\text{kJ/kg}, \quad x_2 = 0.759$$

由 $p_2 = 0.004\text{MPa}$，$p_2 = p_3$，查附录A-8得

$$h_3 = 121.30\text{kJ/kg}, \quad s_3 = 0.4421\text{kJ/(kg·K)}$$

由 $p_4 = p_1 = 3.0\text{MPa}$，$s_4 = s_3 = 0.4421\text{kJ/(kg·K)}$，查附录B-5得

$$h_4 = 125\text{kJ/kg}$$

则循环吸热量为

$$q_1 = h_1 - h_4 = 2992.4 - 125 = 2867.4(\text{kJ/kg})$$

循环放热量为

$$q_2 = h_2 - h_3 = 1978 - 121.30 = 1856.7(\text{kJ/kg})$$

汽轮机对外输出功为

$$w_t = h_1 - h_2 = 2992.4 - 1978 = 1014.4(\text{kJ/kg})$$

循环热效率为

$$\eta_t = 1 - \frac{q_2}{q_1} = 1 - \frac{1856.7}{2867.4} = 35.2\%$$

若忽略泵功，则

$$\eta_t = \frac{h_1 - h_2}{h_1 - h_3} = \frac{2992.4 - 1978}{2992.4 - 121.30} = 35.3\%$$

7.1.3 蒸汽参数对朗肯循环的影响

朗肯循环的热效率与新蒸汽的初压 p_1、初温 t_1 以及乏汽的压力 p_2 有关。运用 $T-s$ 图研究蒸汽参数对循环热效率的影响极为方便。在 $T-s$ 图上，可将朗肯循环折合成熵变相

等、换热量相等、效率相等的等效卡诺循环 23762，如图 7.3 所示，则平均吸热温度 $\overline{T}_1$ 为

$$\overline{T}_1 = \frac{q_1}{s_a - s_b} \tag{7-4}$$

式中，$s_a - s_b$ 为工质吸热量 q_1 引起的熵变。平均放热温度 $\overline{T}_2$ 为乏汽压力 p_2 所对应的饱和温度 T_2，则等效卡诺循环的热效率为

$$\eta_t = \frac{h_1 - h_2}{h_1 - h_4} = 1 - \frac{\overline{T}_2}{\overline{T}_1} \tag{7-5}$$

从式(7-5)可见，提高平均吸热温度 $\overline{T}_1$ 或降低平均放热温度 $\overline{T}_2$ 均可提高循环的热效率。下面就在此基础上分析蒸汽参数变化对循环热效率的影响。

1. 初温的影响

当蒸汽的初压 p_1 和乏汽压力 p_2 不变而将循环初温由 T_1 提高到 T_1' 时，朗肯循环变为 $1'2'34561'$，如图 7.4 所示，则朗肯循环的平均吸热温度提高为 $\overline{T}_1'$，在平均放热温度不变的情况下，循环的热效率有所提高。另一方面，提高蒸汽初温 T_1，可使汽轮机出口乏汽的干度增大（$x_2' > x_2$），这将减少汽轮机末几级叶片的水冲击、汽蚀，减小湿汽损失，有利于汽轮机的安全工作。但蒸汽初温的提高受到设备材料耐高温强度的限制时，初温越高，就必须使用昂贵的耐热合金钢，因此目前蒸汽循环的最高蒸汽温度一般控制在 600℃ 以下。

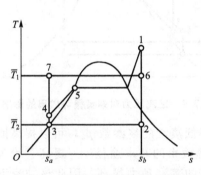

图 7.3 朗肯循环的等效卡诺循环

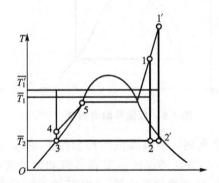

图 7.4 初温对朗肯循环效率的影响

2. 初压的影响

当蒸汽的初温 T_1 和乏汽压力 p_2 不变而将循环的初压由 p_1 提高到 p_1' 时，朗肯循环变为 $1'2'34'5'6'1'$，如图 7.5 所示，则朗肯循环的平均吸热温度提高，在平均放热温度不变的情况下，循环的热效率有所提高。另外，初压的提高，蒸汽的比体积减少，使有关设备的尺寸质量减少，可减少投资费用。但同时带来了其他的影响，初压的增加引起了乏汽干度的迅速降低，不利于汽轮机安全、

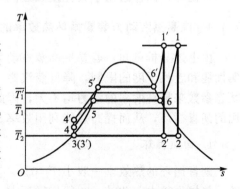

图 7.5 初压对朗肯循环效率的影响

经济运行，因此实际应用中，常常采用同时提高 T_1 和 p_1 的方法，用 T_1 提高时排汽干度的增加来抵消 p_1 提高时排汽干度的减少。

由此可见，提高蒸汽的初参数（初温和初压）是提高朗肯循环效率的根本有效措施。但如果蒸汽的初参数提高后超出了水的临界点 C，则在锅炉内的定压加热过程将不经过汽液相变过程，这种循环称为超临界朗肯循环，简称超临界循环，如图 7.6 所示。超临界循环舍去了蒸发沸腾过程，只是由低温汽加热到高温汽。无需汽、水分离，而直接一次性地将所有工质送入汽轮机做功，因而可以省掉锅炉中起汽、水分离作用的汽包，节省了金属和投资。乏汽干度减小，同时热效率也得到了提高。但这种循环运行调节比较困难，对水质要求很高。一般超临界循环要与再热和回热（见 7.1.4 节）配合使用，并且容量越大越能充分发挥作用，故一般要在 900～1000MW 容量大机组才使用超临界循环。

3. 乏汽压力的影响

当保持蒸汽初参数 T_1 和 p_1 不变时，降低乏汽压力 p_2，如图 7.7 所示，则循环的平均放热温度降低，而平均吸热温度变化很少，可提高循环的热效率。p_2 的降低意味着冷凝器内饱和温度 T_2 降低，而 T_2 受环境温度（或冷却水温度）的限制，通常冷凝温度在 25～32℃，乏汽压力在 0.003～0.005MPa。

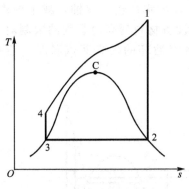
图 7.6 超临界朗肯循环

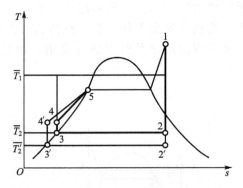
图 7.7 乏汽压力对朗肯循环效率的影响

综上所述，提高蒸汽的初参数 T_1 和 p_1，及降低蒸汽的终参数 p_2，可以提高朗肯循环热效率，该方法遵循的是提高蒸汽动力装置循环热效率的基本途径——提高平均吸热温度 $\overline{T_1}$ 和降低平均放热温度 $\overline{T_2}$。由于朗肯循环是基本的蒸汽动力循环，因此该结论不仅适用于朗肯循环，同样适用于其他复杂蒸汽动力循环。

7.1.4 提高蒸汽动力装置循环热效率的途径

由上述分析可知，若要提高蒸汽动力装置循环的热效率，提高蒸汽初参数受到设备金属性能和乏汽干度的限制，降低蒸汽终压力受到环境的限制，因而通过改变蒸汽的初、终状态参数来提高效率的潜力均不大，因此要从另一方面即改变朗肯循环方式以获得各种实用的朗肯循环，从而提高热能利用效率。

1. 回热循环

朗肯循环的热效率一般小于 40%，其主要原因是水的加热及水蒸气过热过程不是定温的，热损失较大，此外，在朗肯循环中，为了降低平均放热温度，排汽压力较低，造成给水温度太低，使循环的平均吸热温度度降低，造成朗肯循环热率低。若采用回热方式，即将汽轮机做了部分功的蒸汽从汽轮机中抽出来，用以加热进入锅炉前的给水。这样不仅避免了抽汽的冷源损失，同时提高了锅炉的给水温度，热效率相应提高。

一次抽汽回热循环的流程示意图和 $T-s$ 图分别如图 7.8 和图 7.9 所示。单位质量的新蒸汽进入汽轮机绝热膨胀做功，至汽轮机某一压力 p_2' 时，将 α kg 蒸汽抽出引入回热加热器。而剩余 $(1-\alpha)$ kg 蒸汽在汽轮机中继续膨胀做功，压力降至乏汽压力 p_2，然后进入冷凝器，被冷却凝结成冷却水，再经凝结水泵加压送入回热加热器，在其中与 α kg 蒸汽进行热量交换，蒸汽凝结形成 1 kg 饱和水，最后被给水泵加压送入锅炉、过热器，进行加热、汽化、过热成新蒸汽。从图 7.8 可看出，由于采用了回热，水在锅炉中的吸热过程由 4-1 变为 6-1，这样就提高了平均吸热温度，从而提高了循环的热效率。

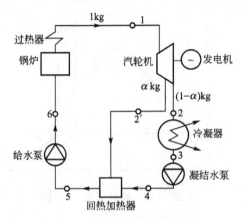 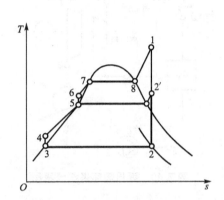

图 7.8　一级油汽回热循环流程图　　　图 7.9　一级抽汽回热循环 $T-s$ 图

抽汽量 α kg 蒸汽的大小根据质量守恒和能量守恒定律确定，即在回热器中 α kg 蒸汽所放出的热量正好等于 $(1-\alpha)$ kg 凝结水所吸收的热量。根据热力学第一定律有

$$\alpha(h_{2'} - h_5) = (1-\alpha)(h_5 - h_4) \tag{7-6}$$

则

$$\alpha = \frac{h_5 - h_4}{h_{2'} - h_4} \tag{7-6a}$$

另外，抽汽压力的确定取决于锅炉前给水温度，水温过高或过低均达不到提高效率的目的。实践证明，当给水回热温度取新蒸汽的饱和温度与乏汽饱和温度两者的平均值时，循环的热效率最高，并由此确定抽汽压力。

抽汽回热是提高蒸汽动力装置循环热效率切实可行的有效方法，因此几乎所有的火力发电厂均采用抽汽回热的循环方式。理论上，不同压力下抽汽次数（即回热级数）越多，热效率越高。但考虑设备的投资及运行的复杂性，一般小型蒸汽动力循环回热级数取 1~3 级，大中型取 4~8 级。

2. 再热循环

为了提高蒸汽的初压，但又不希望使乏汽的干度过低，以至于影响汽轮机的安全运行，通常采用中间再热的措施，这种循环由此称为"中间再热循环"，简称"再热循环"。图 7.10 和图 7.11 分别为再热循环的示意图和 $T-s$ 图。具体流程为：工质在锅炉、过热器中定压加热成为过热蒸汽(过程 4-5-6-1),然后送入汽轮机高压缸绝热膨胀做功(过程 1-7)。做完功的蒸汽从高压汽轮机中抽出并送回锅炉再热器中定压加热至初温后(过程 7-1'),回至汽轮机低压缸继续绝热膨胀做功(过程 1'-2');排汽进入冷凝器定压定温放热,凝结成排汽压力下的饱和水(过程 2'-3),由给水泵绝热压缩升压后送回锅炉(过程 3-4),完成一个循环。由图 7.11 可见,蒸汽经再热后排汽干度明显提高,从而减轻了湿蒸汽对汽轮机叶片的冲击和侵蚀,增强了汽轮机工作的安全性;同时只要合理选择中间再热压力(一般为初压的 20%~30%),再热循环的平均吸热温度将高于基本朗肯循环,使循环效率得到提高。一般而言,采用一次再热循环后,循环效率可提高 2%~4%,若增加再热次数,尽管可提高热效率,但系统过于复杂,管理不便,故实际发电厂的再热次数一般不超过两次。

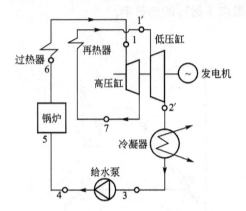

图 7.10 再热循环系统流程图

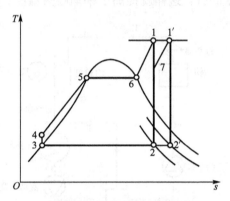

图 7.11 再热循环 T-s 图

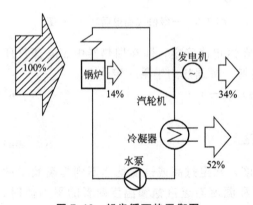

图 7.12 朗肯循环热平衡图

事实上,目前蒸汽动力装置即使采用了高参数、再热、回热等措施,循环热效率也仍然低于 50%,也就是说,燃料燃烧产生的热量有一半多没有被利用,其中大部分被排放到冷却水或大气中,从而造成了水体或大气的热污染,如图 7.12 所示。假设燃料燃烧提供的热量为 100%,锅炉本身的热损失约为总热量的 14%,有 34% 左右的热量转化为电能,因而约一半(52%)的热量被冷凝器中的冷却介质(空气或水)所带走。这部分热量虽然数量大,但是温度不高,因而属于低品位能源。为了充分利用这一部分热量,同时减少污染,可将做完功的乏汽的余热来满足生活或工业等热用户的供热需求,这种发电与供热同时进行的循环就是所谓的热电联产。既发电又供热的电厂因此被称为热电厂。

7.2 活塞式内燃机循环

燃料燃烧后产生的热能直接转换为机械能的动力装置称为内燃机。内燃机根据其将热能转换为机械能的主要构件的形式又可分为活塞式内燃机和燃气轮机两大类。活塞式内燃机由于结构简单、运行维护简便、工作稳定可靠、体积小而成为目前工程上使用最为广泛的热力发动机,是汽车、拖拉机、火车、舰船的主要动力装置。本节将主要介绍活塞式内燃机循环的基本原理。

图 7.13 为活塞式内燃机构造示意图。由于活塞式内燃机其燃料燃烧、工质膨胀、压缩等过程都是在同一带有活塞的气缸内进行的,因此结构比较紧凑。按所使用的燃料不同,活塞式内燃机可分为煤气机、汽油机和柴油机;按点火方式不同,分为点燃式和压燃式两大类;按完成一个循环所需要的冲程不同,又分为四冲程和二冲程的内燃机。点燃式内燃机吸入燃料和空气的混合物,经压缩后,由电火花点燃;而压燃式内燃机吸入的仅仅是空气,经压缩后使空气的温度上升到燃料自燃的温度,再喷入燃料燃烧。煤气机、汽油机一般是点燃式内燃机,而柴油机则是压燃式内燃机。

7.2.1 活塞式内燃机的实际循环

现以四冲程柴油机为例介绍其工作原理和循环过程。图 7.14 所示为通过示功器记录下的四冲程柴油机实际循环中压力和容积的变化情况。

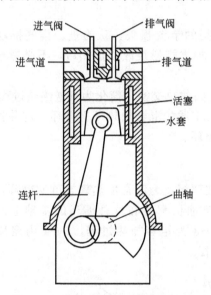

图 7.13 活塞式内燃机结构示意图

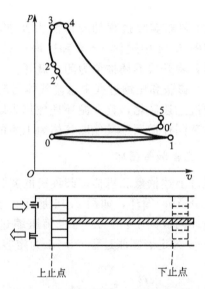

图 7.14 四冲程柴油机实际示功图

柴油机的一个实际工作循环大致分为以下四个基本过程。

(1) 进气过程 0—1:此过程进气门开启,活塞从最左端(称为上止点)下行,吸入空气。由于进气阀的节流作用,进入气缸的气体压力略低于大气压力。活塞右行到最右端(称为下止点),进气阀关闭。

(2) 压缩过程 1—2:此时进、排气门均关闭,活塞自下止点上行,在活塞上行到上止点之前的 2' 点时,气缸柴油被高压油泵喷入气缸,此时气缸内压力和温度急剧上升,超过柴油自燃温度。但由于柴油需要一个滞燃期才会燃烧,加上柴油机的转速很高,因此要到活塞运行到接近上止点 2 时开始燃烧。

(3) 膨胀过程 2—3—4—5:燃烧过程十分迅猛,压力迅速上升到 5.0～9.0MPa,而活塞移动极小，所以过程 2—3 接近定容过程。随着活塞下行，气缸工作容积增大，但由于喷油和燃烧继续进行，气缸内压力变化不大，燃烧过程 3—4 接近定压过程。到点 4 时喷油结束，此后高温高压气体膨胀做功，推动活塞移动至点 5，气体压力温度下降。

（4）排气过程 5—0：活塞移动到点 5 时，排气阀打开，部分废气在余压的作用下排出，气体压力迅速下降。由于活塞运动极微，排气过程 5—0′ 接近于定容降压过程。之后活塞上行，经残余废气排出，过程 0′~0，至此完成一个完整的实际循环。

7.2.2 活塞式内燃机的理想循环

活塞式内燃机的实际循环是复杂的开式不可逆循环，过程中工质的质量和成分都在改变。为了便于理论分析，必须忽略一些次要因素，对实际循环加以合理的抽象和概括。通常做如下假设。

（1）将燃料燃烧过程简化成工质从高温热源可逆吸热过程，把排气过程简化成向低温热源可逆放热过程。

（2）忽略喷入的油量，由于内燃机废气与空气的成分相差不大，即 80% 左右为不参加燃烧的氮气，因此可将循环工质简化为化学成分不变、比热容为常数的理想气体——空气。

（3）忽略实际过程的摩擦阻力及进、排气阀的节流损失，认为进、排气推动功相抵消，即图 7.14 中过程 0′~0 和过程 0~1 重合，加之把燃烧改成加热后，不必考虑燃烧耗氧问题，将开式循环抽象为闭式循环。

（4）膨胀和压缩过程中忽略气体与气缸壁之间的热交换，简化为可逆绝热过程。

通过上述简化，整个循环理想化为以空气为工质的混合加热可逆循环。这种抽象和概括的方法同样适用于其他以气体为工质的热机循环。

1. 混合加热循环

经过上述抽象和概括，柴油机的实际循环被理想化为混合加热理想可逆循环，又称萨巴德（Sabathe）循环，如图 7.15 所示。现行的柴油机都是在这种循环的基础上设计制造的。循环构成如下：1—2 为定熵压缩过程，2—3 为定容加热过程，3—4 为定压加热过程，4—5 为定熵膨胀过程，5—1 为定容放热过程。

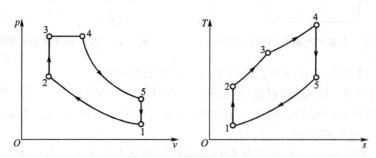

图 7.15 混合加热理想可逆循环

下面分析一下混合加热循环的热效率。
循环中工质从高温热源吸收的热量为

$$q_1 = q_{2-3} + q_{3-4} = c_V(T_3 - T_2) + c_p(T_4 - T_3)$$

工质向低温热源放出的热量为
$$q_2 = q_{5-1} = c_V(T_5 - T_1)$$
循环对外输出的净功为
$$w_{\text{net}} = q_1 - q_2$$
混合加热循环的热效率为
$$\eta_t = \frac{w_{\text{net}}}{q_1} = 1 - \frac{q_2}{q_1} = 1 - \frac{c_V(T_5 - T_1)}{c_V(T_3 - T_2) + c_p(T_4 - T_3)} \tag{7-7}$$

通常把热效率表示为循环特性参数的函数。循环特性参数有：压缩比 $\varepsilon = v_1/v_2$，升压比 $\lambda = p_3/p_2$，预胀比 $\rho = v_4/v_3$。对于定熵过程 1—2 和 4—5 有
$$p_1 v_1^{\kappa} = p_2 v_2^{\kappa}, \quad p_4 v_4^{\kappa} = p_5 v_5^{\kappa}$$
由于 $p_3 = p_4$、$v_1 = v_5$、$v_2 = v_3$，因此将上述两式相除得
$$\frac{p_5}{p_1} = \frac{p_4}{p_2}\left(\frac{v_4}{v_2}\right)^{\kappa} = \frac{p_3}{p_2}\left(\frac{v_4}{v_3}\right)^{\kappa} = \lambda\rho^{\kappa}$$
5—1 过程为定容放热过程，则
$$T_5 = T_1 \frac{p_5}{p_1} = T_1 \lambda \rho^{\kappa}$$
1—2 过程为定熵压缩过程，则
$$T_2 = T_1\left(\frac{v_1}{v_2}\right)^{\kappa-1} = T_1 \varepsilon^{\kappa-1}$$
2—3 过程为定容加热过程，则
$$T_3 = T_2 \frac{p_3}{p_2} = \lambda T_2 = \lambda T_1 \varepsilon^{\kappa-1}$$
3—4 过程为定压加热过程，则
$$T_4 = T_3 \frac{v_4}{v_3} = \rho T_3 = \rho \lambda T_1 \varepsilon^{\kappa-1}$$
将上述各温度代入式(7-7)，经整理可得
$$\eta_t = 1 - \frac{\lambda \rho^{\kappa} - 1}{\varepsilon^{\kappa-1}[(\lambda-1) + \kappa\lambda(\rho-1)]} \tag{7-8}$$

由式(7-8)可见，混合加热循环的热效率随压缩比 ε 和升压比 λ 的增大而增大，这主要是由于随 ε 和 λ 的增大，循环平均吸热温度升高，而平均放热温度保持不变，故效率增加；同时热效率随预胀比 ρ 的减小而增大，这是由于定容线比定压线陡，故加大定压加热份额造成循环平均吸热温度增加不如循环平均放热温度增加得快，故热效率反而降低。

2. 定压加热循环

定压加热的理想循环又称狄塞尔(Diesel)循环，其 $p-v$ 图和 $T-s$ 图如图 7.16 所示。早期低速柴油机就是以这种循环为基础设计的。近年来，一些高增压柴油机及船用高速柴油机的燃烧过程主要在活塞离开上止点后的一段行程中进行，这时燃料燃烧和燃气膨胀同时进行，气缸内压力基本保持不变，相当于定压加热。这种定压加热循环可看作特殊的没用定容加热过程的混合加热循环，即 $p_2 = p_3$。故只需把 $\lambda = 1$ 代入式(7-8)，即可得到
$$\eta_t = 1 - \frac{\rho^{\kappa} - 1}{\varepsilon^{\kappa-1}\kappa(\rho-1)} \tag{7-9}$$

式(7-9)说明，定压加热理想循环热效率随压缩比的增大而提高，随预胀比的增大而

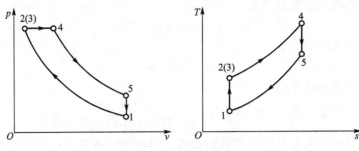

图 7.16 定压加热循环

降低。

3. 定容加热循环

定容加热理想循环又称奥托(Otto)循环,其 $p-v$ 图和 $T-s$ 图如图 7.17 所示。基于这种循环而制造的煤气机和汽油机是较早的活塞式内燃机。在内燃机中,吸气过程吸入的是汽油和空气的混合物,经火花塞压缩到上止点附近由火花塞点火,一经点燃,燃烧非常迅速,几乎在瞬间完成,在此期间活塞基本停留在上止点未动,因而燃烧过程接近于定容过程,不再有边燃烧边膨胀接近于定压的过程,奥托循环可以看作不存在定压加热过程的混合加热理想循环,故将预胀比 $\rho=1$ 代入式(7-8),可得到

$$\eta_t = 1 - \frac{1}{\varepsilon^{\kappa-1}} \tag{7-10}$$

由此可见,定容加热循环的热效率只与压缩比 ε 有关,且随 ε 的增大而增大。

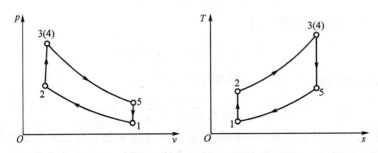

图 7.17 定容加热循环

综合上述分析可知,影响活塞式内燃机循环热效率的主要因素有压缩比 ε、预胀比 ρ 和升压比 λ。此外,由于气体工质比热容一般不是常数,定熵指数 κ 会随气体温度而改变,带来热效率的变化,只是变化幅度不大。实际中,增大压缩比已成为提高循环热效率的主要途径,但过高的压缩比也会给内燃机的工作带来负面影响。对于汽油机,若压缩比过高,可燃混合气在压缩过程中温度可能高于其自燃温度,发生"爆燃",从而影响汽油机的正常工作,因此汽油机的压缩比一般控制在 5~10。柴油机由于压缩的仅仅是空气,压缩比可取得高些,一般为 14~20。

【例 7.2】 某汽油机奥托循环,压缩比为 7,进气状态为 $p_1=100$ kPa,$t_1=20$℃,在定容过程中吸热量为 1600kJ/kg。已知工质的等熵指数 $\kappa=1.41$,比定容热容 $c_V=0.73$kJ/(kg·K),试求循环热效率、膨胀过程终了的压力及循环的最高压力和最高温度。

解：循环热效率按式(7-10)计算得

$$\eta_t = 1 - \frac{1}{\varepsilon^{\kappa-1}} = 1 - \frac{1}{7^{1.41-1}} = 0.55$$

压缩终了的压力由图 7.17 中过程 1—2 确定，由于 1—2 为定熵过程，则有

$$\frac{p_2}{p_1} = \left(\frac{v_1}{v_2}\right)^\kappa, \quad \frac{v_1}{v_2} = \varepsilon, \quad \frac{T_2}{T_1} = \left(\frac{v_1}{v_2}\right)^{\kappa-1}$$

故

$$p_2 = p_1 \varepsilon^\kappa = 0.1 \times 7^{1.41} = 1.55 (\text{MPa})$$
$$T_2 = T_1 \varepsilon^{\kappa-1} = (273+20) \times 7^{1.41-1} = 650 (\text{K})$$

循环的最高压力机温度由定容过程 2—3 确定，由于定容过程的加热量为

$$q_V = c_V (T_3 - T_2)$$

故

$$T_3 = \frac{q_V}{c_V} + T_2 = \frac{1600}{0.73} + 650 = 2840 (\text{K})$$

燃烧终了的最高压力为

$$p_3 = p_2 \frac{T_3}{T_2} = 1.55 \times \frac{2840}{650} = 6.77 (\text{MPa})$$

7.3 燃气轮机循环

7.3.1 燃气轮机的组成及工作过程

燃气轮机装置是一种以空气和燃气为工质的旋转式热动力装置，不需要像蒸汽动力装置那样庞大的换热设备，也没有内燃机那样的往复运动部件以及由此引起的不平衡惯性力，故它可以设计很高的转速，并且工作过程连续，因此可用于大功率的动力装置。燃气轮机由于具有运转平稳、结构紧凑、启动迅速等优点，目前在航空器、舰船及电站等部门得到了广泛的应用。

简单的燃气轮机装置主要由压气机、燃烧室和燃气轮机三个基本部分构成，如图 7.18 所示。与前面介绍的内燃机循环不同，燃气轮机装置中工质是在不同设备间流动，完成循环。

具体的工作流程为：空气首先进入叶轮式压气机压缩到一定压力（过程 1—2），然后送入燃烧室，和燃油泵喷入的燃油混合燃烧，产生的燃气温度通常可高达 1800～2300K，高温燃气与来自燃烧室夹层通道的二次冷却空气（占总空气量的 60%～80%）混合，混合气体降低到适当的温度（过程 2—3），而后进入燃气轮机膨胀做功。燃气轮机做出的功一部分带动压气机，剩余部分作为有用功对外输出，做功后的废气排入大气（过程 3—4），从而完成一个循环。

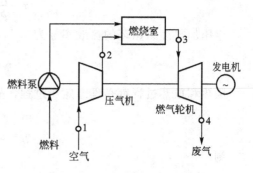

图 7.18 燃气轮机工作示意图

7.3.2 定压加热理想循环

燃气轮机实际循环是开式的、不可逆的。为了对燃气轮机装置的循环进行热力学分析，需要对实际工作循环简化，因此在此提出以下假设。

(1) 在燃烧室的燃烧过程，忽略流动压降，并将之视为可逆定压加热过程，把燃气轮机排出废气的过程近似为定压放热过程。

(2) 忽略喷入的燃油质量并把工质看作空气，且作为理想气体处理，比热容取定值。

(3) 气体在压气机及燃气轮机内经历可逆绝热压缩和可逆绝热膨胀过程。这样循环就简化成封闭的定压加热的理想循环，又称布雷顿(Brayton)循环。

图 7.19 是在上述假设下建立起来的燃气轮机理想循环：1—2 为空气在压气机中的可逆绝热压缩过程；2—3 为空气在燃烧室中的可逆定压加热过程；3—4 为空气在汽轮机中的可逆绝热膨胀过程；4—1 为空气在大气中的可逆定压放热过程，由于加热过程是在定压条件下进行的，所以该循环称为"定压加热理想循环"，它是最基本的燃气轮机装置的理想热力循环。

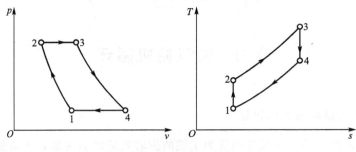

图 7.19 布雷顿循环

定压加热的理想循环的特性参数是循环增压比和循环增温比。循环增压比即循环最高压与最低压力比，用 π 表示；循环增温比是循环最高温度与最低温度之比，用 τ 表示，即

$$\pi=\frac{p_2}{p_1}, \quad \tau=\frac{T_3}{T_1}$$

定压加热理想循环的热效率 η_t 为

$$\eta_t = 1 - \frac{q_2}{q_1}$$

吸热和放热过程都是理想定压过程，故有

$$q_1 = c_p(T_3 - T_2)$$
$$q_2 = c_p(T_4 - T_1)$$

则

$$\eta_t = 1 - \frac{q_2}{q_1} = 1 - \frac{c_p(T_4 - T_1)}{c_p(T_3 - T_2)} = 1 - \frac{T_4 - T_1}{T_3 - T_2}$$

由于 1—2 和 3—4 为可逆定熵过程，

$$\frac{T_1}{T_2} = \left(\frac{p_1}{p_2}\right)^{\frac{\kappa-1}{\kappa}}, \quad \frac{T_4}{T_3} = \left(\frac{p_4}{p_3}\right)^{\frac{\kappa-1}{\kappa}}$$

同时 $p_2=p_3$，$p_4=p_1$，则有

$$\frac{T_4}{T_3}=\frac{T_1}{T_2}$$

因此有

$$\eta_t=1-\frac{T_1}{T_2}=1-\frac{1}{\pi^{\frac{\kappa-1}{\kappa}}} \tag{7-11}$$

上式分析可知，定压加热理想循环的热效率取决于循环增压比 π，且随增压比 π 的增大而提高，与循环增温比 τ 无关。需要说明的是，π 值并非可以无限度的增大，通常在3～8之间，一般不超过10。若 π 值过高，一方面压缩空气时压气机消耗的功增加，造成单位质量工质输出的净功减少；另一方面压缩后空气压力过高，进入燃烧室的空气温度越高，若离开燃烧室进入燃气轮机的燃气温度保持不变（为保障燃气轮机安全运行，必须限定燃气进入燃气轮机的最高温度），则单位质量的压缩空气在燃烧室内吸收的热量就越少，若压缩空气的温度达到燃气轮机入口的最高允许温度，则此时工质的吸热量将减少到零，也就无法对外输出功。

工程实例

冷热电联产（Combined Cooling Heating and Power，CCHP）是一种建立在朗肯循环的基础上，将制冷、制热及发电过程一体化的总能系统，如图7.20所示。该系统将温度较高的、具有较大可用能的热能用来发电，而温度较低的低品位热能则用来供热或制冷，从而实现了对不同品质能量的梯级利用，提高了能源利用效率。目前，大型发电厂的发电效率一般为35%～55%，而CCHP的能源利用率可达到90%。另外，CCHP在降低碳和污染空气的排放物方面具有很大的潜力。

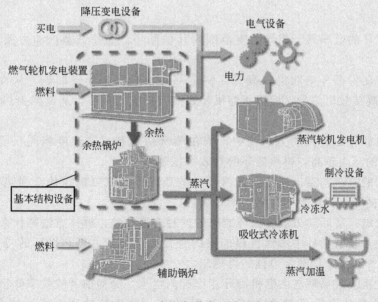

图 7.20　冷热电联产系统示意图

小 结

将热能转换成机械能的设备称为热机。根据循环介质不同,热机主要分为两种形式:蒸气动力装置和气体动力装置。本章主要介绍了动力装置循环的基本构成及热力计算。通过热力计算,分析动力循环的能量转换的经济性,寻求提高效率的方向及途径。

实际循环都是复杂的不可逆的,为使分析简化,通常将实际循环抽象概括成可逆的理论循环,通过理论循环分析,找出影响循环效率的主要因素,从而获得提高热效率的可能有效措施。朗肯循环是基本的蒸汽动力装置循环,通过理论循环的热力学分析,得出提高循环的热效率主要有两种途径:一种是改变循环初参数,即提高蒸汽的初温、初压及降低乏气压力;另一种是改变循环的方式,即采用回热、再热循环及热电联产。由于前者在改变参数的同时受到设备投资、运行等各种条件的限制,因此实际应用中通常两种途径配合采用。

活塞式内燃机循环和燃气轮机循环是两种典型的气体动力装置循环,前者根据工质不同可分为煤气机、汽油机和柴油机;根据循环方式不同又可分为混合加热循环、定压加热循环和定容加热循环。通过柴油机的理论循环分析得出结论,提高循环的压缩比、定容增压比及降低定压预胀比均可提高循环的热效率。燃气轮机也是一种以空气和燃气为工质的动力装置,通过理论循环分析可知,循环的热效率取决于循环增压比 π,且随增压比 π 的增大而提高,与循环增温比 τ 无关。

思 考 题

1. 卡诺循环的效率高于相同温度范围内其他循环,为什么蒸汽动力循环不采用卡诺循环?
2. 能否在朗肯循环中取消冷凝器而将全部蒸汽抽出来用于回热,从而提高热效率?能否不让乏汽凝结放出热量,而用压缩机将乏汽直接压入锅炉,从而减少热能损失,提高热效率?
3. 在再热循环的蒸汽动力系统中,若在蒸汽初温和再热温度相同且固定的条件下,是否再热过程的压力越高,再热循环的热效率就越高?
4. 在相同的蒸汽初温、初压及乏汽压力的条件下,试分析为什么回热循环的汽轮机轴功小于朗肯循环,但热效率却高于朗肯循环。
5. 提高火电厂实际动力装置循环效率的途径有哪几条,具体方法是什么?
6. 蒸汽动力装置循环中蒸汽再热的目的是什么?为什么再热循环的再热压力不能太高也不能太低?通常怎样确定最佳的再热压力?
7. 燃气轮机装置循环与内燃机循环相比有何优点,为何前者的效率低于后者?
8. 活塞式内燃机循环理论上能否利用回热来提高热效率?实际中是否采用?为什么?

习 题

7-1 某蒸汽朗肯循环，在循环中最高压力为14MPa，循环最高温度为540℃，循环最低压力为7kPa下运行。若忽略泵功，试求：(1)平均加热温度；(2)平均放热温度；(3)循环热效率。

7-2 某水蒸气朗肯循环如图7.21所示，自过热器来的新蒸汽 $p_1=3$MPa，$t_1=450$℃，进入汽轮机膨胀做功，汽轮机相对内效率 $\eta_i=0.85$，然后排入压力维持在5kPa的冷凝器。若忽略泵功，试求：(1)乏汽的干度；(2)汽轮机的实际功率。

7-3 一个火力发电厂的蒸汽动力循环采用的是再热循环，已知蒸汽轮机入口的蒸汽初温和初压分别为550℃和14 MPa，再热温度和再热压力分别为550℃和3MPa，汽轮机排汽压力即背压为0.005MPa。设蒸汽轮机与水泵中的过程都是理想的绝热定熵过程。该再热循环与相同初温、初压和背压条件下的朗肯循环相比，试求：

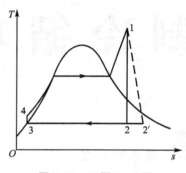

图7.21 习题7-2图

(1) 由于蒸汽的再热，使乏汽的干度提高到了多少？
(2) 由于蒸汽的再热，使循环的热效率相对提高了多少？

7-4 活塞式内燃机定容加热循环参数 $t_1=35$℃，$p_1=0.1$MPa，压缩比 $\varepsilon=10$，加热量 $q_1=650$kJ/kg。假设工质为比定容热容空气，$c_V=1.005$kJ/(kg·K)。试求：各点状态、循环功及循环热效率。

7-5 内燃机混合加热理想可逆循环的 p-v 图和 T-s 图如图7.15所示。已知 $p_1=0.1$MPa，$t_1=50$℃，压缩比 $\varepsilon=12$，$\lambda=1.8$，$\rho=1.3$。工质视为空气，其气体常数 $R_g=0.287$kJ/(kg·K)，比定容热容 $c_V=0.718$kJ/(kg·K)，定熵指数 $\kappa=1.4$。试计算：(1)循环净功量；(2)循环净吸热量；(3)循环热效率。

7-6 某柴油机压缩前的空气温度为90℃，柴油的着火温度为400℃，试问：为了引燃柴油，最低压缩比为多少？已知空气的定熵指数 $\kappa=1.4$。

7-7 一个奥托循环，压缩比为8，进气状态为 $p_1=97$kPa，$t_1=27$℃，在定容过程中吸热量为700kJ/kg。已知空气的等熵指数 $\kappa=1.4$，比定容热容 $c_V=0.73$kJ/(kg·K)，试求输出轴功及循环热效率。

7-8 某狄塞尔循环压缩比 $\varepsilon=15$，压缩初始压力为105kPa，初始温度为20℃，循环中吸热量为1600kJ/kg，设 $c_p=1.02$kJ/(kg·K)，$\kappa=1.41$，试计算循环中各主要点的压力、温度和循环热效率。

7-9 某燃气轮机定压加热理想循环如图7.19所示。初态参数 $p_1=100$kPa，$T_1=300$K，增压比 $\pi=\dfrac{p_2}{p_1}=10$。燃气轮机燃气进口温度为 $T_3=1273$K，工质视为空气，$c_p=1.004$kJ/(kg·K)。试求：(1)循环中燃气的吸热量和放热量；(2)循环的净功量和热效率。

第 8 章 制冷循环

本章教学要点

知识要点	掌握程度	相关知识
制冷循环	掌握制冷循环的本质; 理解制冷系数的计算方法; 了解制冷循环的分类; 了解制冷剂的种类	制冷的定义; 制冷系数; 制冷剂
蒸气压缩制冷循环	理解蒸气压缩制冷循环的装置、流程及热力过程的组成; 了解制冷系数的计算方法。	理想制冷循环的构成; 制冷系数的计算
其他制冷循环	了解吸收式制冷循环和热电制冷循环的原理; 了解热泵循环与制冷循环的联系与区别; 了解制冷循环在汽车空调中的应用	吸收式制冷循环; 热电制冷循环; 热泵循环; 汽车空调

导入案例

自 1928 年美国通用汽车公司成功研制 R12 制冷剂以来,汽车空调便开始不断地发展。1940 年美国帕卡德(Packard)汽车公司第一次设计了车载制冷系统。到 20 世纪 50 年代又发展成冷暖合一的空调系统。随着六七十年代汽车工业的发展和计算机工业的兴起,在高档车中出现了用微计算机控制的空调系统。在此之前的汽车空调系统基本都是蒸气压缩式空调系统,到了 20 世纪末,吸收式制冷技术开始运用于车辆的研究。

目前汽车发动机的实用效率一般为 35%～40%,约占燃料发热量的 25% 被冷却水带走,35%～45% 的热量被汽车尾气带走,吸收式制冷技术正是回收和利用这部分余热来驱动制冷的,是一种很好的节能方案,也是目前世界各国都在研究的课题。

8.1 概 述

1. 制冷的定义

对物体进行冷却，使其温度低于周围环境的温度，并维持这个低温的过程称为制冷。要实现此目的有两种方式：一种是向自然界索取天然冷源，如地下水、地表水等，这种制冷方式具有结构简单、价格低廉的特点，但所获得的温度一般不低于 0℃，同时受季节和地理位置的限制，不易控制和调节；另一种制冷方式就是以消耗能量（功量或热量）为代价，进行人工制冷。后者是目前工业上广泛应用的一种方式，实现这种制冷的装备称为制冷装置。

2. 制冷系数

制冷循环正好与前面介绍的动力循环相反，是一种逆向循环。其制冷系数可表示为

$$\varepsilon = \frac{q_2}{q_1 - q_2} \tag{8-1}$$

式中，q_2 为制冷剂从低温热源（冷库）吸收的热量；q_1 为制冷剂向高温热源（环境）放出的热量。工程中，通常把制冷系数称为制冷装置的工作性能系数，用符号 COP 表示。

由卡诺定理，在大气环境温度 T_0 与温度为 T_c 的低温冷源如冷库之间的逆向卡诺循环的制冷系数 ε_c 最大，即

$$\varepsilon_c = \frac{T_c}{T_0 - T_c} = \frac{1}{\frac{T_0}{T_c} - 1} > \varepsilon \tag{8-2}$$

从式(8-2)可看出，制冷系数可以小于、等于、大于 1。不论采用什么工质，在给定的环境温度 T_0 下，T_c 越高，即 T_c 越接近 T_0，制冷系数越大；反之越小。因此，在保证必需的冷冻条件下，不应使 T_c 低于所需要的温度，否则将使能耗增大，制冷系数降低。

3. 制冷循环的分类

制冷循环种类繁多，根据其制冷的物理本质来分，主要有以下四种：物态相变制冷、气体膨胀制冷、涡流管制冷和热电制冷。物态相变制冷是出现最早、应用最为广泛的制冷方式。它利用物质发生相态变化时的吸热效应来实现制冷，包括固体融解制冷、固体升华制冷和液体汽化制冷。其中液体汽化制冷应用最广，属于这一类的制冷方式有蒸气压缩式和吸收式、蒸气喷射式和吸附式等，目前世界上运行的制冷装置大部分采用蒸气压缩制冷循环。

4. 制冷剂

制冷装置所用的工质称为制冷剂，它是实现热量由低温物体传向高温物体的媒介。前面分析得知，逆向卡诺循环的制冷系数仅是冷源、热源温度的函数，与制冷剂的性质无

关。但在实际制冷循环中，它的性质直接关系到制冷装置的制冷效率、安全性及运行管理，因此对制冷剂提出了相应的要求。

1) 对制冷剂的一般要求

（1）临界温度要高，凝固温度要低。这是对制冷剂性质的基本要求。临界温度高，便于用一般的冷却水或空气进行冷凝；凝固温度低，以免其在蒸发温度下凝固，便于满足较低温度的制冷要求。

（2）在大气压力下的蒸发温度要低。这是低温制冷的一个必要条件。

（3）压力要适中。蒸发压力太低，空气易渗入制冷系统中，从而降低制冷能力。冷凝压力不宜过高（一般不大于 12～15 绝对大气压），以减少制冷设备承受的压力，以免压缩功耗过大并可降低高压系统渗漏的可能性。

（4）单位容积制冷量 q_v 要大。这样保证在一定制冷量的情况下，减少制冷剂的循环量，缩小压缩机的尺寸。

（5）有良好的传热性能和流动性。

（6）无毒、无臭、价廉、化学性能稳定，不腐蚀金属，不易燃易爆。

2) 制冷剂的种类

制冷剂的种类繁多，并且不断发展。蒸气压缩制冷装置中采用的制冷剂一般都是低沸点物质，常见的有氨（NH_3）和氟利昂。氨是一种较好的制冷剂，具有较适中的压力范围和较大的单位容积制冷量，但毒性较大，腐蚀性强，因此应用场合受到一定限制。氟利昂是一种将甲烷或乙烷碳氢化合物的部分或全部氢元素用氯元素和氟元素置换，一般具有 $C_kH_lCl_mF_n$ 分子式结构的制冷剂的总称。其中，氯氟烃类（简称 CFC）制冷剂具有无毒无味，腐蚀性小，热和化学稳定性好的特点，应用尤为广泛。

但 20 世纪 70 年代，美国科学家 Molina 和 Rowland 首次发现，当泄漏的 CFC 和 HCFC（氢氯氟烃化合物）扩散到地球的同温层后，在紫外线的照射下，含氯的氟利昂分子便分解出游离的氯离子，氯离子与臭氧分子发生连锁反应，使臭氧层浓度急剧降低，出现臭氧层空洞，臭氧的破坏会带来一系列负面影响，如地球上的生物遭到紫外线的损害，破坏了生态平衡，进而危及人类的健康。此外，地球上空的 CFC 物质的聚集加剧了温室效应。据估计，目前南极、北极上空已分别形成了面积达 2400 万 km^2 以上的巨大臭氧空洞，并呈现蔓延趋势。为了保护臭氧层，1987 年在加拿大的蒙特利尔市召开了专门性的国际会议，并签署了《关于消耗臭氧层物质的蒙特利尔议定书》，其中对 CFC12（简称 R12）、CFC11（简称 R11）等 15 种 CFC 的生产进行限制。我国也在 1992 年正式成为"蒙特利尔协定书"缔约国。因此，积极开发 CFC 和 HCFC 的替代物成为制冷界科技工作者的首要任务。目前一种普遍的观点认为可以采用自然工质，主要包括无机物（如 CO_2、NH_3、H_2O 等）和烷烃类（丙烷、丁烷等）。有关这方面的论述读者可查阅相关文献。

8.2 蒸气压缩制冷循环

蒸气压缩制冷循环是目前应用最为广泛的制冷形式。它实现了制冷剂气、液两相的交替变化，使工质的吸热和放热过程均在定压情况下进行，从而减小了温差传热的不可逆损失，同时制冷剂在相变时具有较大的汽化潜热，使单位质量制冷剂的制冷量较大，制冷设备比较紧凑。根据制冷量的不同，可将制冷装置分为大、中、小型不同型号，分别满足不同场合的制冷需求。

8.2.1 理论循环

实际的制冷循环都是复杂的不可逆的，为了便于运用热力学理论对蒸气压缩制冷循环进行分析，在此提出一种简化的循环，称为理论循环。理论循环忽略了制冷机在实际工作中的一些复杂因素，将实际循环加以抽象。为此，提出以下假设。

(1) 压缩过程为等熵过程，不存在不可逆损失。

(2) 蒸发温度与冷凝温度保持为定值，且制冷剂的冷凝温度等于冷却介质的温度，蒸发温度等于被冷却介质的温度。

(3) 制冷剂在管内流动忽略流动阻力损失，忽略动能变化。

(4) 制冷剂在流过节流装置时，忽略动能变化，且与外界无热交换。

蒸气压缩制冷装置主要由压缩机、冷凝器、节流阀及蒸发器4个基本设备组成，如图 8.1 所示。鉴于上述假设，蒸气压缩制冷装置的工作流程如下：由蒸发器出来的制冷剂的干饱和蒸气被吸入压缩机，绝热压缩后成为高温高压的过热蒸气（过程1—2），过热蒸气进入冷凝器后，在定压下冷却（过程2—3）和定压定温下凝结成饱和液体（过程3—4），温度降低。饱和液体通过节流阀（又称膨胀阀或减压阀）经绝热节流降温降压而变成较低干度的湿蒸气（过程4—5）。湿蒸气进入蒸发器，在定压定温吸热汽化成为干饱和蒸气（过程5—1），从而完成了一个循环。由此可见，蒸气压缩制冷循环近似一个朗肯循环的逆循环，其区别在于制冷循环利用节流阀来产生压降，而朗肯循环则利用工质在汽轮机中膨胀来获取有用功。

将整个循环表示在 $T\text{-}s$ 图上，如图 8.2 所示。需要说明一点，由于节流过程4—5是典型的不可逆过程，故在 $T\text{-}s$ 图上其过程线用虚线表示。理论上，蒸气压缩制冷循环可以实现逆向卡诺循环63476，如图8.2所示。其中，等熵膨胀过程4—7可由膨胀机实现。由图看出，对于逆向卡诺循环，状态6的工质干度很小，这对工质的压缩不利。为了避免这种情况，同时增加制冷量，因此制冷循环中可将工质汽化到干度更大的状态1。此外，为了提高装置运行的可靠性，常采用节流阀代替膨胀机，从而实现了实际应用的蒸气压缩制冷循环。

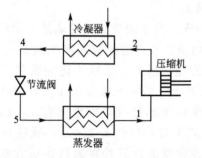

图 8.1 蒸气压缩制冷循环系统示意图

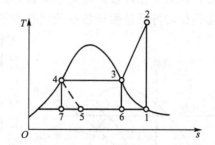

图 8.2 蒸气压缩制冷循环的 $T\text{-}s$ 图

8.2.2 性能指标

为了说明蒸气压缩制冷理论循环的性能，通常采用以下特性指标。

1. 单位制冷量

单位制冷量即单位工质在蒸发器内吸收的热量,用 q_2 表示,其值等于制冷剂流出和进入蒸发器的焓差,即

$$q_2 = h_1 - h_5 = h_1 - h_4 \tag{8-3}$$

式中,h_4 为饱和液体的焓值,由于节流后工质的焓值不变,因此有 $h_4 = h_5$。

2. 比压缩功

理论循环中压缩机输送单位质量制冷剂所消耗的功,称为比压缩功,用 w_c 表示。若不考虑能量损失,则压缩机所消耗的比压缩功等于循环的比压缩功。其值等于工质进出压缩机的比焓差,即

$$w_c = h_2 - h_1 \tag{8-4}$$

3. 单位冷凝量

单位工质在冷凝器中向外界放出的热量称为单位冷凝量,用 q_1 表示,其值等于制冷剂流入和流出冷凝器的焓差,即

$$q_1 = h_2 - h_4 \tag{8-5}$$

根据热力学第一定律,则有

$$q_1 = q_2 + w_c \tag{8-6}$$

4. 制冷系数

根据式(8-2),同时将式(8-3)和式(8-4)代入,则有

$$\varepsilon = \frac{q_2}{w_c} = \frac{h_1 - h_4}{h_2 - h_1} \tag{8-7}$$

5. 热力完善度

蒸气压缩理论循环接近于逆卡诺循环(如图8.2中的循环6 3 4 7 6)的程度,其定义式表示为

$$\eta = \frac{\varepsilon}{\varepsilon_c} = \frac{h_1 - h_4}{h_2 - h_1} \cdot \frac{T_4 - T_1}{T_1} \tag{8-8}$$

式中,ε_c 为在蒸发温度(T_1)和冷凝温度(T_4)之间工作的可逆卡诺热机的制冷系数。热力完善度越高,说明该循环接近可逆卡诺循环的程度越大。

上述指标均可通过循环各点的状态参数计算出来。由于制冷循环的热量和功量均只与过程的比焓差有关,因此利用蒸气的 h-s 图进行计算较为方便。另外,工程上还经常采用压焓图(p-h 图)表示,其纵坐标表示压力,横坐标表示焓值。通常纵坐标都以对数坐标表示,因此压焓图也称 $\lg p$-h 图,如图8.3所示。通过 $\lg p$-h 图可知,上述比焓的计算均可直接由过程线在横坐标上的投影长度来表示,附录B-2~附录B-4也提供了常用制冷剂氨气(NH_3)、R134a 和 R12 的压焓图 $\lg p$-h,以供读者查用。

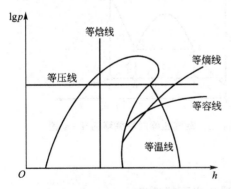

图 8.3 制冷剂的压焓图

【例 8.1】 某蒸气压缩制冷循环制冷机采用氨

气作为制冷剂,制冷量为 10^6 kJ/h,冷凝器出口饱和液体氨的温度为30℃,节流后温度为 −15℃。若不考虑压缩机的不可逆损失,试求:(1)每千克氨气的吸热量;(2)氨气的流量;(3)压缩机消耗的功率;(4)循环制冷系数。

解:查附录 B-2 得
$$h_1 = 1425 \text{kJ/kg}, \quad h_2 = 1800 \text{kJ/kg}, \quad h_4 = h_5 = 322 \text{kJ/kg}$$

(1)每千克氨气的吸热量为
$$q_2 = h_1 - h_5 = 1425 - 322 = 1103 (\text{kJ/kg})$$

(2)氨气的流量为
$$q_m = \frac{Q_2}{q_2} = \frac{10^6}{1103 \times 3600} = 0.251 (\text{kg/s})$$

(3)压缩机所消耗的功率为
$$P = q_m \times (h_2 - h_1) = 0.251 \times (1800 - 1425) = 94.1 (\text{kW})$$

(4)制冷系数为
$$\varepsilon = \frac{q_2}{w_c} = \frac{q_2}{\frac{P}{q_m}} = \frac{1103}{\frac{94.1}{0.25}} = 2.93$$

8.3 其他制冷循环

8.3.1 吸收式制冷循环

与蒸气压缩式制冷循环一样,吸收式制冷循环同样利用相变过程伴随的吸、放热特性来获取低温,然而两者能量的补偿过程不同,前者以消耗机械功为代价,后者则以热能为动力。吸收式制冷机主要由蒸气发生器、吸收器、蒸发器、冷凝器、节流阀和溶液泵等设备组成。吸收式制冷所采用的工质,通常是采用两种不同沸点的物质组成的二元溶液,以低沸点(或易挥发)组分为制冷剂,高沸点组分为吸收剂,两组分统称"工质对"。传统的工质对有两种:一种是氨-水溶液,氨为制冷剂,水为吸收剂,其制冷温度在 −45～+1℃,多用作工艺生产过程的冷源,另一种是溴化锂-水溶液,水为制冷剂,溴化锂为吸收剂,其制冷温度为0℃以上,一般用于制取空调用冷水。

图8.4给出了吸收式制冷机工作原理图,其具体工作过程如下:从蒸发器出来的制冷剂蒸气进入吸收器,在较低的温度和压力下被吸收剂吸收,形成二元溶液,吸收器中的溶液由于吸收了制冷剂,浓度升高,吸收过程中放出的热量由冷却水带走。浓度较高的二元溶液由溶液泵升压送入蒸气发生器,在蒸气发生器中,制冷剂从外界热源吸收热量变为高温高压制冷剂蒸气。此蒸气进入冷凝器凝结放热后,经节流阀降压降温,然

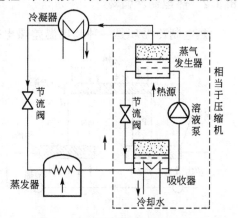

图 8.4 吸收式制冷机工作原理图

后进入蒸发器吸热变为蒸气,进入下一个循环。在蒸气发生器中,二元溶液中的制冷剂蒸发后留下的稀溶液经节流阀降温降压后送回吸收器,继续吸收来自蒸发器的制冷剂蒸气,形成浓溶液。

由此可见,吸收式制冷循环包括了高压制冷剂蒸气的冷凝过程、制冷剂液体的节流过程和低压下蒸发过程,这些过程与蒸气压缩制冷循环完全相同。所不同的是后者依靠压缩机实现低压蒸气变为高压蒸气,而吸收式制冷机则依靠溶液在发生器—吸收器回路的循环而实现。

吸收式制冷循环的性能系数

$$\text{COP} = \frac{Q_2}{Q+W_p} \tag{8-9}$$

式中,Q_2 为制冷剂在蒸发器中吸收的热量,Q 为制冷剂从外界热源吸收的热量,W_p 为溶液泵所消耗的功。

若忽略溶液泵消耗的少量功,则该装置的性能系数为

$$\text{COP} = \frac{Q_2}{Q} \tag{8-10}$$

吸收式制冷装置的主要优点在于对外界热源的温度要求不高,可利用较低温度的热能(如低压蒸气、热水、烟气等)作为热源,所以吸收式制冷是工矿企业利用低温余热制冷的较好方式。也可以用太阳能作为热源,称为太阳能吸收式制冷装置,如图 8.5 所示。

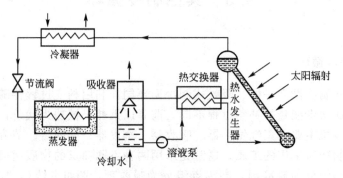

图 8.5 太阳能吸收式制冷装置原理图

8.3.2 热电制冷循环

热电制冷循环是一种利用温差热电效应的制冷方式,其理论依据是塞贝克效应和珀尔帖效应原理,即在两种不同金属组成的闭合线路中,通直流电流,会产生一个接点热和一个接点冷的现象,这种现象称为温差电现象。半导体材料所产生的温差电现象较其他金属要显著得多,一般热电制冷都采用半导体材料,所以又称为半导体制冷。

热电制冷的基本元件是热电偶,如图 8.6 所示。其中一块 P 型半导体和一块 N 型半导体材料连接构成电偶。N 型材料有多余电子,P 型材料

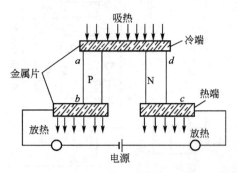

图 8.6 基本热电偶制冷回路

则电子不足。当电路中通以直流电后,由于 P 型半导体内载流子(空穴)和 N 型半导体(电子)与金属片中所具有的载流子的势能不同,因此在电场中形成运动,其中,P 型半导体中的空穴运动方向与电流同向,金属片和 N 型半导体的电子运动方向与电流方向相反,从而实现半导体材料和金属片的结点上能量的传递和转换。由于空穴在 P 型半导体内的势能高于其在金属片内的势能,在外电场的作用下当空穴通过结点 a 时,需要从金属片内吸取一定的热量,用以提高自身的势能才能进入 P 型半导体内,因而结点 a 的温度降低形成冷接点。当空穴通过接点 b 时,需要将多余的一部分势能留给结点,才能进入到金属片中,这时接点 b 温度升高,形成热接点。同理,外接点 d 降温形成冷接点,接点 c 升温形成热接点。在回路中冷、热接点可根据制冷或制热的需要加以利用。

与蒸气压缩制冷相比,热电制冷具有非常突出的特点:不需要制冷剂,无污染;没有机械传动部件,无噪声。但不足之处在于,在大容量情况下,其耗能大,效率低,因此热电制冷一般用于小容量、小体积的场合,如无线电电子元件生产过程需要的热电制冷箱、半导体低温医疗器械及半导体电冰箱等。

*8.4 热泵循环

热泵装置和制冷装置的工作原理完全相同,只是两者的工作目的不同,热泵装置以消耗高质能为代价,实现热量从低温热源向高温热源的传输。热泵装置可以用来制冷也可用来供暖。例如,冬季利用热泵对房间供暖,此时蒸发器置于室外,工质从低温热源(外界环境)吸收热量,冷凝器置于室内,工质将热量释放到高温热源(室内环境),从而达到供热的目的;当夏季制冷时,基本原理相同,只是蒸发器和冷凝器充当的角色正好相反,即蒸发器置于室内,冷凝器置于室外。原则上讲,前面介绍的几种制冷装置都可以作为热泵装置使用,而且可以使用同一套设备,通过四通换向阀改变制冷工质在装置中的流向,从而实现制冷和供热控制。图 8.7 给出了蒸气压缩式热泵的制冷和供热两种工作模式的原理图。

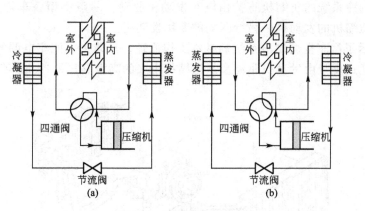

图 8.7 热泵工作原理图

由热力学第一定律得,热泵循环的能量平衡方程为

$$q_1 = q_2 + w_{net} \tag{8-11}$$

式中,q_1 为热泵向高温热源放出的热量;q_2 为热泵从低温热源吸收的热量;w_{net} 为系统所消耗的

净功。

热泵循环的经济性指标为供暖系数 ε′（或热泵工作性能系数 COP′），其表达式为

$$\varepsilon' = \frac{q_1}{w_{\text{net}}} \qquad (8-12)$$

将式(8-11)代入式(8-12)得

$$\varepsilon' = \frac{q_2 + w_{\text{net}}}{w_{\text{net}}} = \varepsilon + 1 \qquad (8-13)$$

式(8-13)表明，热泵的工作性能系数永远大于 1。与其他供热方式（如电加热、燃料燃烧加热）比较，热泵循环能够通过消耗一定的能量（如电能等）将低温热源的能源输送给高温热源，因此在低品位能源的利用方面，热泵循环有着不可比拟的优势。

*8.5 汽车空调系统

随着汽车工业的发展，汽车空调已逐渐普及，并成为汽车的标准配件。汽车空调系统一般具有制冷、供热和通风等多项功能。下面主要介绍其制冷装置和供热装置的工作原理。

1. 制冷装置

汽车空调的制冷方式多种多样，就目前看，应用于汽车空调的制冷方式大多为蒸气压缩式，对于其他形式，如空气压缩式、吸收式、吸附式等很少采用，不过，随着空调技术的发展及市场的需求，这些新技术逐渐会得到推广。

汽车空调的蒸气压缩式制冷装置的基本原理与前面介绍的一般制冷装置的原理相同，但汽车空调的可靠性和技术难度要高。这主要是因为汽车空调是安装在车内的，车体的振动、颠簸及环境中粉尘会造成空调系统的早期损坏；另外，汽车要求降温快，而汽车本身能够提供的制冷量小。制冷装置按照压缩机驱动形式的不同，可分为直接式和独立式两种。直接式即制冷系统的压缩机直接由汽车发动机驱动，一般小型轿车均采用这种方式。独立式即驱动压缩机的发动机是另行匹配的专用发动机。

图 8.8 表示了汽车空调制冷系统的基本工作原理。具体为：汽车空调的压缩机由电磁离合器吸合，通过皮带由发动机驱动。从压缩机出来的高温高压制冷剂蒸气通过高压管被

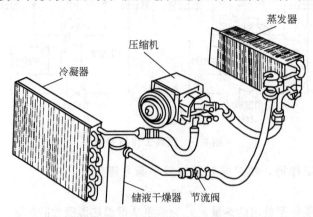

图 8.8 汽车空调工作原理示意图

送入冷凝器冷却(轿车空调系统的冷凝器一般置于汽车发动机散热器前面,靠冷却风扇冷却),被冷凝成高温高压的液体制冷剂流过储液干燥器,经过过滤、脱水后,流经节流阀,变成的低温低压的雾状工质,然后进入蒸发器,吸收蒸发器管外来自车内空气的热量,制冷剂汽化变成蒸气,进入下一个循环。

2. 供热装置

汽车空调的供热方式一般可分为两种:发动机余热式和独立热源式。发动机余热式是利用发动机排气的余热或冷却循环水所携带的热量来加热车内空气的供热方式,实现了廉价取热。但不足之处是产热量不稳定,受到发动机工况的影响,如停车就无法供暖,因而不适用于大中型车或在严寒地带使用的车辆。独立热源式即在汽车上设置热交换器,通过燃烧燃油、天然气等燃料而释放热量来加热车内空气,这种供热方式不受汽车运行工况的影响,根据需要随时可用。目前一般轿车大都采用以发动机冷却水为热源的余热式供暖方式,如图 8.9 所示。

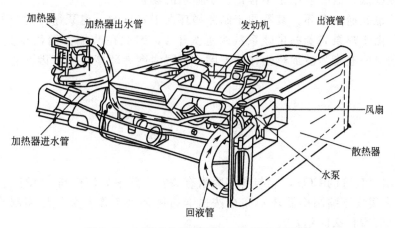

图 8.9 水暖式供热系统的工作原理示意图

工程实例

土壤源热泵技术利用地球表面浅层地热资源作为冷热源进行能量转换,通过深埋于建筑物周围的管路系统与建筑物内部完成热交换的装置。冬季从土壤中取热,向建筑物供暖;夏季向土壤排热,为建筑物制冷。由于地下土壤温度相对稳定,因此土壤源热泵系统与传统风冷热泵相比,具有更高的效率和更好的可靠性,每年运行费用可节约 40% 左右。近十几年来,土壤源热泵系统在美国、加拿大及瑞士、瑞典等国家取得了较快的发展,中国的土壤源热泵市场也日趋活跃,可以预计,该项技术将会成为 21 世纪重要的供热和供冷空调技术,土壤源热泵技术应用实例如图 8.10 所示。

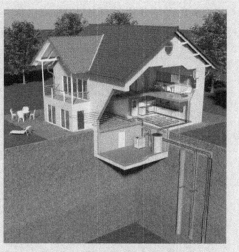

图 8.10 土壤源热泵技术应用实例

小 结

制冷循环是一种不完全逆向卡诺循环,它通过消耗机械能或外界驱动热源实现了热量从低温物体向高温物体的传递,是一种重要的热力循环。评价制冷循环的性能指标主要是制冷系数和热力完善度。制冷系数表示循环获得的制冷量与所消耗的代价之比,热力完善度表示实际制冷循环接近于可逆卡诺循环的程度。

蒸气压缩制冷循环依靠相变潜热来制冷,单位质量制冷剂的制冷量较大,因而应用最为广泛。吸收式制冷由于不消耗电能,以热能来驱动,因此在电力紧张而余热丰富的场合尤为适用。热电制冷循环是一种利用温差热电效应的制冷方式,突出优点在于无污染、无噪声。但其效率低,故一般用于小容量、小体积的场合。

热泵循环也是逆向循环,其不同于制冷循环在于其目的,热泵循环的目的是向高温热源释放热量。由于热泵装置的供暖系数永远大于1,因此在节能方面优于其他供热方式。但热泵循环的上限温度为被加热物体的温度,下限温度为环境温度,因而它的应用会受到一定的限制。

思 考 题

1. 何为制冷装置的 COP,它与哪些因素有关?实际中如何提高 COP?
2. 为什么蒸气压缩制冷循环不完全按逆卡诺循环来工作?蒸气压缩制冷的理论循环与理想制冷循环有什么区别?
3. 制冷循环中压缩机是由电动机带动的,试问电能转化成了什么?能否不消耗能量而使制冷装置连续制冷?为什么?
4. 有人认为"既然蒸气压缩制冷循环可近似认为是朗肯循环的逆循环,其中制冷循环中的节流阀与朗肯循环中的汽轮机作用相当,均可使工质降压降温,因此可将制冷循环中的节流阀用汽轮机来代替,并可获得有用功",你同意这种说法吗?为什么?
5. 在蒸气压缩制冷循环的热力计算中为什么采用压-焓图?试说明压-焓的构成。
6. 制冷循环与供热循环相比,它们之间的异同点是什么?
7. 在选择制冷剂时,应该考虑哪些因素?一般常用的制冷剂有哪几种?
8. 蒸气压缩制冷、吸收式制冷及热电制冷各自有什么主要特点,分别适用于哪些场合?
9. 汽车空调的制冷装置和供热装置的工作原理是什么?

习 题

8-1 某制冷装置冷库的温度为 $-20℃$,环境温度为 $26℃$,制冷量为 $70kW$,试计算该制冷装置的制冷系数、消耗的最小功率及排放到环境的热量。

8-2　一台氨单级蒸气压缩制冷机,每小时需要将100kg温度为20℃的水变成0℃的冰,已知蒸发压力为0.291MPa,冷凝压力为0.887 MPa,试求:(1)氨气的质量流量;(2)循环的制冷系数;(3)制冷剂的功耗。

8-3　某蒸气压缩制冷装置用氨气作为制冷剂。制冷量$Q_0=100000$kJ/h,冷藏室温度为-20℃,冷却水温度是20℃。试求:(1)每千克氨气的吸热量;(2)每千克氨气传给冷却水的热量;(3)循环耗功量;(4)制冷系数;(5)循环中每小时氨气的质量流量。

8-4　一台用氟利昂R12为制冷剂的蒸气压缩式制冷循环,被用作室内供热,它要求的最大加热量是将标准状况下30m³/h的空气从5℃加热到30℃,制冷剂的最低温度必须较空气的最高温度高20℃,蒸发温度为-4℃。试求:(1)制冷剂的流量;(2)压缩机所需的功率。

8-5　某热泵功率为10kW,从温度为-13℃的周围环境取热,若热用户要求供热温度为95℃。若热泵按逆卡诺循环工作,求热泵能够提供的热量是多少?

8-6　一台小型热泵装置用于对热网水的加热。假设该装置用氟利昂R12作为工质,并按理想制冷循环运行。蒸发温度为-15℃,冷凝温度为55℃。如果R12需用量为0.1kg/s,试确定用热泵代替直接供热所能够节约的能量。

8-7　用氟利昂R12工质的理想制冷循环系统中,已知在蒸发器中制冷温度为-20℃,在冷凝器中的冷凝温度为40℃,制冷剂R12质量流量为0.03kg/s。试确定循环的制冷系数和制冷量。

8-8　某理想蒸气压缩制冷,采用氟利昂R134a作为制冷剂。若蒸发温度为-20℃,冷凝温度为40℃,制冷剂的质量流量为0.05kg/s,环境温度为30℃,试求:(1)循环的制冷系数;(2)制冷量;(3)电动机功率。

第二部分

传　热　学

第 9 章 热量传递的基本理论

本章教学要点

知识要点	掌握程度	相关知识
热量传递的三种基本方式	掌握导热、热对流和热辐射的定义和特点；掌握一维稳态导热和对流换热的计算方法；了解热阻网络	导热、热对流、对流换热、热辐射、辐射换热；热流量、热流密度
传热过程和传热系数	掌握传热过程的组成；掌握稳态传热过程的计算方法	传热过程

导入案例

在天气较冷时，猫喜欢用晒太阳的方式取暖，如图 9.1 所示。因为猫与地面、空气、太阳的温度不同，所以它们之间有热量交换，但热量是如何进行交换的？传热过程很好地解释了这个问题。

图 9.1 热量交换

9.1 热量传递的三种基本方式

9.1.1 导热

当物体内有温度差或两个不同温度的物体接触时，在物体各部分之间不发生相对位移的情况下，依靠物质微观粒子(分子、原子及自由电子等)的热运动而产生的热量传递现象称为热传导，简称导热。按照热力学的观点，温度是物体微观粒子热运动强度的宏观标志。当物体内部或相互接触的物体表面之间存在温差时，热量就会通过微观粒子的热运动(位移、振动)或碰撞从高温传向低温。

导热现象既可以发生在固体内部，也可以发生在静止的液体和气体之中。例如，手握金属棒的一端，将另一端伸进灼热的火炉，就会有热量通过金属棒传递到手掌，这种热量传递现象就是由导热引起的。

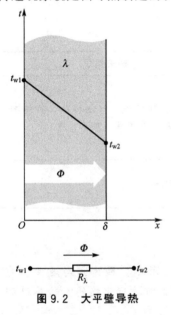

图 9.2 大平壁导热

在工业上和日常生活中，大平壁的导热是最常见的导热问题，如通过房屋墙壁、玻璃窗和锅炉炉墙进行的导热等。所谓大平壁通常是指其宽度和高度远大于厚度的平壁。对于这种平壁，当平壁两表面分别维持均匀稳定的温度时，可以近似地认为平壁内的温度只沿厚度(垂直于壁面)方向发生变化，并且不随时间而变，热量也只沿着垂直于壁面的方向传递，如图 9.2 所示，这样的导热称为一维稳态导热。实践证明，当平壁的高度和宽度是厚度的 8～10 倍时，可视作大平壁。

单位时间内通过某一给定面积的热量称为热流量，用 Φ 表示，单位为 W。

实验证实，平壁一维稳态导热的热流量与平壁的表面面积 A 及两侧表面的温差 $t_{w1}-t_{w2}$ 成正比，与平壁的厚度 δ 成反比，并与平壁材料的导热性能有关，可表示为

$$\Phi = \lambda A \frac{t_{w1}-t_{w2}}{\delta} \qquad (9-1)$$

式中，比例系数 λ 称为材料的热导率，或称为导热系数，单位是 W/(m·K)，其数值大小反映了材料的导热能力，热导率越大，材料导热能力越强。金属材料的热导率最高，液体次之，气体最小。

单位时间通过单位面积的热流量称为热流密度，用 q 来表示，单位为 W/m²。根据定义，通过平壁一维稳态导热的热流密度为

$$q = \frac{\Phi}{A} = \lambda \frac{t_{w1}-t_{w2}}{\delta} \qquad (9-2)$$

应当指出，热量传递是自然界中的一种转移过程，与自然界中的其他转移过程，如电量的转移、动量的转移、质量的转移有类似之处。各种转移的共同规律性可归结为：过程中的转移量＝过程的动力/过程的阻力。在电学中，这种规律就是欧姆定律，即电流＝电

位差/电阻，式(9-1)可改写成"热流＝温度差/热阻"的形式，即

$$\Phi = \frac{t_{w1}-t_{w2}}{\dfrac{\delta}{A\lambda}} = \frac{t_{w1}-t_{w2}}{R_\lambda} \tag{9-3}$$

式中，R_λ 称为平壁的导热热阻(K/W)。平壁的厚度越大，导热热阻越大；平壁材料的热导率越大，导热热阻越小。平壁的导热可以用图9.2所示的热阻网络来表示。

与电阻在电学中所起的作用一样，热阻是传热学中的一个重要概念，它表示物体对热量传递的阻力，热阻越小，传热越强。

【例9.1】 有一面红砖墙壁，厚为0.25m。已知内外壁面的温度分别为25℃和30℃。试求墙壁内通过的热流密度。红砖的热导率 $\lambda=0.87\text{W}/(\text{m}\cdot\text{℃})$。

解： 这是通过大平壁的一维稳态导热问题。根据式(9-2)，对于墙壁，有

$$q_1 = \lambda \frac{t_{w1}-t_{w2}}{\delta} = 0.87 \times \frac{25-30}{0.25} = -17.4(\text{W}/\text{m}^2)$$

9.1.2 热对流

热对流是指由于流体的宏观运动时温度不同的流体相对位移而产生的热量传递现象。显然，热对流只能发生在流体之中，而且必然伴随有微观粒子热运动产生的导热。

在日常生活和生产实践中，经常遇到流体和它所接触的固体表面之间的热量交换，如水管中的水和管壁之间、室内空气和暖气片之间的热量交换等。当流体流过物体表面时，由于黏滞作用，紧贴物体表面的流体是静止的，热量传递只能以导热的方式进行。离开物体表面，流体有宏观运动，热对流方式将发生作用。所以，流体与固体表面之间的热量传递是热对流和导热两种基本传热方式共同作用的结果，这种传热现象称为对流换热。

对流换热的基本计算公式是牛顿冷却公式：

$$\Phi = Ah(t_w - t_f) \tag{9-4}$$

式中，t_w 为固体壁面温度(℃)；t_f 为流体温度(℃)；h 为对流换热的表面传热系数[W/(m²·K)]，习惯上称为对流换热系数。

表面传热系数表示了对流换热能力的大小，它不仅取决于流体的物性（热导率、黏度、密度、比热容等）、流体的形态（层流、湍流）、流动的成因（自然对流或强制对流）、物体表面的形状、尺寸和布置，还与换热时流体有无相变（沸腾或凝结）等因素有关。在传热学学习中，掌握典型条件下表面传热系数的数量级很有必要。由表9-1可见，就介质而言，水的对流换热比空气强烈；就换热方式而言，强制对流高于自然对流，有相变优于无相变。

表9-1 一些表面传热系数的数值范围

对流换热类型		表面传热系数 h/[W/(m²·K)]
自然对流换热	空气	1～10
	水	200～1000
强制对流换热	空气	10～100
	水	100～15000
气-液相变传热	水沸腾	2500～35000
	水蒸气凝结	5000～25000

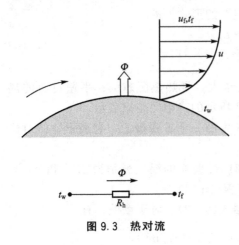

图 9.3 热对流

牛顿冷却公式也可以写成欧姆定律表达式的形式，即

$$\Phi = \frac{t_w - t_f}{\dfrac{1}{Ah}} = \frac{t_w - t_f}{R_h} \quad (9-5)$$

式中，R_h 称为对流换热热阻（K/W）。于是，对流换热也可以用图 9.3 的热阻网络来表示。

【例 9.2】 一个室内暖气片的散热面积 $A=4\text{m}^2$，表面温度 $t_w=60\text{℃}$，与温度为 20℃ 的室内空气之间自然对流换热的表面传热系数 $h=5\text{W/(m·K)}$。试问该暖气片相当于多大功率的电暖气？

解：暖气片和室内空气之间是稳态的自然对流换热，根据式（9-5）知

$$\Phi = Ah(t_w - t_f) = 4 \times 5 \times (60-20) = 800(\text{W}) = 0.8(\text{kW})$$

即相当于功率为 0.8kW 的电暖气。

9.1.3 热辐射

辐射是指物体受某种因素的激发而向外发射辐射能的现象。有多种原因可以诱使物体向外发射辐射能，其中因为物体内部微观粒子的热运动（或者说由于物体自身的温度）而使物体向外发射辐射能的现象称为热辐射。

温度高于 0K 的任何物体都不停地向空间发出热辐射能，并且温度越高，发射热辐射的能力越强。物体发射热辐射时，其热能转化为辐射能。所有实际物体也都具有吸收热辐射的能力，在物体吸收热辐射时，辐射能又转化为物体的热能。当物体之间存在温差时，以热辐射的方式进行能量交换的结果是使高温物体失去热量，低温物体获得热量，这种热量传递现象称为辐射换热。

热辐射具有以下特点。

（1）热辐射总是伴随着热能与辐射能这两种能量形式之间的相互转化。

（2）热辐射不依靠中间媒介，可以在真空中传播，太阳辐射穿过浩瀚的太空到达地球就是典型的实例。

（3）物体间以热辐射的方式进行的热量传递是双向的。当两个物体温度不同时，高温物体向低温物体发射热辐射，低温物体也向高温物体发射热辐射，即使两个物体温度相等，辐射换热量等于零，但它们之间的热辐射交换仍在进行，只不过处于动态平衡而已。

任何实际物体都在不断地发射热辐射和吸收热辐射，物体之间的辐射换热量既与物体本身的温度、辐射特性有关，又与物体的大小、几何形状及相对位置有关。关于热辐射的基本规律和辐射换热的计算方法将在第 12 章详细讨论。

以上分别介绍了导热、热对流和热辐射三种热量传递的基本方式。实际上，这三种方式往往不是单独出现的，如前面所指出的，对流换热是导热和对流两种方式共同作用的结果。再如，对于室内取暖的暖气片和保温瓶来说，三种基本传热方式同时存在，热量传递中各个环节的传热方式如图 9.4 所示。

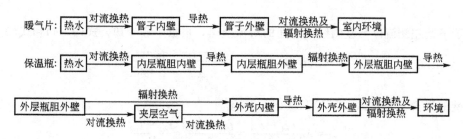

图 9.4 暖气片和保温瓶的传热方式

在分析传热问题时,首先应该弄清楚有哪些传热方式在起作用,然后按照每一种传热方式的规律进行计算。有时,某一种传热方式虽然存在,但是与其他传热方式相比,起的作用非常小,往往可以忽略。

9.2 传热过程和传热系数

室内外温度不同时,室内外空气通过墙壁进行热量交换。在许多换热设备中,进行热量交换的冷、热流体也常分别处于固体壁面的两侧,如热量从蒸汽管道内的高温蒸汽通过管壁传给周围空气的过程,电冰箱散热片中热量从制冷剂传给室内空气的过程等。这种热量从固体壁面一侧的流体通过固体壁面传递到另一侧流体的过程称为传热过程。

这里定义的传热过程有其特定的含义,并非泛指热量传递。一般来说,传热过程由三个相互串联的热量传递环节组成。

(1) 热量以对流换热的方式从高温流体传给壁面,有时还存在高温流体与壁面之间的辐射换热,如气缸内高温烟气与缸壁之间的热量交换。

(2) 热量以导热的方式从高温流体侧壁面传递到低温流体侧壁面。

(3) 热量以对流换热的方式从低温流体侧壁面传给低温流体,有时还必须考虑壁面与低温流体及周围环境之间的辐射换热。

传热过程存在于各种类型的换热设备中。这里先介绍最简单的通过平壁的稳态传热过程,其他传热过程将在第 13 章进行讨论。

如图 9.5 所示,热导率 λ 为常数、厚度为 δ 的大平壁,平壁左侧远离壁面处的流体温度为 t_{f1},表面传热系数为 h_1,平壁右侧远离壁面处的流体温度 t_{f2},表面传热系数为 h_2,且 $t_{f1}>t_{f2}$。假设平壁两侧的流体温度及表面传热系数不随时间变化。显然,这是一个稳态的传热过程,由平壁左侧的对流换热、平壁的导热及平壁右侧的对流换热三个相互串联的热量传递环节

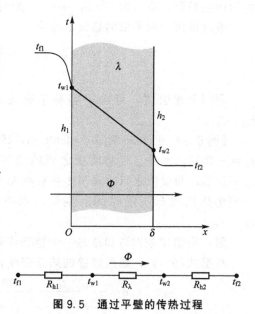

图 9.5 通过平壁的传热过程

组成。

对于平壁左侧流体与左侧壁面之间的对流换热，根据牛顿冷却公式(9-4)和式(9-5)有

$$\Phi = Ah_1(t_{f1}-t_{w1}) = \frac{t_{f1}-t_{w1}}{\dfrac{1}{Ah_1}} = \frac{t_{f1}-t_{w1}}{R_{h1}} \qquad (a)$$

对于平壁的导热，根据式(9-1)和式(9-3)有

$$\Phi = A\lambda\frac{t_{w1}-t_{w2}}{\delta} = \frac{t_{w1}-t_{w2}}{\dfrac{\delta}{A\lambda}} = \frac{t_{w1}-t_{w2}}{R_\lambda} \qquad (b)$$

对于平壁右侧流体与右侧壁面之间的对流换热，同样可得

$$\Phi = Ah_2(t_{w2}-t_{f2}) = \frac{t_{w2}-t_{f2}}{\dfrac{1}{Ah_2}} = \frac{t_{w2}-t_{f2}}{R_{h2}} \qquad (c)$$

式中，R_{h1}、R_λ、R_{h2}分别为平壁左侧对流换热热阻、平壁导热热阻和平壁右侧对流换热热阻。在稳态情况下，由式(a)~式(c)计算得到的热流量Φ是相同的，由此可得

$$\Phi = \frac{t_{f1}-t_{f2}}{\dfrac{1}{Ah_1}+\dfrac{\delta}{A\lambda}+\dfrac{1}{Ah_2}} = \frac{t_{f1}-t_{f2}}{R_{h1}+R_\lambda+R_{h2}} = \frac{t_{f1}-t_{f2}}{R_k} \qquad (9-6)$$

式中，R_k称为传热热阻(K/W)。它由三个热阻串联而成，如图9.5中的热阻网络所示。

式(9-6)还可以写成

$$\Phi = Ak(t_{f1}-t_{f2}) = Ak\Delta t \qquad (9-7)$$

式中

$$k = \frac{1}{\dfrac{1}{h_1}+\dfrac{\delta}{\lambda}+\dfrac{1}{h_2}} \qquad (9-8)$$

称为传热系数，单位为 $W/(m^2\cdot K)$；Δt 为传热温差。

通过单位面积平壁的热流密度为

$$q = k(t_{f1}-t_{f2}) = \frac{t_{f1}-t_{f2}}{\dfrac{1}{h_1}+\dfrac{\delta}{\lambda}+\dfrac{1}{h_2}} \qquad (9-9)$$

利用上述公式，可以很容易求得通过平壁的热流量 Φ、热流密度 q 及壁面温度 t_{w1}、t_{w2}。

【例9.3】 已知砖墙厚 $\delta = 200\text{mm}$，砖墙的热导率 $\lambda = 0.95\text{W}/(\text{m}\cdot\text{K})$。室外空气温度 $t_{f2} = -10℃$，室外空气与墙壁之间的表面传热系数 $h_2 = 22\text{W}/(\text{m}^2\cdot\text{K})$；室内空气温度 $t_{f1} = 20℃$，与墙壁之间的表面传热系数 $h_1 = 8\text{W}/(\text{m}^2\cdot\text{K})$。假设墙壁及两侧的空气温度及表面传热系数都不随时间而变化，求单位面积墙壁的散热损失及内外墙壁面的温度 t_{w1}、t_{w2}。

解： 由给定条件可知这是一个稳态传热过程。

根据式(9-9)，通过墙壁的热流密度，即单位面积墙壁的散热损失为

$$q = \frac{t_{f1}-t_{f2}}{\dfrac{1}{h_1}+\dfrac{\delta}{\lambda}+\dfrac{1}{h_2}} = \frac{20-(-10)}{\dfrac{1}{8}+\dfrac{0.2}{0.95}+\dfrac{1}{22}} = 78.74(\text{W}/\text{m}^2)$$

根据牛顿冷却公式(9-4)，内、外墙面与空气之间的对流换热为

$$q = h_1(t_{f1} - t_{w1})$$
$$q = h_2(t_{w2} - t_{f2})$$

于是，可求得

$$t_{w1} = t_{f1} - q\frac{1}{h_1} = 20 - 78.74 \times \frac{1}{8} = 10.16(\text{℃})$$

$$t_{w2} = t_{f2} + q\frac{1}{h_2} = -10 + 78.74 \times \frac{1}{22} = -6.42(\text{℃})$$

小 结

本章讨论了热量传递的三种基本方式，介绍了它们的概念、特点和基本计算公式；介绍了传热过程，推导出了热流量 Φ 的计算公式。

平壁一维稳态导热的热流量：

$$\Phi = \lambda A \frac{t_{w1} - t_{w2}}{\delta}$$

流体与固体表面之间的热量传递是热对流和导热两种基本传热方式共同作用的结果，称为对流换热，其基本计算公式为牛顿冷却公式：

$$\Phi = Ah(t_w - t_f)$$

热辐射具有以下特点：
(1) 热辐射总是伴随着热能与辐射能这两种能量形式之间的相互转化。
(2) 热辐射不依靠中间媒介，可以在真空中传播。
(3) 物体间以热辐射的方式进行的热量传递是双向的。

工程实例

室内温度同样是25℃的房屋，夏天可以穿衬衫，但冬天却要穿毛衣。这是因为环境与外壁面存在对流换热，而内外壁面存在导热，这就导致了墙壁内侧温度夏天比冬天高。根据传热过程公式，冬天人体与墙壁内侧温差大，而且自然对流和辐射换热处在同一数量级，所以人体向外辐射的能量比夏天多，导致了在同样室内温度下冬天穿的比夏天多，如图9.6所示。

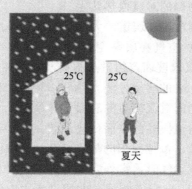

图9.6 热量传递实例

思 考 题

1. 试说明热传导（导热）、热对流和热辐射三种热量传热基本方式之间的联系与区别。
2. 请用生活和生产中的实例说明导热、对流换热、辐射换热与哪些因素有关。
3. 热导率可以是负值吗？为什么？
4. 热导率和表面传热系数是物性参数吗？请写出它们的定义式，并说明其物理意义。
5. 平壁的导热热阻与哪些因素有关？请写出其表达式。
6. 试从传热的角度说明暖气片和家用空调放在室内什么位置合适。
7. 在深秋晴朗无风的夜晚，气温高于 0℃，但清晨却看见草地上披上了白霜，但如果阴天或有风，在同样的气温下草地却不会出现白霜，试解释这种现象。
8. 两个平板间充满空气或抽成真空，试分析两种情况下各存在着哪种形式的换热？

习 题

9-1 一个大平板，高 3m、宽 2m、厚 0.02m，热导率为 45W/(m·K)，两侧表面温度分别为 $t_1=100℃$、$t_2=50℃$，试求该板的热阻、热流量、热流密度。

9-2 设冬天室内空气温度为 t_{f1}，室外空气温度为 t_{f2}，试在两温度不变的条件下，画出下列三种情形下从室内到室外空气温度分布的示意性曲线。
（1）室外平静无风；
（2）室外冷空气以一定流速吹过砖墙表面；
（3）除了室外刮风，还要考虑砖墙与四周环境间的辐射传热。

9-3 一个单层玻璃窗，高 1.2m、宽 1m、玻璃厚 0.3mm，玻璃的热导率 $\lambda=1.05\text{W}/(\text{m}\cdot\text{K})$，室内、外的空气温度分别为 20℃ 和 5℃，室内、外空气与窗玻璃之间对流换热的表面传热系数分别为 $h_1=5\text{W}/(\text{m}^2\cdot\text{K})$、$h_2=20\text{W}/(\text{m}^2\cdot\text{K})$。试求玻璃窗的散热损失及玻璃的导热热阻、两侧的对流换热热阻。

9-4 如果采用双层玻璃窗，玻璃窗的大小、玻璃的厚度及室内外的对流换热条件与习题 9-3 相同，双层玻璃间的空气夹层厚度为 5mm，夹层中的空气完全静止，空气的热导率 $\lambda=0.025\text{W}/(\text{m}\cdot\text{K})$，试求玻璃窗的散热损失及空气夹层的导热热阻。

9-5 有一厚度 $\delta=400\text{mm}$ 的房屋外墙，热导率 $\lambda=0.5\text{W}/(\text{m}\cdot\text{K})$。冬季，室内空气温度 $t_1=20℃$，与墙内壁面之间对流换热的表面传热系数 $h_1=4\text{W}/(\text{m}^2\cdot\text{K})$；室外空气温度 $t_2=-10℃$，与外墙之间对流换热的表面传热系数 $h_2=6\text{W}/(\text{m}^2\cdot\text{K})$。如果不考虑热辐射，试求通过墙壁的传热系数、单位面积的传热量和内外壁面温度。

9-6 冬季，室外为大风天气时，室外空气与外墙之间对流换热的表面传热系数 $h_2=10\text{W}/(\text{m}^2\cdot\text{K})$，其他条件和习题 9-5 相同，并假设室内空气只通过外墙与室外有热量交换。试问，要保持室内空气温度不变，需要多大功率的电暖气？

第10章 导 热

本章教学要点

知识要点	掌握程度	相关知识
导热基本定律	了解温度场的相关知识；掌握导热基本定律；了解物质热导率的特点	温度梯度；傅里叶定律；热导率
导热微分方程及单值性条件	了解导热微分方程推导过程；掌握导热微分方程及其简化形式；掌握三类边界条件	导热微分方程；单值性条件
稳态导热	掌握平壁稳态导热；掌握圆筒壁的稳态导热；理解等截面直肋的稳态导热	单层、多层平壁和圆筒壁的稳态导热；肋片过余温度；肋片效率
非稳态导热	了解大平壁导热问题的分析解；掌握傅里叶数和毕渥数；了解诺模图；理解集总参数法	傅里叶数、毕渥数；集总参数法
导热问题的数值解法	了解导热问题的数值解法	有限差分法；二维稳态导热计算方法

导入案例

图 10.1 导热

如图 10.1 所示,用火焰加热铁棒时,随着热量的传递,铁棒温度从右到左逐渐升高,如果火焰温度足够高,铁棒的颜色从右到左也会逐渐变红,这属于非稳态导热问题;但当铁棒被加热到一定时间以后,铁棒各处温度维持不变,这就从非稳态导热过渡到了稳态导热,可以用稳态导热来解释。

10.1 导热基本定律

本节主要讨论与导热有关的基本概念、基本定律和导热现象的数学描述方法,为进一步求解导热问题奠定必要的理论基础。

10.1.1 导热基本概念

1. 温度场

物体内部产生导热的起因是物体各部分之间的温度差,所以研究导热必然涉及物体的温度分布。在某一时刻 τ,物体内所有各点的温度分布称为该物体在 τ 时刻的温度场。一般温度场是空间坐标和时间的函数,在直角坐标系中温度场可表示为

$$t = f(x, y, z, \tau) \tag{10-1}$$

式中,t 表示温度,x、y、z 为空间直角坐标。

随时间变化的温度场称为非稳态温度场。非稳态温度场中的导热称为非稳态导热。不随时间变化的温度场称为稳态温度场,可表示为

$$t = f(x, y, z) \tag{10-2}$$

稳态温度场中的导热称为稳态导热。

根据温度在空间三个方向的变化情况,温度场又可分为一维温度场、二维温度场和三维温度场。

在同一时刻,物体内温度相同的各点所连接成的面(或线)称为等温面(或等温线)。等温面上的任何一条线都是等温线。如果用一个平面和一组等温面相交,就会得到一组温度各不相同的等温线。物体的温度场可以用一组等温面(或等温线)来表示。很显然,在同一时刻,物体中温度不同的等温面(或等温线)不能相交,因为任何一点在同一时刻不可能具有两个或两个以上的温度值。此外,在连续介质的假设条件下,等温面(或等温线)或者在物体中构成封闭的曲面(或曲线),或者终止于物体的边界,不可能在物体中中断。图 10.2 为内燃机活塞在某一工况下的温度分布。

2. 温度梯度

观察某一物体内温度为 t 及 $t+\Delta t$ 的两个不同温度的等温面,如图 10.3 所示,温度沿

某一方向 x 的变化在数学上可以用该方向上的温度变化率(即偏导数)来表示，即

$$\frac{\partial t}{\partial x} = \lim_{\Delta x \to 0} \frac{\Delta t}{\Delta x}$$

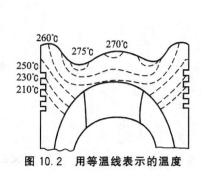
图 10.2 用等温线表示的温度

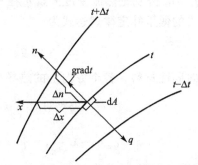
图 10.3 等温面、温度梯度与热流示意图

温度变化率 $\frac{\partial t}{\partial x}$ 是标量。很明显，沿等温面法线方向的温度变化最剧烈，即温度变化率最大。数学上，也可以用矢量-温度梯度表示等温面法线方向的温度变化：

$$\text{grad}\, t = \frac{\partial t}{\partial n} \boldsymbol{n} \tag{10-3}$$

式中，$\text{grad}\, t$ 为温度梯度；$\frac{\partial t}{\partial n}$ 为等温面法线方向的温度变化率(偏导数)；$\boldsymbol{n}$ 为等温面法线方向的单位矢量，指向温度增加的方向。

温度梯度是矢量，其方向沿等温面的法线指向温度增加的方向，如图 10.3 所示。在直角坐标系中，温度梯度可表示为

$$\text{grad}\, t = \frac{\partial t}{\partial x} \boldsymbol{i} + \frac{\partial t}{\partial y} \boldsymbol{j} + \frac{\partial t}{\partial z} \boldsymbol{k} \tag{10-4}$$

式中，$\frac{\partial t}{\partial x}$、$\frac{\partial t}{\partial y}$、$\frac{\partial t}{\partial z}$ 分别为温度在 x、y、z 方向的偏导数；$\boldsymbol{i}$、$\boldsymbol{j}$、$\boldsymbol{k}$ 分别为 x、y、z 方向的单位矢量。

3. 热流密度

如图 10.3 所示，dA 是等温面 t 上的微元面积。假设垂直通过 dA 上的导热热流量为 $d\Phi$，其流向必定指向温度降低的方向，则 dA 上的导热热流密度为

$$q = \frac{d\Phi}{dA}$$

导热热流密度的大小和方向可以用热流密度矢量 $\boldsymbol{q}$ 表示：

$$\boldsymbol{q} = -\frac{d\Phi}{dA} \boldsymbol{n}$$

式中，负号表示 $\boldsymbol{q}$ 的方向与 $\boldsymbol{n}$ 的方向相反，即和温度梯度的方向相反。

10.1.2 导热基本定律概述

傅里叶归纳了大量实验研究的结果，提出了导热基本定律——傅里叶定律：单位时间内通过单位面积的热量(即热流密度 q)正比于该处的温度梯度，其方向与温度升高的方向相反。

$$\boldsymbol{q} = -\lambda \,\text{grad}\, t = -\lambda \frac{\partial t}{\partial n} \boldsymbol{n} \tag{10-5}$$

在直角坐标系中，热流密度矢量可以表示为
$$\boldsymbol{q} = q_x \boldsymbol{i} + q_y \boldsymbol{j} + q_z \boldsymbol{k} \tag{10-6}$$
式中，q_x、q_y、q_z 分别是热流密度矢量 $\boldsymbol{q}$ 在三个坐标方向的分量的大小。

标量形式的傅里叶定律表达式为
$$q = -\lambda \frac{\partial t}{\partial n}$$

对于各向同性材料，各个方向上的热导率 λ 相等，由式(10-4)~式(10-6)可得
$$\boldsymbol{q} = -\lambda \left(\frac{\partial t}{\partial x} \boldsymbol{i} + \frac{\partial t}{\partial y} \boldsymbol{j} + \frac{\partial t}{\partial z} \boldsymbol{k} \right)$$
$$q_x = -\lambda \frac{\partial t}{\partial x}, \quad q_y = -\lambda \frac{\partial t}{\partial y}, \quad q_z = -\lambda \frac{\partial t}{\partial z}$$

由傅里叶定律可知，要计算通过物体的导热热流量，除了需要知道物体的热导率之外，还必须知道物体的温度场。所以，求解温度场是导热分析的主要任务。

需要指出，傅里叶定律只适用于各向同性物体。然而有许多天然和人造材料，其热导率随方向而变化，存在热导率具有最大值和最小值的方向，这类物体称为各向异性物体，例如，木材、石英、沉积岩、经过冷冲压处理的金属、层压板、强化纤维板、一些工程塑料等。在各向异性物体中，热流密度矢量的方向不仅与温度梯度有关，还与热导率的方向性有关，因此热流密度矢量与温度梯度不一定在同一条直线上。对各向异性物体中导热的一般性分析比较复杂，已超出本书的范围。

10.1.3 热导率

热导率是物质的一个物性参数，表示该物质导热能力的大小。根据傅里叶定律的数学表达式，有
$$\lambda = \frac{|\boldsymbol{q}|}{\left| \frac{\partial t}{\partial n} \boldsymbol{n} \right|} \tag{10-7}$$

数值上，热导率等于单位温度梯度作用下物体内所产生的热流密度矢量的模。绝大多数材料的热导率值都是根据式(10-7)通过实验测得的。

材料热导率数值的差别很大，为了使读者对不同类型材料的热导率数值的量级有所了解，表10-1中列出了一些典型材料在常温下的热导率数值。书后附录A-16、附录A-17中摘录了一些工程上常用材料在特定温度下的热导率数值，可供读者进行一般工程计算时参考。对于特殊材料或者在特殊条件下的热导率数值，请参阅有关工程手册或专著。

表 10-1　几种典型材料在常温下的热导率数值

材料名称	$\lambda/[W/(m \cdot K)]$	材料名称	$\lambda/[W/(m \cdot K)]$
金属(固体):		松木(垂直木纹)	0.35
纯银	427	冰(0℃)	2.22
纯铜	398	液体:	
黄铜(70%Cu, 30%Zn)	109	水(0℃)	0.551
纯铝	236	水银(汞)	7.9

(续)

材料名称	λ/[W/(m·K)]	材料名称	λ/[W/(m·K)]
铝合金(87%Al，13%Si)	162	变压器油	0.124
纯铁	81.1	柴油	0.128
碳钢(约0.5%C)	49.8	润滑油	0.146
非金属(固体):		气体:(大气压力)	
石英晶体(0℃，平行于轴)	19.4	空气	0.0257
石英玻璃(0℃)	1.13	氮气	0.0256
大理石	2.7	氢气	0.177
玻璃	0.65～0.71	水蒸气(0℃)	0.183
松木(垂直木纹)	0.15		

从表10-1可以看出，物质的热导率在数值上具有下述特点。

(1) 对于同一种物质来说，固态的热导率值最大，气态的热导率值最小。例如，同样是在0℃时，冰的热导率为2.22W/(m·K)，水的热导率为0.551W/(m·K)，水蒸气的热导率为0.0183W/(m·K)。

国家标准GB/T 4272—2008《设备及管道绝热技术通则》中规定，在平均温度为298K(25℃)时热导率不大于0.08W/(m·K)的材料称为保温材料。

(2) 一般金属的热导率大于非金属的热导率(相差1或2个数量级)，如图10.4所示。这是由于金属的导热机理与非金属有很大区别。金属的导热主要靠自由电子的运动和分子或晶格(晶体)的振动，并且自由电子起主导作用；而非金属的导热主要依靠分子或晶格的振动。

(3) 导电性能好的金属，其导热性能也好。这是由于金属的导热和导电都主要依靠自由电子的运动。如表10-1中的银是最好的导电体，也是最好的导热体。

(4) 纯金属的热导率大于它的合金。例如，纯铜在20℃时的热导率为398W/(m·K)，而黄铜的热导率只有109W/(m·K)，其他金属也如此。这主要是由于合金中的杂质(或其他金属)破坏了晶格的结构，并且阻碍了自由电子运动。

(5) 对于各向异性物体，热导率的数值与方向有关。例如，松木顺木纹方向的热导率数值为0.35W/(m·K)，而垂直于木纹方向的热导率只有0.15W/(m·K)。这是由于一般木材顺纹方向的质地密实，而垂直于木纹方向的质地较为疏松的缘故。

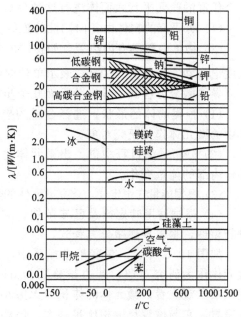

图10.4 导热系数对温度的依变关系

(6) 对于同一种物质而言，晶体的热导率要大于非晶体物体的热导率。例如，石英晶体（各向异性物体）在平行于轴的方向上的热导率为 19.4W/(m·K)，而石英玻璃（非晶体石英）的热导率要比石英晶体小一个数量级，约为 1.13W/(m·K)。

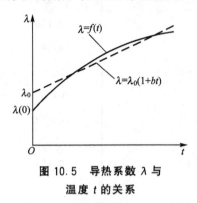

图 10.5 导热系数 λ 与温度 t 的关系

热导率的影响因素较多，主要取决于物质的种类、物质结构与物理状态。此外，温度、密度、湿度等因素对热导率也有较大的影响。由于导热是在非均匀的温度场中进行的，所以温度对热导率的影响尤为重要。在一定的温度范围内，大多数工程材料的热导率可以近似认为是温度的线性函数，即

$$\lambda = \lambda_0(1 + bt) \quad (10-8)$$

式中，λ_0 为按上式计算的材料在 0℃ 下的热导率值，并非材料在 0℃ 下的热导率真实值，如图 10.5 所示；b 为由实验确定的常量，其数值与物质的种类有关。

10.2 导热微分方程及单值性条件

10.2.1 导热微分方程式的导出

由傅里叶定律可知，要计算物体的导热热流量，必须已知物体温度场的数学表达式，如在直角坐标系必须知道函数 $t = f(x, y, z, \tau)$。

为了查明物体温度场的数学表达式，就必须根据能量守恒定律和傅里叶定律来建立导热物体中的温度场应满足的数学关系式，称为导热微分方程式。为此，从导热物体中取出一个任意的微元平行六面体进行这种分析，为了使分析简化，做下列假设。

(1) 所研究的物体由各向同性的连续介质构成。

(2) 物体内部具有内热源，如物体内部存在放热或吸热化学反应、电加热等。内热源强度记作 $\dot{\Phi}$，单位为 W/m³，表示单位时间、单位体积内的内热源生成热。

导热微分方程式的导出分下面几个步骤。

(1) 根据物体的形状，选择合适的坐标系，选取物体中的微元体作为研究对象。

(2) 分析导热过程中进、出微元体边界的能量及微元体内部的能量变化。

(3) 根据能量守恒定律，建立微元体的热平衡方程式。

(4) 根据傅里叶定律及已知条件，对热平衡方程式进行整理，得出导热微分方程式。

如图 10.6 所示，在直角坐标系中，选取平行六面微元体作为研究对象，其边长分别为 dx、dy、dz。虽然从数学观点看，微元体的体积为无穷小，但从物理观点来看，它与微观尺度相比还足够大，仍然可以作为连续介质处理。$d\Phi_x$、$d\Phi_y$、$d\Phi_z$ 分别为单位时间内在 x、y、

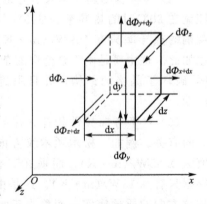

图 10.6 直角坐标系中微元体热平衡分析

z 三个方向上导入微元体的热量；$\mathrm{d}\Phi_{x+\mathrm{d}x}$、$\mathrm{d}\Phi_{y+\mathrm{d}y}$、$\mathrm{d}\Phi_{z+\mathrm{d}z}$ 分别为单位时间内在 x、y、z 三个方向上导出微元体的热量。

在导热过程中，微元体的热平衡可表述为：单位时间内，净导入微元体的热流量 $\mathrm{d}\Phi_\lambda$ 与微元体内热源的生成热 $\mathrm{d}\Phi_V$ 之和，等于微元体热力学能的增加 $\mathrm{d}U$，即

$$\mathrm{d}\Phi_\lambda + \mathrm{d}\Phi_V = \mathrm{d}U \tag{10-9}$$

下面对式(10-9)中的各项分别进行讨论。

(1) 净导入微元体的热流量。$\mathrm{d}\Phi_\lambda$ 等于从 x、y、z 三个坐标方向净导入微元体的热量之和，即

$$\mathrm{d}\Phi_\lambda = \mathrm{d}\Phi_{\lambda x} + \mathrm{d}\Phi_{\lambda y} + \mathrm{d}\Phi_{\lambda z}$$

x 方向净导入微元体的热量为

$$\mathrm{d}\Phi_{\lambda x} = \mathrm{d}\Phi_x - \mathrm{d}\Phi_{x+\mathrm{d}x} = q_x \mathrm{d}y\mathrm{d}z - q_{x+\mathrm{d}x}\mathrm{d}y\mathrm{d}z$$

在所研究的范围内，热流密度函数 q 是连续的，所以可以展开为泰勒级数的形式

$$q_{x+\mathrm{d}x} = q_x + \frac{\partial q_x}{\partial x}\mathrm{d}x + \frac{\partial^2 q_x}{\partial x^2}\frac{\mathrm{d}x^2}{2!} + \cdots$$

$\mathrm{d}x$ 为无穷小量，所以可以近似地取级数的前两项，即

$$q_{x+\mathrm{d}x} = q_x + \frac{\partial q_x}{\partial x}\mathrm{d}x$$

于是

$$\mathrm{d}\Phi_{\lambda x} = q_x \mathrm{d}y\mathrm{d}z - \left(q_x + \frac{\partial q_x}{\partial x}\mathrm{d}x\right)\mathrm{d}y\mathrm{d}z = -\frac{\partial q_x}{\partial x}\mathrm{d}x\mathrm{d}y\mathrm{d}z$$

根据傅里叶定律表达式可知

$$q_x = -\lambda \frac{\partial t}{\partial x}$$

代入上式可得

$$\mathrm{d}\Phi_{\lambda x} = -\frac{\partial}{\partial x}\left(-\lambda\frac{\partial t}{\partial x}\right)\mathrm{d}x\mathrm{d}y\mathrm{d}z = \frac{\partial}{\partial x}\left(\lambda\frac{\partial t}{\partial x}\right)\mathrm{d}x\mathrm{d}y\mathrm{d}z$$

同样也可以指出，在单位时间内，从 y 和 z 方向导入微元体的热流量分别为

$$\mathrm{d}\Phi_{\lambda y} = \frac{\partial}{\partial y}\left(\lambda\frac{\partial t}{\partial y}\right)\mathrm{d}x\mathrm{d}y\mathrm{d}z$$

$$\mathrm{d}\Phi_{\lambda z} = \frac{\partial}{\partial z}\left(\lambda\frac{\partial t}{\partial z}\right)\mathrm{d}x\mathrm{d}y\mathrm{d}z$$

于是，在单位时间内净导入微元体的热流量为

$$\mathrm{d}\Phi_\lambda = \left[\frac{\partial}{\partial x}\left(\lambda\frac{\partial t}{\partial x}\right) + \frac{\partial}{\partial y}\left(\lambda\frac{\partial t}{\partial y}\right) + \frac{\partial}{\partial z}\left(\lambda\frac{\partial t}{\partial z}\right)\right]\mathrm{d}x\mathrm{d}y\mathrm{d}z \tag{a}$$

(2) 单位时间内，微元体内热源的生成热为

$$\mathrm{d}\Phi_V = \dot{\Phi}\mathrm{d}x\mathrm{d}y\mathrm{d}z \tag{b}$$

(3) 单位时间内，微元体热力学能的增加量为

$$\mathrm{d}U = \rho c \frac{\partial t}{\partial \tau}\mathrm{d}x\mathrm{d}y\mathrm{d}z \tag{c}$$

式中，ρ 为物体的密度($\mathrm{kg/m^3}$)；c 为物体的比热容($\mathrm{J/(kg \cdot K)}$)。

对于固体和不可压缩流体，比定压热容 c_p 和比定容热容 c_V 相差很小，$c_p = c_V = c$。

将式(a)、式(b)、式(c)代入微元体的热平衡表达式(10-9),并消去 $dxdydz$,可得

$$\rho c \frac{\partial t}{\partial \tau} = \left[\frac{\partial}{\partial x}\left(\lambda \frac{\partial t}{\partial x}\right) + \frac{\partial}{\partial y}\left(\lambda \frac{\partial t}{\partial y}\right) + \frac{\partial}{\partial z}\left(\lambda \frac{\partial t}{\partial z}\right)\right] + \dot{\Phi} \tag{10-10}$$

该式称为导热微分方程式。它建立了导热过程中物体的温度随时间和空间变化的函数关系。

当热导率 λ 为常数时,导热微分方程式可简化为

$$\frac{\partial t}{\partial \tau} = \frac{\lambda}{\rho c}\left(\frac{\partial^2 t}{\partial x^2} + \frac{\partial^2 t}{\partial y^2} + \frac{\partial^2 t}{\partial z^2}\right) + \frac{\dot{\Phi}}{\rho c} \tag{10-11}$$

或写成

$$\frac{\partial t}{\partial \tau} = a\nabla^2 t + \frac{\dot{\Phi}}{\rho c} \tag{10-11a}$$

式中,∇^2 是拉普拉斯算子。在直角坐标系中

$$\nabla^2 t = \frac{\partial^2 t}{\partial x^2} + \frac{\partial^2 t}{\partial y^2} + \frac{\partial^2 t}{\partial z^2}$$

$a = \dfrac{\lambda}{\rho c}$,称为热扩散率,也称导温系数,单位为 m^2/s。热扩散率 a 是对非稳态导热过程有重要影响的热物性参数,其大小反映了物体被瞬态加热或冷却时物体内温度变化的快慢。由式(10-11)也可以看出,热扩散率 a 越大,温度随时间的变化率 $\partial t/\partial \tau$ 越大,即温度变化越快。例如,一般木材的热扩散率约为 $a = 1.5 \times 10^{-7} \, m^2/s$,纯铜(紫铜)的热扩散率约为 $a = 5.33 \times 10^{-5} \, m^2/s$,约是木材的 355 倍。如果两手分别握住同样长短、粗细的木棒和纯铜棒,同时将另一端伸到灼热的火炉中,则当拿纯铜棒的手感到很烫时,拿木棒的手尚无热的感觉。这说明,在纯铜棒中温度的变化要比在木棒中快得多。

对于特殊的情况,导热微分方程式(10-11)还可以进一步简化,例如:

(1) 物体无内热源($\dot{\Phi} = 0$)时导热微分方程为

$$\frac{\partial t}{\partial \tau} = a\nabla^2 t \tag{10-12}$$

(2) 稳态导热 $\left(\dfrac{\partial t}{\partial \tau} = 0\right)$ 时导热微分方程为

$$a\nabla^2 t + \frac{\dot{\Phi}}{\rho c} = 0 \tag{10-13}$$

(3) 稳态导热、无内热源时导热微分方程为

$$\nabla^2 t = 0$$

即

$$\frac{\partial^2 t}{\partial x^2} + \frac{\partial^2 t}{\partial y^2} + \frac{\partial^2 t}{\partial z^2} = 0 \tag{10-14}$$

其中一维稳态、无内热源导热为 $\dfrac{d^2 t}{dx^2} = 0$。

10.2.2 单值性条件

导热微分方程式是在一定的假设条件下根据微元体在导热过程中的能量守恒定律建立起来的,是描写物体的温度随空间坐标及时间变化的一般性关系式,在推导过程中没有涉

及导热过程的具体特点，所以它有无穷多个解。为了完整地描写某个具体的导热过程，除了给出导热微分方程式之外，还必须说明导热过程的具体特点，即给出导热微分方程的单值性条件，使导热微分方程式具有唯一解。导热微分方程式与单值性条件一起构成了具体导热过程完整的数学描述。

单值性条件一般包括以下四个方面。

1) 几何条件

几何条件说明参与导热过程的物体的几何形状及尺寸大小。很明显，在其他条件相同的情况下，物体的几何形状及尺寸对其温度场的影响非常大，它决定了温度场的空间分布特点和进行分析时所采用的坐标系。

2) 物理条件

物理条件说明导热物体的物理性质，如给出热物性参数（λ、ρ、c 等）的数值及其特点，是常物性（物性参数为常数）还是变物性（一般指物性参数随温度而变化），等等。物体有无内热源以及内热源的分布规律等也属于物理条件的范畴。

3) 时间条件

时间条件说明导热过程进行的时间上的特点，如是稳态导热还是非稳态导热。对于非稳态导热过程，还应该给出过程开始时物体内部的温度分布规律：

$$t|_{\tau=0}=f(x, y, z) \tag{10-15}$$

称之为非稳态导热过程的初始条件。如果过程开始时物体内部的温度分布均匀，则初始条件简化为

$$t|_{\tau=0}=t_0=常数$$

4) 边界条件

边界条件说明导热物体边界上的热状态以及与周围环境之间的相互作用，如边界上的温度、热流密度分布以及物体通过边界与周围环境之间的热量传递情况等。

常见的边界条件有下面三类。

(1) 第一类边界条件给出物体边界上的温度分布及其随时间的变化规律。

$$t_w=f(x, y, z, \tau) \tag{10-16}$$

如果在整个导热过程中物体边界上的温度为定值，则式 (10-16) 简化为

$$t_w=常数$$

(2) 第二类边界条件给出物体边界上的热流密度分布及其随时间的变化规律。

$$q_w=f(x, y, z, \tau) \tag{10-17}$$

根据傅里叶定律表达式

$$q_w=-\lambda\left(\frac{\partial t}{\partial n}\right)_w$$

可得

$$\left(\frac{\partial t}{\partial n}\right)_w=-\frac{q_w}{\lambda} \tag{10-18}$$

所以，第二类边界条件给出了边界面法线方向的温度变化率，但边界温度 t_w 未知，如图 10.7 所示。用电热片加热物体表面可实现第二类边界条件。

如果在导热过程中，物体的某一表面是绝热的，即 $q_w=0$，则

$$\left(\frac{\partial t}{\partial n}\right)_w=0$$

在这种情况下,物体内部的等温面或等温线与该绝热表面垂直相交。

(3) 第三类边界条件给出了与物体表面进行对流换热的流体的温度 t_f 及表面传热系数 h,如图 10.8 所示。

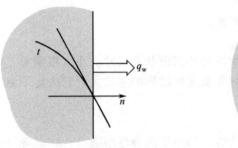

图 10.7　第二类边界条件　　　　图 10.8　第三类边界条件

根据边界面的热平衡,由物体内部导向边界面的热流密度应该等于从边界面传给周围流体的热流密度,于是由傅里叶定律和牛顿冷却公式(9-4)可得

$$-\lambda \left(\frac{\partial t}{\partial n}\right)_w = h(t_w - t_f) \tag{10-19}$$

式(10-19)建立了物体内部温度在边界处的变化率与边界处对流换热之间的关系,所以第三类边界条件也称为对流换热边界条件。

对于稳态的对流换热,t_f 与 h 为常数;对于非稳态的对流换热,应给出 t_f、h 与时间的函数关系。

从第三类边界条件表达式(10-19)可以看出,在一定情况下,第三类边界条件将转化为第一类边界条件或第二类边界条件:当 h 非常大时,边界面温度近似等于已知的流体温度,$t_w \approx t_f$,第三类边界条件转化为第一类边界条件;当 h 非常小时,$h \approx 0$,$q_w = 0$,相当于第二类边界条件。

上述三类边界条件概括了导热问题中的大部分实际情况,并且都是线性的,所以也称为线性边界条件。

综上所述,对一个具体导热过程完整的数学描述(即导热数学模型),应该包括导热微分方程式和单值性条件两个方面,缺一不可。在建立数学模型的过程中,应该根据导热过程的特点,进行合理地简化,力求能够比较真实地描述所研究的导热问题。建立合理的数学模型是求解导热问题的第一步,也是最重要的一步。对数学模型进行求解,就可以得到物体的温度场,再根据傅里叶定律就可以确定相应的热流分布。

导热问题的求解方法有很多种,目前应用最广泛的方法有三种:分析解法、数值解法和实验方法,这也是求解所有传热学问题的三种基本方法。本章主要介绍导热问题的分析解法和数值解法。

10.3　稳态导热

稳态导热是指温度场不随时间变化的导热过程。例如,当热力设备长时间处于稳定运行状态时,其部件内发生的导热过程就是稳态导热。下面分别讨论日常生活和工程上常见的平壁、圆筒壁及肋壁的一维稳态导热问题。

10.3.1 平壁的稳态导热

第 9 章已指出，当平壁的两个表面分别维持均匀恒定的温度时，平壁的导热为一维稳态导热。下面对第一类边界条件下单层和多层平壁的一维稳态导热问题进行分析。

1. 单层平壁的稳态导热

假设平壁的表面面积为 A，厚度为 δ，热导率 λ 为常数，无内热源，平壁两侧表面分别保持均匀恒定的温度 t_{w1}、t_{w2}，且 $t_{w1} > t_{w2}$。选取坐标轴 x 与壁面垂直，如图 10.9 所示。

平壁的导热微分方程式为

$$\frac{d^2 t}{d x^2} = 0 \qquad (10-20)$$

边界条件为

$$x=0, \quad t=t_{w1}$$
$$x=\delta, \quad t=t_{w2}$$

式(10-20)和边界条件构成了平壁稳态导热的完整的数学模型。式(10-20)比较简单，可以用直接积分法求得通解

$$t = C_1 x + C_2 \qquad (a)$$

代入边界条件，可得

$$C_2 = t_{w1}$$
$$C_1 = -\frac{t_{w1} - t_{w2}}{\delta}$$

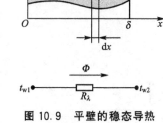

图 10.9 平壁的稳态导热

于是，平壁内的温度分布为

$$t = t_{w1} - \frac{t_{w1} - t_{w2}}{\delta} x \qquad (b)$$

可见，当热导率 λ 为常数时，平壁内的温度呈线性分布，其温度分布曲线的斜率为

$$\frac{dt}{dx} = -\frac{t_{w1} - t_{w2}}{\delta} \qquad (c)$$

通过平壁的热流密度可由傅里叶定律得出

$$q = -\lambda \frac{dt}{dx} = \lambda \frac{t_{w1} - t_{w2}}{\delta} \qquad (10-21)$$

可见，通过平壁的热流密度为常数，与坐标 x 无关。

通过整个平壁的热流量为

$$\Phi = Aq = A\lambda \frac{t_{w1} - t_{w2}}{\delta} \qquad (10-22)$$

式(10-21)、式(10-22)和式(9-1)、式(9-2)的形式完全相同。

上面介绍了根据导热微分方程式及边界条件进行求解的一般过程。实际上，对于无内热源平壁的一维稳态导热问题，平壁内任意位置的热流密度 q 都相等，可以直接将傅里叶定律表达式分离变量，并按照已知的边界条件积分求解，即

$$q = -\lambda \frac{dt}{dx}$$

$$q\int_0^\delta \mathrm{d}x = -\lambda \int_{t_{w1}}^{t_{w2}} \mathrm{d}t$$

积分后可整理成

$$q = \lambda \frac{t_{w1} - t_{w2}}{\delta}$$

结果和式(10-21)完全相同，但求解方法简单。

当平壁材料的热导率是温度的函数时，一维稳态导热微分方程式的形式为

$$\frac{\mathrm{d}}{\mathrm{d}x}\left(\lambda \frac{\mathrm{d}t}{\mathrm{d}x}\right) = 0 \tag{10-23}$$

当温度变化范围不大时，可以近似地认为材料的热导率随温度线性变化，即

$$\lambda = \lambda_0 (1 + bt)$$

将上式代入式(10-23)，通过两次积分，并代入边界条件，可求得平壁内的温度分布为

$$t + \frac{1}{2}bt^2 = -\frac{1}{\delta}(t_{w1} - t_{w2})\left[1 + \frac{1}{2}b(t_{w1} + t_{w2})\right]x + t_{w1} + \frac{1}{2}bt_{w1}^2 \tag{10-24}$$

由上式可见，当平壁材料的热导率随温度线性变化时，平壁内的温度分布为二次曲线。根据傅里叶定律表达式

$$q = -\lambda \frac{\mathrm{d}t}{\mathrm{d}x} = -\lambda_0 (1 + bt) \frac{\mathrm{d}t}{\mathrm{d}x}$$

可得

$$\frac{\mathrm{d}t}{\mathrm{d}x} = -\frac{q}{\lambda_0 (1 + bt)}$$

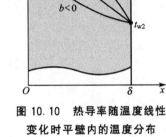

图 10.10 热导率随温度线性变化时平壁内的温度分布

当 $t_{w1} > t_{w2}$ 时，热流的方向与 x 轴同向，q 为正值，而热导率的数值永远为正，所以由上式可见，温度变化率 $\mathrm{d}t/\mathrm{d}x$ 为负值。如果 $b>0$，即热导率 λ 随温度的降低而减小，$\mathrm{d}t/\mathrm{d}x$ 的绝对值随温度的降低而增大，则温度曲线向上弯曲；如果 $b<0$，则正好相反；当 $b=0$ 时，即热导率 λ 为常数时，壁内的温度分布为直线，如图 10.10 所示。根据傅里叶定律，由式(10-25)可求得通过平壁的热流密度

$$q = \frac{\lambda_0}{\delta}(t_{w1} - t_{w2})\left[1 + \frac{b}{2}(t_{w1} + t_{w2})\right]$$

$$= \frac{t_{w1} - t_{w2}}{\delta}\lambda_0(1 + bt_m) = \lambda_m \frac{t_{w1} - t_{w2}}{\delta} \tag{10-25}$$

式中，$t_m = \frac{t_{w1} - t_{w2}}{2}$ 为平壁的算术平均温度，该温度下的热导率为 $\lambda_m = \lambda_0(1 + bt_m)$。式(10-25)与式(10-21)的形式完全相同。这说明，当热导率随温度线性变化时，通过平壁的热流量可用热导率为常数时的计算公式来计算，只需要将公式中的热导率 λ 改为平壁算术平均温度下的热导率 λ_m 即可。

2. 多层平壁的稳态导热

日常生活和工程上遇到的平壁常常是由若干层不同材料所组成的多层平壁。例如，住宅墙壁常由白灰内层、水泥砂浆层和红砖(或青砖)主体层构成。再如，锅炉的炉墙一般由

耐火砖砌成的内层、用于隔热的夹气层或保温层以及普通砖砌的外墙构成。一般假定各层紧密接触，并认为相邻两层接触面上的温度相同，因此其导热也是一维稳态导热。

运用热阻的概念，很容易分析多层平壁的一维稳态导热问题。下面以图 10.11 所示具有第一类边界条件的三层平壁为例进行分析。

假设三层平壁材料的热导率分别为 λ_1、λ_2、λ_3，且为常数；厚度分别为 δ_1、δ_2、δ_3；各层之间的接触非常紧密，因此相互接触的表面具有相同的温度，分别为 t_{w2}、t_{w3}；平壁两侧外表面分别保持均匀恒定的温度 t_{w1}、t_{w4}。显然，通过此三层平壁的导热为稳态导热，通过各层的热流量相同。根据单层平壁稳态导热的计算公式：

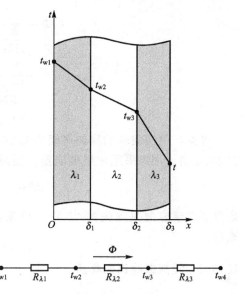

图 10.11 具有第一类边界条件的三层平壁的稳态导热

$$\Phi = \frac{t_{w1} - t_{w2}}{\dfrac{\delta_1}{A\lambda_1}} = \frac{t_{w1} - t_{w2}}{R_{\lambda 1}} \tag{a}$$

$$\Phi = \frac{t_{w2} - t_{w3}}{\dfrac{\delta_2}{A\lambda_2}} = \frac{t_{w2} - t_{w3}}{R_{\lambda 2}} \tag{b}$$

$$\Phi = \frac{t_{w3} - t_{w4}}{\dfrac{\delta_3}{A\lambda_3}} = \frac{t_{w3} - t_{w4}}{R_{\lambda 3}} \tag{c}$$

由以上 3 式可得

$$\Phi = \frac{t_{w1} - t_{w4}}{\dfrac{\delta_1}{A\lambda_1} + \dfrac{\delta_2}{A\lambda_2} + \dfrac{\delta_3}{A\lambda_3}} = \frac{t_{w1} - t_{w4}}{R_{\lambda 1} + R_{\lambda 2} + R_{\lambda 3}} \tag{10-26}$$

可见，三层平壁稳态导热的总导热热阻 R_λ 为各层导热热阻之和，可以用图 10.11 下面的热阻网络来表示。

由此类推，对于 n 层平壁的稳态导热，热流量的计算公式应为

$$\Phi = \frac{t_{w1} - t_{w(n+1)}}{\sum_{i=1}^{n} R_{\lambda i}} \tag{10-27}$$

式中，分子为多层平壁两侧外壁面之间的温差，分母为总导热热阻，是各层导热热阻之和。

可见，利用热阻的概念，可以很容易地求得通过多层平壁稳态导热的热流量，进而求出各层间接触面的温度。

【例 10.1】 一个双层玻璃窗，高 2m，宽 1m，玻璃厚 0.3 mm，玻璃的热导率 $\lambda = 0.75 \text{W}/(\text{m} \cdot \text{K})$。双层玻璃间的空气夹层厚度为 5mm，夹层中的空气完全静止，空气的热导率 $\lambda = 0.025 \text{W}/(\text{m} \cdot \text{K})$。如果测得冬季室内外玻璃表面温度分别为 15℃ 和 5℃，则试求玻璃窗的散热损失，并比较玻璃与空气夹层的导热热阻。

解：这是三层平壁的稳态导热问题。根据式(10-27)

$$\Phi = \frac{t_{w1}-t_{w4}}{\frac{\delta_1}{A\lambda_1}+\frac{\delta_2}{A\lambda_2}+\frac{\delta_3}{A\lambda_3}}$$

$$= \frac{15-5}{\frac{0.3\times10^{-3}}{2\times0.75}+\frac{5\times10^{-3}}{2\times0.025}+\frac{0.3\times10^{-3}}{2\times0.75}}$$

$$= 94.3(\text{W})$$

可见，单层玻璃的导热热阻为 0.003K/W，空气夹层的导热热阻为 0.1K/W，是玻璃的 33.3 倍。如果采用单层玻璃窗，则散热损失为

$$\Phi' = \frac{10}{0.003} = 3333.3(\text{W})$$

是双层玻璃窗散热损失的 35 倍。可见，采用双层玻璃窗可以大大减少散热损失，节约能源。

10.3.2 圆筒壁的稳态导热

圆管具有强度高、受力均匀、制造方便等优点，因此在工业和日常生活中的应用非常广泛，如发电厂的蒸汽管道，化工厂的各种液、气输送管道以及供暖热水管道等。下面研究圆筒壁中的温度分布和通过圆筒壁的导热热流量。

1. 单层圆筒壁的稳态导热

如图 10.12 所示，已知一个单层圆筒壁的内、外半径分别为 r_1、r_2，长度为 l，热导率 λ 为常数，无内热源（$q_v=0$），内、外壁面维持均匀恒定的温度 t_{w1}、t_{w2}，且 $t_{w1}>t_{w2}$。

根据上述给定条件，壁内的温度只沿径向变化，如果采用圆柱坐标系，则圆筒壁内的导热为一维稳态导热，导热微分方程式为

$$\frac{\text{d}}{\text{d}r}\left(r\frac{\text{d}t}{\text{d}r}\right)=0 \tag{10-28}$$

第一类边界条件

$$r=r_1; \quad t=t_{w1}$$
$$r=r_2; \quad t=t_{w2}$$

对式（10-28）进行两次积分，可得热导微分方程式的通解为

$$t = C_1\ln r + C_2 \tag{a}$$

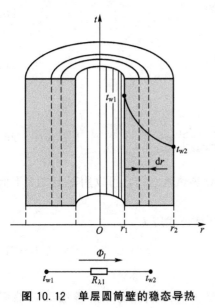

图 10.12 单层圆筒壁的稳态导热

代入边界条件，可得

$$C_1 = -\frac{t_{w1}-t_{w2}}{\ln(r_2/r_1)}$$

$$C_2 = t_{w1} + \frac{t_{w1}-t_{w2}}{\ln(r_2/r_1)}\ln r_1$$

将 C_1、C_2 代入通解，可得圆筒壁内的温度分布为

$$t = t_{w1} - (t_{w1} - t_{w2}) \frac{\ln(r/r_1)}{\ln(r_2/r_1)} \qquad (b)$$

可见，壁内的温度分布为对数曲线。温度沿 r 方向的变化率为

$$\frac{dt}{dr} = -\frac{t_{w1} - t_{w2}}{\ln(r_2/r_1)} \frac{1}{r} \qquad (c)$$

上式说明，温度变化率的绝对值沿 r 方向逐渐减小。

根据傅里叶定律，圆筒壁沿 r 方向的热流密度为

$$q = -\lambda \frac{dt}{dr} = \lambda \frac{t_{w1} - t_{w2}}{\ln(r_2/r_1)} \frac{1}{r}$$

由上式可见，径向热流密度不等于常数，而是 r 的函数，随着 r 的增加，热流密度逐渐减小。但是，对于稳态导热，通过整个圆筒壁的热流量是不变的，其计算公式为

$$\Phi = 2\pi r l q = \frac{t_{w1} - t_{w2}}{\frac{1}{2\pi\lambda l} \ln \frac{r_2}{r_1}} = \frac{t_{w1} - t_{w2}}{\frac{1}{2\pi\lambda l} \ln \frac{d_2}{d_1}} = \frac{t_{w1} - t_{w2}}{R_\lambda} \qquad (10-29)$$

式中，R_λ 为整个圆筒壁的导热热阻（K/W）。

单位长度圆筒壁的热流量为

$$\Phi_l = \frac{\Phi}{l} = \frac{t_{w1} - t_{w2}}{\frac{1}{2\pi\lambda} \ln \frac{d_2}{d_1}} = \frac{t_{w1} - t_{w2}}{R_{\lambda l}} \qquad (10-30)$$

式中，$R_{\lambda l}$ 为单位长度圆筒壁的导热热阻（m·K/W）。于是，单层圆筒壁的稳态导热可以用图 10.12 下面的热阻网络来表示。

上面介绍了根据导热微分方程式及边界条件进行求解的一般过程。实际上，对于无内热源的圆筒壁一维稳态导热问题，单位长度圆筒壁的热流量 Φ_l 在壁内任意位置都相等，根据傅里叶定律

$$\Phi_l = -2\pi r \lambda \frac{dt}{dr}$$

将上式分离变量，并按照相应的边界条件积分求解，同样可以得出式(10-30)。

2. 多层圆筒壁的稳态导热

多层圆筒壁的导热计算公式与分析多层平壁一样，利用串联热阻叠加的原则很容易分析多层圆筒壁的稳态导热问题。

图 10.13 所示为一个三层圆筒壁，无内热源，各层的热导率为常数，分别为 λ_1、λ_2、λ_3，内、外壁面维持均匀恒定的温度 t_{w1}、t_{w4}。这显然也是一维稳态导热问题，通过各层圆筒壁的热流量相等，总导热热阻等于各层导热热阻之和，可以用图 10.13 中的热阻网络表示。单位长度圆筒壁的导热热流量为

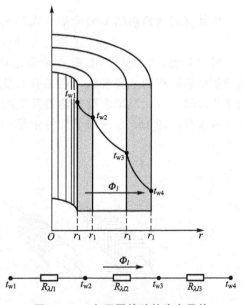

图 10.13 多层圆筒壁的稳态导热

$$\Phi_l = \frac{t_{w1} - t_{w4}}{R_{\lambda 1} + R_{\lambda 2} + R_{\lambda 3}} = \frac{t_{w1} - t_{w4}}{\frac{1}{2\pi\lambda_1}\ln\frac{d_2}{d_1} + \frac{1}{2\pi\lambda_2}\ln\frac{d_3}{d_2} + \frac{1}{2\pi\lambda_3}\ln\frac{d_4}{d_3}}$$

以此类推，对于 n 层不同材料组成的多层圆筒壁的稳态导热，单位管长的热流量为

$$\Phi_l = \frac{t_{w1} - t_{w(n+1)}}{\sum_{i=1}^{n} R_{\lambda i}} = \frac{t_{w1} - t_{w(n+1)}}{\sum_{i=1}^{n} \frac{1}{2\pi\lambda_i}\ln\frac{d_{i+1}}{d_i}} \qquad (10-31)$$

【**例 10.2**】 热电厂中有一个直径为 0.25m 的过热蒸汽管道，钢管壁厚 0.01m，钢材的热导率 $\lambda_1 = 45\text{W}/(\text{m}\cdot\text{K})$。管外包有厚度 $\delta = 0.1\text{m}$ 的保温层，保温材料的热导率为 $\lambda_2 = 0.1\text{W}/(\text{m}\cdot\text{K})$，管内壁面温度为 $t_{w1} = 350℃$，保温层外壁面温度为 $t_{w3} = 50℃$。试求单位管长的散热损失。

解：这是一个通过二层圆筒壁的稳态导热问题。根据式(10-31)

$$\Phi_l = \frac{t_{w1} - t_{w3}}{\frac{1}{2\pi\lambda_1}\ln\frac{d_2}{d_1} + \frac{1}{2\pi\lambda_2}\ln\frac{d_3}{d_2}}$$

$$= \frac{350 - 50}{\frac{1}{2\pi \times 45}\ln\frac{(0.25 + 2 \times 0.01)}{0.25} + \frac{1}{2\pi \times 0.1}\ln\frac{(0.27 + 2 \times 0.1)}{0.27}}$$

$$= 339.9(\text{W/m})$$

从以上计算过程可以看出，钢管壁的导热热阻与保温层的导热热阻相比非常小，可以忽略。

如果题中给出的是第三类边界条件，即管内蒸汽温度 $t_{f1} = 350℃$，表面传热系数 $h_1 = 150\text{W}/(\text{m}^2\cdot\text{K})$，周围空气温度 $t_{f2} = 20℃$，表面传热系数 $h_2 = 10\text{W}/(\text{m}^2\cdot\text{K})$，请读者计算单位管长的散热损失及钢管内壁面和保温层外壁面温度，并比较各热阻的大小。

10.3.3 肋片的稳态导热

由计算对流换热的牛顿冷却公式(9-4)知

$$\Phi = Ah(t_w - t_f)$$

可以看出，增加换热面积 A 是强化对流换热的有效方法之一。在换热表面上加装肋片是增加换热面积的主要措施，在工业上及日常生活中得到了广泛的应用，如房屋供暖用的钢串片式暖气片、汽车水箱散热器及家用空调的冷凝器等，结构如图 10.14 所示。肋片的形状有多种，图 10.15 列出了几种常见的肋片。

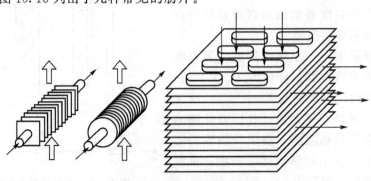

图 10.14 肋片应用示意图

下面以等截面直肋为例，说明肋片稳态导热的求解方法。

1. 通过等截面直肋的稳态导热

图 10.15(a)和图 10.15(b)所示的矩形肋和圆柱形肋都属于等截面直肋，下面以矩形肋为例进行分析。

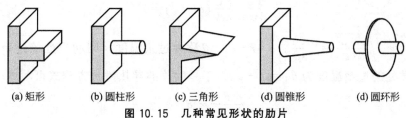

(a) 矩形　　(b) 圆柱形　　(c) 三角形　　(d) 圆锥形　　(d) 圆环形

图 10.15　几种常见形状的肋片

如图 10.16 所示，矩形肋的高度为 H，限度为 δ，宽度为 l，与高度方向垂直的横截面积为 A，横截面的周长为 U。为简化分析，做下列假设：

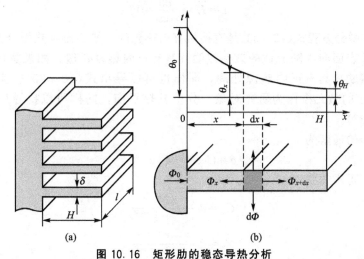

图 10.16　矩形肋的稳态导热分析

（1）肋片材料均匀，热导率 λ、肋片表面各处与流体之间的表面传热系数 h 均为常数。

（2）肋片根部与肋基接触良好，温度一致，为 t_0，并设 t_0 大于周围流体温度 t_∞。

（3）肋片的导热热阻 δ/λ 与肋片表面的对流换热热阻 $1/h$ 相比很小，可以忽略。在这种情况下，肋片的温度只沿高度方向发生变化，肋片的导热可以近似地认为是一维的。

（4）忽略肋片端面的散热量，即认为肋端面是绝热的。

热量从肋基导入肋片，然后从肋根导向肋端，沿途不断有热量从肋的侧面以对流换热的方式传递给周围的流体。这种情况可以当作肋片具有负的内热源来处理。于是，肋片的导热过程是具有负内热源的一维稳态导热过程，导热微分方程式为

$$\frac{\mathrm{d}^2 t}{\mathrm{d}x^2} - \frac{\dot{\Phi}}{\lambda} = 0 \tag{10-32}$$

边界条件为

$$x = 0, \quad t = t_0$$

$$x = H, \quad \frac{\mathrm{d}t}{\mathrm{d}x} = 0$$

内热源强度 $\dot{\Phi}$ 为单位容积的发热（或吸热）量。对于图 10.16(b)所示的微元段

$$\dot{\Phi} = \frac{U\mathrm{d}x \cdot h(t-t_\infty)}{A\mathrm{d}x} = \frac{Uh(t-t_\infty)}{A}$$

代入导热微分方程式(10-32)，得

$$\frac{\mathrm{d}^2 t}{\mathrm{d}x^2} - \frac{hU}{\lambda A}(t-t_\infty) = 0 \tag{a}$$

令 $m = \sqrt{\dfrac{hU}{\lambda A}} \approx \sqrt{\dfrac{h \times 2l}{\lambda \delta l}} = \sqrt{\dfrac{2h}{\lambda \delta}}$；$\theta = t - t_\infty$。$\theta$ 称为过余温度，则肋根处的过余温度为 $\theta_0 = t_0 - t_\infty$，肋端处的过余温度为 $\theta_H = t_H - t_\infty$。于是肋片的导热微分方程式可写成

$$\frac{\mathrm{d}^2 \theta}{\mathrm{d}x^2} - m^2 \theta = 0 \tag{10-33}$$

而边界条件可改写成

$$x = 0, \quad \theta = \theta_0$$
$$x = H, \quad \frac{\mathrm{d}\theta}{\mathrm{d}x} = 0$$

肋片的导热微分方程式(10-33)是直接从有内热源的一维稳态导热微分方程式(10-32)导出的，将肋片表面向周围流体的散热按肋片具有负内热源处理。如果肋片的温度低于流体的温度，可按肋片具有正内热源处理，同样也可以导出式(10-33)。实际上，如果以图 10.16(b)所示的微元段作为研究对象，分析其热平衡，同样可以推导出肋片的导热微分方程式(10-33)。

式(10-33)的通解为

$$\theta = C_1 \mathrm{e}^{mx} + C_2 \mathrm{e}^{-mx} \tag{b}$$

代入边界条件，可求得常数 C_1、C_2：

$$C_1 = \theta_0 \frac{\mathrm{e}^{-mH}}{\mathrm{e}^{mH} + \mathrm{e}^{-mH}}$$

$$C_2 = \theta_0 \frac{\mathrm{e}^{mH}}{\mathrm{e}^{mH} + \mathrm{e}^{-mH}}$$

代入通解式(b)，可得肋片过余温度的分布函数为

$$\theta = \theta_0 \frac{\mathrm{e}^{m(H-x)} + \mathrm{e}^{-m(H-x)}}{\mathrm{e}^{mH} + \mathrm{e}^{-mH}} \tag{c}$$

根据双曲余弦函数的定义式

$$\mathrm{ch}\, x = \frac{\mathrm{e}^x + \mathrm{e}^{-x}}{2}$$

可将式(c)改写为

$$\theta = \theta_0 \frac{\mathrm{ch}\,[m(H-x)]}{\mathrm{ch}(mH)} \tag{10-34}$$

可见，肋片的过余温度从肋根开始沿高度方向按双曲余弦函数的规律变化，如图 10.16(b)所示。

图 10.17 所示为矩形肋的无量纲过余温度 θ/θ_0 随无量纲横坐标 x/H 的变化曲线，参变量 $mH = \sqrt{\dfrac{2h}{\lambda \delta}} H$。可以看出，肋片的过余温度从肋根开始沿高度方向逐渐降低、mH 较小时温度降低缓慢，mH 较大时温度降低较快。mH 的大小取决于肋片的几何尺寸、肋片

材料的热导率及肋片与周围流体之间的表面传热系数。在实际应用中,一般取 $0.7 < mH < 2$。当 $mH > 2$ 时,肋片温度下降非常迅速,靠近肋片端部的面积由于过余温度太低而散热效果差。

由式(10-34)可得肋端的过余温度为

$$\theta_H = \theta_0 \frac{1}{\text{ch}(mH)} \tag{10-35}$$

函数 $\dfrac{1}{\text{ch}(mH)}$ 随 mH 的变化如图10.18所示。结合式(10-35)可以看出,肋端的过余温度随 mH 的增加而降低。

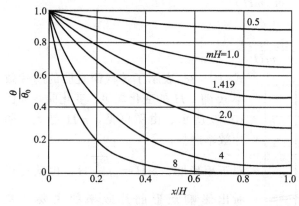

图10.17 矩形肋的温度分布

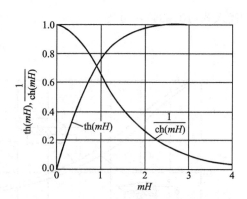

图10.18 双曲函数值 mH 的变化曲线

在稳态情况下,肋片向周围流体的散热量应等于从肋根导入肋片的热量。因此,肋片的散热量为

$$\begin{aligned}
\Phi &= -A\lambda \frac{\text{d}\theta}{\text{d}x}\bigg|_{x=0} = A\lambda m\theta_0 \frac{\text{sh}[m(H-x)]}{\text{ch}(mH)}\bigg|_{x=0} \\
&= A\lambda m\theta_0 \frac{\text{sh}(mH)}{\text{ch}(mH)} = A\lambda m\theta_0 \text{th}(mH) \\
&= \sqrt{h\lambda UA}\,\theta_0 \text{th}(mH)
\end{aligned} \tag{10-36}$$

图10.18所示为双曲正切函数 $\text{th}(mH)$ 随 mH 的变化曲线。结合式(10-36)可以看出,随着 mH 的增大,肋片的散热量随之逐渐增加,且开始时增加很迅速,后来越来越缓慢,逐渐趋于一个渐近值。这说明,增大 mH 虽然可以增加肋片的散热量,但增加到一定程度后,再增大 mH 所产生的效果已不显著,因此需要考虑经济性问题。

需要指出,上述分析虽然是针对矩形肋进行的,但结果同样适用于其他形状的等截面直肋,如圆杆形肋的一维稳态导热问题。

对工程上绝大多数薄而高的矩形或细而长的圆柱形金属肋来说,将肋片的温度场近似为一维的处理结果已足够精确。但对于肋片的导热热阻 δ/λ 与肋表面的对流换热热阻 $1/h$ 相比不可忽略的情况来说,肋片的导热不能认为是一维的,上述公式不再适用。此外,上述推导没有考虑辐射换热的影响,但对一些温差较大的场合,必须加以考虑。

2. 肋片效率

如上所述,加装肋片的目的是扩大散热面积,增大散热量。但随着肋片高度的增加,肋片的平均过余温度会逐渐降低,即肋片单位质量的散热量会逐渐减小。这就提出了一个加装肋片的效果问题。为了衡量肋片散热的有效程度,引进肋片效率的概念。它定义为肋片的实际散热量 Φ 与假设整个肋片都具有肋基温度时的理想散热量 Φ_0 之比,用符号 η_t 表示,即

$$\eta_t = \frac{\Phi}{\Phi_0} = \frac{UHh(t_m - t_\infty)}{UHh(t_0 - t_\infty)} = \frac{\theta_m}{\theta_0} \tag{10-37}$$

式中,t_m、θ_m 分别为肋面的平均温度和平均过余温度;t_0、θ_0 分别为肋基温度与肋基过余温度。由于 $\theta_m < \theta_0$,所以肋片效率 η_t 小于 1。

因为前面假设肋表面各处 h 都相等,所以等截面直肋的平均过余温度可按下式计算。

$$\theta_m = \frac{1}{H}\int_0^H \theta dx = \frac{1}{H}\int_0^H \theta_0 \frac{\text{ch}[m(H-x)]}{\text{ch}(mH)}dx = \frac{\theta_0}{mH}\text{th}(mH)$$

代入式(10-34),可得

$$\eta_t = \frac{\text{th}(mH)}{mH} \tag{10-38}$$

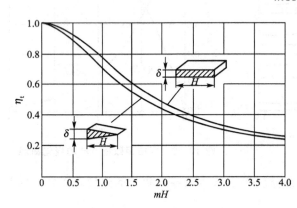

图 10.19 矩形肋与三角肋的肋片效率

式(10-38)表示了等截面直肋的肋片效率 η_t 随 mH 的变化规律,变化曲线如图 10.19 所示。由图可见,mH 越大,肋片效率越低。

对于矩形肋,$mH = \sqrt{\frac{2h}{\lambda\delta}}H$,由此可以看出影响矩形肋片效率的主要因素如下。

(1) 肋片材料的热导率为 λ。热导率越大,肋片效率越高。

(2) 肋片高度为 H。肋片越高,肋片效率越低。

(3) 肋片厚度为 δ。肋片越厚,肋片效率越高。

(4) 表面传热系数为 h。h 越大,即对流换热越强,肋片效率越低。

【例 10.3】 为了测量管道内的热空气温度和保护测温元件——热电偶,采用金属测温套管,热电偶端点镶嵌在套管的端部,如图 10.20 所示。套管长 $H=100\text{mm}$,外径 $d=15\text{mm}$,壁厚 $\delta=1\text{mm}$,套管材料的热导率 $\lambda=45\text{W}/(\text{m}\cdot\text{K})$。已知热电偶的指示温度为 200℃,套管根部的温度 $t_0=50$℃,套管外表面与空气之间对流换热的表面传热系数为 $h=40\text{W}/(\text{m}^2\cdot\text{K})$。试分析产生测温误差的原因并求出测温误差。

解: 由于热电偶镶嵌在套管的端部,所以热电偶指示的是测温套管端部的温度 t_H。测温套管与周围环境的热量交换情况如下。热量以对流换热的方式由热空气传给测温套管,测温套管再通过热辐射和导热将热量传给空气管道壁面。有关套管和周围环境之间的辐射换热引起的测温误差将在第 12 章进行讨论,这里只考虑套管的导热。在稳态情况下,测温套管热平衡的结果是测温套管端部的温度不等于空气的温度,测温误差就是套管端部的过余温度 $\theta_H = t_H - t_\infty$。

如果忽略测温套管横截面上的温度变化,并认为套管端部绝热,则套管可以看作等截面直肋。根据式(10-34)

$$t_H - t_\infty = \frac{t_0 - t_\infty}{\text{ch}(mH)} \quad \text{(a)}$$

套管截面面积 $A = \pi d \delta$，套管换热周长 $U = \pi d$，根据 m 的定义

$$mH = \sqrt{\frac{hU}{\lambda A}} H = \sqrt{\frac{h}{\lambda \delta}} H = \sqrt{\frac{40}{45 \times 1 \times 10^{-3}}} \times 100 \times 10^{-3} = 2.98 \quad \text{(b)}$$

查数学手册或直接由定义式计算可求得 ch2.98 = 9.87，代入式(a)，可解得 $t_\infty = 216.9\,℃$。于是测温误差为

$$t_H - t_\infty = -16.9(℃)$$

由式(a)和式(b)可以看出，在表面传热系数不变的情况下，测温误差取决于套管的长度、厚度以及套管材料的热导率。如何减小测温误差，请读者自行分析。

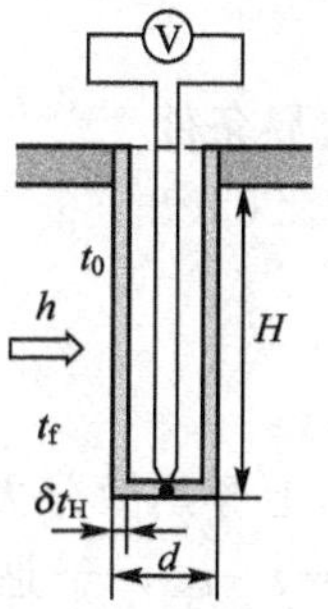

图 10.20　套管温度计示意图

10.4　非稳态导热

非稳态导热是指温度场随时间变化的导热过程。例如，锅炉、蒸汽轮机、内燃机等动力机械在启动、停机和变工况运行时的导热，钢锭和铸件在加热炉中的加热，铸铁在铸型中的冷却，大地和房屋白天被太阳加热、夜晚被冷却时的导热等过程，它们都是由于边界条件的变化引起的，属于非稳态导热。非稳态导热物体的温度场随时间而变化，因此非稳态导热问题比稳态导热问题复杂得多。

了解和掌握非稳态导热过程中温度场的变化规律及换热量的计算方法，对解决诸如热处理工艺中加热或冷却过程的优化控制等工程实际问题具有重要意义。

本节主要介绍一维非稳态导热的分析解法及求解结果、特殊的多维非稳态导热问题的求解方法以及求解非稳态导热问题的集总参数法。

10.4.1　一维非稳态导热问题的分析解

第三类边界条件下大平壁、长圆柱及球体的加热或冷却是工程上常见的一维非稳态导热问题，下面重点讨论大平壁。

1. 无限大平壁冷却或加热问题的分析解

如图 10.21 所示，一个厚度为 2δ 的无限大平壁，材料的热导率 λ、热扩散率 a 为常数，无内热源，初始温度与两侧的流体均为 t_0。突然将两侧流体温度降低为 t_∞，并保持不变。假设平壁表面与流体间对流换热的表面传热系数 h 为常数。考虑到温度场的对称性，选取坐标系如图 10.21 所示，x 坐标原点位于平壁中心，因此仅需讨论半个平壁的导热问题。显然，这是一个一维的非稳态导热问题，其导热微分方程式为

$$\frac{\partial t}{\partial \tau} = a \frac{\partial^2 t}{\partial x^2} \quad (10-39)$$

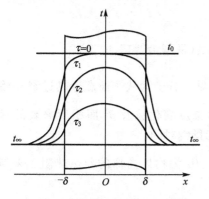

图 10.21　第三类边界条件下无限大平壁的一维非稳态导热

初始条件

$$\tau = 0, \quad t = t_0$$

边界条件

$$x = 0, \quad \frac{\partial t}{\partial x} = 0 \text{(对称性)}$$

$$x = \delta, \quad -\lambda \frac{\partial t}{\partial x} = h(t - t_\infty)$$

以上导热微分方程式及单值性条件组成了该非稳态导热问题的数学模型。引进过余温度 $\theta = t - t_\infty$，于是式(10-38)和单值性条件变为

$$\frac{\partial \theta}{\partial \tau} = a \frac{\partial^2 \theta}{\partial x^2} \tag{10-40}$$

初始条件

$$\tau = 0, \quad \theta = \theta_0 = t_0 - t_\infty$$

边界条件

$$x = 0, \quad \frac{\partial \theta}{\partial x} = 0$$

$$x = \delta, \quad -\lambda \frac{\partial \theta}{\partial x} = h\theta$$

再引进无量纲温度 $\theta = \theta/\theta_0$，无量纲坐标 $X = x/\delta$，可将上式及单值性条件无量纲化为

$$\frac{\partial \theta}{\partial \tau} = \frac{a}{\delta^2} \frac{\partial^2 \theta}{\partial X^2}$$

即

$$\frac{\partial \theta}{\partial \left(\frac{a\tau}{\delta^2}\right)} = \frac{\partial^2 \theta}{\partial X^2} \tag{10-41}$$

初始条件

$$\tau = 0, \quad \theta = \theta_0 = 1$$

边界条件

$$X = 0, \quad \frac{\partial \theta}{\partial X} = 0$$

$$X = 1, \quad \frac{\partial \theta}{\partial X} = -\frac{h\delta}{\lambda} \theta$$

通过量纲分析可以发现，参数组 $\frac{a\tau}{\delta^2}$、$\frac{h\delta}{\lambda}$ 均为无量纲量(量纲为"1"的量)。

令 $Fo = \frac{a\tau}{\delta^2}$，$Fo$ 称为傅里叶数。从 $Fo = \frac{a\tau}{\delta^2} = \frac{\tau}{\delta^2/a}$ 可见：分子为从非稳态导热过程开始到 τ 时刻的时间；分母也具有时间的量纲，并可理解为温度变化波及 δ^2 面积所需要的时间。所以，Fo 为两个时间之比，是非稳态导热过程的无量纲时间。

令 $Bi = \frac{h\delta}{\lambda}$，$Bi$ 称为毕渥数。从 $Bi = \frac{h\delta}{\lambda} = \frac{\delta/\lambda}{1/h}$ 可见：Bi 为物体内部的导热热阻 δ/λ 与边界处的对流换热热阻 $1/h$ 之比。

Fo、Bi 称为特征数，习惯上也称为准则数，具有特定的物理意义。

由式(10-41)和单值性条件可知，θ 是 Fo、Bi、X 三个参数的函数，可表示为

$$\theta = f(Bi, Fo, X)$$

或

$$\frac{\theta}{\theta_0} = f(Bi, Fo, X) \tag{10-42}$$

确定上式所表达的函数关系,是求解该非稳态导热问题的主要任务。

采用分离变量法可由式(10-40)及其单值性条件求得分析解,这里给出求解结果:

$$\frac{\theta(x, \tau)}{\theta_0} = \sum_{n=1}^{\infty} \frac{2\sin\beta_n}{\beta_n + \sin\beta_n\cos\beta_n} \cos\left(\beta_n \frac{x}{\delta}\right) e^{-\beta_n^2 Fo} \tag{10-43}$$

可见,解的函数形式为无穷级数,式中 β_1, β_2, …β_n 是超越方程

$$\tan\beta = \frac{Bi}{\beta} \tag{10-44}$$

的根,有无穷多个,是毕渥数 Bi 的函数。

由式(10-43)也可以看出,无量纲过余温度 $\theta = \frac{\theta(x, \tau)}{\theta_0}$ 确实是三个无量纲参数 Fo、Bi、X 的函数,与前面由无量纲导热微分方程式(10-41)分析得出的结果相一致。

2. 分析解的讨论

1) 傅里叶数 Fo 对温度分布的影响

无论 Bi 取任何值,超越方程式(10-44)的根 β_1, β_2, …β_n 都是正的递增数列,所以从函数形式可以看出,式(10-43)是一个快速收敛的无穷级数。计算结果表明,当傅里叶数 $Fo \geqslant 0.2$ 时,取级数的第一项来近似整个级数产生的误差很小,对工程计算已足够精确。因此,当 $Fo \geqslant 0.2$ 时,可取

$$\frac{\theta(x, \tau)}{\theta_0} = \frac{2\sin\beta_1}{\beta_1 + \sin\beta_1\cos\beta_1} \cos\left(\beta_1 \frac{x}{\delta}\right) e^{-\beta_1^2 Fo} \tag{10-45}$$

因为 $Fo = \frac{a\tau}{\delta^2}$,所以现在确定平壁内某点,即先把 x 看作常数,将式(10-45)左、右两边取对数,可得

$$\ln\theta = -m\tau + \ln\left[\theta_0 \frac{2\sin\beta_1}{\beta_1 + \sin\beta_1\cos\beta_1} \cos\left(\beta_1 \frac{x}{\delta}\right)\right]$$

式中,$m = \beta_1^2 \frac{a}{\delta^2}$。因为 β_1 是式(10-45)的第一个根,只与 Bi 有关,即只取决于第三类边界条件、平壁的物性与几何尺寸,所以当平壁及其边界条件给定之后,m 为一个常数,与时间 τ、地点 x/δ 无关。而式右边的第二项只与 Bi、x/δ 有关,简写成 $C(Bi, x/\delta)$,于是上式可改为

$$\ln\theta = -m\tau + C(Bi, x/\delta) \tag{10-46}$$

上式说明,当 $Fo \geqslant 0.2$ 时,即 $\tau \geqslant \tau' = 0.2\delta^2/a$ 时,平壁内各点过余温度的对数都随时间线性变化,并且变化曲线的斜率都相等,如图 10.22 所示。这一温度变化阶段称为非稳态导热的正规状况阶段,在此之前的非稳态导热阶段称为非正规状况阶段。在正规状况阶段,物体内各点的温度都按式(10-46)的规律变化,这是非稳态导热正规状况阶段的特点之一。

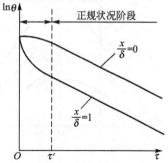

图 10.22 正规状况阶段示意图

将式(10-46)两边对时间求导，可得

$$\frac{1}{\theta}\frac{\partial \theta}{\partial \tau}=-m=-\beta_1^2\frac{a}{\delta^2} \tag{10-47}$$

由上式可见，m 的物理意义是过余温度对时间的相对变化率，单位是 s^{-1}，称为冷却率(或加热率)。当 $Fo \geqslant 0.2$ 时，物体的非稳态导热进入正规状况阶段后，各点的冷却率或加热率 m 都相同，且不随时间而变化，m 的数值取决于物体的物性参数、几何形状和尺寸大小以及表面传热系数，这是非稳态导热正规状况阶段的特点之二。

如果用 θ_m 表示平壁中心($X=x/\delta=0$)的过余温度，则由式(10-45)可得

$$\frac{\theta_m}{\theta_0}=\frac{2\sin\beta_1}{\beta_1+\sin\beta_1\cos\beta_1}e^{-\beta_1^2 Fo}=f(Bi,Fo) \tag{10-48}$$

由式(10-45)与式(10-48)之比可得

$$\frac{\theta}{\theta_m}=\frac{\theta\div\theta_0}{\theta_m\div\theta_0}=\cos\left(\beta_1\frac{x}{\delta}\right)=f\left(Bi,\frac{x}{\delta}\right) \tag{10-49}$$

由式(10-49)可见，当 $Fo \geqslant 0.2$ 时，非稳态导热进入正规状况阶段以后，虽然 θ、θ_m 都随时间而变化，但它们的比值与时间无关，只取决于毕渥数 Bi 与几何位置 x/δ，这是正规状况阶段的另一重要特点。

认识正规状况阶段的温度变化规律对工程计算具有重要的实际意义，因为工程技术中的非稳态导热过程绝大部分时间都处于正规状况阶段。已证明，当 $Fo \geqslant 0.2$ 时，其他形状物体的非稳态导热也进入正规状况阶段，表现出上述特点，具有式(10-46)和式(10-47)所表示的温度变化规律，只是 m 与 $C(Bi,x/\delta)$ 的数值不同而已。

2) 毕渥数 Bi 对温度分布的影响

前面已指出，毕渥数的物理意义为物体内部的导热热阻 δ/λ 与边界处的对流换热热阻 $1/h$ 之比，所以 Bi 的大小对平壁内的温度分布有很大影响。

平壁非稳态导热第三类边界条件的表达式为

$$-\lambda\frac{\partial\theta}{\partial x}\bigg|_{x=\pm\delta}=h\theta|_{x=\pm\delta}$$

上式可改写成

$$-\frac{\partial\theta}{\partial x}\bigg|_{x=\pm\delta}=\frac{\theta|_{x=\pm\delta}}{\lambda\div h}=\frac{\theta|_{x=\pm\delta}}{\delta\div Bi}$$

对照图 10.23，从几何意义来说，上式表示在整个非稳态导热过程中平壁内过余温度分布曲线在边界处的切线都通过点($\pm\lambda/h,0$)，即点($\pm\delta/Bi,0$)。该点称为第二类边界条件的定向点，与平壁边界面的距离为 $\lambda/h=\delta/Bi$，如图 10.23 中点 O' 所示。

$Bi\to\infty$ 表明对流换热热阻趋于零，平壁表面与流体之间的温差趋于零。这意味着，非稳态导热一开始平壁的表面温度就立即变为流体温度 t_∞，平壁内部的温度变化完全取决于平壁的导热热阻。由于 t_∞ 在第三类边界条件中已给定，所以这种情况相当于给定了壁面温度，即给定了第一

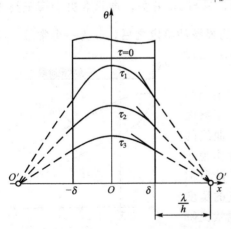

图 10.23 过余温度分布曲线与定向点

类边界条件。这种情况下的定向点位于平壁表面，平壁内的过余温度分布如图 10.24(a) 所示。$Bi \to \infty$ 是一种极限情况，实际上只要 $Bi > 100$，就可以近似地按这种情况处理。

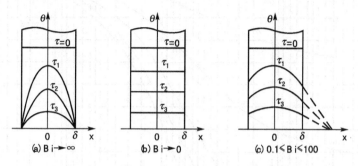

图 10.24　毕渥数 Bi 对温度分布影响的示意图

$Bi \to 0$ 意味着平壁的导热热阻趋于零，平壁内部各点的温度在任一时刻都趋于均匀一致，只随时间而变化，且变化的快慢完全取决于平壁表面的对流换热强度。在这种情况下，$\lambda/h = \delta/Bi \to \infty$，定向点在离平壁表面无穷远处、平壁内的过余温度分布如图 10.24(b) 所示。$Bi \to 0$ 同样是一种极限情况，只要 $Bi < 0.1$，就可以近似地按这种情况处理，这种情况下的非稳态导热可以采用后面介绍的集总参数法计算。

当 $0.1 \leqslant Bi \leqslant 100$ 时，平壁内的过余温度分布如图 10.24(c) 所示。在这种情况下，平壁的温度变化既取决于平壁内部的导热热阻，也取决于平壁外部的对流换热热阻。

3. 诺模图

如上所述，当 $Fo \geqslant 0.2$ 时，可以用式(10-45)或式(10-48)、式(10-49)近似地计算平壁的过余温度分布。

为工程计算方便，式(10-48)、式(10-49)已绘制成线算图，如图 10.25 和图 10.26 所示，称为诺模图。

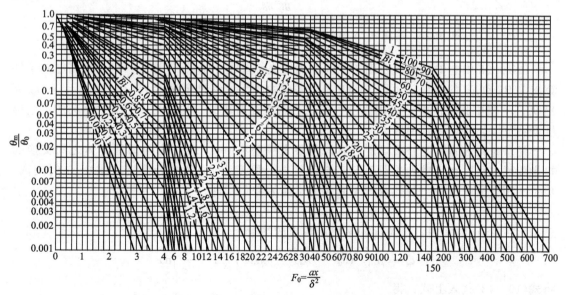

图 10.25　厚度为 2δ 的无限大平壁的中心平面温度 $\theta_m/\theta_0 = f(Bi, Fo)$

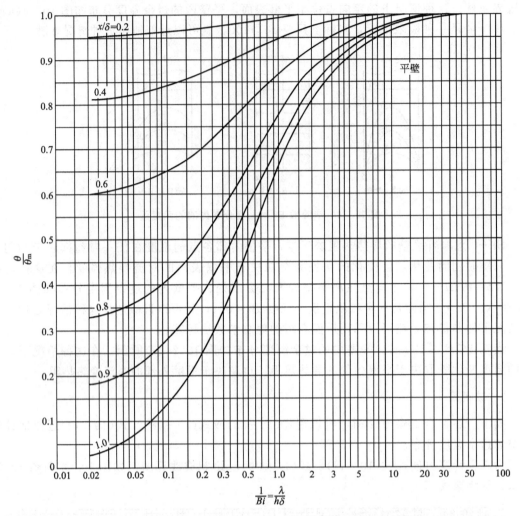

图 10.26　厚度为 2δ 的无限大平壁任意位置的温度 $\dfrac{\theta}{\theta_m} = f\left(Bi, \dfrac{x}{\delta}\right)$

图 10.25 中的参变量以及图 10.26 中的横坐标都是 $1/Bi$。计算时，可先根据已知条件算出 $1/Bi$ 和 Fo 的数值，由图 10.25 查出平壁中心无量纲过余温度 θ_m/θ_0，由 $\theta_0 = t_0 - t_\infty$ 算出 θ_m。平壁中其他位置 x 处的温度可由图 10.26 查出 θ/θ_m，再算出 x 处在 τ 时刻的过余温度 $\theta = t - t_\infty$，进而确定温度 t。

任意时刻 τ 的温度分布确定之后，无限大平壁在 $0 \sim \tau$ 时间内与周围流体之间交换的热量即可求得。在平壁内 x 处平行于壁面取一个厚度为 $\mathrm{d}x$ 的微元薄层，在 $0 \sim \tau$ 时间内，单位面积微元薄层放出的热量等于其热力学能的变化，即

$$\mathrm{d}Q = \rho c(t_0 - t)\mathrm{d}x = \rho c(\theta_0 - \theta)\mathrm{d}x$$

于是，在 $0 \sim \tau$ 时间内，单位面积平壁所放出的热量为

$$Q = \rho c \int_{-\delta}^{\delta} (\theta_0 - \theta)\mathrm{d}x = 2\rho c \theta_0 \int_0^{\delta} \left(1 - \dfrac{\theta}{\theta_0}\right)\mathrm{d}x$$

将式(10-43)代入上式，得

$$Q = 2\rho c\theta_0 \int_0^\delta \left[1 - \sum_{n=1}^{\infty} \frac{2\sin\beta_n}{\beta_n + \sin\beta_n\cos\beta_n}\cos\left(\beta_n \frac{x}{\delta}\right)e^{-\beta_n^2 Fo}\right]dx$$

$$= 2\rho c\theta_0 \delta \left(1 - \sum_{n=1}^{\infty} \frac{2\sin\beta_n}{\beta_n + \sin\beta_n\cos\beta_n}e^{-\beta_n^2 Fo}\right)$$

令 $Q_0 = 2\rho c\theta_0\delta$ 为单位面积平壁从温度 t_0 冷却到 t_∞ 所放出的热量。于是

$$\frac{Q}{Q_0} = 1 - \sum_{n=1}^{\infty} \frac{2\sin\beta_n}{\beta_n + \sin\beta_n\cos\beta_n}e^{-\beta_n^2 Fo} = f(Bi, Fo) \tag{10-50}$$

当 $Fo \geqslant 0.2$ 时，式(10-49)可近似为

$$\frac{Q_\tau}{Q_0} = 1 - \frac{2\sin\beta_1}{\beta_1 + \sin\beta_1\cos\beta_1}e^{-\beta_1^2 Fo} = f(Bi, Fo) \tag{10-51}$$

式(10-50)也同样被绘制成了线算图，如图 10.27 所示。

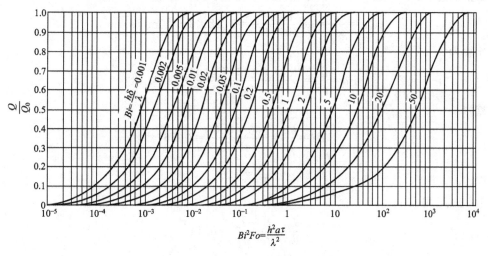

图 10.27　厚度为 2δ 的无限大平壁的 $\frac{Q}{Q_0} = f(Bi, Fo)$ 线算图

需要说明的内容如下。

(1) 上述分析虽然是针对平壁被冷却的情况进行的，但很容易证明，其分析结果包括线算图对平壁被加热的情况同样适用。

(2) 由于平壁(厚度为 2δ)具有对称的第三类边界条件，温度场也必然是对称的，所以分析时只取半个平壁作为研究对象，这相当于一侧(中心面)绝热、另一侧具有第三类边界条件的情况，因此上述结果也适用于一侧绝热、另一侧具有第三类边界条件且厚度为 δ 的平壁。

(3) 线算图只适用于 $Fo \geqslant 0.2$ 的情况。对于 $Fo < 0.2$ 的情况，温度分布必须用式(10-42)进行计算，换热量必须用式(10-50)计算。

对于温度仅沿半径方向变化的圆柱体(如可近似按无限长圆柱处理的长圆柱或两端绝热的圆柱体)和球体在第三类边界条件下的一维非稳态导热问题，分别在柱坐标系和球坐标系下进行分析，也可以求得温度分布的分析解，解的形式和无限大平壁的分析解类似，是快速收敛的无穷级数，并且是 Fo、Bi、r/R 的函数，即可以表示为

$$\frac{\theta}{\theta_0} = f\left(Bi, Fo, \frac{r}{R}\right) \tag{10-52}$$

注意：式中 $Bi=\dfrac{hR}{\lambda}$、$Fo=\dfrac{a\tau}{R^2}$，R 为圆柱或球体的半径，θ_0 为圆柱或球体的初始过余温度。

分析结果表明，当 $Fo \geq 0.2$ 时，无限长圆柱和球体的非稳态导热过程也都进入正规状况阶段，分析解可以近似地取无穷级数的第一项，近似结果也已绘制成了线算图。

【例 10.4】 一块厚 160mm 的大钢板，钢材的密度 $\rho=7790\text{kg/m}^3$，比热容 $c_p=470\text{J}/(\text{kg} \cdot \text{K})$，热导率为 $43.2\text{W}/(\text{m} \cdot \text{K})$，钢板的初始温度为 20℃，放入 1000℃ 的加热炉中加热，表面传热系数 $h=300\text{W}/(\text{m}^2 \cdot \text{K})$。试求加热 40 min 时的钢板中心温度。

解： 可以近似地认为这是一个第三类边界条件下的一维非稳态导热问题，下面利用图 10.25 或式(10-49)求解。

根据题意，$\delta=80\text{mm}=0.08\text{m}$。钢材的热扩散率为

$$a=\frac{\lambda}{\rho c_p}=\frac{43.2}{7790\times 470}=1.18\times 10^{-5}(\text{m}^2/\text{s})$$

傅里叶数为

$$Fo=\frac{a\tau}{\delta^2}=\frac{1.18\times 10^{-5}\times 40\times 60}{0.08^2}=4.43$$

毕渥数为

$$Bi=\frac{h\delta}{\lambda}=\frac{300\times 0.08}{43.2}=0.56$$

$$\frac{1}{Bi}=1.8$$

查图 10.25 可得

$$\frac{\theta_m}{\theta_0}=\frac{t_m-t_\infty}{t_0-t_\infty}=0.14$$

于是

$$t_m=0.14(t_0-t_\infty)+t_\infty=0.14\times(20-1000)+1000=862.8(℃)$$

在查图运算过程中会体会到，在某些参数范围内，查图的视觉误差会很大，在这种情况下用式(10-49)求解更准确。

10.4.2 集总参数法

前面在讨论无限大平壁一维非稳态导热问题的分析解时曾指出，当 $Bi \leq 0.1$ 时，物体内部的导热热阻远小于其表面的对流换热热阻，因此可以忽略，物体内部各点的温度在任一时刻都趋于均匀，物体的温度只是时间的函数，与坐标无关。对于这种情况下的非稳态导热问题，只需求出温度随时间的变化规律，以及在温度变化过程中物体放出或吸收的热量。这种忽略物体内部导热热阻的简化分析方法称为集总参数法。实际上，如果物体的热导率很大，几何尺寸很小，表面传热系数也不大，则物体内部的导热热阻一般都远小于其表面的对流换热热阻，都可以用集总参数法来分析。例如，小金属块在加热炉中的加热或在空气中的冷却过程，以及热电偶在测温时端部接点的升温或降温过程等。

集总参数法实质上就是直接运用能量守恒定律导出物体在非稳态导热过程中温度随时间的变化规律。说明如下。

一个任意形状的物体如图 10.28 所示，体积为 V，表面面积为 A，密度 ρ，比热容 c

及热导率 λ 为常数，无内热源，初始温度为 t_0。突然将该物体放入温度恒定为 t_∞ 的流体之中，且 $t_0 > t_\infty$，物体表面和流体之间对流换热的表面传热系数 h 为常数，需要确定该物体在冷却过程中温度随时间的变化规律以及放出的热量。这显然是一个多维的非稳态导热问题。

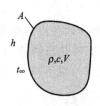

图 10.28 集总参数法分析示意图

假设该问题满足 $Bi \leqslant 0.1$ 的条件。根据能量守恒定律可知，单位时间物体热力学能的变化量应该等于物体表面与流体之间的对流换热量，即

$$\rho c V \frac{\mathrm{d}t}{\mathrm{d}\tau} = -hA(t - t_\infty) \tag{a}$$

引进过余温度 $\theta = t - t_\infty$，式(a)可改写为

$$\rho c V \frac{\mathrm{d}\theta}{\mathrm{d}\tau} = -hA\theta \tag{b}$$

初始条件为

$$\tau = 0, \quad \theta = \theta_0 = t_0 - t_\infty$$

通过分离变量，式(b)可改写为

$$\frac{\mathrm{d}\theta}{\theta} = -\frac{hA}{\rho c V}\mathrm{d}\tau$$

将上式积分

$$\int_{\theta_0}^{\theta} \frac{\mathrm{d}\theta}{\theta} = -\int_0^\tau \frac{hA}{\rho c V}\mathrm{d}\tau$$

可得

$$\ln \frac{\theta}{\theta_0} = -\frac{hA}{\rho c V}\tau$$

即

$$\frac{\theta}{\theta_0} = e^{-\frac{hA}{\rho c V}\tau} = \exp\left(-\frac{hA}{\rho c V}\tau\right) \tag{10-53}$$

式中

$$\frac{hA}{\rho c V}\tau = \frac{h(V \div A)}{\lambda} \frac{\lambda}{\rho c} \frac{\tau}{(V \div A)^2}$$

令 $V/A = l$，是具有长度的量纲，称为物体的特征长度。于是

$$\frac{hA}{\rho c V}\tau = \frac{hl}{\lambda} \frac{\lambda}{\rho c} \frac{\tau}{l^2} = \frac{hla\tau}{\lambda l^2} = Bi_V Fo_V$$

将上式代入式(10-53)，得

$$\frac{\theta}{\theta_0} = e^{-Bi_V Fo_V} = \exp(-Bi_V Fo_V) \tag{10-54}$$

注意：式中毕渥数 Bi_V 与傅里叶数 Fo_V 的下角标 V 表示以 $l = V/A$ 为特征长度。很容易计算出，对于厚度为 2δ 的无限大平壁，$l = \delta$；对于半径为 R 的圆柱，$l = R/2$；对于半径为 R 的圆球，$l = R/3$。在前面介绍的分析解及诺模图中，厚度为 2δ 的无限大平壁的特征长度为 δ，即 $Bi = \frac{h\delta}{\lambda}$、$Fo = \frac{a\tau}{\delta^2}$，与集总参数法分析结果中的 Bi_V、Fo_V 相同，但圆柱和圆球的特征长度都为半径 R，即 $Bi = \frac{hR}{\lambda}$、$Fo = \frac{a\tau}{R^2}$，与 Bi_V、Fo_V 不同。

分析结果表明，对于形状如平板、柱体或球的物体，只要满足

$$Bi_V < 0.1M \tag{10-55}$$

物体内各点过余温度之间的偏差就小于 5%，就可以使用集总参数法计算。式(10-54)中的 M 是与物体形状有关的无量纲量。对于无限大平板，$M=1$；对于无限长圆柱，$M=1/2$；对于球，$M=1/3$。

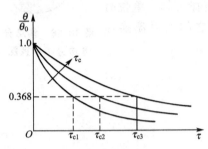

图 10.29 不同时间常数物体的温度变化

式(10-53)表明，当 $Bi \leq 0.1$ 时，物体的过余温度 θ 按指数函数规律下降，一开始温差大，下降迅速，随着温差的减小，下降的速度越来越缓慢，如图 10.29 所示。同时也可以看出，式中指数部分中的 $\dfrac{\rho c V}{hA}$ 具有时间的量纲。令 $\tau_c = \dfrac{\rho c V}{hA}$，$\tau_c$ 称为时间常数，单位是 s。当物体的冷却（或加热）时间等于时间常数，即 $\tau = \tau_c$ 时，由式(10-53)可得

$$\dfrac{\theta}{\theta_0} = e^{-1} \approx 0.368 = 36.8\%$$

即物体的过余温度达到初始过余温度的 36.8%。这说明，时间常数反映物体对周围环境温度变化响应的快慢，时间常数越小，物体的温度变化越快，越迅速地接近周围流体的温度，如图 10.29 所示。

由式 $\tau_c = \dfrac{\rho c V}{hA}$ 可见，影响时间常数大小的主要因素是物体的热容量 $\rho c V$ 和物体表面的对流换热条件 hA。物体的热容量越小，表面的对流换热越强，物体的时间常数越小。利用热电偶测量流体温度，总是希望热电偶的时间常数越小越好，因为时间常数越小，热电偶越能迅速地反映被测流体的温度变化。所以，热电偶端部的接点总是做得很小，用其测量流体温度时，也总是设法强化热电偶端部的对流换热，如采用抽气式热电偶。

如果几种不同形状的物体都用同一种材料制作，并且和周围流体之间的表面传热系数 h 也相同，都满足 $Bi \leq 0.1$ 的条件，则由式 $\tau_c = \dfrac{\rho c V}{hA}$ 可以看出，单位体积的表面面积 A/V 越大的物体，时间常数越小，在初始温度相同的情况下放在温度相同的流体中被冷却（或加热）的速度越快。例如，对于用同一种材料制成的体积相同的圆球、长度等于直径的圆柱与正方体，可以很容易算出，三者的表面面积之比为

$$A_{圆球} : A_{圆柱} : A_{正方体} = 1 : 1.146 : 1.242$$

正方体的表面面积最大，时间常数最小，相同条件下的冷却（或加热）速度最快，圆柱次之，圆球居后。但直径为 $2R$ 的球体、长度等于直径 $2R$ 的圆柱体与边长为 $2R$ 的正方体相比，三者单位体积的表面面积都相同，都为 $\dfrac{A}{V} = \dfrac{3}{R}$，三者的时间常数相同，在相同条件下的冷却（或加热）速度也相同。

物体温度随时间的变化规律确定之后，$0 \sim \tau$ 时间内物体和周围环境之间交换的热量就可以计算如下：

$$\begin{aligned} Q_\tau &= \rho c V(t_0 - t) = \rho c V(\theta_0 - \theta) \\ &= \rho c V \theta_0 \left(1 - \dfrac{\theta}{\theta_0}\right) = \rho c V \theta_0 (1 - e^{-Bi_V Fo_V}) \end{aligned}$$

令 $Q_0 = \rho c V \theta_0$，表示物体温度从 t_0 变化到周围流体温度 t_∞ 所放出或吸收的总热量，上式可改写成无量纲形式：

$$\frac{Q_\tau}{Q_0} = 1 - e^{-Bi_V Fo_V} \tag{10-56}$$

式(10-54)、式(10-56)既适用于物体被加热的情况，也适用于物体被冷却的情况。

【例 10.5】 一个温度计的水银泡呈圆柱形，长 20mm，内径为 4mm，温度为 t_0，今将其插入温度较高的储气罐测量气体温度。设水银泡同气体间的对流传热系数 $h = 11.63$ W/($m^2 \cdot K$)，水银泡一层薄玻璃的作用可以忽略不计，试计算此条件下温度计的时间常数，并确定插入 5min 后温度计读数的过余温度为初始温度的百分之几？水银的物性参数如下：$\lambda = 10.36$ W/(m·K)，$\rho = 13100$ kg/m^3，$c = 0.138$ kJ/(kg·K)。

解： 判断能否用集总参数法求解。考虑到水银泡柱体的上端面不直接受热，故

$$\frac{V}{A} = \frac{\pi R^2 l}{2\pi R l + \pi R^2} = \frac{Rl}{2(l+0.5R)} = \frac{0.002 \times 0.02}{2 \times (0.02 + 0.5 \times 0.002)} = 0.953 \times 10^{-3}$$

毕渥数为

$$Bi_V = \frac{h(V/A)}{\lambda} = \frac{11.63 \times 0.953 \times 10^{-3}}{10.36} = 1.07 \times 10^{-3} < 0.05$$

可以用集总参数法求解。时间常数

$$\frac{\rho c V}{hA} = \frac{13110 \times 0.138 \times 10^3 \times 0.953 \times 10^{-3}}{11.63} = 148(s)$$

$$Fo_V = \frac{a\tau}{(V/A)^2} = \frac{\lambda}{\rho c} \frac{\tau}{(V/A)^2} = \frac{10.36}{13110 \times 0.138 \times 10^3} \times \frac{5 \times 60}{0.953 \times 10^{-3}} = 1.89 \times 10^3$$

$$\frac{\theta}{\theta_0} = e^{-Bi_V Fo_V} = e^{-1.07 \times 10^{-3} \times 1.89 \times 10^3} = e^{-2.02} = 0.133$$

即经过 5min 后温度计读数的过余温度为初始过余温度的 13.3%。也就是说，在这段时间内温度计的读数从 t_0 上升到流体温度 t_∞ 的 86.7% 与 t_0 的 13.3% 之和。

*10.5 导热问题的数值解法

借助计算机的强大运算能力，采用适当的数值方法，可以获得式(10-11)在许多实际问题中的数值解，从而大大地拓展了传热学的应用范围。计算传热学从 20 世纪 70 年代开始蓬勃发展，时至今日，已成为一门重要的分支学科。本节通过一个二维稳态导热问题来介绍有关方法和技巧。该方法还可以拓展到三维及非稳态场合。

10.5.1 有限差分法原理

下面以一个二维稳态导热问题为例，阐述有限差分法的原理。把一个二维的物体在 x 及 y 方向上分别以 Δx 和 Δy 距离分割成矩形网络，如图 10.30 所示。符号 m，n 分别用来表示各个节点的坐标，如 (m,n) 节点，它的坐标为 $x = m\Delta x$，$y = n\Delta y$，其余节点以此类推。目的是根据导热微分方程式(10-11)确定物体内各网络节点(及边界节点)的温度。在有限差分法中，温度及坐标的微分都用有限差分来近似表达。因此，网格分得越细，温度

分布就越接近于真实的温度分布。

考察物体内部网络节点(m, n)及其相邻诸节点。以 x 方向为例，节点附近的温度分布如图 10.31 所示。采用中心差分格式，温度变化率及温度的二阶导数可表示如下。

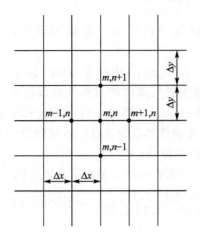
图 10.30　二维物体中的网格

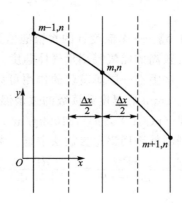
图 10.31　x 方向上的温度分布

$$\left.\frac{\partial t}{\partial x}\right|_{m+1/2, n} \approx \frac{t_{m+1,n} - t_{m,n}}{\Delta x}$$

$$\left.\frac{\partial t}{\partial x}\right|_{m-1/2, n} \approx \frac{t_{m,n} - t_{m-1,n}}{\Delta x}$$

$$\left.\frac{\partial t}{\partial y}\right|_{m, n+1/2} \approx \frac{t_{m,n+1} - t_{m,n}}{\Delta y}$$

$$\left.\frac{\partial t}{\partial y}\right|_{m, n-1/2} \approx \frac{t_{m,n} - t_{m,n-1}}{\Delta y}$$

$$\left.\frac{\partial^2 t}{\partial x^2}\right|_{m,n} \approx \frac{\left.\frac{\partial t}{\partial x}\right|_{m+1/2, n} - \left.\frac{\partial t}{\partial x}\right|_{m-1/2, n}}{\Delta x} = \frac{t_{m+1,n} + t_{m-1,n} - 2t_{m,n}}{(\Delta x)^2}$$

$$\left.\frac{\partial^2 t}{\partial y^2}\right|_{m,n} \approx \frac{\left.\frac{\partial t}{\partial y}\right|_{m, n+1/2} - \left.\frac{\partial t}{\partial y}\right|_{m, n-1/2}}{\Delta y} = \frac{t_{m,n+1} + t_{m,n-1} - 2t_{m,n}}{(\Delta y)^2}$$

代入式（10-11）就得到导热微分方程式的有限差分近似表达式

$$\frac{t_{m+1,n} + t_{m-1,n} - 2t_{m,n}}{(\Delta x)^2} + \frac{t_{m,n+1} + t_{m,n-1} - 2t_{m,n}}{(\Delta y)^2} = 0$$

如果取正方形网格，即取 $\Delta x = \Delta y$，上式可简化为

$$t_{m+1,n} + t_{m-1,n} + t_{m,n+1} + t_{m,n-1} - 4t_{m,n} = 0 \tag{10-57}$$

以上关系式表明在热导率为常量时热量的转移可以用温度差来表达。上式还表明在稳态下，流向任何节点的热量总和必须等于零，这是符合热力学第一定律的。

采用数值法求解时，必须对物体中每个节点写出式（10-57）类型的表达式，然后联立求解所有节点的温度值。如果节点数目很多，手算是不现实的，最好用计算机求解。

如果边界温度不是已知的，则要写出边界节点的热平衡式，边界节点的热平衡式与式（10-56）形式不同。下面分析给定第三类边界条件的平直边界节点(m, n)的热平衡关系，如图 10.32 所示。从图 10.32 可以看出，边界以外的流体温度 t_∞ 和边界上的表面换热系数 h 已知。节点 (m,n) 的热平衡式（垂直纸面方向取单位长度）是

$$-\lambda \Delta y \frac{t_{m,n}-t_{m-1,n}}{\Delta x} - \lambda \frac{\Delta x}{2}\frac{t_{m,n}-t_{m,n+1}}{\Delta y} -$$

$$\lambda \frac{\Delta x}{2}\frac{t_{m,n}-t_{m,n-1}}{\Delta y} = h\Delta y(t_{m,n}-t_\infty) \quad (10-58)$$

取 $\Delta x = \Delta y$ 的方形网格时，式（10-58）简化为

$$\frac{t_{m,n+1}-t_{m,n-1}}{2}+t_{m-1,n}+\frac{h\Delta x}{\lambda}t_\infty-\left(2+\frac{h\Delta x}{\lambda}\right)t_{m,n}=0$$

$$(10-59)$$

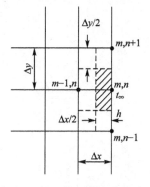

图 10.32 第三类边界条件下平直边界节点的热平衡

这就是第三类边界条件下平直边界节点的基本计算式。其他边界情况可按类似方法求出其相应的基本计算式。值得指出的是，对绝热边界上的节点，只要令 h 等于零就可从式（10-59）中得到相对应的节点计算式。

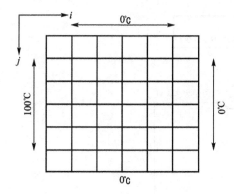

图 10.33 方形物体网格示意图

10.5.2 二维稳态导热计算解题过程

下面选择一个热导率为常量的方形物体作为利用计算机求解二维稳态导热问题例子的具体对象，其横截面如图 10.33 所示，其每边六等分，物体内部共有 25 个节点。已知左边界温度为 100℃，其余三个边界温度均为 0℃。计算任何一个内部节点温度的基本方程式为式（10-56）。计算机对物体内部每个节点逐一按此式进行计算，计算方法采用高斯-赛德尔迭代。开始时物体内部 25 个节点全部赋予假定的温度值 50℃。计算机运算重复进行，直到所有节点相邻两次计算的差值落入规定的精度控制范围为止。这时运算结束，计算机随即打印出各节点的温度值并统计迭代次数。

程序所用信息的意义见表 10-2。计算过程的简要框图如图 10.34 所示。

表 10-2 程序所用信息的意义

信息	意 义	信息	意 义
$T(i,j)$	此刻节点温度	i,j	工作单元——坐标变量
$x(i,j)$	新算出的节点温度	IT	工作单元——统计迭代次数
EPS	精度控制量		

本次求解时，x 和 y 方向各取 6 个增量（$N=6$，$M=6$）。各边界温度分别是：上边界 TTB=0℃，下边界 TBB=0℃，左边界 TLB=100℃，右边界 TRB=0℃。规定的收敛判据是 EPS=0.08，内部节点的初始赋值 IT=50℃。迭代 19 次后达到收敛判据的要求，计算结束。计算结果（小数点后取两位）汇总于表 10-3。

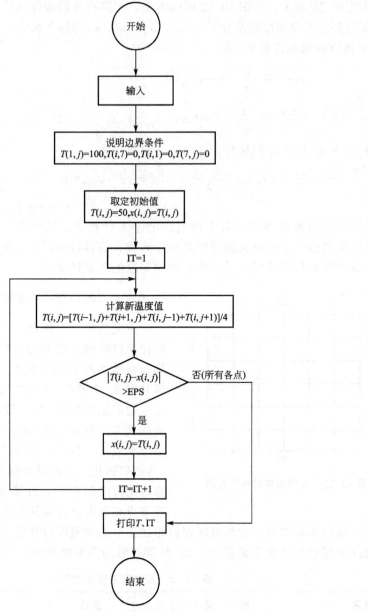

图 10.34 计算过程框图

表 10-3 计算结果

100.00	0.00	0.00	0.00	0.00	0.00	0.00
100.00	46.97	24.71	13.62	7.30	3.19	0.00
100.00	63.08	38.12	22.35	12.30	5.44	0.00
100.00	67.10	42.16	25.24	14.02	6.22	0.00
100.00	63.04	38.06	22.29	12.25	5.41	0.00
100.00	46.93	24.64	13.55	7.25	3.16	0.00
100.00	0.00	0.00	0.00	0.00	0.00	0.00

已知各点的温度值，导入或导出这个方形物体的热流量都可以按下式算出：

$$\Phi = \sum \lambda \Delta x \frac{\Delta t}{\Delta y}$$

应用此公式时，物体的长度，即垂直于图 10.33 所示截面的 z 坐标方向上的长度为单位长度，由于网格为正方形即 $x = m\Delta x$，并且热导率为常量，则上式可简化为

$$\Phi = \lambda \sum \Delta t \tag{10-59}$$

自左边界导入物体的总热流量为

$$\Phi_1 = \lambda \sum_{i=2}^{6}(t_{i,1} - t_{i,2}) = \lambda(53.03 + 36.92 + 32.90 + 36.96 + 53.07) = 212.88\lambda(\mathrm{W})$$

导出物体的总热流量 Φ_2 来源于上、下、右三个边界。

$$\Phi_2 = \lambda\left[\sum_{j=2}^{6}(t_{2,j} - t_{1,j}) + \sum_{j=2}^{6}(t_{6,j} - t_{7,j}) + \sum_{i=2}^{6}(t_{i,6} - t_{i,7})\right]$$

$$= \lambda[(46.97 + 24.71 + 13.62 + 7.30 + 3.19) + (46.93 + 24.64 + 13.55 + 7.25 + 3.16)$$

$$+ (3.19 + 5.44 + 6.22 + 5.41 + 3.16]= 214.74\lambda(\mathrm{W})$$

稳态时，导出和导入的热流量应相等，故可取用两者的平均值，即

$$\Phi = \frac{\Phi_1 + \Phi_2}{2} = 213.81\lambda(\mathrm{W})$$

小　　结

本章讨论了与导热有关的基本概念、基本定律、导热现象的数学描述方法及导热问题的数值解法。

在某一时刻 τ，物体内所有各点的温度分布称为该物体在 τ 时刻的温度场。

在温度场中，温度沿法线方向的温度变化率（偏导数）为温度梯度。

对于物性参数不随方向变化的各向同性物体，傅里叶定律的数学表达式为

$$\boldsymbol{q} = -\lambda \mathrm{grad}t = -\lambda\frac{\partial t}{\partial n}\boldsymbol{n}$$

在直角坐标系中，导热微分方程式的一般表达式为

$$\rho c\frac{\partial t}{\partial \tau} = \left[\frac{\partial}{\partial x}\left(\lambda\frac{\partial t}{\partial x}\right) + \frac{\partial}{\partial y}\left(\lambda\frac{\partial t}{\partial y}\right) + \frac{\partial}{\partial z}\left(\lambda\frac{\partial t}{\partial z}\right)\right] + \dot{\Phi}$$

它建立了导热过程中物体的温度随时间和空间变化的函数关系。

导热微分方程式与单值性条件一起构成了具体导热过程完整的数学描述。

工程实例

为了强化管道的散热，通常方法是在管道外壁焊接肋片，如图 10.35 所示，目的是增加换热面积。肋片常采用热导率大的金属材料。在稳态下的换热量和温度变化可用肋片稳态导热公式计算。

而为了减少管道散热，通常的方法是在管道外铺设保温层，如图 10.36 所示，目的

是增加导热热阻,从而减少换热量。保温层常选用热导率小的保温材料,如泡沫塑料、泡沫玻璃和岩棉等。在稳态下的换热量和温度变化可用多层圆筒壁的稳态导热公式计算。

图 10.35　肋片实物图

图 10.36　管道保温层实物图

思 考 题

1. 写出导热傅里叶定律表达式的一般形式,说明其适用条件及式中各符号的物理意义。
2. 写出直角坐标系三个坐标方向上的傅里叶定律表达式。
3. 为什么导电性能好的金属导热性能也好?
4. 一个具体导热问题的完整数学描述应包括哪些方面?
5. 何为导热问题的单值性条件?它包含哪些内容?
6. 试说明在什么条件下平板和圆筒壁的导热可以按一维导热进行处理。
7. 试用传热学观点说明为什么冰箱要定期除霜。
8. 为什么有些物体要加装肋片?加肋一定会使传热量增加吗?
9. 试说明影响肋片效率的主要因素。
10. 什么是非稳态导热的正规状况阶段?有什么特点?
11. 写出傅里叶数 Fo 及毕渥数 Bi 的表达式,并说明它们的物理意义。
12. 试以第二类边界条件下无限大平板的非稳态导热为例,说明傅里叶数 Fo 及毕渥数 Bi 对平板内温度分布的影响。
13. 什么是非稳态导热的集总参数法?其使用条件是什么?

习 题

10-1　一个冷库的墙由内向外由钢板、矿渣绵和石棉板三层材料构成,各层的厚度分别为 0.8mm、150mm 和 10mm,热导率分别为 45W/(m·K)、0.07W/(m·K) 和 0.1W/(m·K)。冷库内、外气温分别为 -2℃ 和 30℃,冷库内、外壁面的表面热导率分别

为 $2W/(m^2 \cdot K)$ 和 $3W/(m^2 \cdot K)$。为了维持冷库内温度恒定，试确定制冷设备每小时需要从冷库内取走的热量。

10-2 炉墙由一层耐火砖和一层红砖构成，厚度都为 250mm，热导率分别为 $0.6W/(m \cdot K)$ 和 $0.4W/(m \cdot K)$，炉墙内、外壁面温度分别维持 700℃ 和 80℃ 不变。(1)试求通过炉墙的热流密度；(2)如果用热导率为 $0.076W/(m \cdot K)$ 的珍珠岩混凝土保温层代替红砖层，并保持通过炉墙的热流密度及其他条件不变，试确定该保温层的厚度。

10-3 有一炉墙，厚度为 20cm，墙体材料的热导率为 $1.3W/(m \cdot K)$，为使散热损失不超过 $1500W/m^2$，紧贴墙外壁面加一层热导率为 $0.1W/(m \cdot K)$ 的保温层。已知复合墙壁内、外两侧壁面温度分别为 800℃ 和 50℃，试确定保温层的厚度。

10-4 图 10.37 所示为比较法测量材料热导率的装置。标准试件的厚度 $\delta_1 = 15mm$，热导率 $\lambda_1 = 0.15W/(m \cdot K)$；待测试件的厚度 $\delta_2 = 16mm$。试件边缘绝热良好。稳态时测得壁面温度 $t_{w1} = 45℃$，$t_{w2} = 23℃$，$t_{w3} = 18℃$。忽略试件边缘的散热损失，试求待测试件的热导率 λ_2。

10-5 有一个三层的平壁，各层材料热导率分别为常数。已测得壁面温度 $t_{w1} = 600℃$、$t_{w2} = 500℃$、$t_{w3} = 250℃$ 及 $t_{w4} = 50℃$，试比较各层导热热阻的大小并绘出壁内温度分布示意图。

10-6 热电厂有一个外径为 100mm 的过热蒸汽管道（钢管），用热导率为 $\lambda = 0.04W/(m \cdot K)$ 的玻璃棉保温。已知钢管外壁面温度为 400℃，要求保温层外壁面温度不超过 50℃，并且每米长管道的散热损失要小于 160W，试确定保温层的厚度。

10-7 某过热蒸汽管道的内、外直径分别为 150mm 和 160mm，管壁材料的热导率为 $45W/(m \cdot K)$。管道外包两层保温材料：第一层厚度为 40mm，热导率为 $0.1W/(m \cdot K)$；第二层厚度为 50mm，热导率为 $0.16W/(m \cdot K)$。蒸汽管道内壁面温度为 400℃，保温层外壁面温度为 50℃。试求：(1)各层导热热阻；(2)每米长蒸汽管道的散热损失；(3)各层间的接触面温度。

10-8 有一个直径为 d、长度为 l 的细长金属圆杆，其材料的热导率 λ 为常数；圆杆两端分别与温度为 t_1 和 t_2 的表面紧密接触，如图 10.38 所示。杆的侧面与周围流体进行对流换热，表面传热系数为 h，流体的温度为 t_f，$t_f < t_1$ 且 $t_f < t_2$。试写出圆杆内温度场的数学描述。

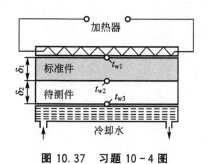

图 10.37 习题 10-4 图

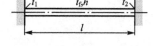

图 10.38 习题 10-8 图

10-9 已知习题 10-8 中的圆杆 $d = 20mm$、$l = 300mm$、$\lambda = 398W/(m \cdot K)$、$t_1 = 200℃$、$t_2 = 100℃$、$t_f = 20℃$，$h = 20W/(m^2 \cdot K)$，试求每小时金属杆与周围流体间的对流换热量。

10-10　测量储气罐内空气温度的温度计套管用钢材制成，热导率 $\lambda=45\text{W}/(\text{m}\cdot\text{K})$，套管壁厚 $\delta=1.5\text{mm}$，长 $H=120\text{mm}$。温度计指示套管的端部温度为 80℃，套管另一端与储气罐连接处的温度为 40℃。已知套管与罐内空气间对流换热的表面传热系数为 $5\text{W}/(\text{m}^2\cdot\text{K})$，试求由于套管导热引起的测温误差。

10-11　同上题，若改用热导率 $\lambda=15\text{W}/(\text{m}\cdot\text{K})$、厚度 0.8mm 的不锈钢套管，其他条件不变，试求其测温误差。

10-12　热电偶的热接点可以近似地看作球形，已知其直径 $d=0.5\text{mm}$、材料的密度 $\rho=8500\text{kg}/\text{m}^3$、比热容 $c=400\text{J}/(\text{kg}\cdot\text{K})$。热电偶的初始温度为 25℃，突然将其放入 120℃ 的气流中，热电偶表面与气流间的表面传热系数为 $90\text{W}/(\text{m}^2\cdot\text{K})$，试求：(1)热电偶的时间常数；(2)热电偶的过余温度达到初始过余温度的 1% 时所需的时间。

10-13　将初始温度为 80℃、直径为 20mm 的紫铜棒突然横置于温度为 20℃、流速为 12m/s 的风道中冷却，5min 后紫铜棒的表面温度降为 34℃。已知紫铜棒的密度 $\rho=8950\text{kg}/\text{m}^3$、比热容 $c=380/(\text{kg}\cdot\text{K})$、热导率 $\lambda=390\text{W}/(\text{m}\cdot\text{K})$，试求紫铜棒表面与气体间对流换热的表面传热系数。

10-14　将一块厚度为 5cm、初始温度为 250℃ 的大钢板突然放置于温度为 20℃ 的气流中，钢板壁面与气流间对流换热的表面传热系数为 $100\text{W}/(\text{m}^2\cdot\text{K})$。已知钢板的热导率 $\lambda=47\text{W}/(\text{m}\cdot\text{K})$、热扩散率 $a=1.47\times10^{-5}\text{m}^2/\text{s}$，试求：(1)5min 后钢板的中心温度和距壁面 1.5cm 处的温度；(2)钢板表面温度达到 150℃ 时所需的时间。

10-15　一个直径为 50mm 的细长钢棒，在加热炉中均匀加热到温度为 400℃ 后突然取出放入温度为 30℃ 的油浴中，钢棒表面与油之间对流换热的表面传热系数为 $500\text{W}/(\text{m}^2\cdot\text{K})$。已知钢棒材料的密度 $\rho=8000\text{kg}/\text{m}^3$、比热容 $c=450\text{J}/(\text{kg}\cdot\text{K})$、热导率 $\lambda=45\text{W}/(\text{m}\cdot\text{K})$，试求：(1)10min 后钢棒的中心和表面温度；(2)钢棒中心温度达到 180℃ 时所需的时间。

第 11 章 对流换热

本章教学要点

知识要点	掌握程度	相关知识
对流换热概述	掌握牛顿冷却公式；理解对流换热的各影响因素；了解对流换热的研究方法	牛顿冷却公式；流动起因，流动状态，流体的物理性质
对流换热的数学描述	理解对流换热微分方程的推导和单值性条件；掌握边界层理论；理解对流换热微分方程的简化方法	连续性微分方程，动量微分方程，能量微分方程；流动及热边界层；数量级分析
流体外掠等温平板层流换热分析解	理解流体外掠等温平板层流分析解；了解其特征方程	流动和热边界层厚度；平均努塞尔数
相似原理	掌握物理现象相似的定义和性质；理解物理现象相似的关系和条件	物理现象相似；努塞尔数；雷诺数；普朗特数
单相流体强迫对流换热特征数关联式	理解管内强迫对流换热；理解外掠壁面强迫对流换热	有限差分法；二维稳态导热计算方法
自然对流换热	理解大空间自然对流换热的特点	自然对流换热的准则数方程；格拉晓夫数
凝结与沸腾换热	理解凝结换热和沸腾换热的特点和规律	膜状凝结；核态沸腾、过渡沸腾、膜态沸腾

导入案例

如图 11.1 所示,摩托车手的膝盖需要特别的保温,目的是防止冷风造成的关节疼痛及关节炎,而其他位置很少需要这种保温措施,通过对流换热中的边界层理论的学习可以很好地了解这么做的原因。

图 11.1 摩托车手膝盖保温

11.1 概 述

对流换热是流体流过固体壁面时,由于两者温度不同所发生的热量传递过程,如图 11.2 所示。对流换热是常见的热传递过程,如人体周围的空气与人体的对流换热,空气与屋面和墙壁的对流换热,冷凝器中水蒸气凝结和冷却水被加热的对流换热等。对流换热热流量都可以用牛顿冷却公式表示。

11.1.1 牛顿冷却公式

牛顿冷却公式计算形式如下:

$$\Phi = Ah(t_w - t_f) \tag{11-1}$$

$$q = h(t_w - t_f) \tag{11-2}$$

式中,h 为整个固体表面的平均表面传热系数;t_w 为固体表面的平均温度;t_f 为流体温度。对于外部绕流(如流体掠过平板、圆管等),t_f 取流体的主流温度,即远离壁面的流体温度 t_∞;对于内部流动(如各种形状槽道内的流动)t_f 取流体的平均温度。

由于沿固体表面换热条件(如固体表面的几何条件、表面温度以及流体的流动状态等)的变化,使局部表面传热系数 h_x,温差 $(t_w - t_f)_x$ 以及热流密度都会沿固体表面发生变化。对于局部对流换热,牛顿冷却公式可表示为

$$q_x = h_x(t_w - t_f)_x \tag{11-3}$$

于是,整个固体表面面积 A 上的总对流换热量可写成

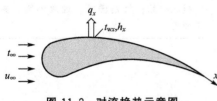

图 11.2 对流换热示意图

$$\Phi = \int_A q_x \mathrm{d}A = \int_A h_x(t_w - t_f)_x \mathrm{d}A \tag{11-4}$$

如果固体表面温度均匀(等壁温边界),壁面各处与流体之间的温差都相同,即$(t_w - t_f)_x = t_w - t_f =$常数,则式(11-4)变为

$$\Phi = (t_w - t_f)\int_A h_x \mathrm{d}A$$

将该式与式(11-1)比较,可以得出固体表面温度均匀条件下平均表面传热系数h与局部表面传热系数h_x之间的关系式,即

$$h = \frac{1}{A}\int_A h_x \mathrm{d}A \tag{11-5}$$

牛顿冷却公式描述了对流换热量与表面传热系数及温差之间的关系,是表面传热系数的定义式,形式虽然简单,但没有揭示表面传热系数与诸影响因素之间的内在联系,只不过把换热过程的一切复杂性和计算上的困难都集中在了表面传热系数上。因此如何确定表面传热系数的大小是对流换热的核心问题和主要任务。

11.1.2 对流换热的影响因素

第9章中已经指出,对流换热是流体的导热和热对流两种基本传热方式共同作用的结果。因此,凡是影响流体导热和热对流的因素都将对对流换热产生影响,归纳起来,主要有以下五个方面。

1. 流动的起因

由于流动起因不同,对流换热可以分为强迫对流换热与自然对流换热两大类。前者是由泵、风机或其他外部动力源所造成的。后者是由流体内部的密度差所引起的。两种流动的成因不同,流体中的速度场也有差别,所以换热规律不一样。

一般来说,自然对流的流速较低,因此自然对流换热通常要比强迫对流换热弱,表面传热系数要小。例如,气体的自然对流换热表面传热系数在$1\sim 10\mathrm{W/(m^2 \cdot K)}$内,而气体的强迫对流换热表面传热系数通常在$10\sim 100\mathrm{W/(m^2 \cdot K)}$内。

2. 流体有无相变

在流体没有相变时对流换热中的热量交换是由于流体显热的变化而实现的,而在有相变的换热过程中(如沸腾或凝结),流体相变热(潜热)的释放或吸收常常起到主要作用,因而传热规律与无相变时不同。

3. 流动的状态

由流体力学已知,流体的流动有层流和湍流两种流态。层流时流体微团沿着主流方向做有规则的分层流动,垂直于流动方向上的量传递主要靠分子扩散(即导热)。而湍流时流体各部分之间发生剧烈的混合,其热量传递除了分子扩散之外,主要靠流体宏观的湍流脉动。因而在其他条件相同时湍流对流换热要比层流对流换热强烈,表面传热系数大。

4. 换热表面的几何因素

这里的几何因素是指换热表面的几何形状、尺寸、换热表面与流体运动方向的相对位置及换热表面的状态(光滑或粗糙)。例如,图11.3(a)所示为强迫对流,其管内强制对流

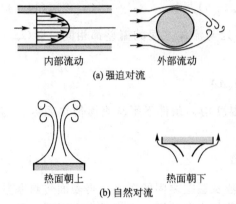

图 11.3 影响对流换热的几何因素示意图

流动与流体横掠圆管的强制对流流动截然不同。前一种是管内流动，属于所谓"内部流动"的范围；后一种是外掠物体流动，属于所谓"外部流动"的范围。这两种不同流动条件下的换热规律必然是不同的。在自然对流领域里，不仅几何形状，几何布置对流动亦有决定性的影响，如图 11.3(b)所示的水平壁，热面朝上散热的流动与热面朝下散热的流动截然不同，它们的换热规律也不一样。

5. 流体的物理性质

流体的物理性质（简称物性）对对流换热影响很大。由于对流换热是导热和对流两种基本传热方式共同作用的结果，所以对导热和对流产生影响的物性都将影响对流换热。在对流换热分析中所涉及的主要物性参数如下。

(1) 热导率 λ，单位为 W/(m·K)
(2) 密度 ρ，单位为 kg/m³。
(3) 比热容 c，单位为 J/(kg·K)
(4) 动力黏度 η，单位为 Pa·s（或运动黏度 $\nu=\dfrac{\eta}{\rho}$，单位为 m²/s）
(5) 体胀系数 α，单位为 K⁻¹。其定义式为

$$\alpha = \frac{1}{v}\left(\frac{\partial v}{\partial t}\right)_p = -\frac{1}{\rho}\left(\frac{\partial \rho}{\partial t}\right)_p$$

对于理想气体，$pv=R_g T$，代入上式可得 $\alpha=1/T$。

流体的热导率 λ 越大，流体导热热阻越小，对流换热越强烈。ρc 反映单位体积流体热容量的大小，其数值越大，通过对流所转移的热量越多，对流换热越强烈。从流体力学已知，流体的黏度影响速度分布与流态（层流还是湍流），自然对对流换热产生影响。体胀系数 α 影响重力场中的流体因密度差而产生的浮升力的大小，因此影响自然对流换热。

综上所述，影响对流换热的因素有很多，表面传热系数是很多变量的函数，一般函数关系式可表示为

$$h = f(u, t_w, t_f, \lambda, \rho, c, \eta, \alpha, l, \psi)$$

式中，l 为换热表面的特征长度，习惯上称为定性尺寸，通常是指对换热影响最大的尺寸，如管内流动时的管内径、横向外掠圆管时的圆管外径等；ψ 为换热表面的几何因素，如形状、相对位置等。

11.1.3 对流换热的主要研究方法

研究对流换热的主要目的之一就是确定不同换热条件下表面传热系数的具体表达式，主要方法有以下四种。

1. 分析法

所谓分析法，是指对描写某一类对流换热问题的偏微分方程及相应的定解条件进行数

学求解，从而获得速度场和温度场分析解的方法。由于数学上的困难，虽然目前只能得到个别简单的对流换热问题的分析解，但是分析解能深刻揭示各个物理量对表面传热系数的依变关系，并且是评价其他方法所得结果的标准与依据，所以本书对于对流换热的数学描述和简单对流换热问题的分析结果进行了简要介绍。

2. 实验法

通过实验获得表面传热系数的计算式仍是目前工程设计的主要依据，因此是初学者必须掌握的内容。为了减少实验次数、提高实验测定结果的通用性，实验测定应当在相似原理指导下进行。可以说，在相似原理指导下的实验研究是目前获得表面传热系数关系式的主要途径，本书将用一定篇幅介绍相似原理及其指导下的实验研究方法。

3. 比拟法

所谓比拟法，是指通过研究动量传递及热量传递的共性或类似特性，来建立表面传热系数与阻力系数间相互关系的方法。应用比拟法，可通过实验测定的阻力系数来获得相应表面传热系数的计算公式。比拟法曾广泛用于求解湍流对流换热问题，但近些年来由于实验法和数值法的发展而很少被应用。

4. 数值法

对流换热的数值法在近 30 年内得到了迅速发展，并将会日益显示出其重要作用。但是由于对流换热控制方程的复杂性，使其数值解法的难度和复杂性也随之加大。有关对流换热问题的数值法本书不做介绍，感兴趣的读者可以参阅相关文献。

目前，分析法、实验法和数值法相结合是科技工作者广泛采用的解决复杂对流换热问题的主要研究方式。

11.2 对流换热的数学描述

11.2.1 对流换热微分方程组及其单值性条件

1. 对流换热微分方程

为简化分析，做下列假设。

(1) 流体为连续性介质。当流体的分子平均自由行程 $\bar{l}$ 与换热固体壁面的特征长度 l 相比非常小，一般克努森数 $Kn=\bar{l}/l \leqslant 10^{-3}$ 时，流体可近似为连续性介质。

(2) 流体的物性参数为常数、无内热源，忽略粘性耗散产生的耗散热。

(3) 流体为不可压缩的牛顿型流体，即切(向)应力与应变之间的关系为线性，遵循牛顿公式 $\tau=\eta\dfrac{\partial u}{\partial y}$。空气、水以及许多工业用油类等流体都属于牛顿型流体，流速低于 $\dfrac{1}{4}$ 声速的流体也都可以近似为不可压缩的流体。少数高分子溶液如油漆、泥浆等不遵守牛顿粘性定律，称为非牛顿型流体。

(4) 二维对流换热，如流体横向流过垂直于纸面方向无限长的平板或柱体，如图 11.4

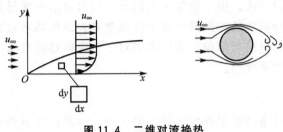

图 11.4 二维对流换热

所示。在直角坐标系中,取边长为 Δx、Δy 和 $\Delta z=1$ 的微元体为研究对象。

当流体流过固体壁面时,在流体为连续性介质的假设条件下,由于粘性力的作用,紧靠壁面处的流体是静止的,无滑移流动,速度为零,因此紧靠壁面处的热量传递只能靠导热。根据导热傅里叶定律知,固体壁面 x 处的局部热流密度为

$$q_x = -\lambda \frac{\partial t}{\partial y}\bigg|_{y=0,x}$$

式中,λ 为流体的热导率。根据牛顿冷却公式

$$q_x = h_x(t_w - t_\infty)_x$$

联立上面两式,可求得局部表面传热系数

$$h_x = -\frac{\lambda}{(t_w - t_\infty)_x} \frac{\partial t}{\partial y}\bigg|_{y=0,x}$$

该式建立了表面传热系数与温度场之间的关系。

式中,t_w 为固体壁面的温度,在流体为连续性介质的假设条件下,t_w 也是紧靠壁面处流体的温度;$\frac{\partial t}{\partial y}\bigg|_{y=0,x}$ 为壁面 x 处 y 方向的流体温度梯度。

如果热流密度、表面传热系数、温度梯度及温差都取整个壁面的平均值,则上式可写成

$$h = -\frac{\lambda}{(t_w - t_\infty)} \frac{\partial t}{\partial y}\bigg|_{y=0} \tag{11-6}$$

由上式可知,要想求得表面传热系数,首先必须求出流体的温度场。而流体的温度场和速度场密切相关。由流体力学可知,流体的速度场是由连续性微分方程和动量微分方程来描写的,而温度场和速度场之间的关系将由能量微分方程描写。因此,描写对流换热的微分方程分为连续性微分方程、动量微分方程和能量微分方程。因为流体力学中已有连续性微分方程、动量微分方程的详尽推导,这里不再重复,只给出推导结果。下面将重点介绍能量微分方程式的推导。

1) 连续性微分方程

连续性微分方程是根据微元体的质量守恒导出的,形式为

$$\frac{\partial u}{\partial x} + \frac{\partial v}{\partial y} = 0 \tag{11-7}$$

式中,u、v 分别是 x、y 方向的速度。

2) 动量微分方程

动量微分方程是根据微元体的动量守恒导出的,结果如下。

x 方向的动量微分方程为

$$\rho\left(\frac{\partial u}{\partial \tau} + u\frac{\partial u}{\partial x} + v\frac{\partial u}{\partial y}\right) = F_x - \frac{\partial p}{\partial x} + \eta\left(\frac{\partial^2 u}{\partial x^2} + \frac{\partial^2 u}{\partial y^2}\right) \tag{11-8}$$

或表示为

$$\rho \frac{Du}{d\tau} = F_x - \frac{\partial p}{\partial x} + \eta \nabla^2 u \tag{11-8a}$$

y 方向的动量微分方程为

$$\rho \left(\frac{\partial v}{\partial \tau} + u \frac{\partial v}{\partial x} + v \frac{\partial v}{\partial y} \right) = F_y - \frac{\partial p}{\partial y} + \eta \left(\frac{\partial^2 v}{\partial x^2} + \frac{\partial^2 v}{\partial y^2} \right) \tag{11-9}$$

或表示为

$$\rho \frac{Dv}{d\tau} = F_y - \frac{\partial p}{\partial y} + \eta \nabla^2 v \tag{11-9a}$$

动量微分方程式表示微元体动量的变化等于作用在微元体上的外力之和。方程式等号左边表示动量的变化，也称为惯性力项；等号右边第一项是体积力（重力、离心力、电磁力等）项，第二项为压力梯度项，第三项为粘性力项。式(11-7)、式(11-8)也称为纳维(N. Navier)-斯托克斯(G. G. Stokes)方程。

3）能量微分方程

能量微分方程是根据微元体的能量守恒导出的。在上述假设条件下，如果不考虑位能和动能的变化，则微元体的能量守恒可表述为：在单位时间内，由导热进入微元体的净热量 $\Delta\Phi_\lambda$ 和由对流进入微元体的净热量 $\Delta\Phi_h$ 之和等于微元体热力学能的增加 $dU/d\tau$，即

$$\Delta\Phi_\lambda + \Delta\Phi_h = \frac{dU}{d\tau} \tag{a}$$

单位时间内由导热进入微元体的净热量已在导热微分方程的推导中得出，即

$$\Delta\Phi_\lambda = \lambda \left(\frac{\partial^2 t}{\partial x^2} + \frac{\partial^2 t}{\partial y^2} \right) dx dy \tag{b}$$

在单位时间内，由对流进入微元体的净热量 $\Delta\Phi_h$ 等于从 x 方向进出微元体的质量所携带的净能量 $\Delta\Phi_{h,x}$ 与从 y 方向进出微元体的质量所携带的净能量 $\Delta\Phi_{h,y}$ 之和，即

$$\Delta\Phi_h = \Delta\Phi_{h,x} + \Delta\Phi_{h,y} \tag{c}$$

参考图 11.5，单位时间从 x 方向进出微元体的质量所携带的净能量为

$$\Delta\Phi_{h,x} = \Phi_{h,x} - \Phi_{h,x+dx} = -\frac{\partial \Phi_{h,x}}{\partial x} dx$$
$$= -\frac{\partial(\rho c_p ut\, dy)}{\partial x} dx = -\rho c_p \frac{\partial(ut)}{\partial x} dx dy \tag{d}$$

同理，从 x 方向进出微元体的质量所携带的净能量为

$$\Delta\Phi_{h,y} = -\rho c_p \frac{\partial(ut)}{\partial y} dx dy \tag{e}$$

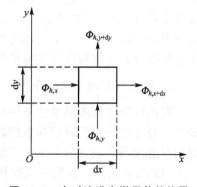

图 11.5　由对流进出微元体的能量

将式(d)、式(e)代入式(c)，可得单位时间内对流进入微元体的净热量为

$$\Delta\Phi_h = -\rho c_p \left[\frac{\partial(ut)}{\partial x} + \frac{\partial(ut)}{\partial y} \right] dx dy \tag{f}$$

单位时间内微元体热力学能的增加为

$$\frac{dU}{d\tau} = \rho c_p \frac{\partial t}{\partial \tau} dx dy \tag{g}$$

将式(b)、式(f)、式(g)代入能量守恒表达式(a)，得

$$\lambda\left(\frac{\partial^2 t}{\partial x^2}+\frac{\partial^2 t}{\partial y^2}\right)\mathrm{d}x\mathrm{d}y-\rho c_p\left[\frac{\partial(ut)}{\partial x}+\frac{\partial(ut)}{\partial y}\right]\mathrm{d}x\mathrm{d}y=\rho c_p\frac{\partial t}{\partial \tau}\mathrm{d}x\mathrm{d}y$$

消去 $\mathrm{d}x\mathrm{d}y$，上式可整理成

$$\rho c_p\left[\frac{\partial t}{\partial \tau}+u\frac{\partial t}{\partial x}+v\frac{\partial t}{\partial y}+t\left(\frac{\partial u}{\partial x}+\frac{\partial v}{\partial y}\right)\right]=\lambda\left(\frac{\partial^2 t}{\partial x^2}+\frac{\partial^2 t}{\partial y^2}\right) \tag{h}$$

根据连续性微分方程

$$\frac{\partial u}{\partial x}+\frac{\partial v}{\partial y}=0$$

式(h)可化简为

$$\rho c_p\left(\frac{\partial t}{\partial \tau}+u\frac{\partial t}{\partial x}+v\frac{\partial t}{\partial y}\right)=\lambda\left(\frac{\partial^2 t}{\partial x^2}+\frac{\partial^2 t}{\partial y^2}\right) \tag{11-10}$$

式(11-10)就是常物性、无内热源、不可压缩牛顿流体二维对流换热的能量微分方程式，也可以改写为

$$\frac{Dt}{\mathrm{d}\tau}=a\nabla^2 t \tag{11-10a}$$

上式对三维对流换热也是适用的。

如果流体静止，则 $u=0$、$v=0$，则能量微分方程式可转化为常物性、无内热源、连续性介质的导热微分方程式：

$$\frac{\partial t}{\partial \tau}=a\nabla^2 t$$

所以，导热微分方程式实质上就是内部无宏观运动物体的能量微分方程式。

以上连续性微分方程式(11-6)、动量微分方程式(11-7)、式(11-8)和能量微分方程式(11-9)共4个微分方程组成了对流换热微分方程组。该方程组中含有 u、v、p、t 共4个未知量，所以方程组是封闭的。原则上，该方程组适用于所有满足上述假设条件的对流换热，既适用于强迫对流换热，也适用于自然对流换热；既适用于层流换热，也适用于湍流换热（湍流时，方程组中的 u、v、p、t 这4个参数都表示瞬时值）。这说明该方程组有无穷多个解。对于一个具体的对流换热过程而言，除了给出微分方程组外，还必须给出单值性条件，才能构成其完整的数学描述。

2. 对流换热的单值性条件

对流换热过程的单值性条件就是使对流换热微分方程组具有唯一解的条件，也称定解条件，是对所研究的对流换热问题的所有具体特征的描述。与导热过程类似，对流换热过程的单值性条件包含以下4个方面。

(1) 几何条件：说明对流换热表面的几何形状、尺寸，壁面与流体之间的相对位置，壁面的粗糙度等。

(2) 物理条件：说明流体的物理性质，如给出热物性参数（λ、ρ、c_p、a 等）的数值及其变化规律等。此外，物体有无内热源以及内热源的分布规律等也属于物理条件的范畴。

一般在提出确定的对流换热问题时，几何条件和物理条件已经给定，只有这样，才能选择合适的坐标系，建立相应的对流换热微分方程。

(3) 时间条件：说明对流换热过程进行的时间上的特点，如是稳态还是非稳态。对于非稳态对流换热过程，还应该给出初始条件，即过程开始时刻的速度场与温度场。

(4) 边界条件：说明所研究的对流换热在边界上的状态（如边界上的速度分布和温度

分布规律)以及与周围环境之间的相互作用。常遇到的主要有以下两类对流换热边界条件。

第一类边界条件给出边界上的温度分布及其随时间的变化规律,即

$$t_w = f(x, y, z, \tau)$$

如果在对流换热过程中固体壁面上的温度为定值,即 $t_w =$ 常数,则称为等壁温边界条件。

第二类边界条件给出边界上的热流密度分布及其随时间的变化规律

$$q_w = f(x, y, z, \tau)$$

因为紧贴固体壁面的流体是静止的,热量传递依靠导热,根据傅里叶定律

$$-\frac{\partial t}{\partial n}\bigg|_w = \frac{q_w}{\lambda}$$

所以第二类边界条件等于给出了边界面法线方向的流体温度变化率,但边界温度未知。如果 $q_w =$ 常数,则称为常热流边界条件。

对流换热无第三类边界条件,因为求解对流换热问题的主要目的之一就是求表面传热系数。

上述对流换热微分方程组和单值性条件构成了对一个具体对流换热过程的完整的数学描述。但是,由于这些微分方程的复杂性,尤其是动量微分方程的高度非线性,使方程组的分析求解非常困难。直到 1904 年,德国科学家普朗特(L. Prandtl)在对粘性流体的流动进行大量实验观察的基础上提出了著名的边界层概念,使微分方程组得以简化,使其分析求解成为可能。

11.2.2 边界层理论与对流换热微分方程组的简化

1. 边界层概念

1) 流动边界层

下面以流体平行外掠平板的强迫对流换热为例,来说明流动边界层的定义、特征及其形成和发展过程。

当连续性粘性流体流过固体壁面时,流体之间由于粘性(其机理为分子间的动量交换)作用产生的粘性力使紧靠壁面的一薄层流体内的速度变化最为显著,紧贴壁面($y=0$)的流体速度为零,随着与壁面距离 y 的增加,u 随着 y 的增加而急剧增大,经过一个薄层后 u 增长到接近主流速度 u_∞,速度梯度 $\frac{\partial u}{\partial y}$ 越来越小,如图 11.6 所示。根据牛顿粘性应力公式 $\tau = \eta \frac{\partial u}{\partial y}$,随着与壁面距离 y 的增加,粘性力的作用也越来越小。这一速度发生明显变化的流体薄层称为流动边界层(或速度边界层)。

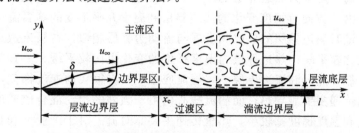

图 11.6 流体外掠平板时流动边界层的形成与发展

通常规定速度达到 $0.99\,u_\infty$ 处的 y 值作为边界层的厚度,用 δ 表示。实测表明,温度为 20℃ 的空气以 $u_\infty=10\text{m/s}$ 的速度掠过平板时,离平板前沿 100mm 和 200mm 处的边界层厚度只有 1.8mm 和 2.5mm。可见,流动边界层的厚度 δ 与流动方向的平板长度 L 相比非常小,相差一个数量级以上。

由于流动边界层的存在,流场分成了两个区:边界层区($0 \leqslant y \leqslant \delta$)和主流区($y > \delta$)。流动边界层是存在速度梯度与粘性力的作用区,是发生动量传递的主要区域;边界层以外的区域称为主流区,在主流区内速度梯度趋近于零,粘性力的作用可以忽略,流体可近似为理想流体。

假设来流是速度均匀分布的层流,平行流过平板。在平板的前沿 $x=0$ 处,流动边界层的厚度 $\delta=0$。随着流体向前流动,由于动量的传递,壁面处粘性力的影响逐渐向流体内部传递,流动边界层越来越厚。但在某一距离 x_c 以前,边界层内的流体呈现层流状态,这段边界层称为层流边界层。随着边界层厚度的增加,边界层边缘处粘性力的影响逐渐减弱,惯性力的影响相对加大,流动变得不稳定。自距离前缘 x_c 处起,流动朝着湍流过渡,最终过渡到旺盛的湍流区(或称为湍流核心)。此时流体质点在沿 x 方向流动的前提下,又附加着紊乱的不规则的垂直于 x 方向的脉动,故称为湍流边界层。在层流边界层和湍流边界层中间存在一段过渡区。在湍流边界内紧靠壁面处,粘性力与惯性力相比占绝对优势,仍然有一薄层流体保持层流,称之为层流底层。层流底层内具有很大的速度梯度,而湍流核心内由于强烈的扰动混合使速度趋于均匀,速度梯度较小。层流底层和湍流核心中间有一层从层流到湍流的过渡层,通常称为缓冲层。

边界层从层流开始向湍流过渡的距离 x_c 称为临界距离,其大小取决于流体的物性、固体壁面的粗糙度等几何因素以及来流的稳定度,由实验确定,通常用称为临界雷诺数的无量纲特征数 $Re_c\left(Re_c=\dfrac{u_\infty x_c}{\nu}\right)$ 给出。对于流体外掠平板的流动,$Re_c=2\times10^5\sim3\times10^6$,一般情况下取 $Re_c=5\times10^5$。

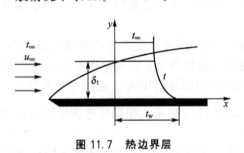

图 11.7 热边界层

2) 热边界层

当温度均匀的流体与它所流过的固体壁面温度不同时,在壁面附近将形成一层温度变化较大的流体层,称为热边界层或温度边界层。如图 11.7 所示,在热边界层内,紧贴壁面的流体温度等于壁面温度 t_w,随着远离壁面,流体温度逐渐接近于主流温度 t_∞。与流动边界层类似,规定流体过余温度 $t-t_w$ 等于主流过余温度 $(t_\infty-t_w)$ 99% 处的壁面距离 y 定义为热边界层的厚度,用 δ_t 表示。这样,以热边界层外缘为界将流体分为两部分:沿 y 方向有温度变化的热边界层和温度几乎不变的等温流动区。

流体纵掠平壁时热边界层的形成和发展与流动边界层相似。在层流边界层内,速度梯度由大到小变化比较平缓;热边界层内温度梯度的变化也比较平缓,垂直于壁面方向上的热量传递主要依靠导热。湍流边界层内,层流底层中具有很大的速度梯度,也具有很大的温度梯度,热量传递主要靠导热;而湍流核心内由于强烈的扰动混合使速度和温度都趋于均匀,速度梯度和温度梯度都较小,热量传递主要靠对流。对于工业上和日常生活中常见流体(液态金属除外)的湍流对流换热,热阻主要在层流底层。

必须指出，热边界层厚度 δ_t 和流动边界层厚度 δ 不能混淆。热边界层厚度由流体中垂直于壁面方向上的温度分布确定，而流动边界层厚度由流体中垂直于壁面方向上的速度分布决定。当壁面温度 t_w 等于流体温度 t_∞ 时，流体沿壁面流动只存在流动边界层，而不存在热边界层。热边界层厚度 δ_t 与流动边界层厚度 δ 既有区别，又有联系。流动边界层的厚度 δ 反映流体分子动量扩散的程度，与运动粘度 ν 有关，在其他条件相同的情况下，ν 值越大，流动边界层越厚；而热边界层厚度 δ_t 反映的是流体分子扩散的程度，与热扩散率 a 有关，在其他条件相同的情况下，a 值越大，热边界层越厚。ν 和 a 具有相同的单位（m^2/s），令 $\dfrac{\nu}{a}=Pr$，Pr 是一个量纲为"1"的特征数，称为普朗特数，其物理意义为流体的动量扩散能力与热量扩散能力之比。

分析结果表明，对于层流边界层，如果热边界层和流动边界层都从平板前缘开始同时形成和发展，Pr 等于 1 的流体，其流动边界层厚度与热边界层厚度大体相等；若 Pr 大于 1，则前者厚于后者；若 Pr 小于 1，则后者厚于前者。

由于对流换热的主要热阻集中在层流边界层中，因此可以根据层流边界层的厚度来判断表面传热系数 h 的变化趋势。以图 11.8 中的流体纵掠平板换热为例，热边界层沿流动方向逐渐增厚，表面传热系数一定逐渐减小，因此板前端的换热要比后端来得强烈，或者说短板的换热性能要优于长板。在工业应用中就可以将一块长板切成若干段，使段与段之间有一定的距离，用以强化对流换热。由此可见，根据热边界层厚度来判断局部表面传热系数 h_x 的变化是很有用的。

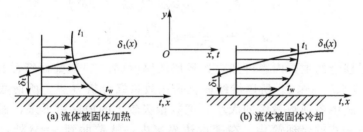

图 11.8 流体被固体加热或冷却时的热边界层

综合以上讨论，可以总结出边界层理论的四个基本要点。

(1) 当粘性流体沿固体表面流动时，流场可划分为边界层区和主流区。在边界层区域内，流速在垂直于壁面的方向上发生剧烈的变化，存在较大的速度梯度；而在主流区，流体的速度梯度几乎等于零，流体可近似为理想流体。热边界层内存在较大的温度梯度，是发生热量扩散的主要区域，热边界层之外的温度梯度可以忽略。

(2) 边界层的厚度（δ、δ_t）与壁面特征长度 l 相比是很小的量。

(3) 根据流动状态，边界层分为湍流边界层和层流边界层。湍流边界层分为层流底层、缓冲层与湍流核心三层。层流底层内的速度梯度和温度梯度远大于湍流核心。

(4) 在层流边界层与层流底层内，垂直于壁面方向上的热量传递主要靠导热。湍流边界层的主要热阻在层流底层。

2. 对流换热微分方程组的简化

根据上述边界层理论的基本内容，分析对流换热微分方程中各项的数量级，忽略高阶小量，可以使对流换热微分方程组得到合理的简化，更容易分析求解。

前面对于常物性、无内热源、不可压缩牛顿流体二维的对流换热问题已给出下列 4 个方程组成的微分方程组。

连续性微分方程式：

$$\frac{\partial u}{\partial x}+\frac{\partial v}{\partial y}=0 \quad (11-7)$$

动量微分方程式：

$$\rho\left(\frac{\partial u}{\partial \tau}+u\frac{\partial u}{\partial x}+v\frac{\partial u}{\partial y}\right)=F_x-\frac{\partial p}{\partial x}+\eta\left(\frac{\partial^2 u}{\partial x^2}+\frac{\partial^2 u}{\partial y^2}\right) \quad (x\text{ 方向}) \quad (11-8)$$

$$\rho\left(\frac{\partial v}{\partial \tau}+u\frac{\partial v}{\partial x}+v\frac{\partial v}{\partial y}\right)=F_y-\frac{\partial p}{\partial y}+\eta\left(\frac{\partial^2 v}{\partial x^2}+\frac{\partial^2 v}{\partial y^2}\right) \quad (y\text{ 方向}) \quad (11-9)$$

能量微分方程式：

$$\rho c_p\left(\frac{\partial t}{\partial \tau}+u\frac{\partial t}{\partial x}+v\frac{\partial t}{\partial y}\right)=\lambda\left(\frac{\partial^2 t}{\partial x^2}+\frac{\partial^2 t}{\partial y^2}\right) \quad (11-10)$$

对于体积力可以忽略的稳态强迫对流换热，$\frac{\partial u}{\partial \tau}=\frac{\partial v}{\partial \tau}=\frac{\partial t}{\partial \tau}=0$，$F_x=F_y=0$，式(11-8)～式(11-10)可以简化为

$$u\frac{\partial u}{\partial x}+v\frac{\partial u}{\partial y}=-\frac{1}{\rho}\frac{\partial p}{\partial x}+\nu\left(\frac{\partial^2 u}{\partial x^2}+\frac{\partial^2 u}{\partial y^2}\right) \quad (11-11)$$

$$u\frac{\partial v}{\partial x}+v\frac{\partial v}{\partial y}=-\frac{1}{\rho}\frac{\partial p}{\partial y}+\nu\left(\frac{\partial^2 v}{\partial x^2}+\frac{\partial^2 v}{\partial y^2}\right) \quad (11-12)$$

$$u\frac{\partial t}{\partial x}+v\frac{\partial t}{\partial y}=a\left(\frac{\partial^2 t}{\partial x^2}+\frac{\partial^2 t}{\partial y^2}\right) \quad (11-13)$$

根据边界层理论的主要内容可知：边界层的厚度（δ、δ_t）与壁面特征长度 l 相比是很小的量，$\delta \ll l$，$\delta_t \ll l$，$y \ll x$。所以继续简化采用数量级分析方法。所谓数量级分析，是指通过比较方程式中各项数量级的大小，把数量级较大的项保留下来，而舍去数量级较小的项，实现方程式的合理简化。在速度边界层内，从壁面到 $y=\delta$ 处，主流方向的流速积分平均绝对值显然远远大于垂直主流方向的流速积分平均绝对值。因而，如果把边界层内 u 的数量级定位为 1，则 v 的数量级必定是一个小量，用符号 δ 表示。采用这样的方法可以做出如表 11-1 所示的分析。至于导数的数量级则可将因变量及自变量的数量级代入导数的表达式而得出。例如，$\frac{\partial t}{\partial x}$ 的数量级为 $\frac{1}{1}=1$，而 $\frac{\partial}{\partial y}\left(\frac{\partial t}{\partial y}\right)$ 的数量级则为 $(1/\delta)/\delta=\frac{1}{\delta^2}$。

表 11-1 温度边界层中物理量的数量级

变量	x（主流方向坐标）	y	u	v	t
数量级	1	δ	1	δ	1

例如，式(11-13)的数量级分析如下。

$$u\frac{\partial t}{\partial x}+v\frac{\partial t}{\partial y}=a\left(\frac{\partial^2 t}{\partial x^2}+\frac{\partial^2 t}{\partial y^2}\right)$$

$$1 \quad \frac{1}{1} \quad \delta \quad \frac{1}{\delta} \quad \frac{1}{1}/1 \quad \frac{1}{\delta}/\delta$$

将热扩散率 a 考虑在内有 $\quad 1 \quad 1 \quad a \quad \frac{a}{\delta^2}$

上述结果表明：要使等号前后的项有相同的数量级，热扩散率 a 必须具有 δ^2 的数量级。实际上，除液态金属外的流体都满足这一分析。同理可得到：$v \ll u$；$\frac{\partial u}{\partial x} \ll \frac{\partial u}{\partial y}$，$\frac{\partial v}{\partial x} \ll \frac{\partial u}{\partial y}$，$\frac{\partial v}{\partial y} \ll \frac{\partial u}{\partial y}$；$\frac{\partial^2 u}{\partial x^2} \ll \frac{\partial^2 u}{\partial y^2}$，$\frac{\partial^2 v}{\partial x^2} \ll \frac{\partial^2 u}{\partial y^2}$，$\frac{\partial^2 v}{\partial y^2} \ll \frac{\partial^2 u}{\partial y^2}$；$\frac{\partial t}{\partial x} \ll \frac{\partial t}{\partial y}$；$\frac{\partial^2 t}{\partial x^2} \ll \frac{\partial^2 t}{\partial y^2}$。

于是，对流换热微分方程组可以简化为

$$\frac{\partial u}{\partial x} + \frac{\partial v}{\partial y} = 0$$

$$u\frac{\partial u}{\partial x} + v\frac{\partial u}{\partial y} = -\frac{1}{\rho}\frac{\partial p}{\partial x} + \nu\frac{\partial^2 u}{\partial y^2} \tag{11-14}$$

$$u\frac{\partial t}{\partial x} + v\frac{\partial t}{\partial y} = a\frac{\partial^2 t}{\partial y^2} \tag{11-15}$$

因为 y 方向的压力变化 $\frac{\partial p}{\partial y}$ 已随同方向动量微分方程一起被忽略，边界层中的压力只沿 x 方向变化，所以 x 方向动量微分方程中的 $\frac{\partial p}{\partial x}$ 需改为 $\frac{\mathrm{d}p}{\mathrm{d}x}$。

可以看到，简化后的方程组只有 3 个方程，但仍然含有 u、v、p、t 等 4 个未知量，方程组不封闭。然而，由于忽略了 y 方向的压力变化，使边界层内压力沿 x 方向变化与边界层外的主流区相同，所以压力 p 可由主流区理想流体的伯努利方程确定。如果忽略位能的变化，伯努利方程的形式为

$$p + \frac{1}{2}\rho u_\infty^2 = 常数 \tag{11-16}$$

于是

$$\frac{\mathrm{d}p}{\mathrm{d}x} = -\rho u_\infty \frac{\mathrm{d}u_\infty}{\mathrm{d}x}$$

将上式代入动量微分方程式(11-14)，得

$$u\frac{\partial u}{\partial x} + v\frac{\partial u}{\partial y} = u_\infty \frac{\mathrm{d}u_\infty}{\mathrm{d}x} + \nu\frac{\partial^2 u}{\partial y^2} \tag{11-17}$$

通常主流速度 u_∞ 给定，这样，式(11-7)与简化后的式(11-15)、式(11-17)构成一个封闭的方程组。对于简单的层流对流换热问题，该方程组可以进行分析求解。

11.3 流体外掠等温平板层流换热分析解

11.3.1 求解结果

对于常物性、无内热源、不可压缩牛顿流体平行外掠等壁温平板层流换热，布拉修斯（H. Blasius）、玻尔豪森（E. Pohlhausen）等人在 20 世纪初用无量纲坐标、无量纲流函

数及无量纲温度将动量微分方程式(11-17)和能量微分方程式(11-15)由偏微分方程转化为常微分方程,并进行了求解。详细的分析求解过程请参考相关文献,这里仅介绍求解结果。

1. 流动边界层厚度

在对流换热微分方程组的分析求解过程中,由边界层动量微分方程和连续性微分方程求出了边界层的速度分布,再由速度分布求出了的流动边界层厚度计算公式:

$$\frac{\delta}{x} = 5.0 Re_x^{-1/2} \tag{11-18}$$

式中,$Re_x = \dfrac{u_\infty x}{\nu}$。

2. 摩擦系数

根据局部粘性切应力公式 $\tau_{w,x} = \eta \dfrac{\partial u}{\partial y}\bigg|_{y=0,x}$ 及局部摩擦系数的定义式 $\tau_{w,x} = c_{f,x} \dfrac{\rho u_\infty^2}{2}$,由边界层的速度分布求出局部摩擦系数:

$$c_{f,x} = 0.664 Re_x^{-1/2} \tag{11-19}$$

整个平板的平均摩擦系数可用下式计算:

$$c_f = \frac{1}{l} \int_0^l c_{f,x} \mathrm{d}x$$

由式(11-19)可以看出,$c_{f,x}$ 与 $x^{-1/2}$ 成正比,因此可以写成 $c_{f,x} = Cx^{-1/2}$,其中 C 为常数。将其代入上式,可得

$$c_f = \frac{1}{l} \int_0^l Cx^{-1/2} \mathrm{d}x = 2Cl^{-1/2} = 2c_{f,l}$$

可见,平板全长的平均摩擦系数 c_f 为平板末端($x=l$)局部摩擦系数 $c_{f,l}$ 的 2 倍。于是由式(11-19)可得

$$c_f = 1.328 Re^{-1/2} \tag{11-20}$$

式中,$Re = \dfrac{u_\infty l}{\nu}$,是以 x 为特征长度的雷诺数。

3. 热边界层厚度

由边界层能量微分方程求出了边界层的温度分布,于是,根据其结果可以确定热边界层的厚度 δ_t。对于 $Pr = 0.6 \sim 15$ 的流体,可近似求得热边界层与流动边界层的厚度之比为

$$\frac{\delta_t}{\delta} = Pr^{-1/3} \tag{11-21}$$

4. 特征数关联式

根据式(11-7),由边界层的温度分布求出局部表面传热系数 h_x,对于 $Pr \geqslant 0.6$ 的流体而言

$$h_x = 0.332 \frac{\lambda}{x} Re_x^{1/2} Pr^{1/3} \tag{11-22}$$

11.3.2 对流换热特征数方程

特征数是由一些物理量组成的量纲为"1"(习惯上称为无量纲)的数。它具有一定的物理意义,表征物理现象或物理过程的某些特点,如非稳态导热过程的毕渥数 Bi 和傅里叶数 Fo。对流换热也有一些特征数,如努塞尔数 Nu、雷诺数 Re、普朗特数 Pr、格拉晓夫数 Gr 等。理论分析表明,对流换热的解可以表示成特征数函数的形式,称为特征数关联式。通过对流换热微分方程的无量纲化或相似分析可以获得对流换热的特征数。

如将式(11-22)改写为

$$\frac{h_x x}{\lambda}=0.332 Re_x^{1/2} Pr^{1/3} \qquad (11-22a)$$

式(11-22a)等号右侧是两个无量纲数,显然等号左侧也必为无量纲数,称为局部努塞尔数 Nu_x,下标 x 表示以当地的几何尺度为特征长度。于是流体外掠等温平板层流换热的分析解可以表示为

$$Nu_x=\frac{h_x x}{\lambda}=0.332 Re_x^{1/2} Pr^{1/3} \qquad (11-22b)$$

这种以特征数表示的对流换热计算关系式成为特征数方程。习惯上又称关联式或准则方程。获得不同换热条件下的特征数方程是研究对流换热的根本任务。

对于等壁温平板,平板全长的平均表面传热系数 h 为

$$h=\frac{1}{l}\int_0^l h_x \mathrm{d}x$$

由式(11-22b)可以看出,h_x 与 $x^{-1/2}$ 成正比,可写成 $h_x=C'x^{-1/2}$(C' 为常数)。将其代入上式得

$$h=\frac{1}{l}\int_0^l C'x^{-1/2}\mathrm{d}x=2C'l^{-1/2}=2h_l \qquad (11-23)$$

结果表明,平板全长的平均表面传热系数 h 是平板末端($x=l$)局部表面传热系数 h_l 的 2 倍。由此可得平均努塞尔数为

$$Nu=\frac{hl}{\lambda}=\frac{2h_l l}{\lambda}=2Nu_l \qquad (11-24)$$

于是由式(11-21)可得

$$Nu=0.664 Re^{1/2} Pr^{1/3} \qquad (11-25)$$

需要指出,上述关系式仅适用于 $Pr \geqslant 0.6$ 的流体外掠等壁温平板层流换热。在应用式(11-22)进行具体计算时,由于流体的物理性质都与温度有关,因此会遇到采用什么温度确定流体物性的问题。这种用以确定特征数中流体物性的温度称为定性温度。对于边界层类型的对流换热,规定采用边界层中流体的平均温度,即 $t_m=(t_w+t_\infty)/2$ 作为定性温度。

【例 11.1】 温度为 30℃ 的空气和水都以 0.5m/s 的速度平行掠过长 250mm、温度为 50℃ 的平板,试分别求出平板末端流动边界层和热边界层的厚度以及空气和水与单位宽度平板的换热量。

解:无论对空气还是水,边界层的平均温度都为

$$t_m = \frac{1}{2}(t_w + t_\infty) = 40℃$$

(1) 对于空气，40℃时物性参数 $\nu = 16.96 \times 10^{-6} \text{m}^2/\text{s}$、$\lambda = 2.76 \times 10^{-2} \text{W}/(\text{m} \cdot \text{K})$、$Pr = 0.699$。在离平板前沿250mm处，雷诺数为

$$Re = \frac{ul}{\nu} = \frac{0.5 \times 25 \times 10^{-3}}{16.96 \times 10^{-6}} = 7.37 \times 10^3$$

边界层为层流，根据式(11-24)，流动边界层的厚度为

$$\delta = 5.0x \cdot Re_x^{-1/2} = 5 \times 250 \times 10^{-3} \times (7.37 \times 10^3)^{-0.5} = 0.0146(\text{m}) = 14.6(\text{mm})$$

由式(11-27)可求出热边界层的厚度为

$$\delta_t = \delta Pr^{-1/3} = 14.6 \times 0.699^{-1/3} = 16.4(\text{mm})$$

可见，空气的热边界层比流动边界层略厚。

整个平板的平均表面传热系数可用式(11-25)计算，即

$$Nu = 0.664 Re^{1/2} Pr^{1/3} = 0.664 \times (7.37 \times 10^3)^{1/2} \times 0.699^{1/3} = 50.6$$

$$h = \frac{\lambda}{l} Nu = \frac{2.76 \times 10^{-2}}{250 \times 10^{-3}} \times 50.6 = 5.6[\text{W}/(\text{m}^2 \cdot \text{K})]$$

1m宽平板与空气的换热量为

$$\Phi = Ah(t_w - t_\infty) = 1 \times 250 \times 10^{-3} \times 5.6 \times (50 - 30) = 28(\text{W})$$

(2) 对于水，40℃时物性参数 $\nu = 0.659 \times 10^{-6} \text{m}^2/\text{s}$、$\lambda = 0.635 \text{W}/(\text{m} \cdot \text{K})$、$Pr = 4.31$。在离平板前沿250mm处，雷诺数为

$$Re = \frac{ul}{\nu} = \frac{0.5 \times 25 \times 10^{-3}}{0.659 \times 10^{-6}} = 1.9 \times 10^5$$

边界层为层流、根据式(11-18)，流动边界层的厚度为

$$\delta = 5.0x \cdot Re_x^{-1/2} = 5 \times 250 \times 10^{-3} \times (1.9 \times 10^5)^{-0.5} = 0.0029(\text{m}) = 2.9(\text{mm})$$

可见，在同样温度及流动条件下，水的流动边界层要比空气的薄。

由式(11-21)可求出热边界层的厚度为

$$\delta_t = \delta Pr^{-1/3} = 2.9 \times 4.31^{-1/3} = 1.8(\text{mm})$$

可见，水的热边界层比流动边界层略薄。

整个平板的平均表面传热系数计算如下。

$$Nu = 0.664 Re^{1/2} Pr^{1/3} = 0.664 \times (1.9 \times 10^5)^{1/2} \times 4.31^{1/3} = 471$$

$$h = \frac{\lambda}{l} Nu = \frac{0.635}{250 \times 10^{-3}} \times 471 = 1196[\text{W}/(\text{m}^2 \cdot \text{K})]$$

1m宽平板与水的换热量为

$$\Phi = Ah(t_w - t_\infty) = 1 \times 250 \times 10^{-3} \times 1196 \times (50 - 30) = 5980(\text{W})$$

11.4 相似原理

通过实验求取对流换热的实用关联式，仍然是传热研究中一个重要而可靠的手段，然而，对于存在着许多影响因素的复杂物理现象而言，要找出众多变量间的函数关系，就必须进行多次实验，而每次实验只改变一个影响因素，其他影响因素保持不变，这样实验的次数十分庞大，以致实际上无法实现。相似原理可以帮助人们克服这种困难。通过相似原

理的运用可以将影响对流换热过程的各种物理量组合成无量纲的综合量。作为新的变量，这种综合量不仅能反映所包含的物理量的单独影响，而且能反映它们之间的内在联系和综合影响，其数目也大大少于影响对流换热的物理量的数目。这样就将研究众多物理量之间的函数关系转变为研究少数几个无量纲综合量之间的函数关系，大大简化了实验研究工作。这种无量纲的综合量就是前面提到的特征数（如 Nu、Re、Pr、St 等），也称为相似特征数。相似原理不仅可以使人们知道如何安排实验、整理实验数据，还告诉人们如何推广应用实验研究结果。所以说，相似原理是指导实验研究的理论。

本节主要介绍相似原理的主要内容及其在对流换热实验研究中的应用。人们如何推广应用实验研究结果。所以说，相似原理是指导实验研究的理论。

相似原理主要包含以下内容：物理现象相似的定义、物理现象相似的性质、相似特征数之间的关系、使用特征数方程式的注意事项及物理现象相似的条件。

1. 物理现象相似的定义

众所周知，任何一个物理现象（或称为物理过程）都由相关的物理量来描述。在物理现象的发生、发展过程中，相关物理量通常都随时间和地点发生变化。换句话说，每一个物理量都有一个随时间和地点变化的物理量场，如对流换热过程的温度场、速度场、物性（λ，η，ρ，$\cdots$）场等。

相似原理所研究的是相似物理现象之间的关系。应该指出，只有同类的物理现象之间才能谈论相似问题。所谓同类物理现象，是指那些有相同形式并具有相同内容的微分方程所描写的现象。例如，强迫对流换热与自然对流换热虽然同属于对流换热，但它们的微分方程有差别，所以不是同类现象。描写电场与温度场的微分方程虽然形式相仿，但内容不同，因此也不是同类现象。对流换热微分方程组既适用于层流换热，也适用于湍流换热，二者具有形式完全相同的微分方程，但由于它们的本质及方程中物理量的内容不一样，所以层流换热与湍流换热也不是同类现象。同类的对流换热过程应具有相同的物理本质、相同的作用力。

那么怎样的同类物理现象是相似的呢？对于两个同类的物理现象，如果在对应瞬间与对应地点上与现象有关的物理量一一对应成比例，则称物理现象相似。

对应瞬间是指时间坐标对应成比例的瞬间，也称为相似时间。例如，图 11.9 所示的两个都以正弦规律变化的温度场，周期分别为 T'、T''，τ_1' 与 τ_1''、τ_2' 与 τ_2''、τ_3' 与 τ_3'' 等分别是对应瞬间的时间坐标，则

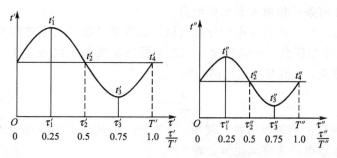

图 11.9　温度变化相似示意图

$$\frac{\tau'_1}{\tau''_1}=\frac{\tau'_2}{\tau''_2}=\frac{\tau'_3}{\tau''_3}=\cdots=\frac{T'}{T''}=C_\tau$$

式中，C_τ 为时间坐标比例常数，或称为时间相似倍数。如果用各自的周期将时间坐标无量纲化，无量纲时间坐标分别为 $\frac{\tau'}{T'}$、$\frac{\tau''}{T''}$，则对应瞬间的无量纲时间坐标分别相等，即

$$\frac{\tau'_1}{T'}=\frac{\tau''_1}{T''}=0.25, \quad \frac{\tau'_2}{T'}=\frac{\tau''_2}{T''}=0.5, \quad \frac{\tau'_3}{T'}=\frac{\tau''_3}{T''}=0.75, \cdots$$

对于稳态过程，无时间相似的问题。

对应地点是指相似过程的空间坐标对应成比例的地点，也称相似地点，常用几何相似表示。几何相似意味着几何体符合全盘放大或缩小的关系。具体地说，就是几何体各对应边应成同一比例。例如，图 11.10 所示半径分别为 R'、R'' 的两根光滑圆管内的稳态等温层流速度场，$1'$ 与 $1''$、$2'$ 与 $2''$、$3'$ 与 $3''$ 等分别为相似地点，对应的几何尺寸分别为 r'_1 与 r''_1、r'_2 与 r''_2、r'_3 与 r''_3 等，则

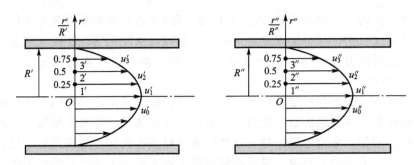

图 11.10　管内层流速度场相似示意图

$$\frac{r'_1}{r''_1}=\frac{r'_2}{r''_2}=\frac{r'_3}{r''_3}=\cdots=\frac{R'}{R''}=\frac{d'}{d''}=\frac{l'}{l''}=C_l$$

式中，C_l 为空间坐标比例常数，或称为几何相似倍数。所以说，相似地点的空间坐标之比等于常数，都等于两个现象的特征长度（如管内径）之比。如果用各自的内半径 R'、R''（或直径 d'、d''）将径向坐标无量纲化，无量纲空间坐标分别为 $\frac{r'}{R'}$、$\frac{r''}{R''}$，则相似地点的无量纲空间坐标分别相等，即

$$\frac{r'_1}{R'}=\frac{r''_1}{R''}=0.25, \quad \frac{r'_2}{R'}=\frac{r''_2}{R''}=0.5, \quad \frac{r'_3}{R'}=\frac{r''_3}{R''}=0.75, \cdots$$

显而易见，只有几何条件相似才有相似地点。

除了以上相似以外，还有速度场分布相似、温度场分布相似及热物性场相似等。如果 φ 为两个相似现象中的任意一个物理量，那么根据物理现象相似的定义，在这两个现象的相似时间和相似地点，φ 值对应成比例，即

$$\frac{\varphi'}{\varphi''}=C_\varphi$$

式中，C_φ 称为物理量 φ 的相似倍数。例如，在图 11.10 所示的两个相似的管内稳态层流速度场中，所有相似地点的速度成比例，即

$$\frac{u'_1}{u''_1}=\frac{u'_2}{u''_2}=\frac{u'_3}{u''_3}=\cdots=\frac{u'_0}{u''_0}=C_u$$

式中，C_u 称为速度相似倍数。上式还可以改写成

$$\frac{u_1'}{u_0'}=\frac{u_1''}{u_0''}, \quad \frac{u_2'}{u_0'}=\frac{u_2''}{u_0''}, \quad \frac{u_3'}{u_0'}=\frac{u_3''}{u_0''}, \cdots$$

式中，$\frac{u'}{u_0'}$、$\frac{u''}{u_0''}$ 分别为两个速度场的无量纲速度。上式说明，两个相似的速度场具有完全相同的无量纲速度场。如果所有的相似倍数都等于1，则说明两个物理现象完全相同。

类似于前面对两个相似速度场的分析，可以得出结论：相似物理现象的所有同名无量纲物理量场完全相同。

2. 物理现象相似的性质

因为和物理现象相关的物理量由描写该物理现象的方程联系在一起，所以相似物理现象的各物理量的相似倍数之间不是相互独立的，它们之间的关系由描写该物理现象的方程来确定，可通过相似分析由相关方程推导出来。

下面以常物性、不可压缩牛顿流体外掠等壁温平板的对流换热相似为例，来分析各物理量的相似倍数之间的关系。

假设对流换热现象 A 与对流换热现象 B 相似，根据物理现象相似的定义，它们必须是同类的对流换热现象，用形式和内容完全相同的方程来描写，并且所有的物理量场必须相似。

对于现象 A $\qquad h_{x'}' = -\frac{\lambda'}{(t_w' - t_\infty')_{x'}} \frac{\partial t'}{\partial y'}\bigg|_{y'=0, x'}$ （a）

对于现象 B $\qquad h_{x''}'' = -\frac{\lambda''}{(t_w'' - t_\infty'')_{x''}} \frac{\partial t''}{\partial y''}\bigg|_{y''=0, x''}$ （b）

由物理量场相似的定义，有

$$\frac{x'}{x''}=\frac{y'}{y''}=\frac{l'}{l''}=C_l（相似地点）$$

$$\frac{h_{x'}'}{h_{x''}''}=\frac{h'}{h''}=C_h, \quad \frac{\lambda'}{\lambda''}=C_\lambda, \quad \frac{t_w'}{t_w''}=\frac{t_\infty'}{t_\infty''}=\frac{t'}{t''}=C_t$$

将上述相似倍数代入式（a），经整理可得

$$\frac{C_h C_l}{C_\lambda} h_{x''}'' = -\frac{\lambda''}{(t_w'' - t_\infty'')_{x'}} \frac{\partial t''}{\partial y''}\bigg|_{y''=0, x''} \qquad (c)$$

因为式（a）和式（b）的形式和内容完全相同，所以式（c）和式（b）也一定完全相同，于是必有

$$\frac{C_h C_l}{C_\lambda}=1$$

上式说明，3个相似倍数之间不是相互独立的，存在着上式所表达的制约关系。

将 $\frac{h_{x'}'}{h_{x''}''}=\frac{h'}{h''}=C_h, \frac{\lambda'}{\lambda''}=C_\lambda, \frac{x'}{x''}=\frac{l'}{l''}=C_l$ 代入上式，经整理后可得

$$\frac{h_{x'}' x'}{\lambda'}=\frac{h_{x''}'' x''}{\lambda''}, \quad \frac{h' l'}{\lambda'}=\frac{h'' l''}{\lambda''}$$

即

$$Nu_{x'}' = Nu_{x''}'', \quad Nu' = Nu''$$

式中，Nu_x、Nu 分别为以 x 作为特征长度的局部努塞尔数和平均努塞尔数。上式表明，

A、B两个对流换热现象相似，努塞尔数相等。

这种由描述物理现象的方程式导出相似特征数的方法称为相似分析。因此，知道描述物理现象的方程式是进行相似分析的必要前提。

采用同样的相似分析方法，可由动量微分方程式(11-17)和能量微分方程式(11-15)导出

$$Re' = Re'', \quad Pr' = Pr''$$

这说明，A、B两个对流换热现象相似，雷诺数和普朗特数相等。

通过上述相似分析可以得出结论：A、B两个常物性、不可压缩牛顿流体外掠等壁温平板的对流换热现象相似，努塞尔数 Nu、雷诺数 Re、普朗特数 Pr 分别相等。这一结论反映了物理现象相似的重要性质——彼此相似的物理现象，同名的相似特征数相等。

每个特征数的物理意义在前面已分别做了说明，现总结如下。

努塞尔数 $Nu = \dfrac{hl}{\lambda}$，表征流体在壁面外法线方向上的平均无量纲温度梯度，其大小反映了对流换热的强弱。需注意努塞尔数 Nu 与毕渥数 Bi 的区别：二者表达式的形式完全相同，但具有不同的物理意义。毕渥数 Bi 表征第三类边界条件下的固体导热热阻与边界处的对流换热热阻之比，表达式中的表面传热系数 h 由第三类边界条件给定，热导率 λ 是固体材料的热导率，特征长度 l 是反映固体导热温度场几何特征的尺度；而努塞尔数 Nu 表达式中的 h 是待定参数，λ 是流体的热导率，l 是反映对流换热固体边界几何特征的尺度，如外掠平板对流换热过程中沿流动方向平板的长度。

雷诺数 $Re = \dfrac{ul}{\nu}$，表征流体惯性力与粘性力的相对大小，Re 越大，惯性力的影响越大。人们通常根据 Re 的大小判断流态。

普朗特数 $Pr = \dfrac{\nu}{a} = \dfrac{\eta c_p}{\lambda}$，是流体的物性特征数，表征流体动量扩散能力与热量扩散能力的相对大小。对于除液态金属外的一般流体，$Pr = 0.6 \sim 4000$。因为液体的动力黏度 η 随温度变化很大，而比热容 c_p 与热导率 λ 随温度的变化很小，所以液体的普朗特数 Pr 随温度的变化规律与动力黏度 η 相似。通常温度升高时，液体的 Pr 迅速减小。气体的 Pr 较小，在 0.6~0.8，并且基本上与温度、压力无关，等于常数。

通过类似的相似分析可知，对于自然对流影响可以忽略的纯强迫对流换热，只涉及3个特征数：Nu、Re、Pr。

3. 相似特征数之间的关系

因为与物理现象有关的所有物理量都由描写物理现象的方程式联系在一起，所以由这些物理量构成的相似特征数之间必然存在着一定的函数关系，这种函数关系就是前面提到的特征数关联式。描写物理现象的微分方程的解可以表示成特征数关联式的形式。这一结论在前面通过将对流换热微分方程无量纲化以及外掠平板层流换热的分析解已得到了证明。

根据物理现象相似的性质，彼此相似物理现象的同名相似特征数相等，所以可得出结论：所有相似的物理现象的解必定用同一个特征数关联式来描写，这意味着，从一个物理现象所获得的特征数关联式适用于与其相似的所有物理现象。

4. 使用特征数方程式的注意事项

本部分只介绍使用较广泛的特征数方程式，其他可参阅有关资料。选择和使用这些特征数方程式时应注意以下几个方面。

(1) 根据对流换热的类型和有关参数的范围选择所需要的特征数方程式。当有关参数已超越特征数方程式的使用范围时，原则上不能把特征数方程式外推后使用。

(2) 对于同一种不可压缩牛顿流体，其物性参数的数值主要随温度变化。在分析计算对流换热时，用来确定物性参数数值的温度称为定性温度。定性温度的取法取决于对流换热的类型，常用的定性温度有流体的平均温度 t_f、壁面温度 t_w 以及流体与壁面的算术平均温度 $(t_w+t_\infty)/2$。

(3) 包含在特征数(准则)中具有代表性的尺度称为特征长度。特征长度必须按规定选取。不同场合的特征长度不同，通常选取对流动情况有决定性影响的尺寸。例如，管内强迫对流时选管道内径 d；纵掠平壁时选流动方向的壁长 l；横掠单管和管束时选管道外径 d_0；非圆管、槽内强迫对流时选当量直径 d_c。d_c 由式(11-26)确定。

$$d_c = \frac{4A_c}{P} \tag{11-26}$$

式中，A_c 为通道的流动截面积(m^2)；P 为流体湿润的流道周长(m)，即湿周。

(4) 强制对流换热准则方程式中计算雷诺数所选用的流速称为特征流速。特征流速必须按规定方式选取。不同场合选用的特征流速不同：纵掠平壁时选用主流速度 u_f；管内强制对流选用管内流体平均温度下的流动截面平均流速；横掠单管时选用主流速度 u_f；横掠管束时选用流体平均温度下的管间最大流速 u_{max}。

(5) 正确选用各种修正系数。由于对流换热的复杂性，实验研究时先将一些次要因素撇开，得出准则方程式，然后再由另外的实验分别单独研究这些次要因素的影响，得到各种相应的修正系数，对方程加以修正。例如管内强迫对流湍流换热，先研究温差 (t_w-t_f) 较小时长直管的表面传热系数。当温差 (t_w-t_f) 较大时用温度修正系数 ε_t 来考虑边界层内温度分布对 h 的影响。还有其他一些修正系数将分别在后面介绍。

5. 物理现象相似的条件

判断现象是否相似的条件是：凡同类现象，如单值性条件相似，同名已定特征数相等，则现象必定相似。

【**例 11.2**】 一根外径 $d=100$mm 的水管横置在高温烟道中，已知水管外壁面温度 $t_w=80℃$，烟气的温度 $t_f=500℃$，烟气的流速 $u=10$m/s，单位长度水管的换热量 $\Phi_l=1.5\times10^4$W/m。假设烟气的各物性参数分别为常数，试问：若将烟气的速度降低为 5m/s，同时水管的外径增加为 $d'=200$mm，并维持 t_w、t_f 不变，这时单位管长的换热量为多少？

解：管外烟气侧强迫对流换热特征数关联式的形式为

$$Nu = f(Re, Pr)$$

根据题意，$u' = \frac{1}{2}u$，$d' = 2d$，物性参数为常数，于是可得

$$Re' = \frac{u'd'}{\nu} = \frac{ud}{\nu} = Re, \quad Pr' = Pr$$

烟气流速和管径改变后的对流换热与改变前的对流换热完全相似，根据相似理论或直接由特征数关联式可得

即
$$Nu' = Nu$$

$$\frac{h'd'}{\lambda} = \frac{hd}{\lambda}$$

由此可得
$$h' = \frac{d}{d'}h = \frac{1}{2}h$$

根据牛顿冷却公式
$$\Phi'_l = \pi d' h'(t_f - t_w) = \pi \cdot 2d \cdot \frac{1}{2}h(t_f - t_w) = \Phi_l = 1.5 \times 10^4 \,(\text{W/m})$$

*11.5 单相流体强迫对流换热特征数关联式

对于工程上常见的绝大多数单相流体的对流换热问题，经过科技工作者多年的理论分析与实验研究，均获得了计算表面传热系数的特征数关联式。这些关联式的准确性已在大量的工程应用中得到了进一步的验证。本节重点介绍几种典型的单相流体对流换热过程及其特征数关联式，主要有管内强迫对流换热和外掠壁面强迫对流换热。

熟悉它们的特点及影响因素，并且掌握利用特征数关联式进行对流换热计算的方法，对于一般的传热工程设计具有重要的实用价值。

11.5.1 管内强迫对流换热

单相流体管内强迫对流换热是工业上和日常生活中最常见的换热现象，如各类热水、蒸汽管道内的对流换热以及各类换热器管内的对流换热等。

1. 管内强迫对流换热的流动和换热特征

在管内做强制对流换热的流体进入管道后，在管壁周围便开始形成层流边界层并逐渐加厚。随着边界层的发展，它可以直接充满整个管道，如图 11.11(a)所示；或者流态发生转变，以湍流边界层充满管道，如图 11.11(b)所示。不论是层流边界层还是湍流边界层，充满管道以后，流动就已达到充分发展阶段，其中的流速分布完全定型。在充分发展段中，速度边界层厚度 $\delta = d/2$。从管道入口到速度边界层充满管道的截面为止，这段距离称为流动入口段。流动入口段是速度边界层的形成和发展阶段。

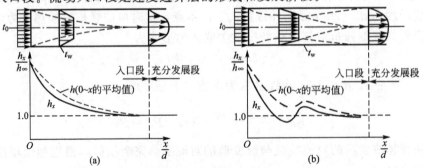

图 11.11 管内局部及平均表面传热系数的沿程变化图

流动充分发展段中，管内流体是层流还是湍流可用管截面平均流速计算的 Re 来表示。对于工业和日常生活中常用的一般光滑管道：当 $Re=\dfrac{u_m d}{\nu}\leqslant 2300$ 时，流态为层流；当 $2300<Re<10^4$ 时，流态为由层流到湍流的过渡阶段；当 $Re>10^4$ 时，流态为旺盛湍流。但要注意，这种根据 Re 的大小范围判断流态的方法不是对所有管内流动都适用的，只是常用一般光滑管道的测量结果。

当流体温度 t_f 不等于管壁温度 t_w 时，流体与管壁之间会发生对流换热。流体进入管入口后，在形成流动边界层的同时，也形成热边界层，并不断发展加厚，直至充满整个管道，形成换热的充分发展段。

在层流边界层中，由于流体与壁面之间的对流换热主要依靠导热，所以如图 11.11(a) 所示，可以用层流边界层的厚度来定性判断局部表面传热系数 h_x 沿换热面的变化。在管道进口附近，h_x 最大。随着边界层的加厚，导热热阻逐渐增大，h_x 逐渐减小，直至充分发展段开始趋近于一个定值。

在湍流边界层中，由于层流底层以外强烈的湍流脉动与混合使换热强化，因此，一般平均传热系数 h 要比层流边界层大得多。其局部传热系数 h_x 沿换热面的变化过程表示在图 11.11(b) 中。在入口段，h_x 由最大值开始一直下降到最小值，由于边界层由层流转变为湍流，于是 h_x 便迅速变为另一个较大值，然后随着湍流边界层的发展逐渐趋向稳定的过程，h_x 稍有下降，等到湍流边界层发展定型以后，h_x 不再变化。

2. 管内强迫对流换热特征数关联式

1) 层流换热

对常物性流体在光滑管道内充分发展的层流换热进行了大量的理论分析工作。表 11-2 给出了几种横截面形状的管道的分析结果。

表 11-2 截面形状不同的管道内充分发展层流换热的努塞尔数 Nu 和阻力系数 f

截面形状	$Nu=\dfrac{hd_e}{\lambda}$		$f\cdot Re\left(Re=\dfrac{u_m d_e}{\nu}\right)$
	常热流边界	等壁温边界	
圆形	4.36	3.66	64
等边三角形	3.11	2.47	53
正方形	3.61	3.98	57
正六边形	4.00	3.34	60
长方形（长 a、宽 b）：			
$a/b=2$	4.12	3.39	62
$a/b=3$	4.79	3.96	69
$a/b=4$	5.33	4.44	73
$a/b=8$	6.49	5.60	82
$a/b=\infty$	8.24	7.54	96

由表中数值可以看出，常物性流体管内充分发展的层流换热具有以下特点：

(1) Nu 的数值为常数，大小与 Re 无关。

(2) 对于同一种截面的管道，常热流边界条件下的 Nu 比等壁温边界条件高 20% 左右。

表中雷诺数 $Re=\dfrac{u_m d_e}{\nu}$ 中的速度 u_m 为管内流体平均流速。对于非圆形截面管道，采用式(11-26)计算。

如果管子较长，则进口段的影响很小，可以直接利用表中的数值进行计算。如果管子较短，则进口段的影响不能忽略，推荐采用席德和塔特(Sieder and Tate)提出的公式计算等壁温管内层流换热的平均努塞尔数 Nu_f，公式如下：

$$Nu_f = 1.86\left(Re_f Pr_f \dfrac{d}{l}\right)^{1/3}\left(\dfrac{\eta_f}{\eta_w}\right)^{0.14} \quad (11-27)$$

此式的适用条件为

$$0.48 < Pr_f < 16700$$

$$0.0044 < \dfrac{\eta_f}{\eta_w} < 9.75$$

$$\left(Re_f Pr_f \dfrac{d}{l}\right)^{1/3}\left(\dfrac{\eta_f}{\eta_w}\right)^{0.14} \geq 2$$

式中，下标 f 表示定性温度为流体的平均温度 t_f，但 η_w 必须按壁面温度 t_w 确定。

表 11-2 中的数值及关联式(11-27)适用于不考虑自然对流影响的纯强迫对流层流换热。

2) 湍流换热

对于流体与管壁温度相差不大(例如，对于气体 $\Delta t = t_w - t_f < 50$℃；对于水，$\Delta t < 30$℃；对于油，$\Delta t < 10$℃)的情况，可采用迪图斯和贝尔特(Dittus and Boelter)于 1930 年提出的公式：

$$Nu_f = 0.023 Re_f^{0.8} Pr_f^n \quad (11-28)$$

适用条件

$$0.7 \leq Pr_f \leq 160, \quad Re_f \geq 10^4, \quad l/d \geq 60$$

对于流体与管壁温度相差较大，流体物性场不均匀性影响较大的情况，可采用席德和塔特于 1936 年提出的公式：

$$Nu_f = 0.027 Re_f^{0.8} Pr_f^{1/3}\left(\dfrac{\eta_f}{\eta_w}\right)^{0.14} \quad (11-29)$$

适用条件

$$0.7 \leq Pr_f \leq 16700, \quad Re_f \geq 10^4, \quad l/d \geq 60$$

以上两个公式适用于一般的光滑管道，对常热流和等壁温边界条件都适用，是形式比较简单的计算管内湍流换热的特征数关联式。但由于提出年代较早，实验数据的偏差较大(达 25%)，因此精确度不高，可用于一般的工程计算。

格尼林斯基(Gnilinski)于 1976 年提出了精度较高的计算光滑管内充分发展的湍流换热半经验公式：

$$Nu_f = \dfrac{(f/8)(Re_f - 1000)Pr}{1 + 12.7(f/8)^{1/2}(Pr_f^{2/3} - 1)}\left[1 + \left(\dfrac{d}{l}\right)^{2/3}\right]c_t \quad (11-30)$$

适用条件
$$0.5 \leqslant Pr_f \leqslant 2000, \quad 2300 \leqslant Re_f \leqslant 5 \times 10^6$$

式中，阻力系数可采用贝图霍夫(Petukhov)公式计算：
$$f = (0.79 \ln Re_f - 1.64)^{-2}$$

对于气体 $\qquad c_t = \left(\dfrac{T_f}{T_w}\right)^{0.45}, \quad 0.5 \leqslant \dfrac{T_f}{T_w} \leqslant 1.5$

对于液体 $\qquad c_t = \left(\dfrac{Pr_f}{Pr_w}\right)^{0.11}, \quad 0.05 \leqslant \dfrac{Pr_f}{Pr_w} \leqslant 20$

将式(11-30)分别用于气体和液体，可以得到下面进一步简化的公式：
对于气体
$$Nu_f = 0.0214(Re_f^{0.8} - 100)Pr_f^{0.4}\left[1 + \left(\dfrac{d}{l}\right)^{2/3}\right]\left(\dfrac{T_f}{T_w}\right)^{0.45} \qquad (11-31)$$

适用条件
$$0.6 < Pr_f < 1.5, \quad 0.5 < \dfrac{T_f}{T_w} < 1.5, \quad 2300 < Re_f < 10^6$$

对于液体
$$Nu_f = 0.012(Re_f^{0.87} - 280)Pr_f^{0.4}\left[1 + \left(\dfrac{d}{l}\right)^{2/3}\right]\left(\dfrac{Pr_f}{Pr_w}\right)^{0.11} \qquad (11-32)$$

适用条件
$$1.5 < Pr_f < 500, \quad 0.05 < Pr_f/Pr_w < 20, \quad 2300 < Re_f < 10^6$$

从适用条件可见，式(11-30)～式(11-32)不仅适用于管内旺盛湍流换热，也适用于从层流到湍流之间的过渡流换热。

11.5.2 外掠壁面强迫对流换热

下面根据壁面几何形状的不同，分别介绍工程上常见的流体外掠平板、横掠单管与管束的对流换热。

1. 外掠平板

1) 层流换热

如果来流是速度均匀分布的层流，平行流过平板，则在距平板前缘的一段距离之内($Re_x \leqslant 5 \times 10^5$)形成层流边界层。对于流体外掠平板的层流换热，理论分析已经相当充分，所得结论和实验结果非常吻合。

如果从平板前缘($x = 0$)就开始换热，可采用11.3节中介绍的公式计算局部表面传热系数和平均表面传热系数。

$0.5 \leqslant Pr \leqslant 1000$ 的流体沿等壁温平板的层流换热，可采用式(11-22b)、式(11-25)计算，即
$$Nu_x = 0.332 Re_x^{1/2} Pr^{1/3}$$
$$Nu = 0.664 Re^{1/2} Pr^{1/3}$$

$0.5 \leqslant Pr \leqslant 1000$ 的流体沿常热流平板的层流换热，可采用式(11-33)和式(11-34)计算，即
$$Nu_x = 0.453 Re_x^{1/2} Pr^{1/3} \qquad (11-33)$$

$$Nu = 0.680 Re^{1/2} Pr^{1/3} \tag{11-34}$$

流体外掠平板层流边界层的厚度和摩擦系数可以采用式(11-18)计算,即

$$\frac{\delta}{x} = 5.0 Re_x^{-1/2}$$

如果从平板前缘($x=0$)就开始换热,则热边界层的厚度可用式(11-21)计算,即

$$\frac{\delta_t}{\delta} = Pr^{-1/3}$$

该式适用于 $0.6 \leqslant Pr \leqslant 15$。

层流边界层的局部摩擦系数可用式(11-19)计算,即

$$c_{f,x} = 0.664 Re_x^{-1/2}$$

平均摩擦系数用式(11-20)计算,即

$$c_f = 2c_{f,x} = 1.328 Re^{-1/2}$$

2) 湍流换热

当 $Re_x > 5 \times 10^5$ 时,边界层由层流过渡到湍流。根据动量传递与热量传递之间的比拟关系式,即

$$St_x Pr^{2/3} = \frac{c_{f,x}}{2}$$

当 $5 \times 10^5 < Re_x < 10^7$ 时,湍流边界层的局部摩擦系数为

$$c_{f,x} = 0.0592 Re_x^{-1/5} \tag{11-35}$$

代入式(11-34),可得湍流边界层内局部表面传热系数的计算关联式

$$Nu_x = 0.0296 Re_x^{4/5} Pr^{1/3} \tag{11-36}$$

适用条件

$$t_w = 常数, \quad 0.6 < Pr < 60, \quad 5 \times 10^5 < Re_x < 10^7$$

对于常热流平板,湍流边界层内的局部努塞尔数比等壁温情况高约4%,为

$$Nu_x = 0.0308 Re_x^{4/5} Pr^{1/3} \tag{11-37}$$

如果流体掠过等壁温平板时先形成层流边界层后再过渡到湍流边界层,则整个平板的平均表面传热系数可按下式计算。

$$h = \frac{1}{l} \left(\int_0^{x_c} h_{x,l} dx + \int_{x_c}^{l} h_{x,t} dx \right)$$

如果从层流边界层向湍流边界层过渡的临界雷诺数为 $Re_{x,c} = 5 \times 10^5$,则可从式(11-21)和式(11-36)中分别解出层流段的局部表面传热系数 $h_{x,l}$ 和湍流段的局部表面传热系数 $h_{x,t}$,代入上式,经运算整理后可得

$$Nu = (0.037 Re^{4/5} - 871) Pr^{1/3} \tag{11-38}$$

适用条件

$$t_w = 常数, \quad 0.6 < Pr < 60, \quad 5 \times 10^5 < Re_x < 10^7$$

对于流体外掠平板的强迫对流换热,牛顿冷却公式 $q = h(t_w - t_f)$ 中的 t_f 为流体的主流温度,即边界层之外的流体温度 t_∞。上述关联式中物性参数的定性温度为边界层的算术平均温度 $t_m = \frac{1}{2}(t_w + t_\infty)$。

2. 横掠单管

由流体力学可知,当流体横向(与轴线垂直)流过单根圆管或圆柱体的表面时,其流动

状态取决于雷诺数 $Re=\dfrac{u_\infty d}{\nu}$ 的大小，见表 11-3。

表 11-3 流体横掠单管时的流动状态

雷诺数 Re	流体横掠单管简图	流体状态描述
$Re<5$	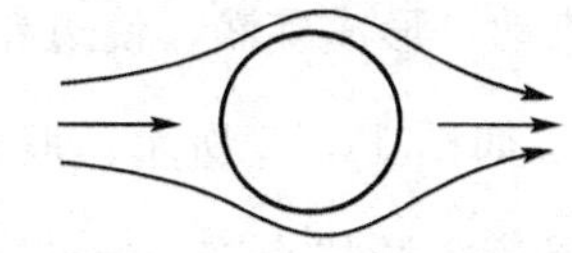	不脱体
$5<Re<40$	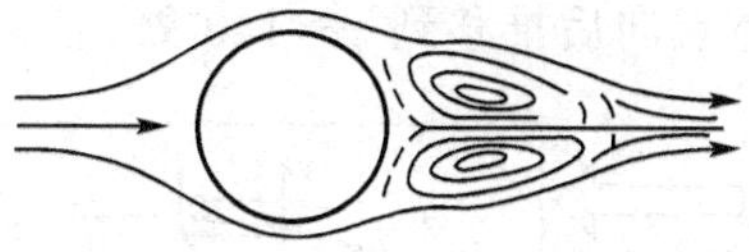	开始脱体，尾流出现涡
$40<Re<150$		脱体，尾流形成层流涡街
$150<Re<3\times10^5$	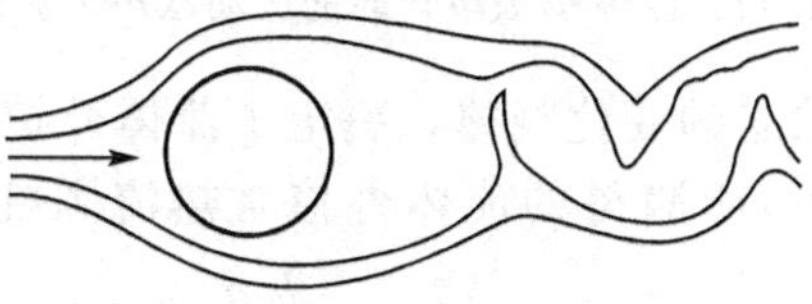	脱体前边界层保持层流，湍流涡街
$3\times10^5<Re<3.5\times10^6$	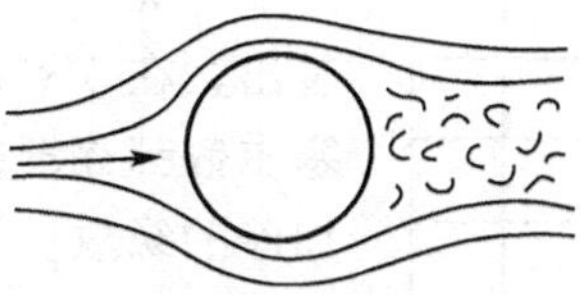	边界层从层流过渡到湍流再脱体，尾流湍乱、变窄
$Re>3.5\times10^6$	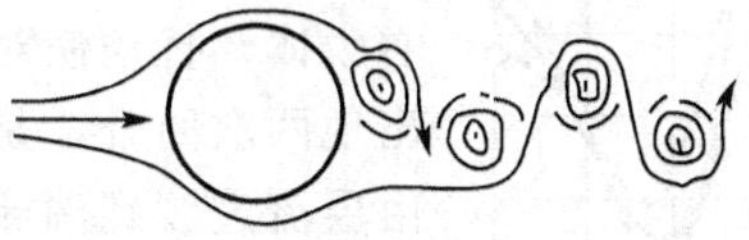	再次出现湍流涡街，但比第四种情况狭窄

大量实验观察结果表明，如果 $Re<5$，则流体平滑、无分离地流过圆柱表面；如果 $Re>5$，则流体在绕流圆柱体时会发生边界层脱体现象，形成旋涡。这种脱体现象是由粘性流体流过圆柱体时流速和压力的变化造成的，可以定性解释如下。

当流体流过圆柱体时，边界层之外的流体可看作理想流体。根据理想流体的伯努利方程

$$p+\frac{\rho u_\infty^2}{2}=常数$$

沿流动方向微分，可得

$$\frac{\mathrm{d}p}{\mathrm{d}x}=-\rho u_\infty \frac{\mathrm{d}u_\infty}{\mathrm{d}x} \tag{11-39}$$

在圆柱体的前半部分，沿流动方向流通截面减小，流速增加，压力降低，即 $\dfrac{\mathrm{d}u_\infty}{\mathrm{d}x}>0$，

$\dfrac{\mathrm{d}p}{\mathrm{d}x}<0$，压力位能转变为动能；在圆柱体的后半部分，由于流通截面增加，流速降低，压力增加，即 $\dfrac{\mathrm{d}u_\infty}{\mathrm{d}x}<0$，$\dfrac{\mathrm{d}p}{\mathrm{d}x}>0$，流体克服压力的增加向前流动，动能转变力压力位能。由于粘性力的作用，边界层内靠近壁面处流体的流速较低，当其动量不足以克服压力的增加保持向前流动时，就会产生反方向的流动，形成旋涡，使边界层离开壁面，即发生所谓的脱体现象。在脱体点 O，$\left(\dfrac{\partial u}{\partial y}\right)_{y=0}=0$，如图 11.12 所示。脱体点的位置取决于 Re 的大小：当 $5<Re<1.2\times10^5$ 时，边界层为层流，脱体点在 $\varphi\approx80°\sim85°$ 处；当 $Re>1.2\times10^5$ 时，边界层从层流转变为湍流，脱体点向后推移到 $\varphi\approx140°$ 处。

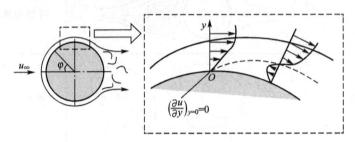

图 11.12　流体横掠单管时的流动状态示意图

流体沿圆柱体表面流动状态的变化规律，决定了流体外掠圆柱体时对流换热的特点。图 11.13 所示的是吉特（Giedt）所测得的流体外掠常热流圆柱体表面时的局部努塞尔数 $Nu_\varphi=\dfrac{h_\varphi d}{\lambda}$ 随角度 φ 的变化曲线。从图中可以看出，在 $0°<\varphi<80°\sim100°$ 的范围内，局部努塞尔数都逐渐减小，这是由于层流边界层逐渐加厚的缘故。下面两条曲线在 $80°$ 左右开始回升，是由于雷诺数较低时层流边界层在 $80°$ 左右脱体，扰动使对流换热增强。上面三条曲线出现两次回升，是由于雷诺数较高时边界层先由层流过渡到湍流，然后在 $\varphi\approx140°$ 处脱体。

对于流体横掠圆柱体的对流换热，茹考思卡斯（A. A. Zhukauskas）推荐用下面的关联式计算平均表面传热系数：

$$Nu=CRe^nPr^m(Pr/Pr_w)^{1/4} \qquad (11-40)$$

式（11-40）的适用范围为 $0.7<Pr<500$，$1<Re<10^6$。式中，除 Pr_w 的定性温度为壁面温度 t_w 外，其他物性的定性温度为主流温度 t_∞，特征长度为圆柱体直径 d，雷诺数中的速度为主流速度 u_∞。对于 $Pr\leqslant10$ 的流体，$m=0.37$；对于 $Pr>10$ 的流体，$m=0.36$。该式中常数 C 和 n 的数值列于表 11-4 中。

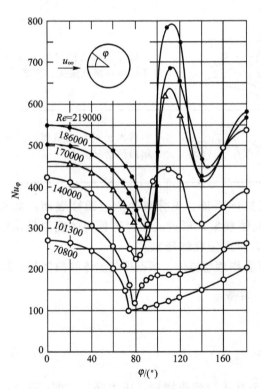

图 11.13　局部努塞尔数随角度的变化

表 11-4　式(11-40)中常数 C 和 n 的数值

Re	C	n	Re	C	n
1～40	0.75	0.4	10^3～2×10^5	0.26	0.6
40～1000	0.51	0.5	2×10^5～10^6	0.076	0.7

式(10-40)仅适用于流体流动方向与圆柱体轴向夹角(称为冲击角)$\psi=90°$的情况。如果 $\psi<90°$，则对流换热将减弱。当 $\psi=30°$～$90°$时，可在式(11-40)的右边乘以一个修正系数 ε_ψ 来计算平均表面传热系数。ε_ψ 可用式(11-41)近似计算。

$$\varepsilon_\psi=1-0.54\cos^2\psi \tag{11-41}$$

3. 横掠管束

工业上许多换热设备都是由多根管子组成的管束构成的，一种流体在管内流过，另一种流体在管外横向掠过管束。当流体外掠管束时，除 Re、Pr 之外，管束的排列方式、管间距以及管排数对流体和管外壁面之间的对流换热都会产生影响，管束的排列方式通常有顺排与叉排两种，如图 11.14 所示。这两种排列方式各有优缺点：叉排管束对流体的扰动比顺排剧烈，因此对流换热更强；但顺排管束的流动阻力比叉排小，管外表面的污垢比较容易清洗。由于管束中后排管的对流换热受到前排管尾流的影响，所以后排管的平均表面传热系数要大于前排，这种影响一般要延伸到10 排以上。

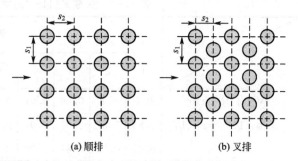

图 11.14　管束的排列方式

对于流体外掠管束的对流换热，茹考思卡斯汇集了大量实验数据，总结出计算管束平均表面传热系数的关联式为

$$Nu_f=CRe_f^m Pr_f^{0.36}\left(\frac{Pr_f}{Pr_w}\right)^{0.25}\varepsilon_n \tag{11-42}$$

该式的适用范围为 $1<Re_f<2\times10^6$、$0.6<Pr_f<500$。式中，除 Pr_w 采用管束平均壁面温度 t_w 下的数值外，其他物性参数的定性温度为管束进出口流体的平均温度 t_f。Re_f 中的流速采用管束最窄流通截面处的平均流速。常数 C 和 m 的值见表 11-5。ε_n 为管排数的修正系数，其数值见表 11-6。

表 11-5　关联式(11-42)中常数 C 和 m 的数值

	Re_f	C	m
顺排	1～10^2	0.9	0.4
	10^2～10^3	0.52	0.5
	10^3～2×10^5	0.27	0.63

(续)

	Re_f	C	m
叉排	$2\times10^5 \sim 2\times10^6$	0.033	0.8
	$1\sim 5\times10^2$	1.04	0.4
	$5\times10^2 \sim 10^3$	0.7	0.5
	$10^3 \sim 2\times10^5$:		
	$\frac{s_1}{s_2}\leqslant 2$	$0.35\left(\frac{s_1}{s_2}\right)^{0.2}$	0.6
	$\frac{s_1}{s_2}>2$	0.4	0.6
	$2\times10^5 \sim 2\times10^6$	$0.31\left(\frac{s_1}{s_2}\right)^{0.2}$	0.8

表 11-6　关联式(11-42)中的管排修正系数 ε_n

	管排数修正系数 ε_n									
	1	2	3	4	5	7	9	10	13	15	$\geqslant 16$
顺排：$Re_f > 10^3$	0.7	0.8	0.86	0.91	0.93	0.95	0.97	0.98	0.99	0.994	1.0
叉排：$10^2 < Re_f < 10^3$	0.83	0.87	0.91	0.94	0.95	0.97	0.98	0.984	0.993	0.996	1.0
$Re_f > 10^3$	0.62	0.76	0.84	0.90	0.92	0.95	0.97	0.98	0.99	0.997	1.0

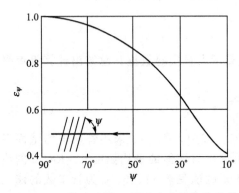

图 11.15　修正系数 ε_ψ 随冲击角的变化曲线

式(11-42)仅适用于流体流动方向与管束垂直，即冲击角 $\psi=90°$ 的情况。如果 $\psi<90°$，则对流换热将减弱，此时可在式(11-41)的右边乘以一个修正系数 ε_ψ 来计算管束的平均表面传热系数。修正系数 ε_ψ 随冲击角的变化曲线如图 11.15 所示。

如果冲击角 $\psi=0°$，即流体纵向流过管束，可按管内强迫对流换热用公式计算，特征长度取管束间流通截面的当量直径 d_e。

【例 11.3】　在一个冷凝器中，冷却水以 1m/s 的流速流过内径为 10mm、长度为 3m 的铜管，冷却水的进、出口温度分别为 15℃ 和 65℃，试计算管内的表面传热系数。

解：由于管子细长，l/d 较大，可以忽略进口段的影响。冷却水的平均温度为

$$t = \frac{1}{2}(15+65) = 40℃$$

从附录 A-22 水的物性表中可查得

$$\lambda_f = 0.635 \text{W}/(\text{m}\cdot\text{K}),\quad \nu = 0.659\times10^{-6}\text{m}^2/\text{s},\quad Pr_f = 4.31$$

管内雷诺数为

$$Re_\mathrm{f} = \frac{ud}{\nu} = \frac{1 \times 10 \times 10^{-3}}{0.659 \times 10^{-6}} = 1.52 \times 10^4$$

管内流动为旺盛湍流。运用式(11-28)得

$$Nu_\mathrm{f} = 0.023 Re_\mathrm{f}^{0.8} Pr_\mathrm{f}^{0.4} = 0.023 \times (1.52 \times 10^4)^{0.8} \times 4.31^{0.4} = 91.4$$

所以

$$h = \frac{\lambda_f}{d} Nu_\mathrm{f} = \frac{0.635}{10 \times 10^{-3}} \times 91.4 = 5804 [\mathrm{W/(m^2 \cdot K)}]$$

*11.6　自然对流换热

本书只讨论最常见的在重力场中的自然对流换热，当流体与温度不同的壁面直接接触时，在壁面附近的流体由于换热会产生温度的变化，进而引起密度的变化。在密度变化形成的浮升力的驱动下，流体沿壁面流动，这种流动称为自然对流，如不安装强制冷却装置的电器设备元器件的散热，以及对人类生活环境有重大影响的大气环流等。自然对流换热不消耗动力，在工业上和日常生活中发挥着重要作用。

在大多数情况下，只要固体表面和所接触的流体之间存在温差，就会发生自然对流换热。但有温差也并非一定会引起自然对流，例如，一块温度为 t_w 的大平板，水平悬空放置在大房间内，假设房间内的空气温度为 t_∞，并且没有其他原因引起的流动。如果 $t_w > t_\infty$，则大平板上面的空气会发生自然对流，下面（边缘附近除外）的空气却几乎是静止的，因为平板阻止被加热的空气向上运动，下表面与空气间的热量传递只能靠导热，如图 11.16(a)所示；如果 $t_w < t_\infty$，则正好相反，平板下面的空气发生自然对流，而上面（边缘附近除外）的空气几乎是静止的，因为平板阻止被冷却的空气向下运动，空气与上表面间的热量传递主要靠导热，如图 11.16(b)所示。又如，两块温度不同的水平平板夹层中的流体，当上面平板的温度低于下面平板的温度时就会发生自然对流，反之则不能。

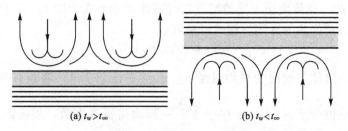

图 11.16　水平大平板上、下表面不同的自然对流状态示意图

自然对流换热与流体所处的空间大小直接有关，如果空间很大，壁面上边界层的形成和发展不因空间的限制而受到干扰，这样的空间称为大空间。例如，输电线路的冷却，冰箱后面蛇形管散热片的散热，没有通风设备的室内暖气片与周围空气间的换热等，都是大空间自然对流换热的应用实例。如果流体的自然对流被约束在封闭的夹层中发生相互干扰，这样的空间称为有限空间。例如，双层玻璃的空气层、平板式太阳能集热器的空气夹层等的散热，均属于有限空间的自然对流换热。本书重点介绍大空间内的自然对流换热。

图 11.17 表示流体受垂直热壁面加热时的自然对流情况。紧靠壁面的流体因受热而密

度减小,与远处流体形成密度差。流体密度差将产生浮升力,在浮升力的驱动下,流体向上浮起。在上浮过程中,流体不断地从壁面吸取热量,温度继续升高,其临近的流体受其影响,温度也将升高,这造成了向上运动的流体越来越厚。由实验看出,在壁面的下端,流体呈层流状态,其上为过渡流状态,再上为湍流状态。这种情况和流体受迫流过平板时边界层发展情况相类似。流动状态对换热规律有决定性影响。从换热壁面下端开始,随着高度的增加,由于层流边界层不断增厚,对流换热热阻增加,表面传热系数 h_x 逐渐减小。此后,由于层流边界层向湍流边界层过渡,边界层内流体的扰动作用使 h_x 增加。但由过渡为湍流边界层后,h_x 基本上不再变化。

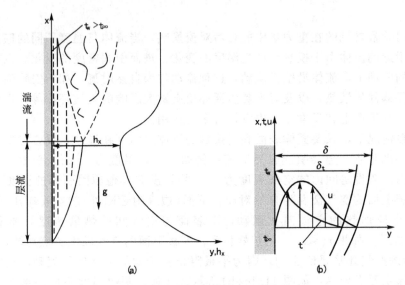

图 11.17 竖直壁面的自然对流换热示意图

若流体被冷却,也将发生上述情况,不过流体运动方向和图 11.17 所示方向相反。

大空间自然对流换热的准则方程式可整理成

$$Nu = C(GrPr)^n \tag{11-43}$$

式中,定性温度为流体与壁面的平均温度 t_m,$t_m = \frac{1}{2}(t_w + t_\infty)$;常数 C 和 n 由实验确定,几种典型情况的数值列于表 11-7;$Gr = \frac{g\alpha\Delta t l^3}{\nu^2}$ 称为格拉晓夫数,表征浮升力与粘性力的相对大小,反映自然对流的强弱。Gr 越大,浮升力的相对作用越大,自然对流越强。

表 11-7 典型自然对流换热的常数 C 和 n 的数值

壁面形状与位置	流动情况	特征长度	C	n	$GrPr$ 适用范围
竖直平壁或竖直圆柱		壁面高度 H	59 0.10	1/4 1/3	$10^4 \sim 10^9$ $10^9 \sim 10^{13}$

(续)

壁面形状与位置	流动情况	特征长度	C	n	$GrPr$ 适用范围
水平圆柱	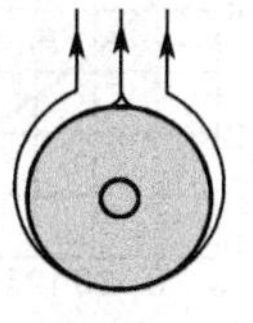	圆柱外径 d	0.85 0.48 0.125	0.188 1/4 1/3	$10^2 \sim 10^4$ $10^4 \sim 10^7$ $10^7 \sim 10^{12}$
水平热面朝上 或水平冷面 朝下①	 或	平壁面积与周长之比 $\dfrac{A}{U}$，圆盘取 $0.9d$	0.54 0.15	1/4 1/3	$10^4 \sim 10^7$ $10^7 \sim 10^{11}$
水平热面朝下 或水平冷面朝上	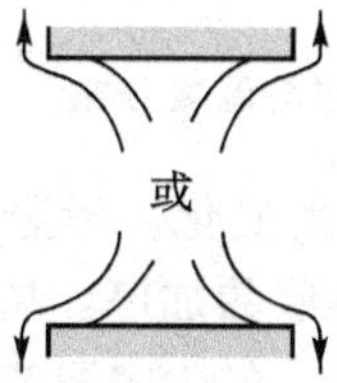 或	平壁面积与周长之比 $\dfrac{A}{U}$，圆盘取 $0.9d$	0.27	1/4	$10^5 \sim 10^{11}$

① 热壁指 $t_w > t_\infty$，冷壁指 $t_w < t_\infty$。

理论分析和实验研究结果表明，大空间内竖直壁面的自然对流换热具有以下特点。

(1) 浮升力是自然对流的动力，格拉晓夫数 Gr 对自然对流换热起决定作用，这也是所有自然对流换热的共同特点。

(2) 自然对流边界层内的流体在浮升力与粘性力的共同作用下运动，而强迫对流边界层内的流体在惯性力与粘性力的共同作用下运动，这就决定了自然对流边界层内的速度分布与强迫对流不同：自然对流的最大速度位于边界层内部，并随着 Pr 的增大无量纲速度的最大值减小，并且位置向壁面移动，如图 11.18 所示。

(3) 原则上，有温差就有密度差，就会产生浮升力使流体运动。理论上，自然对流的热边界层厚度 δ_t 应该等于流动边界层的厚度 δ。但事实上，只有黏度非常小，$Pr \ll 1$ 的流体(如液态金属)，δ 才近似等于 δ_t，而其他所有流体的 δ 都大于 δ_t。这是由于，在粘性力的作用下，热边界层内受热上升的流体携带热边界层外邻近的受热流体一起运动的缘故。对自然对流层换热的理论分析结果证明，δ 与 δ_t 的比值取决于 Pr。从图 11.18 可见，随着 Pr 的增大，层流边界层的厚度 δ 变化不大，但热边界层的厚度 δ_t 迅速减小，壁面处温度梯度的绝对值增大，换热增强。

(4) Gr 的大小决定了自然对流的流态。绝大多数文献推荐用瑞利数 $Ra = Gr \cdot Pr$ 作为流态的判据，例如，对于竖自壁面的自然对流换热，当 $Ra < 10^9$ 时为层流，当 $Ra > 10^9$ 时为湍流。

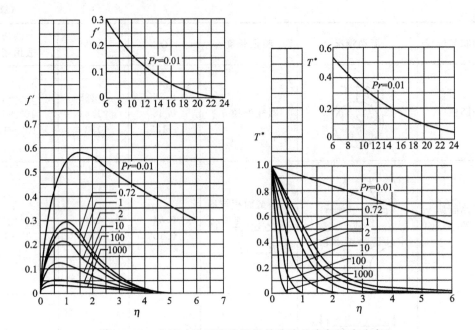

图 11.18 自然对流层流边界层的速度分布与温度分布

（5）随着流态的改变，自然对流换热的强度也随之发生变化。沿竖直壁面高度方向局部表面传热系数 h_x 的变化如图 11.17 所示，随着层流边界层的加厚，h_x 沿高度方向逐渐减小，当边界层从层流向湍流过渡时又增大。实验研究表明，在旺盛湍流阶段，h_x 基本上不随壁面高度变化。

【例 11.4】 热电厂中有一个水平放置的蒸汽管道，保温层外径 $d=400\text{mm}$，壁温 $t_w=50℃$，周围空气的温度 $t_∞=20℃$。试计算蒸汽管道外壁面的对流散热损失。

解：这是一个自然对流换热问题。特征温度为

$$t_m = \frac{1}{2}(t_w + t_∞) = \frac{1}{2}(50+20) = 35℃$$

按此温度从附录 A-21 中查得空气的物性参数值为

$$\nu = 16.58 \times 10^{-6} \text{m}^2/\text{s}、\lambda = 2.72 \times 10^{-2} \text{W/(m·K)}、Pr = 0.7$$

$$\alpha = \frac{1}{T_m} = \frac{1}{273+35} = 3.25 \times 10^{-3} \text{K}^{-1}$$

$$GrPr = \frac{g\alpha\Delta t d^3}{\nu^2}Pr = \frac{9.8 \times 3.25 \times 10^{-3}(50-20) \times (400 \times 10^{-3})^3}{(16.58 \times 10^{-6})^2} \times 0.7 = 1.56 \times 10^8$$

从表 11-7 查得 $C=0.125$、$n=1/3$。于是根据式(11-43)有

$$Nu = 0.125(GrPr)^{1/3} = 0.125 \times (1.56 \times 10^8)^{1/3} = 67.3$$

$$h = \frac{\lambda}{d}Nu = \frac{2.72 \times 10^{-2}}{400 \times 10^{-3}} \times 67.3 = 4.63 \text{W/(m}^2\text{·K)}$$

单位管长的对流散热损失为

$$\Phi_l = \pi d h(t_w - t_∞) = \pi \times 400 \times 10^{-3} \times 4.63 \times (50-20) = 174.5 \text{(W/m)}$$

如果要计算蒸汽管道的全部散热损失，还必须考虑外壁面与周围环境之间的辐射换热损失。

*11.7 凝结与沸腾换热

流体相变换热设备在工业生产实践中的应用非常广泛，如发电厂中的凝汽器，锅炉，制冷装置中的冷凝器和蒸发器，热管式换热器等。蒸汽被冷却凝结成液体的换热过程称为凝结换热；液体被加热沸腾变成蒸汽的换热过程称为沸腾换热。这两种换热同属于有相变的对流换热。在这两种相变换热过程中，流体都是在饱和温度下放出或者吸收汽化潜热，所以换热过程的性质以及换热强度都与单相流体的对流换热有明显的区别。一般情况下，凝结换热和沸腾传热系数要比单相流体的对流换热高出几倍甚至几十倍。

下面分别介绍凝结换热和沸腾换热的特点和规律。

11.7.1 凝结换热

当蒸汽与低于其饱和温度的壁面接触时就会发生凝结换热。有两种凝结现象：如果凝结液能很好地润湿壁面，凝结液就会在壁面形成一层液膜，这种凝结现象称为膜状凝结；如果凝结液不能很好地润湿壁面，凝结液的表面张力大于它与壁面之间的附着力，则凝结液就会在壁面上形成大大小小的液珠，这种凝结现象称为珠状凝结，如图11.19所示。究竟会发生哪一种凝结现象，取决于凝结液和壁面的物理性质，如凝结液的表面张力、壁面的粗糙度等。如果凝结液与壁面之间的附着力大于凝结液的表面张力，则形成膜状凝结；如果表面张力大于附着力，则形成珠状凝结。

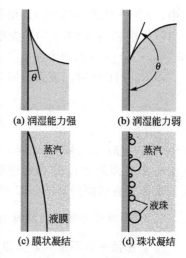

图 11.19 不同润湿条件下的凝结形式

当发生膜状凝结时，在壁面形成的凝结液膜阻碍蒸汽与壁面直接接触，蒸汽只能在液膜表面凝结，所放出的汽化潜热必须通过液膜才能传到壁面，液膜成为膜状凝结换热的主要阻力。因此，如何排除凝结液、减小液膜厚度是强化膜状凝结换热时考虑的核心问题。

当发生珠状凝结时，大部分的蒸汽可以与壁面直接接触凝结，所放出的汽化潜热直接传给壁面，因此珠状凝结换热与相同条件下的膜状凝结换热相比，表面传热系数要大几倍甚至一个数量级，但形成珠状凝结的条件难以长久维持。近些年来，有关科技工作者对形成珠状凝结的技术措施进行了大量的研究，也取得了可喜的研究成果，但终因珠状凝结的条件保持时间有限而不能在工业上推广应用。

鉴于目前绝大多数工业设备中的凝结换热都是膜状凝结换热，所以下面重点介绍膜状凝结换热的特点、计算方法和影响因素。

1. 竖直壁面的膜状凝结换热

蒸汽在竖直壁面上段液膜较薄，液膜处于层流，在液膜沿着重力方向向下流动的过程中，蒸汽仍不断凝结，液膜不断加厚。当液膜的厚度达到一定值时，其流动状态由层流变

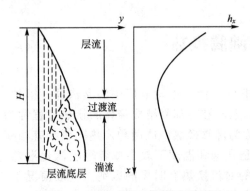

图 11.20 蒸汽在竖直壁面上的膜流
动及局部表面传热系数 h_x

为湍流。因此,局部传热系数的变化如图 11.20 所示。

实验证实,当 $Re<20$ 时,实验结果与式(11-44)表示的理论解相吻合;但当 $Re>20$ 时,由于液膜表面的波动增强了液膜的传热,实际平均表面传热系数的数值要比式(11-44)的计算结果大 20% 左右,所以在工程计算时将该式的系数加大 20%,故当为竖直壁面层流($Re<1600$)时改为式(11-45)

$$h=\frac{4}{3}h_{x=H}=0.943\left[\frac{gr\rho^2\lambda^3}{\eta H(t_s-t_w)}\right]^{1/4}$$
(11-44)

$$h=1.13\left[\frac{gr\rho^2\lambda^3}{\eta H(t_s-t_w)}\right]^{1/4}$$
(11-45)

式中,r 为汽化潜热(J/kg),由饱和温度 t_s 查取;H 为竖直壁面高度(m);t_s 为蒸汽相应压力下的饱和温度(℃);t_w 为壁面温度(℃);ρ 为凝结液的密度(kg/m³);λ 为热导率[W/(m·K)];η 为动力黏度[kg/(m·s)]。

当 $Re>1600$ 时,液膜由层流变为湍流,竖直壁面的平均表面传热系数为

$$Nu=Ga^{1/3}\frac{Re}{58Pr^{-1/2}\left(\frac{Pr_w}{Pr_s}\right)^{1/4}(Re^{3/4}-253)+9200}$$
(11-46)

式中,$Nu=hl/\lambda$;$Ga=gl^3/\nu^2$,称为伽利略(Galileo)数。式中各物性参数都是凝结液的,除 Pr_w 用壁面温度 t_w 作为定性温度外,其余都采用饱和温度 t_s 作为定性温度。式中的特征长度为竖直壁面的高度,即 $l=H$。

2. 水平圆管外壁面的膜状凝结

由于管径一般不很大,所以蒸汽在水平圆管外壁面的膜状凝结液膜一般为层流,其平均凝结表面传热系数为

$$h=0.729\left[\frac{gr\rho^2\lambda^3}{\eta d(t_s-t_w)}\right]^{1/4}$$
(11-47)

水平圆管外壁面膜状凝结的表面传热系数 h 与竖直壁面 h 的计算形式一样,只是将 H 改为 d,系数 1.13 改为 0.729。如果管子竖直放置,则需按竖直壁面层流膜状凝结换热的计算公式(11-44)或式(11-45)计算。比较式(11-44)与式(11-45)可知,当 $H/d=50$ 时,水平管的平均表面传热系数要比竖直管高一倍,所以冷凝器的管子一般都采用水平布置。

工业上的绝大多数冷凝器都由多排水平圆管组成的管束构成。当竖直方向的管间距比较小时,上下管壁上的液膜连在一起,并且从上向下液膜逐渐增厚,如图 11.21 所示。如果液膜保持为层流状态,则仍可以用式(11-47)计算平均表面传热系数,但需要将式中的特征长度 d 改为 nd,n 为竖直方向层流液膜流经的管排数。当管间距较大

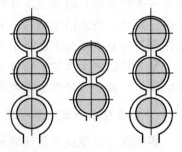

图 11.21 水平管束的层流膜状凝结

时，上一排管子的凝结液会滴到下一排管子上，扰动下一排管子上的液膜，使凝结换热增强，上述计算结果就会偏低。

3. 膜状凝结换热的影响因素

由上述分析可知，流体的种类（关系到凝结液的物性、饱和温度 t_s），换热面的几何形状、尺寸和位置，蒸汽的压力（决定饱和温度 t_s 的大小）以及温差（$t_s - t_w$）都是影响膜状凝结换热的主要因素。工程实际的凝结换热过程往往比较复杂，除上述因素之外，对膜状凝结换热产生重要影响的因素还有以下几个。

1) 不凝结气体

当蒸汽中含有不凝结气体（如空气）时，即使是微量的，也会对凝结换热产生十分有害的影响。一方面，随着蒸汽的凝结，不凝结气体会越来越多地汇集在换热面附近，阻碍蒸汽靠近；另一方面，换热面附近的蒸汽分压力会逐渐下降，饱和温度 t_s 降低，凝结换热温差（$t_s - t_w$）减小。这两方面的原因使凝结换热大大削弱，如工程实践证实，如果水蒸气中含有1%的空气，就会使凝结表面传热系数降低60%。因此，排除冷凝器中的不凝结气体是保证冷凝器高效工作的重要措施。

2) 蒸汽流速

前面介绍的努塞尔对层流膜状凝结换热进行的理论分析中假设蒸汽是静止的。而实际上蒸汽具有一定的流速，当流速较高时会对凝结换热产生明显的影响。由于蒸汽与液膜表面之间的粘性切应力作用，当蒸汽与液膜的流动方向相同时，液膜会被拉薄，使热阻减小；而当蒸汽与液膜的流动方向相反时，液膜会被变厚，使热阻增加。当然，蒸汽的流速较高时会使凝结液膜产生波动，甚至会吹落液膜，使凝结换热大大强化。

3) 蒸汽过热

努塞尔的理论解是在假设蒸汽为饱和蒸汽的情况下得出的。如果蒸汽过热，则在它凝结换热的过程中会首先放出显热，冷却到饱和温度，然后再凝结，放出汽化潜热。过热蒸汽的膜状凝结换热仍然可以用上述公式计算，但必须将公式中的汽化潜热 r 改为过热蒸汽与饱和液的焓差。

4. 膜状凝结换热的强化

通过上述分析可知，液膜的导热热阻是膜状凝结换热的主要热阻。因此，强化膜状凝结换热的关键措施是设法将凝结液从换热面排走，并尽可能减小液膜厚度。例如，目前工业上由水平管束构成的冷凝器都采用低肋管或锯齿形肋片管，利用凝结液的表面张力将凝结液拉入肋间槽内，使肋端部表面直接和蒸汽接触，达到强化凝结换热的目的。有关凝结换热强化方法的详细论述可参阅相关文献。

11.7.2 沸腾换热

当液体与高于其饱和温度的壁面接触时，液体被加热汽化并产生大量气泡的现象称为沸腾。

沸腾的形式有多种：如果液体的主体温度低于饱和温度，气泡在固体壁面上生成、长大，脱离壁面后又会在液体中凝结消失，这样的沸腾称为过冷沸腾；若液体的主体温度达到或超过饱和温度，气泡脱离壁面后会在液体中继续长大，直至冲出液体表面，这样的沸腾称为饱和沸腾。如果液体具有自由表面，不存在外力作用下的整体运动，这样的沸腾又称为大容器沸腾(或池沸腾);如果液体沸腾时处于强迫对流运动状态,则称之为强迫对流沸腾,如大型锅炉和制冷机蒸发器的管内沸腾。

本书只简要介绍大容器沸腾换热的特点、影响因素与计算方法。

1. 大容器饱和沸腾曲线

通过对水在一个标准大气压(1.013×10^5Pa)下的大容器饱和沸腾换热过程的实验观察,可以画出图 11.22 所示的曲线,称为饱和沸腾曲线。曲线的横坐标为沸腾温差 $\Delta t = t_w - t_s$,或称为加热面的过热度;纵坐标为热流密度 q。

如果控制加热面的温度,使 Δt 缓慢增加,可以观察到以下四种不同的换热状态。

1) 自然对流区(曲线上 A 点以前)

壁面过热度较小(对于水在一个标准大气压下的饱和沸腾为 $\Delta t<4℃$)时,壁面上没有气泡产生,只有被加热面加热的液体向上浮起。因此,传热属于单相自然对流。

2) 核态沸腾区(曲线上 AC 段)

当加热壁面的过热度 $\Delta t \geqslant 4℃$ 后,即图 11.22 中从 A 点开始,壁面上个别地点(称为汽化核心)开始产生气泡,汽化核心产生的气泡彼此互不干扰,称孤立气泡区,即 AB 段。随着 Δt 进一步增加,汽化核心增加,气泡互相影响,并会合成气块及气柱,即 BC 段。由于加热面处液体的大量汽化以及液体被气泡剧烈地扰动,换热非常强烈,传热系数和热流密度随 Δt 迅速增加,直至峰值 q_{max}(图 11.22 中 C 点)。因为在整个 AC 段中,气泡的生成、长大及运动对换热起决定作用,所以这一阶段的换热状态被称为核态沸腾(或泡态沸腾)。由于核态沸腾温差小、换热强,因此在工业上被广泛应用。

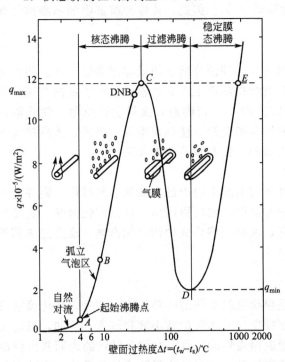

图 11.22 饱和水在水平加热面上沸腾的 $q\sim\Delta t$ 曲线
($p=1.013\times10^5$Pa)

3) 过渡沸腾区(曲线上 CD 段)

如果从 C 点继续提高沸腾温差 Δt,传热规律出现异乎寻常的变化。热流密度不仅不增加,反而越来越低。这是因为气泡汇聚覆盖在加热面上,而蒸汽跑出过程越趋恶化。这种情况持续到达最低热流密度为 q_{min}(图 11.22 中 D 点)为止。这段沸腾称为过渡沸腾,是很不稳定的过程。

4) 稳定膜态沸腾区(曲线上 DE 段)

在 D 点之后传热规律再次发生转折。这时加热面上已形成稳定的蒸汽膜层,产生的蒸汽有规律地排离膜层,q 随 Δt 的增加而增大。此段称为稳定膜态沸腾区。稳定膜态沸腾在物理上与膜状凝结有共同点,不过因为热量必须穿过的是热阻较大的气膜,而不是液膜,所以传热系数比凝结小得多。

包含上述四个换热状态的饱和沸腾曲线是在实验中通过调节加热功率、控制加热面温度得到的。如果加热功率不变，如用电加热器加热，则一旦热流密度达到并超过峰值 q_{max}，工况将非常迅速地由 C 点沿虚线跳到膜态沸腾线上的 E 点，壁面温度会急剧升高到 1000℃ 以上，导致加热面因温度过高而烧毁。因此热流密度峰值 q_{max} 是一个非常危险的数值，称为临界热流密度，由于超过它可能导致设备烧毁，所以 q_{max} 也称烧毁点。在烧毁点附近，有一个比 q_{max} 的热流密度略小，表现为 q 上升缓慢的核态沸腾的转折点 DNB，可以用它作为监视接近 q_{max} 的警戒。

图 11.22 中的具体数据是对水在一个标准大气压下的大容器饱和沸腾曲线。不同工质在不同压力和不同加热面条件下沸腾的参数(沸腾起始点、沸腾转折点 DNB、临界热流密度等)会随之不同，但是沸腾传热现象演变的总体规律是类似的。

2. 核态沸腾换热的主要影响因素

由核态沸腾的特点可以看出，气泡的生成、长大及脱离加热面的运动对核态沸腾换热起决定作用。气泡的数量越多，越容易脱离加热面，核态沸腾换热就越强烈。

加热面的材料与表面状况、加热面的过热度、液体所在空间的压力以及液体的物性是影响核态沸腾换热的主要因素。科技工作者经过大量的实验观察研究和对气泡的生长过程所进行的理论分析，一致认为气泡是在加热面上所谓的汽化核心处生成的，而形成汽化核心的最佳位置是加热面上的凹缝、孔隙处。这里残留着微量气体，最容易生成气泡核(即微小气泡)，如图 11.23 所示。加热面的过热度越大，压力越高，能够生成气泡的气泡核越多，核态沸腾换热就越强烈。

工业上采用的强化核态沸腾换热的主要措施就是用烧结、钎焊、喷涂、机加工等方法在换热表面上造成一层多孔结构，如图 11.24 所示，以利于形成更多的汽化核心。经过这种处理的换热面的沸腾换热表面传热系数，要比未经处理的光滑表面提高几倍甚至十几倍。有关强化核态沸腾换热措施的详细论述请参阅相关文献。

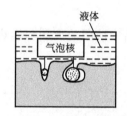
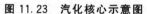
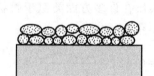
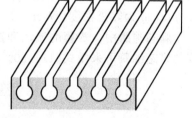

图 11.23　汽化核心示意图　　　图 11.24　强化沸腾换热的加热面结构示意图

3. 大容器饱和核态沸腾换热的无量纲关联式

从上面可以看到汽化核心数的影响因素比较复杂，文献中提出的计算式分歧较大。基于核态沸腾换热主要是气泡高度扰动的强制对流换热的设想，推荐罗森诺(W. M. Rohsenow)通过实验数据整理的无量纲关联式：

$$\frac{c_{pl}\Delta t}{r}=C_{wl}\left[\frac{q}{\eta_l r}\sqrt{\frac{\sigma}{g(\rho_l-\rho_v)}}\right]^{0.33}Pr_1^s \qquad (11-48)$$

$$\frac{c_{pl}\Delta t}{rPr_1^s}=C_{wl}\left[\frac{q}{\eta_l r}\sqrt{\frac{\sigma}{g(\rho_l-\rho_v)}}\right]^{0.33}$$

式中，c_{pl}为饱和液体的比定压热容，J/(kg·K)；C_{wl}为取决于加热面与液体组合情况的经验常数，由实验确定，一些加热面-液体组合的C_{wl}值列于表11-8中；r为汽化潜热(J/kg)；g为重力加速度(m/s²)；Pr_l为饱和液体的普朗特数，$Pr_l=\frac{c_{pl}\eta_l}{\lambda_l}$；$q$为沸腾热流密度(W/m²)；$\Delta t$为壁面过热度(℃)；$\eta_l$为饱和液体的动力黏度(Pa·s)；$\rho_l$、$\rho_v$为分别为饱和液体和饱和蒸汽的密度(kg/m³)；$\sigma$为液体-蒸汽界面的表面张力(N/m)；$s$为经验指数，对于水，$s=1$；对于其他液体，$s=1.7$。

表11-8 一些加热面-液体组合的C_{wl}

加热面-液体组合	C_{wl}	加热面-液体组合	C_{wl}
水-抛光的铜	0.013	水-化学腐蚀的不锈钢	0.013
水-粗糙表面的铜	0.0068	水-研磨并抛光的不锈钢	0.0060
水-黄铜	0.0060	乙醇-铬	0.0027
水-铂	0.013	苯-铬	0.010
水-机械抛光的不锈钢	0.013		

对于制冷介质而言，以下的库珀(Copper)公式目前得到较广泛的应用

$$h = Cq^{0.67}M_r^{-0.5}p_r^m(-\lg p_r)^{-0.55}$$

$$C = 90 \text{W}^{0.33}/(\text{m}^{0.66} \cdot \text{K}) \tag{11-49}$$

$$m = 0.12 - 0.21\lg(R_p)_{\mu m}$$

式中，M_r为液体的相对分子质量(习惯上又称分子量)；p_r为对比压力(液体压力与该液体的临界压力之比)；R_p为表面平均粗糙度(μm)，对一般工业用管材表面，R_p为0.3~0.4μm；q为热流密度(W/m²)；

膜态沸腾中，气膜的流动和换热在许多方面类似于膜状凝结中液膜的流动和换热，横管的膜态沸腾可采用式(11-50)计算

$$h = 0.62\left[\frac{gr\rho_v(\rho_l-\rho_v)\lambda_v^3}{\eta_v d(t_w-t_s)}\right]^{1/4} \tag{11-50}$$

式中，ρ_l及r的值由饱和温度t_s决定，其余物性均以平均温度$t_m=(t_w+t_s)/2$为定性温度，特征长度为管外径d(单位为m)。

小 结

本章讨论了对流换热的计算公式、影响因素；推导了对流换热微分方程组及其单值性条件，并应用边界层理论对方程组简化后进行求解；介绍了应用相似原理安排、整理实验数据的方法；讨论了重力场中自然对流换热的数学描述。

在介绍凝结与沸腾换热时，讲解了其传热特点、规律、影响因素及主要强化措施。

工程实例

如图 11.25 所示为排气歧管，它是与发动机气缸体相连的，并将各缸的排气集中起来导入排气总管的、带有分歧的管路。对它的要求主要是尽量减少排气阻力，并避免各缸之间相互干扰。排气过分集中时，各缸之间会产生相互干扰，即当某缸排气时，正好碰到别的缸窜来的没有排净的废气。这样，就会增加排气的阻力，进而降低发动机的输出功率。

图 11.25　排气歧管实物图

图 11.26 所示为通过数值模拟得到排气歧管内壁面表面传热系数的分布图，图中颜色越深代表传热系数越大。通过模拟可得出排气歧管内壁面的对流换热系数分布，并据此分析排气歧管内的对流换热情况，从而确定最优的排气歧管布置方式。

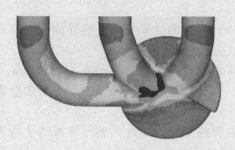 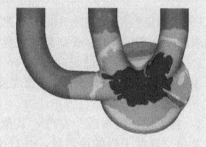

(a) 第一种情况　　　　　　　　　　(b) 第二种情况

图 11.26　排气歧管内壁面对流换热系数分布图

思 考 题

1. 何谓表面传热系数？请写出其定义式并说明其物理意义。
2. 用实例简要说明对流换热的主要影响因素。
3. 对流换热微分方程组由几个方程组成，各自导出的理论依据是什么？
4. 何谓流动边界层和热边界层？它们的厚度是如何规定的？
5. 简述边界层理论的基本内容。
6. 边界层理论对求解对流换热问题有何意义？
7. 层流边界层和湍流边界层在传热机理上有何区别？
8. 何谓两个物理现象相似？

9. 简述相似理论的主要内容。
10. 如何判断两个现象是否相似?
11. 相似理论对解决对流换热问题有何指导意义?
12. 分别写出努塞尔数 Nu、雷诺数 Re、普朗特数 Pr、格拉晓夫数 Gr 的表达式,并说明它们的物理意义。
13. 努塞尔数 Nu 和毕渥数 Bi 的表达式的形式完全相同,二者有何区别?
14. 何谓管内流动充分发展段和热充分发展段?有何特点?
15. 试说明在运用特征数关联式计算对流换热问题时应该注意哪些问题。
16. 大空间内沿竖直壁面的自然对流换热的边界层速度分布与沿竖直壁面的强迫对流换热有何区别?
17. 夏季和冬季顶层天棚内表面处、房屋外墙外表面处的对流换热有何不同?
18. 试说明膜状凝结和珠状凝结的形成条件。
19. 简述凝结换热和沸腾换热的影响因素及主要强化措施。

习　题

11-1　水和空气均以 $u_\infty = 1\text{m/s}$ 的速度分别平行流过平板,边界层的平均温度均为 50℃,试求距平板前沿 100mm 处流动边界层及热边界层的厚度。

11-2　试求水平行流过长度为 0.4m 的平板时沿程 $x = 0.1\text{m}$、0.2m、0.3m、0.4m 处的局部表面传热系数。已知水的来流温度 $t_\infty = 20℃$,速度 $u_\infty = 1\text{m/s}$,平板的壁面温度 $t_w = 60℃$。

11-3　将上题中的水改为空气,其他参数保持不变,试计算整个平板的平均表面传热系数以及单位宽度平板的换热量,并对比这两种情况的计算结果。

11-4　如果用特征长度为原型 1/5 的模型来模拟原型中速度为 6m/s、温度为 200℃ 的空气强迫对流换热,模型中空气的温度为 20℃。试问模型中空气的速度应为多少?如果测得模型中对流换热的平均表面传热系数为 $200\text{W/(m}^2 \cdot \text{K)}$,求原型中的平均表面传热系数值。

11-5　水在换热器管内被加热,管内径为 14mm,管长为 2.5m,管壁温度保持为 110℃,水的进口温度为 50℃,流速为 1.3m/s,试求水通过换热器后的温度。

11-6　用内径为 0.016m、长为 2.5m 的不锈钢管进行管内对流换热实验,实验时直接对不锈钢管通以直流电加热,电压为 5V,电流为 900A,水的进口温度为 20℃,流速为 0.5m/s,管外用保温材料保温,忽略热损失。试求管内对流换热的表面传热系数及换热温差。

11-7　空气以 1.3m/s 速度在内径为 22mm、长为 2.25m 的管内流动,空气的平均温度为 38.5℃,管壁温度为 58℃,试求管内对流换热的表面传热系数。

11-8　将上题中空气的流速增加到 3.5m/s,空气的平均温度为 58℃,管壁温度为 90℃,试求管内对流换热的表面传热系数。

11-9　水以 2m/s 的速度流过长度为 5m、内径为 20mm、壁面温度均匀的直管,水温从 25℃ 被加热到 35℃,试求管内对流换热的表面传热系数。

11-10　在一个锅炉烟道中有一 6 排管顺排构成的换热器。已知管外径 $d=60\text{mm}$，管间距 $s_1/d=s_2/d=2$，管壁平均温度 $t_w=100℃$，烟气平均温度 $t_f=500℃$，管间最窄通道处的烟气流速 $u=8\text{m/s}$，试求管束外壁面和烟气间对流换热的平均表面传热系数。

11-11　室内有外径为 76mm 的水平暖气管道，壁面温度为 80℃，室内空气温度为 20℃，试求暖气管外壁面处自然对流换热的表面传热系数及单位管长的散热量。

11-12　室内火炉上烟囱的外径为 15cm，竖直段高度为 1.6m，壁面平均温度为 150℃，水平段长度为 5m，壁面平均温度为 100℃，室内空气温度为 18℃。试求每小时烟囱与室内空气间的对流换热量。

第12章 辐射换热

本章教学要点

知识要点	掌握程度	相关知识
辐射换热的特点与研究方法	掌握热辐射的基本概念、基本定律以及辐射换热的研究方法	辐射能的吸收、反射与穿透，灰体与黑体，辐射强度，辐射力，辐射换热的研究方法
辐射换热的基本定律	掌握普朗克定律、斯特藩-玻尔兹曼定律和兰贝特定律	普朗克定律、斯特藩-玻尔兹曼定律和兰贝特定律
实际物体的辐射特性，基尔霍夫定律	掌握实际物体的辐射特性，掌握基尔霍夫定律	实际物体的辐射特性，基尔霍夫定律
辐射换热的计算方法	了解辐射换热的计算方法及相关概念	角系数、黑体表面之间和漫灰表面之间的辐射换热
遮热板原理	了解遮热板原理	遮热板原理
太阳辐射	了解太阳辐射能计算方法	太阳常数及太阳辐射能

导入案例

太阳辐射能在可见光线(0.4~0.76μm)、红外线(>0.76μm)和紫外线(<0.4μm)分别占50%、43%和7%,即集中于短波波段,故将太阳辐射称为短波辐射。太阳辐射经过大气时,0.29μm以下的紫外线几乎全部被吸收,在可见光区大气吸收很少,在红外区有很强的吸收带。大气中吸收太阳辐射的物质主要有氧、臭氧、水汽和液态水,其次有二氧化碳、甲烷、一氧化二氮和尘埃等。

1984年,英国科学家首次发现南极上空出现臭氧洞。大气臭氧层的损耗是当前世界上又一个普遍关注的全球性大气环境问题,它直接关系到生物圈的安危和人类的生存。由于臭氧层中臭氧的减少,照射到地面的太阳光紫外线增强,其中波长为240~329nm的紫外线对生物细胞具有很强的杀伤作用,对生物圈中的生态系统和各种生物,包括人类,都会产生不利的影响。

12.1 辐射换热的特点与研究方法

辐射换热的计算,必然要涉及物体本身对热辐射的发射、吸收、反射及透射特性以及辐射能的定量描述,这一节主要介绍与此有关的一些基本概念。

12.1.1 热辐射的本质和特点

热辐射是辐射现象的一种。人类对辐射本质的认识经历了很长的过程。初期,它和人类对可见光的认识紧密地结合在一起。17世纪末,就有牛顿(I. Newton,英国,1642—1727年)的微粒说及惠更斯(C. Huygens,荷兰,1629—1695年)的波动说。微粒说认为:光是一种完全弹性的球形微粒流,粒子不连续,直线传播。波动说认为:光是在弹性媒介中传递的一种连续的弹性机械波。18世纪微粒说占统治地位。19世纪人们发现光的干涉、衍射和偏振等现象,这些现象是波动的特征,从而波动说占了上风。1865年麦克斯韦(J. C. Maxwell,英国,1831—1879年)提出了电磁理论,指出可见光是电磁辐射的一种形式,更明确了光是一种波,于是产生了辐射的波动说定义——物体以电磁波向外传递能量的过程称为辐射。可见,此定义在19世纪已奠定了基础。但是,有一些光、热辐射现象不能用波动说解释,如光电效应、黑体辐射的光谱性质等。1900年普朗克(M. Planck,英国,1858—1947年)提出量子假设,认为存在能量的最小单元,物体发射或吸收的能量是不连续的,只能是这最小单位的整数倍,重新提出了能量发射与吸收的粒子性。这一假设圆满地解释了黑体辐射能量随波长的分布规律。1905年爱因斯坦(A. Einstein,德国,1879—1955年)提出量子理论,认为光是一束以光速运动的能量子流,这种能量子称为光子,其能量正比于它的频率。这就产生了辐射粒子说的新定义——辐射是物体向外发射光子的能量传递过程。后来爱因斯坦进一步指出,光子具有波粒两相性——既有粒子性,又有波动性。从光子能量的频率与电磁波的波长两者的关系就可看出粒子性与波动性的关联。

由辐射的两种定义,可以引出热辐射的两种定义:①由热运动产生的,以电磁波形式传递的能量,也可以指这种能量的传递过程;②由热的原因产生的,物体以光子的形式传递的能量，也可以指这种能量的传递过程。

由热运动产生的电磁波称为热射线，其波长为 0.3～100μm，可分为可见光及红外线两部分。真空中，可见光的波长为 0.38～0.76μm，红外线的波长为 0.76～1000μm。红外线又可分为近红外、中红外和远红外三个区域，但也有仅分为近红外、远红外两个区的。以上所说的区，并没有规定严格统一的分界线，不同分类，有不同数值。紫外线与可见光的分界波长在 0.3～0.4μm 内变化；可见光与红外线的分界波长在 0.7～0.78μm 间变化；红外线与无线电波的分界波长在 100～1000μm 间变化。而红外区内的近、中、远红外线的分界更不统一。此处仅介绍国际照明委员会的分类：波长为 0.76～1.4μm 的为近红外，1.4～3μm 为中红外，3～1000μm 为远红外。只要温度高于绝对零度，物体就会不断地把热能转变为辐射能，向外发出热射线；同时，该物体也不断地吸收周围物体投射来的热射线，并把吸收的辐射能转变成热能。辐射换热（辐射传热）就是指这些能量转换引起的热量交换。对辐射的认识虽然经过这么多年的研究，但目前还不能用一种统一的理论来描述所有的热辐射现象，其有关理论还在继续发展。目前，在解释热辐射现象及工程应用中，有时用电磁理论，有时用量子理论，所以上述两个辐射定义目前都有实用意义。

发射辐射能是各类物质的固有特性。物质是由分子、原子、电子等基本粒子组成的，当原子内部的电子受激和振动时，产生交替变化的电场和磁场，发出电磁波向空间传播，这就是辐射。由于激发的方法不同，所产生的电磁波波长就不相同，它们投射到物体上产生的效应也不同。如果是由于自身温度或热运动的原因而激发产生的电磁波传播，就称热辐射。

热辐射定义：由热运动产生的，以电磁波形式传递的能量。

热辐射特点：①任何物体，只要温度高于 0K，就会不停地向周围空间发出热辐射；②可以在真空中传播；③伴随能量形式的转变；④具有强烈的方向性；⑤辐射能与温度和波长均有关；⑥发射辐射取决于温度的四次方。

辐射换热定义：物体之间相互辐射和相互吸收过程的总效果。

辐射换热特点：①不依靠物体间相互接触而进行热量传递，只要彼此可见的物体就能互相进行热辐射；②辐射换热过程伴随着能量形式的两次转化，即物体的部分内能转化为辐射能发射出去，当射及另一个物体表面而被吸收时，辐射能又转化为该物体的内能；③辐射换热过程中，高温物体向低温物体辐射能量的同时，低温物体也向高温物体辐射能量，热辐射是双向的，能量最终由高温物体传向低温物体。

12.1.2　吸收、反射与透射

与可见光的情况一样，当热辐射能投射到实际物体表面上时，将有一部分被物体表面反射，有一部分被物体吸收，其余部分透过物体，如图 12.1 所示。

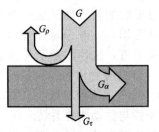

图 12.1　物体对热辐射的吸收、反射与透射示意图

单位时间内投射到单位面积物体表面上的全波长范围内的辐射能称为投入辐射，用 G 表示，单位为 W/m^2。其中被物体吸收、反射和透射的部分分别为 G_α、G_ρ 和 G_τ，则 G_α、G_ρ 和 G_τ 在投入辐射 G_α 中所占的份额分别为

$$\alpha = \frac{G_\alpha}{G}、\rho = \frac{G_\rho}{G}、\tau = \frac{G_\tau}{G}$$

式中，α、ρ、τ 分别称为物体对投入辐射能的吸收比、反射比

与透射比。根据能量守恒，$G_\alpha + G_\rho + G_\tau = G$，于是有

$$\alpha + \rho + \tau = 1 \tag{12-1}$$

如果投入辐射是某一波长 λ 的辐射能 G_λ，其中被物体吸收、反射和透射的部分分别为 $G_{\lambda\alpha}$、$G_{\lambda\rho}$、$G_{\lambda\tau}$，则其所占的份额分别为

$$\alpha_\lambda = \frac{G_{\lambda\alpha}}{G_\lambda}, \quad \rho_\lambda = \frac{G_{\lambda\rho}}{G_\lambda}, \quad \tau_\lambda = \frac{G_{\lambda\tau}}{G_\lambda}$$

式中，α_λ、ρ_λ、τ_λ 分别称为物体对该波长辐射能的光谱吸收比、光谱反射比和光谱透射比。与式(12-1)类似，有

$$\alpha_\lambda + \rho_\lambda + \tau_\lambda = 1 \tag{12-2}$$

α_λ、ρ_λ、τ_λ 属于物体的辐射特性，取决于物体的种类、温度和表面状况，一般是波长 λ 的函数。但 α、ρ、τ 不仅取决于物体的性质，还与投射辐射能的波长分布有关，这从下述关系式可以看出：

$$\alpha = \frac{\int_0^\infty \alpha_\lambda G_\lambda d\lambda}{\int_0^\infty G_\lambda d\lambda}, \quad \rho = \frac{\int_0^\infty \rho_\lambda G_\lambda d\lambda}{\int_0^\infty G_\lambda d\lambda}, \quad \tau = \frac{\int_0^\infty \tau_\lambda G_\lambda d\lambda}{\int_0^\infty G_\lambda d\lambda}$$

实际上，当热辐射投射到固体或液体表面时，一部分被反射，其余部分在很薄的表面层内就被完全吸收了。对于金属，这一表面层的厚度只有 $1\mu m$ 的量级；对于绝大多数非金属材料，这一表面层的厚度也小于 $1mm$。因此，对于固体和液体，可以认为对热辐射的透射比为零，式(12-1)简化为

$$\alpha + \rho = 1 \tag{12-3}$$

物体表面对热辐射的反射有两种现象：镜反射与漫反射。镜反射的特点是反射角等于入射角，如图 12.2(a)所示。漫反射时被反射的辐射能在物体表面上方空间各个方向上均匀分布，如图 12.2(b)所示。物体表面对热辐射的反射情况取决于物体表面的粗糙程度和投射辐射能的波长。当物体表面粗糙尺

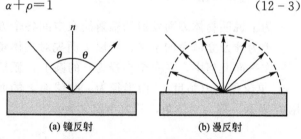

图 12.2 镜反射与漫反射示意图

度小于投射辐射能的波长时，就会产生镜反射，如高度抛光的金属表面会产生镜反射。当物体表面的粗糙尺度大于投射辐射能的波长时，就会产生漫反射。对全波长范围的热辐射能完全镜反射或完全漫反射的实际物体是不存在的，绝大多数工程材料对热辐射的反射都近似于漫反射。

12.1.3 灰体与黑体

物体的光谱辐射特性随波长的变化给辐射换热分析带来很大的困难。为了工程上分析计算简便，引进灰体的概念。所谓灰体是指光谱辐射特性不随波长而变化的假想物体，即 α_λ、ρ_λ、τ_λ 分别等于常数。对于灰体，由前面 α_λ 与 α、ρ_λ 与 ρ、τ_λ 与 τ 的关系式可得

$$\alpha_\lambda = \alpha, \quad \rho_\lambda = \rho, \quad \tau_\lambda = \tau \tag{12-4}$$

即灰体的吸收比、反射比、透射比分别等于光谱吸收比、光谱反射比、光谱透射比，大小与波长无关，只取决于灰体本身的性质。在热辐射的波长范围内，绝大多数工程材料

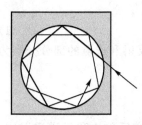

图 12.3　人工黑体示意图

都可以近似地作为灰体处理。吸收比 $\alpha=1$ 的物体称为绝对黑体，简称黑体。黑体能将所有投射在它上面的辐射全部吸收，在所有物体之中，它吸收热辐射的能力最强。后面将证明，在温度相同的物体之中，黑体发射辐射能的能力也最强。黑体和灰体一样，是一种理想物体，在自然界中是不存在的，但可以人工制造出接近于黑体的模型。图 12.3 所示的是一个人工黑体模型：一个内表面吸收比较高的空腔，空腔的壁面上有一个小孔。只要小孔的尺寸与空腔相比足够小，则从小孔进入空腔的辐射能经过空腔壁面的多次吸收和反射后，几乎全部被吸收，相当于小孔的吸收比接近于 1，即接近于黑体。

黑体的引进对热辐射规律的研究具有重要意义：由于实际物体的热辐射特性和规律非常复杂，所以人们首先研究黑体辐射的性质和规律，把实际物体的辐射特性与之比较，找出与黑体辐射的区别，再将黑体辐射的规律进行修正后用于实际物体。

反射比 $\rho=1$ 的物体称为镜体(或白体)。透射比 $\tau=1$ 的物体称为绝对透明体。镜体、绝对透明体与灰体、黑体一样，都是一种理想物体，自然界中并不存在。

这里所说的白体、黑体与日常生活中所说的白色物体与黑色物体不同，颜色只是对可见光而言的，而可见光在热辐射的波长范围中只占很小部分，所以不能凭物体颜色的黑白来判断它对热辐射吸收比的大小。例如，白雪对红外线的吸收比高达 0.94；白布和黑布对可见光的吸收比差别很大，但对红外线的吸收比基本相同。

12.1.4　辐射强度

为了说明物体表面发射的辐射能在空间各个方向上的分布规律，引进了辐射强度的概念。因为涉及立体角的定义，所以下面先对立体角加以解释。

在平面几何中，在一个半径为 r 的圆上，弧长 s 所对应的圆心角是平面角，大小为 $\theta=s/r$，单位是 rad(弧度)。而半径为 r 的球面上的面积 A 与球心所对应的是一个空间角度，用 Ω 表示，称为立体角，其大小定义为

$$\Omega=\frac{A}{r^2} \tag{12-5}$$

立体角的单位为球面度，用 sr 表示。由式(12-5)可以算出，半个球面所对应的立体角为 2π sr。

如图 12.4 所示，在微元面积 dA 上方半径为 r 的球面上，(θ,φ) 方向上有一个由经、纬线切割的微元面积 dA_2，面积为

$$dA_2=rd\theta \cdot r\sin\theta d\varphi=r^2\sin\theta d\theta d\varphi$$

dA_2 对球心所占的微元立体角为 $d\Omega$

$$d\Omega=\frac{dA_2}{r^2}=\sin\theta d\theta d\varphi \tag{12-5a}$$

如图 12.5 所示，单位时间内微元面 dA_1 向 dA_2 所发射的辐射能为 $d\Phi$，dA_1 在 θ 方向的投影面积为 $dA_1\cos\theta$，则单位投影面积所发出的包含在单位立体角内的辐射能可表示为

$$L(\theta,\varphi)=\frac{d\Phi}{dA_1\cos\theta d\Omega} \tag{12-6}$$

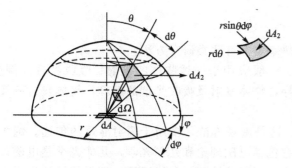
图 12.4 立体角定义示意图

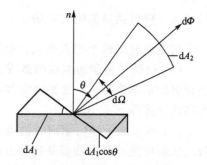
图 12.5 辐射强度定义示意图

$L(\theta, \varphi)$ 称为 dA_1 在 (θ, φ) 方向的辐射强度，或称为定向辐射强度，单位为 $W/(m^2 sr)$。因为 $dA_1 \cos\theta$ 就是从 θ 方向看过来的可见面积 dA_1 的大小，所以辐射强度也可以说是单位时间内从单位可见面积上发出的包含在单位立体角内的辐射能。

辐射强度的大小不仅取决于物体种类、表面性质、温度，还与方向有关，对于各向同性的物体表面，辐射强度与 φ 角无关，$L(\theta, \varphi) = L(\theta)$。以下的讨论仅限于各向同性物体表面。

只对某一波长辐射能而言的辐射强度称为光谱辐射强度，用符号 $L_\lambda(\theta)$ 表示。辐射强度与光谱辐射强度之间的关系可表示为

$$L(\theta) = \int_0^\infty L_\lambda(\theta) d\lambda \tag{12-7}$$

如果波长的单位用 m，则光谱辐射强度的单位是 $W/(m^3 sr)$；如果波长的单位用 μm，则光谱辐射强度单位为 $W/(m^2 \mu m\, sr)$。

12.1.5 辐射力

单位时间内，单位面积的物体表面向半球空间发射的全部波长的辐射能的总和称为该物体表面的辐射力，用符号 E 表示，单位为 W/m^2。

某一波长辐射能的辐射力称为光谱辐射力，用符号 E_λ 表示，单位为 W/m^3。辐射力与光谱辐射力之间的关系可以表示为

$$E = \int_0^\infty E_\lambda d\lambda \tag{12-8}$$

单位时间内，单位面积物体表面向某个方向发射的单位立体角内的辐射能，称为该物体表面在该方向上的定向辐射力，用符号 E_θ 表示，单位是 $W/(m^3 sr)$。

与辐射力、辐射强度的定义相对比，可知定向辐射力与辐射力之间的关系为

$$E = \int_{\Omega=2\pi} E_\theta d\Omega \tag{12-9}$$

定向辐射力与辐射强度之间的关系为

$$E_\theta = L(\theta) \cos\theta \tag{12-10}$$

于是，辐射力与辐射强度之间的关系可表示为

$$E = \int_{\Omega=2\pi} L(\theta) \cos\theta d\Omega \tag{12-11}$$

12.1.6 辐射换热的研究方法

与热辐射的两个定义类似，辐射换热基本上有两类研究方法。

（1）以量子力学为基础的微观方法。一般应用于描述物体的发射、吸收特性。例如，热辐射的基本定律——普朗克定律的推导，物体发射及吸收光谱的解释，气体发射率及吸收率的计算等。

（2）基于能量守恒原理的输运理论，这是宏观方法，多用于辐射能量的传递。绝大多数的辐射换热计算方法都是这种方法。它包括电磁理论和几何光学，几何光学是电磁理论的一种特殊情况。但也有将它用于描述物体辐射特性的，如描述微粒辐射特性的米氏电磁理论，用电磁理论求固体表面的辐射特性等。

辐射换热与导热、对流换热有本质的不同。首先，在辐射换热过程中必定伴随着能量形式的转变。物体发射热辐射是物体的热能转变为辐射能，而物体吸收热辐射则是辐射能转变为热能。导热与对流换热就没有这种能量形式的转变。第二，导热与对流的热量传递一定要通过物体的直接接触才能进行，而物体间的辐射换热不是这样，物体间可以是真空的。这些特点使得辐射换热系统的温度场不一定像导热、对流换热那样，热源处温度最高，然后逐渐下降，冷源处温度最低。辐射换热时有可能中间温度最低，以太阳与地球的辐射换热为例说明：太阳的温度很高，地球的温度较低，而它们之间的大部分空间温度比两者都低。另外，有时温度场还可以是不连续的，在纯辐射换热系统中，物体边界上会出现温度的跳跃。第三，辐射能有强烈的方向性，一个空间点上各个方向都可能存在辐射换热量，并且数量不同。辐射能与波长有关，它的能量是按波长分布的。

从上述几点来看，辐射换热与导热、对流换热有着根本的不同。对流换热实质上是导热加上流体的热对流运动，在能量传递的本质上与导热是相同的。所以从物理本质上看，热交换的基本种类应当分为两类：一类是辐射换热，一类是导热与对流换热。这就决定了这两类热交换在基本概念、基本定律、计算公式、计算方法、实验设备等诸方面有很大的区别。

12.2　黑体辐射的基本定律

12.2.1　普朗克定律

1900 年，普朗克在量子假设的基础上，从理论上确定了黑体辐射的光谱分布规律，给出了黑体的光谱辐射力 $E_{b\lambda}$ 与热力学温度 T、波长 λ 之间的函数关系，称之为普朗克定律。

$$E_{b\lambda} = \frac{C_1 \lambda^{-5}}{e^{C_2/(\lambda T)} - 1} \tag{12-12}$$

式中，λ 为波长（m）；T 为黑体的热力学温度（K）；C_1 为普朗克第一常数，3.742×10^{-16} W·m²；C_2 为普朗克第二常数，1.439×10^{-2} m·K。

不同温度下黑体的光谱辐射力随波长的变化如图 12.6 所示。可以看出，黑体的光谱辐射力随波长和温度的变化具有下述特点。

(1) 温度越高，同一波长下的光谱辐射力越大。

(2) 在一定的温度下，黑体的光谱辐射力随波长连续变化，并在某一波长下具有最大值。

(3) 随着温度的升高，光谱辐射力取得最大值的波长 λ_{max} 越来越小，即 λ 在坐标中的位置向短波方向移动。

在温度不变的情况下，由普朗克定律表达式(12-12)求极值，可以确定黑体的光谱辐射力取得最大值的波长 λ_{max} 与热力学温度 T 之间的关系为

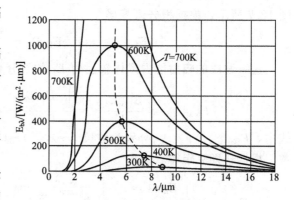

图 12.6 黑体的光谱辐射力 $E_{b\lambda} = f(\lambda, T)$

$$\lambda_{max} T = 2.897 \times 10^3 \approx 2.9 \times 10^3 \ \mu m \cdot K \quad (12-13)$$

此关系式称为维恩(Wien)位移定律。

根据维恩位移定律，可以确定任一温度下黑体的光谱辐射力取得最大值的波长。例如，太阳可以近似为表面温度约为 5800 K 的黑体，由上式可求得太阳光谱辐射力取得最大值的波长 $\lambda_{max} = 0.5 \mu m$，位于可见光的范围内。所以，可见光的波长范围虽然很窄 (0.38～0.76 μm)，但所占太阳辐射能的份额却很大(约为 44.6%)。再如，工业上常见的高温一般低于 2000K，由式(12-13)可以确定，2000K 下黑体的光谱辐射力取得最大值的波长 $\lambda_{max} = 1.45 \mu m$，处于红外线范围内。加热炉中铁块升温过程中颜色的变化也能体现黑体辐射的特点：当铁块的温度低于 2000K 时，所发射的热辐射主要是红外线，人的眼睛感受不到，看起来还是暗黑色的；随着温度的升高，铁块的颜色逐渐变为暗红色、鲜红色、橘黄色、亮白色，这是因为随着温度的升高，铁块发射的热辐射中可见光的比例逐渐增大。

12.2.2 斯特藩-玻尔兹曼定律

斯特藩(J. Stefan)-玻尔兹曼(D. Boltzmann)定律确定了黑体的辐射力 E_b 与热力学温度 T 之间的关系，它首先由斯特藩于 1879 年在实验中得出，后来玻尔兹曼于 1884 年运用热力学理论进行了证明。其表达式为

$$E_b = \sigma T^4 \quad (12-14)$$

式中，$\sigma = 5.67 \times 10^{-8} W/(m^2 K^4)$，称为斯特藩-玻尔兹曼常数，又称为黑体辐射常数。

斯特藩-玻尔兹曼定律说明黑体的辐射力 E_b 与热力学温度 T 的四次方成正比，故又称为四次方定律。

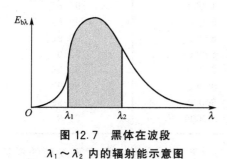

图 12.7 黑体在波段 $\lambda_1 \sim \lambda_2$ 内的辐射能示意图

斯特藩-玻尔兹曼定律表达式可以直接根据辐射力与光谱辐射力之间的关系式(12-8)由普朗克定律表达式导出：

$$E_b = \int_0^\infty E_{b\lambda} d\lambda = \int_0^\infty \frac{C_1 \lambda^{-5}}{e^{C_2/(\lambda T)} - 1} d\lambda$$

在工程上或其他实际问题中，常常需要计算黑体在一定的温度下发射的某一波长范围(或称波段) $\lambda_1 \sim \lambda_2$ 内的辐射能 $E_{b(\lambda_1 \sim \lambda_2)}$ (也称为波段辐射力)，如

图 12.7 所示，根据积分运算得

$$E_{b(\lambda_1 \sim \lambda_2)} = \int_{\lambda_1}^{\lambda_2} E_{b\lambda} d\lambda = \int_0^{\lambda_2} E_{b\lambda} d\lambda - \int_0^{\lambda_1} E_{b\lambda} d\lambda$$

这一波段的辐射能占黑体辐射力 E_b 的百分数为

$$F_{b(\lambda_1 \sim \lambda_2)} = \frac{E_{b(\lambda_1 \sim \lambda_2)}}{E_b} = \frac{\int_0^{\lambda_2} E_{b\lambda} d\lambda}{E_b} - \frac{\int_0^{\lambda_1} E_{b\lambda} d\lambda}{E_b} = F_{b(0 \sim \lambda_2)} - F_{b(0 \sim \lambda_1)}$$

式中，$F_{b(0 \sim \lambda_2)}$、$F_{b(0 \sim \lambda_1)}$ 分别为波段 $0 \sim \lambda_1$、$0 \sim \lambda_2$ 的辐射能所占同温度下黑体辐射力的百分数。根据普朗克定律表达式

$$F_{b(0 \sim \lambda)} = \frac{\int_0^\lambda E_{b\lambda} d\lambda}{\sigma T^4} = \frac{\int_0^\lambda \frac{C_1 \lambda^{-5}}{e^{C_2/(\lambda T)} - 1} d\lambda}{\sigma T^4} = \frac{1}{\sigma} \int_0^{\lambda T} \frac{C_1 (\lambda T)^{-5}}{e^{C_2/(\lambda T)} - 1} d(\lambda T) = F_{b(0 \sim \lambda T)}$$

(12-15)

式中，λT，称为黑体辐射函数（$\mu m \cdot K$），表示温度为 T 的黑体所发射的在波段 $0 \sim \lambda$ 内的辐射能占同温度下黑体辐射力的百分数。黑体辐射函数的具体数值列于表 12-1。

表 12-1 黑体辐射函数

$\lambda T/(\mu m \cdot K)$	$F_{b(0 \sim \lambda)}/(\%)$	$\lambda T/(\mu m \cdot K)$	$F_{b(0 \sim \lambda)}/(\%)$
1000	0.323	6500	77.66
1100	0.0916	7000	80.83
1200	0.214	7500	83.46
1300	0.434	8000	85.64
1400	0.782	8500	87.47
1500	1.290	9000	89.07
1600	1.979	9500	90.32
1700	2.862	10000	91.43
1800	3.946	12000	94.51
1900	5.225	14000	96.29
2000	6.690	16000	97.38
2200	10.11	18000	98.08
2400	14.05	20000	98.56
2600	18.34	22000	98.89
2800	22.82	24000	99.12
3000	27.36	26000	99.30
3200	31.85	28000	99.43
3400	36.21	30000	99.53
3600	40.40	35000	99.70
3800	44.38	40000	99.79
4000	48.13	45000	99.85
4200	51.64	50000	99.89
4400	54.92	55000	99.92
4600	57.96	60000	99.94
4800	60.79	70000	99.96
5000	63.41	80000	99.97
5500	69.12	90000	99.98
6000	73.81	100000	99.99

利用黑体辐射函数表，可以很容易地用式（12-16）计算黑体在某一温度下发射的任意

波段的辐射能量。

$$E_{b(\lambda_1 \sim \lambda_2)} = [F_{b(0 \sim \lambda_2)} - F_{b(0 \sim \lambda_1)}] E_b \tag{12-16}$$

【例 12.1】 试计算太阳辐射中可见光所占的比例。

解：太阳可认为是表面温度为 $T = 5762K$ 的黑体，可见光的波长范围是 $0.38 \sim 0.76 \mu m$，即 $\lambda_1 = 0.38 \mu m$，$\lambda_2 = 0.76 \mu m$。于是

$$\lambda_{T1} = 2190 \mu m \cdot K, \quad \lambda_{T2} = 4380 \mu m \cdot K$$

由黑体辐射函数表查得

$$F_{b(0 \sim \lambda_1)} = 9.94\%, \quad F_{b(0 \sim \lambda_2)} = 54.49\%$$

于是可见光所占的比例为

$$F_{b(\lambda_1 \sim \lambda_2)} = F_{b(0 \sim \lambda_2)} - F_{b(0 \sim \lambda_1)} = 44.65\%$$

从上述结果可以看出，太阳辐射中可见光所占的比例很大。

12.2.3 兰贝特定律

理论上可以证明，黑体的辐射强度与方向无关，即半球空间各方向上的辐射强度都相等。这种黑体辐射强度所遵循的空间均匀分布规律称为兰贝特(Lambert)定律。

辐射强度在空间各个方向上都相等的物体也称为漫发射体。对于漫发射体

$$L(\theta) = L = 常数 \tag{12-17}$$

根据定向辐射力 E_θ 与辐射强度的关系式(12-10)，有

$$E_\theta = L\cos\theta = E_n\cos\theta \tag{12-18}$$

式中，E_n 称为表面法线方向的定向辐射力。式(12-17)和式(12-18)称为兰贝特定律表达式。因为定向辐射力随方向角 θ 按余弦规律变化，所以兰贝特定律也称为余弦定律。

对于漫发射体，根据辐射力与辐射强度之间的关系式(12-11)与式(12-5a)，有

$$E = \int_0^{2\pi} d\varphi \int_0^{\pi/2} L\sin\theta\cos\theta d\theta = L\int_0^{2\pi} d\varphi \int_0^{\pi/2} \sin\theta\cos\theta d\theta = \pi L \tag{12-19}$$

即漫发射体的辐射力是辐射强度的 π 倍。

既漫发射又漫反射的物体称为漫射体。

12.3 实际物体的辐射特性及基尔霍夫定律

实际物体的辐射特性与黑体有很大的区别，下面分别介绍实际物体的发射特性和吸收特性及两者之间的关系。

12.3.1 实际物体的发射特性

为了说明实际物体的发射特性，引入发射率的概念。实际物体的辐射力与同温度下黑体的辐射力之比称为该物体的发射率(习惯上称为黑度)，用符号 ε 表示，即

$$\varepsilon = \frac{E}{E_b} \tag{12-20}$$

发射率的大小反映了物体发射辐射能的能力的大小。

实际物体的光谱辐射力与同温度下黑体的光谱辐射力之比称为该物体的光谱辐射率

(或称为光谱黑度),用符号 ε_λ 表示。

$$\varepsilon_\lambda = \frac{E_\lambda}{E_{b\lambda}} \tag{12-21}$$

发射率与光谱发射率之间的关系为

$$\varepsilon = \frac{\int_0^\infty \varepsilon_\lambda E_{b\lambda} d\lambda}{E_b}$$

对于灰体,光谱辐射特性不随波长而变化,ε_λ = 常数。由上式可得

$$\varepsilon = \frac{\varepsilon_\lambda \int_0^\infty E_{b\lambda} d\lambda}{E_b} = \varepsilon_\lambda \tag{12-22}$$

因此,灰体的光谱辐射力随波长的变化趋势与黑体相同。

实际物体光谱辐射力随波长的变化较大。图 12.8 是同温度下黑体、灰体和实际物体的光谱辐射力随波长变化的示意图,可以看出,实际物体的光谱辐射力随波长的变化规律完全不同于黑体和灰体。图 12.9 是黑体、灰体和实际物体的光谱发射率随波长变化的示意图。

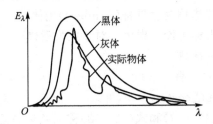

图 12.8 光谱辐射力随波长变化的示意图

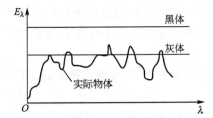

图 12.9 光谱发射率随波长的变化

在工程计算中,实际物体的辐射力 E_b 可以根据发射率的定义式(12-20)由式(12-23)计算。

$$E = \varepsilon E_b = \varepsilon \sigma T^4 \tag{12-23}$$

应该指出,实际物体的辐射力并不严格与热力学温度的四次方成正比,所存在的偏差包含在由实验确定的发射率数值 ε 之中。

实际物体也不是漫发射体,即辐射强度在空间各个方向的分布不遵循兰贝特定律,是方向角 θ 的函数。为了说明实际物体辐射强度的方向性,引入定向发射率的定义:实际物体在 θ 方向上的定向辐射力 E_θ 与同温度下黑体在该方向的定向辐射力 $E_{b\theta}$ 之比称为该物体在 θ 方向的定向发射率(或称为定向黑度),用 ε_θ 表示,即

$$\varepsilon_\theta = \frac{E_\theta}{E_{b\theta}} = \frac{L(\theta)}{L_b} \tag{12-24}$$

实际物体的定向发射率与方向有关,是方向角 θ 的函数。对于漫发射体,各方向的定向发射率相等。图 12.10 与图 12.11 中分别描绘了几种金属和非金属材料表面的定向发射率随方向角 θ 的变化。

由图 12.10 和图 12.11 可见,金属材料的 ε_θ 在 $\theta \leqslant 40°$ 的范围内几乎不变;当 $\theta > 40°$ 时,ε_θ 随着 θ 的增大而迅速增大,直到 θ 接近 $90°$ 时 ε_θ 又迅速减小,趋近于零(因范围太小,图中并未画出)。而非金属材料的 ε_θ 在 $\theta \leqslant 60°$ 的范围内约为常数;当 $\theta > 60°$ 时,ε_θ 随着 θ 的增大迅速减小,逐渐趋近于零。实测表明,半球总发射率 ε 与 $\theta = 0°$ 时的法向发射率 ε_n 相比

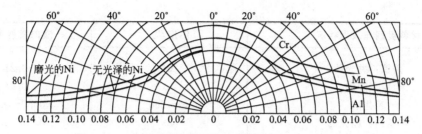

图 12.10　几种金属材料的定向发射率 ε_θ ($t=150℃$)

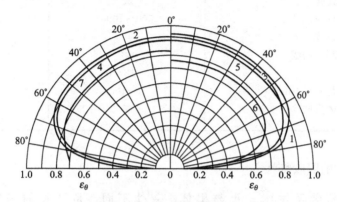

12.11　几种非金属材料的定向发射率 ε_θ ($t=0\sim93.3℃$)

1—潮湿的冰；2—木材；3—玻璃；4—纸；
5—黏土；6—氧化铜；7—氧化铝

变化不大，对于金属，$\varepsilon/\varepsilon_n=1.0\sim1.2$；对于非金属 $\varepsilon/\varepsilon_n=0.95\sim1.0$。

对于工程设计中遇到的绝大多数材料，都可以忽略 ε_θ 随 θ 的变化，而近似地看作漫发射体。发射率数值的大小取决于材料的种类、温度和表面状况，通常由实验测定。表 12-2 中列举了一些常用材料的法向发射率值。

表 12-2　常用材料的法向发射率 ε_n 值

材料类别与表面状况	温度/℃	法向发射率 ε_n
铝：高度抛光，纯度98%	50～500	0.04～0.06
工业用铝板	100	0.09
严重氧化的	100～150	0.2～0.31
黄铜：高度抛光的	260	0.03
无光泽的	40～260	0.22
氧化的	40～260	0.46～0.56
铜：高度抛光的电解铜	100	0.02
轻度抛光的	40	0.12
氧化变黑的	40	0.76
金：高度抛光的纯金	100～600	0.02～0.035
钢：抛光的	40～260	0.07～0.1
轧制的钢板	40	0.65
严重氧化的钢板	40	0.8

(续)

材料类别与表面状况	温度/℃	法向发射率 ε_n
铸铁：抛光的	200	0.21
新车削的	40	0.44
氧化的	40～260	0057～0.68
不锈钢：抛光的	40	0.07～0.17
铬：抛光板	40～550	0.08～0.27
红砖	20	0.88～0.93
耐火砖	500～1000	0.80～0.90
玻璃	40	0.94
各种颜色的漆	40	0.92～0.96
雪	−12～0	0.82
水（厚度大于0.1mm）	0～100	0.96
人体皮肤	32	0.98

12.3.2 实际物体的吸收特性

实际物体的光谱吸收比 α_λ 也与黑体、灰体不同，是波长的函数。图 12.12 和图 12.13 分别绘出了一些金属和非金属材料在室温下的光谱吸收比随波长的变化。可以看出：有些材料，如磨光的钢和铝，光谱吸收比随波长变化不大；但有些材料，如阳极氧化的铝、粉墙面、白瓷砖等，光谱吸收比随波长变化很大。这种辐射特性随波长变化的性质称为辐射特性对波长的选择性。人们经常利用这种选择性来为工农业生产服务。例如，温室就是利用玻璃对阳光的吸收较少而对红外线的吸收较多的特性，使大部分太阳能穿过玻璃进入室内，而阻止室内物体发射的辐射能透过玻璃散到室外，达到保温的目的。

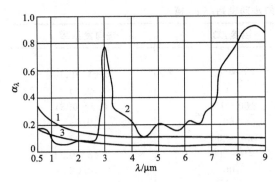

图 12.12 一些金属材料的光谱吸收比
1—磨光的铅；2—阳极氧化的铝；3—磨光的铜

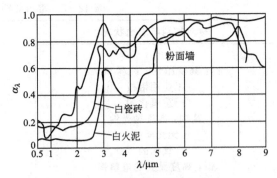

图 12.13 一些非金属材料的光谱吸收比

正是由于实际物体的光谱吸收比对波长具有选择性，使实际物体的吸收比 α 不仅取决于物体本身材料的种类、温度及表面性质，还和投入辐射的波长分布有关，因此和投入辐射能的发射体温度有关。图 12.14 所示为一些材料在室温（$T_1=293K$）下对黑体辐射的吸

收比随黑体温度 T_2 的变化。

实际物体光谱辐射特性随波长的变化给辐射换热计算带来了很大的困难,因此引入光谱辐射特性不随波长变化的假想物体——灰体的概念。由于工程上的热辐射主要位于 $0.76\sim1.0\mu m$ 的红外波长范围内,绝大多数工程材料的光谱辐射特性在此波长范围内变化不大,因此在工程计算时可以近似地当作灰体处理,不会产生很大的误差。

12.3.3 基尔霍夫定律

1860 年,基尔霍夫(G. R. Kirchhoff)揭示了物体吸收辐射能的能力与发射辐射能的能力之间的关系,称为基尔霍夫定律,其表达式如下。

$$\alpha_\lambda(\theta,\varphi,T)=\varepsilon_\lambda(\theta,\varphi,T) \quad (12-25)$$

即任何一个温度为 T 的物体在 (θ,φ) 方向上的光谱吸收比等于该物体在相同温度、相同方向、相同波长的光谱发射率。这说明,吸收辐射能的能力越强的物体,发射辐射能的能力也就越强。在温度相同的物体中,黑体吸收辐射能的能力最强,发射辐射能的能力也最强。

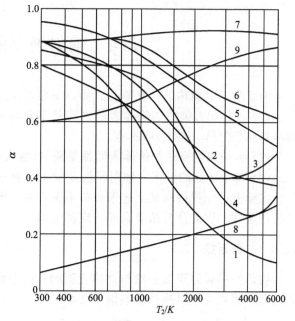

图 12.14 一些材料对黑体辐射的吸收比随黑体温度的变化

1—白色耐火土;2—石棉;3—软木;4—木材;
5—陶瓷;6—混凝土;7—房顶瓦;8—铝;9—石墨

对于漫射体,辐射特性与方向无关,基尔霍夫定律表达式为

$$\alpha_\lambda(T)=\varepsilon_\lambda(T) \quad (12-26)$$

对于漫射、灰体,辐射特性与波长无关,$\varepsilon_\lambda=\varepsilon$、$\alpha_\lambda=\alpha$,由式(12-26)可得

$$\alpha(T)=\varepsilon(T) \quad (12-27)$$

对于工程上常见的温度范围($T<2000K$),大部分辐射能都处于红外波长范围内,绝大多数工程材料都可以近似为漫射、灰体,已知发射率的数值就可以由式(12-27)确定吸收比的数值,不会引起较大的误差。但在太阳能利用中研究物体表面对太阳能的吸收和本身的热辐射时,就不能简单地将物体当作灰体而错误地认为物体对太阳能的吸收比等于自身辐射的发射率。这是因为,近 50% 的太阳辐射位于可见光的波长范围内,而物体自身热辐射位于红外波长范围内,由于实际物体的光谱吸收比对投入辐射的波长具有选择性,所以一般物体对太阳辐射的吸收比与自身辐射的发射率有较大的差别。例如,常温下各种颜色油漆的发射率约为 0.9,但白漆对可见光的吸收比只有 $0.1\sim0.2$。现在已开发出应用于太阳能集热器上的选择性表面涂层材料,其对太阳能的吸收比高达 0.9,而自身发射率只有 0.1 左右。这样既有利于太阳能的吸收,又减少了自身的辐射散热损失。

12.4 辐射换热的计算方法

为了使辐射换热的计算简化,做以下假设。

(1) 进行辐射换热的物体表面之间是不参与辐射的介质(如单原子或具有对称分子结构的双原子气体、空气)或真空。

(2) 参与辐射换热的物体表面都是漫射(漫发射、漫反射)灰体或黑体表面。

(3) 每个表面的温度、辐射特性及投入辐射分布均匀。

实际上,能严格满足上述条件的情况很少,但工程上为了计算简便,常近似地认为满足上述条件,因此计算结果会有一定的误差。

12.4.1 角系数

物体间的辐射换热必然与物体表面的几何形状、大小及相对位置有关,角系数是反映这些几何因素对辐射换热影响的重要参数。

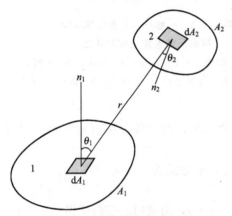

图 12.15 任意位置的两个表面之间的辐射换热

1. 角系数的定义

对于如图 12.15 所示的两个任意位置的表面 1、2,从表面 1 发出(自身发射与反射)的总辐射能中直接投射到表面 2 上的辐射能所占总辐射能的百分数称为表面 1 对表面 2 的角系数,用符号 $X_{1,2}$ 表示。同样,表面 2 对表面 1 的角系数用 $X_{2,1}$ 表示。

假设表面 1、2 都是黑体表面,面积分别为 A_1、A_2。dA_1、dA_2 分别为表面 1、2 上的微元面积,距离为 r,两个微元表面的方向角分别为 θ_1、θ_2。根据辐射强度的定义,单位时间内从 dA_1 发射到 dA_2 上的辐射能为

$$d\Phi_{1\to 2} = L_{b1} dA_1 \cos\theta_1 \frac{dA_2 \cos\theta_2}{r^2}$$

式中,L_{b1} 为表面 1 的辐射强度;$\dfrac{dA_2 \cos\theta_2}{r^2}$ 为 dA_2 所对应的立体角。根据辐射强度与辐射力之间的关系

$$L_{b1} = \frac{E_b}{\pi}$$

代入上式,可得

$$d\Phi_{1\to 2} = E_{b1} \frac{\cos\theta_1 \cos\theta_2}{\pi r^2} dA_1 dA_2$$

将上式对这两个表面做积分,可得到从整个表面 1 发射到表面 2 的辐射能为

$$\Phi_{1\to 2} = \int_{A_1}\int_{A_2} E_{b1} \frac{\cos\theta_1 \cos\theta_2}{\pi r^2} dA_1 dA_2 = E_{b1} \int_{A_1}\int_{A_2} \frac{\cos\theta_1 \cos\theta_2}{\pi r^2} dA_1 dA_2$$

在上述假设条件下，每个表面的辐射力都均匀分布，于是从表面 1 向半球空间发射的总辐射能为 $A_1 E_{b1}$。根据角系数的定义，表面 1 对表面 2 的角系数为

$$X_{1,2} = \frac{\Phi_{1\to 2}}{A_1 E_{b1}} = \frac{1}{A_1} \int_{A_1} \int_{A_2} \frac{\cos\theta_1 \cos\theta_2}{\pi r^2} \mathrm{d}A_1 \mathrm{d}A_2 \tag{12-28}$$

同样，表面 2 对表面 1 的角系数为

$$X_{2,1} = \frac{\Phi_{2\to 1}}{A_2 E_{b2}} = \frac{1}{A_2} \int_{A_1} \int_{A_2} \frac{\cos\theta_1 \cos\theta_2}{\pi r^2} \mathrm{d}A_1 \mathrm{d}A_2 \tag{12-29}$$

从式(12-28)和式(12-29)可以看出：在上述假设条件下，角系数是几何量，只取决于两个物体表面的几何形状、大小和相对位置。

2. 角系数的性质

角系数具有下列性质。

1) 相对性

对比式(12-28)和式(12-29)可得

$$A_1 X_{1,2} = A_2 X_{2,1} \tag{12-30}$$

式(12-30)描述了两个任意位置的漫射表面之间角系数的相互关系，称为角系数的相对性(或互换性)只要知道其中一个角系数，就可以根据相对性求出另一个角系数。

2) 完整性

从辐射换热的角度看，任何物体都处于其他物体(实际物体或假想物体，如太空背景)的包围之中。换句话说，任何物体都与其他所有参与辐射换热的物体构成一个封闭空腔。它所发出的辐射能百分之百地落在封闭空腔的各个表面之上，也就是说，它对构成封闭空腔的所有表面的角系数之和等于 1，即

$$\sum_{j=1}^{n} X_{i,j} = X_{i,1} + X_{i,2} + \cdots + X_{i,i} + \cdots + X_{i,n} = 1 \tag{12-31}$$

式(12-31)称为角系数的完整性。对于非凹表面，$X_{i,i}=0$。

3) 可加性

角系数的可加性实质上是辐射能的可加性，体现能量守恒。对于图 12.16(a)所示的系统，下面的关系式成立。

$$A_1 X_{1,2} = A_1 X_{1,a} + A_1 X_{1,b}$$

即

$$X_{1,2} = X_{1,a} + X_{1,b}$$

对于图 12.16(b)所示的系统，下面的关系式成立。

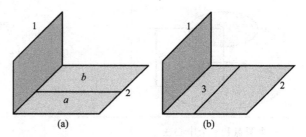

图 12.16　角系数的可加性示意图

$$A_1 X_{1,(2+3)} = A_1 X_{1,2} + A_1 X_{1,3}$$

即

$$X_{1,(2+3)} = X_{1,2} + X_{1,3} \tag{12-32}$$

3. 角系数的计算方法

角系数的确定方法有多种，有积分法、代数法、图解法(或投影法)、光模拟法、电模拟法

等。对于积分法，只做简单介绍，并给出几种几何系统的计算结果。这里重点讨论代数法。

1) 积分法

所谓积分法就是根据角系数积分表达式(12-28)通过积分运算求得角系数的方法。对于几何形状和相对位置复杂一些的系统，积分运算将会非常繁琐和困难。为了工程计算方便，已将常见几何系统的角系数计算结果用公式或线算图的形式给出，表12-3中列出了几种几何系统的角系数计算公式。

表 12-3 几种几何系统的角系数 $X_{1,2}$ 计算公式

几何系统	角系数
两个同样大小、平行相对的矩形表面 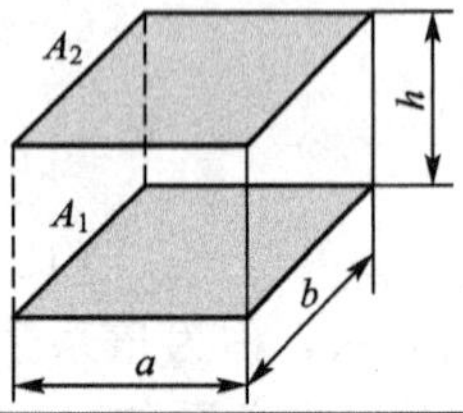	$x=\dfrac{a}{h}$, $y=\dfrac{b}{h}$ $X_{1,2}=\dfrac{2}{\pi xy}\Big[\dfrac{1}{2}\ln\dfrac{(1+x^2)(1+y^2)}{1+x^2+y^2}-$ $x\cdot\arctan x+x\sqrt{1+y^2}\arctan\dfrac{x}{\sqrt{1+y^2}}-$ $y\arctan y+y\sqrt{1+x^2}\arctan\dfrac{y}{\sqrt{1+x^2}}\Big]$
两个互相垂直，具有一条公共边的矩形表面 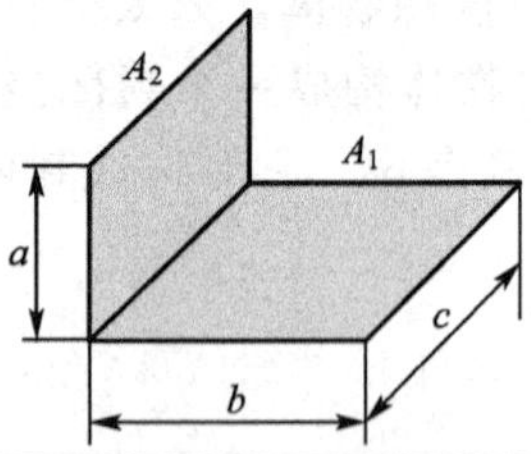	$x=\dfrac{a}{h}$, $y=\dfrac{b}{h}$ $X_{1,2}=\dfrac{2}{\pi x}\Big[x\cdot\arctan\dfrac{1}{x}+y\cdot\arctan\dfrac{1}{y}\dfrac{1}{2}\ln\dfrac{(1+x^2)(1+y^2)}{1+x^2+y^2}-$ $\sqrt{x^2+y^2}\arctan\dfrac{1}{\sqrt{x^2+y^2}}+\dfrac{1}{4}\ln\dfrac{(1+x^2)(1+y^2)}{1+x^2+y^2}+$ $\dfrac{x^2}{4}\ln\dfrac{x^2(1+x^2)(1+y^2)}{1+x^2+y^2}+\dfrac{y^2}{4}\ln\dfrac{y^2(1+x^2)(1+y^2)}{1+x^2+y^2}\Big]$
两个互相平行，具有公共中垂线的圆盘 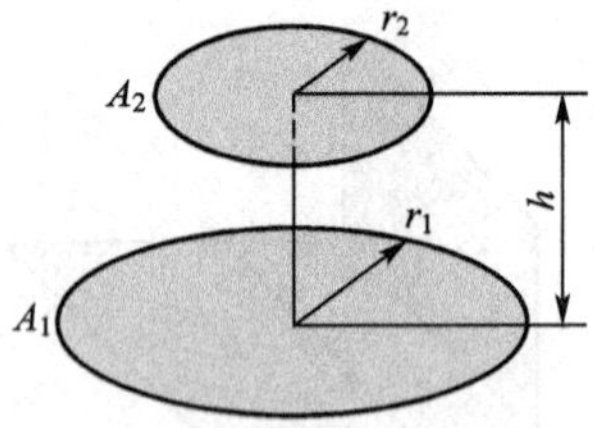	$x=\dfrac{r_1}{h}$, $y=\dfrac{r_2}{h}$, $z=1+\dfrac{y^2}{x^2}$ $X_{1,2}=\dfrac{1}{2}\Big[z-\sqrt{z^2-4(y/x)^2}\ln\dfrac{(1+)(1+y^2)}{1+x^2+y^2}\Big]$
一个圆盘和一个中心在其中垂线上的球 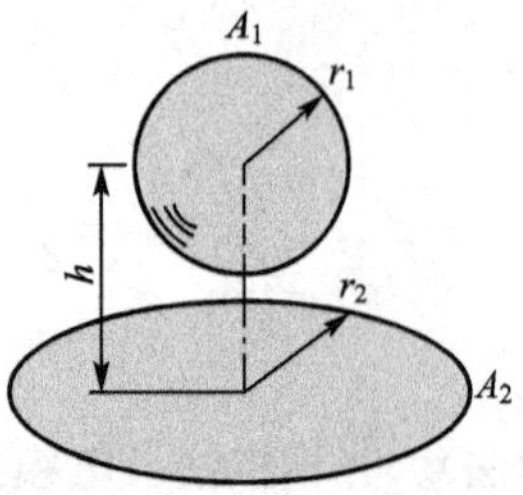	$X_{1,2}=\dfrac{1}{2}\Big[1-\dfrac{1}{\sqrt{1+(r_2/h)^2}}\Big]$

2) 代数法

代数法是利用角系数的定义及性质，通过代数运算确定角系数的方法。下面举例说明如何利用代数法确定角系数。

对于图 12.17(a)所示的由一个非凹表面 1 与一个凹形表面 2 构成的封闭空腔和图 12.17(b)所示的由凸表面物体 1 与包壳 2 构成的封闭空腔，由于角系数 $X_{1,2}=1$，所以根据角系数的相对性，有

$$A_1 X_{1,2} = A_2 X_{2,1} \qquad (12-33)$$

很容易求出

$$X_{2,1} = \frac{A_1}{A_2} \qquad (12-34)$$

对于图 12.17(c)所示的两个凹形表面 1、2 构成的封闭空腔，若求角系数 $X_{1,2}$，可做一假想平面 2_a，因此从表面 1 投射到表面 2 上的辐射能也都全部穿过假想表面 2_a，因此根据角系数的定义很容易得出 $X_{1,2}=X_{1,2_a}$。对于表面 1 与假想表面 2_a 构成的封闭空腔，根据式(12-34)可得

$$X_{1,2} = X_{1,2_a} = \frac{A_{2_a}}{A_1} \qquad (12-35)$$

对于图 12.17(d)所示的两块距离很近的大平壁，通过边缘缝隙与其他物体的辐射换热可以忽略。

$$X_{1,2} = X_{2,1} = 1 \qquad (12-36)$$

图 12.18(a)所示的是由 3 个垂直于纸面方向无限长的非凹表面构成的封闭空腔，3 个表面的面积分别为 A_1、A_2、A_3。根据角系数的完整性，可以写出

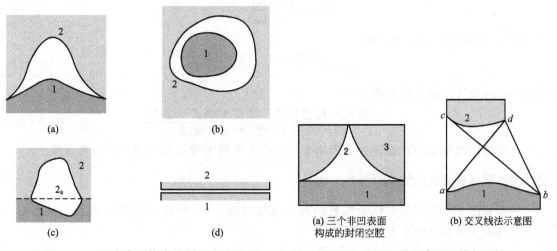

图 12.17　两个表面构成的封闭空腔　　　图 12.18　非凹表面间的角系数

$$A_1 X_{1,2} + A_1 X_{1,3} = A_1 \qquad (a)$$
$$A_2 X_{2,1} + A_2 X_{2,3} = A_2 \qquad (b)$$
$$A_3 X_{3,1} + A_3 X_{3,2} = A_3 \qquad (c)$$

再根据角系数的相对性，可以写出

$$A_1 X_{1,2} = A_2 X_{2,1} \qquad (d)$$

$$A_1 X_{1,3} = A_3 X_{3,1} \tag{e}$$

$$A_2 X_{2,3} = A_3 X_{3,2} \tag{f}$$

将式(a)、式(b)、式(c)相加，并考虑式(d)、式(e)、式(f)，可得

$$A_1 X_{1,2} + A_1 X_{1,3} + A_2 X_{2,3} = \frac{1}{2}(A_1 + A_2 + A_3) \tag{g}$$

将式(g)分别减去式(a)、式(b)、式(c)，整理后可得

$$X_{1,2} = \frac{A_1 + A_2 - A_3}{2A_1} = \frac{l_1 + l_2 - l_3}{2l_1} \tag{12-37}$$

$$X_{1,3} = \frac{A_1 + A_3 - A_2}{2A_1} = \frac{l_1 + l_3 - l_2}{2l_1} \tag{12-37a}$$

$$X_{2,3} = \frac{A_2 + A_3 - A_1}{2A_2} = \frac{l_2 + l_3 - l_1}{2l_2} \tag{12-37b}$$

式中，l_1，l_2，l_3 分别为表面 1、2、3 的横断面交线长度。

图 12.18(b)所示为两个在垂直于纸面方向无限长的非凹表面 1、2，横断面线长度分别为 ab、cd。为求角系数 $X_{1,2}$，可以做辅助线 ac、bd、ad、bc，它们分别代表 4 个同样垂直于纸面方向无限长的辅助平面。对于表面 1、2 与辅助平面 ad、bd 构成的封闭空腔 $abcd$，根据角系数的完整性，可得

$$X_{1,2} = 1 - X_{1,ac} - X_{1,bd} \tag{a}$$

对于表面 1 与辅助平面 ac、bc 构成的封闭空腔 abc，以及表面 1 与辅助平面 ad、bd 构成的封闭空腔 abd，根据前面 3 个非凹表面构成的封闭空腔的计算结果，可得

$$X_{1,ac} = \frac{ab + ac - bc}{2ab} \tag{b}$$

$$X_{1,bd} = \frac{ab + bd - ad}{2ab} \tag{c}$$

将式(b)、式(c)代入式(a)，得

$$X_{1,2} = \frac{(ad + bc) - (ac + bd)}{2ab} \tag{12-38}$$

式(12-38)也可以用文字表述为

$$X_{1,2} = \frac{\text{交叉线长度之和} - \text{非交叉线长度之和}}{2 \times \text{表面 1 的横断面线长度}} \tag{12-39}$$

这种确定角系数的方法称为交叉线法，适用于求解无限长延伸表面间的角系数。

12.4.2 黑体表面之间的辐射换热

对于如图 12.15 所示的任意位置的两个黑体表面 1、2 根据角系数的定义，从表面 1 发出并直接投射到表面 2 上的辐射能为

$$\Phi_{1 \to 2} = X_{1,2} A_1 E_{b1}$$

同时从表面 2 发出并直接投射到表面 1 上的辐射能为

$$\Phi_{2 \to 1} = A_2 E_{b2} X_{2,1}$$

由于两个表面都是黑体表面，落在它们上面的辐射能会被各自全部吸收，所以两个表面之间的直接辐射换热量为

$$\Phi_{1,2} = \Phi_{1 \to 2} - \Phi_{2 \to 1} = A_1 E_{b1} X_{1,2} - A_2 E_{b2} X_{2,1}$$

根据角系数的相对性，$A_1 X_{1,2} = A_2 X_{2,1}$，上式可写成

$$\Phi_{1,2} = \Phi_{1\to 2} - \Phi_{2\to 1} = A_1 X_{1,2}(E_{b1} - E_{b2}) = A_2 X_{2,1}(E_{b1} - E_{b2}) \quad (12-40)$$

式(12-40)可以写成电学中欧姆定律表达式的形式，即

$$\Phi_{1,2} = \frac{E_{b1} - E_{b2}}{\dfrac{1}{A_1 X_{1,2}}} \quad (12-41)$$

式中，$E_{b1} - E_{b2}$ 相当于电势差；分母 $\dfrac{1}{A_1 X_{1,2}}$ 相当于电阻，称为空间辐射热阻，可以理解为由于两个表面的几何形状、大小及相对位置而在它们之间产生的辐射换热的阻力。

需要指出，式(12-41)计算的是两个任意位置的黑体表面 1、2 之间直接的辐射换热量 $\Phi_{1,2}$，并不等于表面 1 净损失的辐射能量或表面 2 净获得的辐射能量，因为它们还要和周围其他表面之间进行辐射交换。

如果两个黑体表面构成封闭空腔，如图 12.17 所示，则式(12-41)计算的辐射换热量 $\Phi_{1,2}$ 既是表面 1 净损失的热量，也是表面 2 净获得的热量。表面 1、2 之间的辐射换热可以用图 12.19 所示的辐射网络来表示，其中的 E_{b1}、E_{b2} 相当于直流电源。

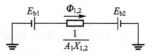

图 12.19 两个黑体表面构成封闭空腔的辐射换热网络

如果由 n 个黑体表面构成封闭空腔，那么每个表面的净辐射换热量应该是该表面与封闭空腔的所有表面之间辐射换热量的代数和，即

$$\Phi_i = \sum_{j=1}^{n} \Phi_{i,j} = \sum_{j=1}^{n} A_i X_{i,j}(E_{bi} - E_{bj}) \quad (12-42)$$

12.4.3 漫灰表面之间的辐射换热

1. 有效辐射

漫射灰体表面（简称漫灰表面）之间的辐射换热要比黑体表面复杂，因为投射到漫灰表面的辐射能只有一部分被吸收，其余部分则被反射出去，结果形成辐射能在表面之间多次吸收和多次反射的现象。如果采用射线跟踪法，即跟踪一部分辐射能，累计它每次被吸收和反射的数量，则计算非常繁琐。对于漫灰表面，它自身发射和反射的辐射能都是漫分布的，所以在计算辐射换热时没有必要分别考虑，引入有效辐射的概念，可以使计算大为简化。

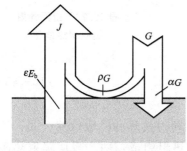

图 12.20 有效辐射

所谓有效辐射是指单位时间内离开单位面积表面的总辐射能，用符号 J 表示，单位为 W/m^2。如图 12.20 所示，有效辐射是单位面积表面自身的辐射力 $E = \varepsilon E_b$ 与反射的投入辐射 ρG 之和，即

$$J = E + \rho G = \varepsilon E_b + (1-\alpha)G \quad (12-43)$$

根据表面的辐射平衡，单位面积的辐射换热量应该等于有效辐射与投入辐射之差，即

$$\frac{\Phi}{A} = J - G \quad (a)$$

同时也等于自身辐射力与吸收的投入辐射能之差，即

$$\frac{\Phi}{A} = \varepsilon E_b - \alpha G \tag{b}$$

从式(12-43)解出 G，代入式(a)或式(b)，并考虑到漫灰表面的 $\alpha = \varepsilon$，可得

$$\Phi = \frac{A\varepsilon}{1-\varepsilon}(E_b - J) = \frac{E_b - J}{\dfrac{1-\varepsilon}{A\varepsilon}} \tag{12-44}$$

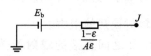

图 12.21 表面辐射热阻网络单元

式(12-44)在形式上与电路欧姆定律表达式相同。分子 $E_b - J$ 相当于电势差，分母 $\dfrac{1-\varepsilon}{A\varepsilon}$ 相当于电阻，称为表面辐射热阻。所以，对于每一个参与辐射换热的漫灰表面而言，都可以绘出如图 12.21 所示的表面辐射热阻网络单元。对于黑体表面而言，$\varepsilon = 1$，表面辐射热阻为零，$E_b = J$。

2. 两个漫灰表面构成的封闭空腔中的辐射换热

若两个漫灰表面 1、2 构成一个封闭空腔，并假设 $T_1 > T_2$，则根据式(12-44)，表面 1 净损失的热量为

$$\Phi_1 = \frac{E_{b1} - J_1}{\dfrac{1-\varepsilon_1}{A_1 \varepsilon_1}} \tag{1}$$

表面 2 净获得的热量为

$$\Phi_2 = \frac{E_{b2} - J_2}{\dfrac{1-\varepsilon_2}{A_2 \varepsilon_2}} \tag{2}$$

根据有效辐射的定义及角系数的相对性，表面 1、2 之间净辐射换热量为

$$\Phi_{1,2} = A_1 X_{1,2} J_1 - A_2 X_{2,1} J_2 = A_1 X_{1,2} (J_1 - J_2)$$

可将上式写成

$$\Phi_{1,2} = \frac{J_1 - J_2}{\dfrac{1}{A_1 X_{1,2}}} \tag{3}$$

式中，$\dfrac{1}{A_1 X_{1,2}}$ 称为表面 1、2 之间的空间辐射热阻。由式(3)可以绘出空间辐射热阻网络单元，如图 12.22 所示。

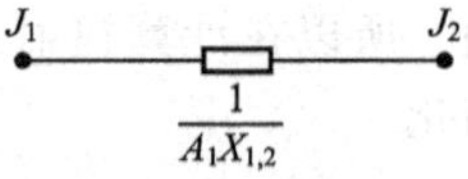

图 12.22 空间辐射热阻网络单元

由于表面 1、2 构成一个封闭空腔，所以

$$\Phi_1 = \Phi_2 = \Phi_{1,2}$$

于是，联立式(1)~式(3)，可得

$$\Phi_{1,2} = \frac{E_{b1} - E_{b2}}{\dfrac{1-\varepsilon_1}{A_1 \varepsilon_1} + \dfrac{1}{A_1 X_{1,2}} + \dfrac{1-\varepsilon_2}{A_2 \varepsilon_2}} \tag{12-45}$$

式(12-45)是构成封闭空腔的两个漫灰表面 1、2 之间辐射换热的一般计算公式，可见，两个漫灰表面之间的辐射换热热阻由三个串联的辐射热阻组成：两个表面辐射热阻 $\dfrac{1-\varepsilon_1}{A_1 \varepsilon_1}$ 与 $\dfrac{1-\varepsilon_2}{A_2 \varepsilon_2}$，一个空间辐射热阻 $\dfrac{1}{A_1 X_{1,2}}$，可以用图 12.23 所示的辐射热阻网络来表示。

对于图 12.17(d)所示的两块平行壁面构成的封闭空腔，由于 $A_1 = A_2 = A$，$X_{1,2} =$

$X_{2,1}=1$,式(12-45)可简化为

$$\Phi_{1,2}=\frac{A(E_{b1}-E_{b2})}{\dfrac{1}{\varepsilon_1}+\dfrac{1}{\varepsilon_2}+1}=A\varepsilon_{1,2}(E_{b1}-E_{b2}) \quad (12-46)$$

式中,$\varepsilon_{1,2}=\dfrac{1}{\varepsilon_1}+\dfrac{1}{\varepsilon_2}+1$ 称为系统黑度。

对于图 12.17(b)所示的凸型小物体 1 和包壳 2 之间的辐射换热,$X_{1,2}\approx 1$,式(12-45)可简化为

$$\Phi_{1,2}=\frac{A_1(E_{b1}-E_{b2})}{\dfrac{1}{\varepsilon_1}+\dfrac{A_2}{A_1}\left(\dfrac{1}{\varepsilon_2}-1\right)} \quad (12-47)$$

当 $A_1 \ll A_2$ 时,式(12-47)可进一步简化为

$$\Phi_{1,2}=A_1\varepsilon_1(E_{b1}-E_{b2}) \quad (12-48)$$

3. 多个漫灰表面构成的封闭空腔中的辐射换热

运用有效辐射的概念,可以计算多个漫灰表面构成的封闭空腔内的辐射换热,根据式(12-44),封闭空腔内的任意一个表面 i 净损失的辐射热流量为

$$\Phi_i=\frac{E_{bi}-J_i}{\dfrac{1-\varepsilon_i}{A_i\varepsilon_i}}$$

它应该等于表面 i 与封闭空腔中所有其他表面间分别交换的辐射热流量的代数和,即

$$\Phi_i=\sum_{j=1}^{n}A_iX_{i,j}(J_i-J_j)=\sum_{j=1}^{n}\frac{J_i-J_j}{\dfrac{1}{A_iX_{i,j}}}$$

于是可得

$$\frac{E_{bi}-J_i}{\dfrac{1-\varepsilon_i}{A_i\varepsilon_i}}=\sum_{j=1}^{n}\frac{J_i-J_j}{\dfrac{1}{A_iX_{i,j}}} \quad (12-49)$$

式(12-49)与电学中直流电路的节点电流方程式具有相同的形式,因此可以绘出如图 12.24 所示的辐射网络。

不难看出,只要利用相应的空间辐射热阻网络单元将封闭空腔内所有的表面辐射热阻网络单元中的有效辐射节点 J_1,J_2,…,J_n 连接起来,就构成了完整的封闭空腔辐射换热网络,进而可以运用电学中直流电路的求解方法,按照式(12-49)列出所有节点的

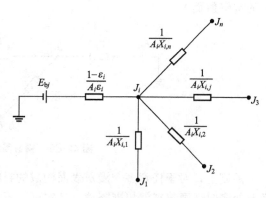

图 12.24 空腔内表面 i 与其他表面之间辐射换热网络

节点方程,解出各节点的有效辐射,即可利用式(12-44)求出各表面的净辐射换热量。这种求解辐射换热的方法称为辐射网络法。当构成封闭空腔的表面数量很少时,可以绘出清楚、直观的辐射网络。例如,由3个漫灰表面组成的封闭空腔的辐射换热网络如图12.25所示。

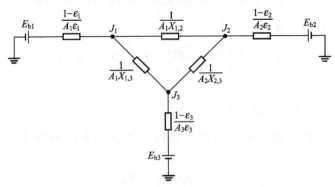

图 12.25　3 个漫灰表面构成空腔的辐换射热网络

如果封闭空腔中某个表面 i 的净辐射换热量等于零,有效辐射等于投入辐射,即 $J_i = G_i$,则称该表面为辐射绝热面。它相当于从各方向投入的辐射能又被如数发射出去,所以这种表面也称为重辐射面,如熔炉中的反射拱、保温良好的炉墙等。重辐射面的存在改变了封闭空腔中辐射能的光谱分布,因为重辐射面的温度与其他表面的温度不同,所以其有效辐射的光谱与投入辐射的光谱不一样。但对于由漫灰表面构成的封闭空腔来说,光谱的变化对系统的辐射换热没有影响,因为各表面的辐射特性都与波长无关。重辐射面的存在也改变了辐射能的方向分布,所以重辐射面的几何形状、尺寸及相对位置将影响整个系统的辐射换热。

根据有效辐射的定义,
$$J_i = E_i + \rho_i G_i = \varepsilon_i E_{bi} + (1-\alpha_i)G_i$$
对于灰体重辐射面,$\varepsilon_i = \alpha_i$、$J_i = G_i$,代入上式,可得
$$J_i = E_{bi}$$
即重辐射面的有效辐射等于其辐射力。根据重辐射面的上述特点可以得出,在辐射换热网络中,重辐射面的有效辐射节点是浮动的,并且有效辐射等于其辐射力,如图12.26中所示的重辐射面3。

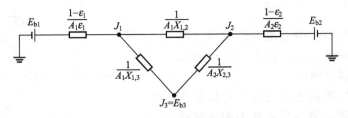

图 12.26　辐射网络中的重辐射面 3

原则上,对于任意多个漫灰表面构成的封闭空腔,都可以绘出辐射网络,但是当表面的数量较多时,画起来就相当繁琐。其实可以不必画出辐射网络,而是直接根据式(12-49)写出每个节点的节点方程。

$$\frac{E_{bi}-J_i}{\frac{1-\varepsilon_i}{A_i\varepsilon_i}}=\sum_{j=1}^{n}\frac{J_i-J_j}{\frac{1}{A_iX_{ij}}}$$

对于 n 个表面构成的封闭空腔，可以写出 n 个节点方程，组成关于 n 个有效辐射 J_1，J_2，…，J_n 的线性方程组。只要每个表面的温度、发射率已知，相关角系数可求，就可以通过求解线性方程组得到各表面的有效辐射，进而由式(12-44)求得每个表面的净辐射换热量。

【例 12.2】 一个黑体炉如图 12.27 所示，圆柱形炉腔的直径 $d=10\text{cm}$，深度 $l=40\text{cm}$，炉腔内壁面黑度 $\varepsilon=0.9$，炉内温度为 $1000℃$。试问：

(1) 如果室内壁面温度为 $27℃$，则炉门打开时，单位时间内从炉门的净辐射散热损失为多少？

(2) 单位时间内从炉门发射出多少辐射能？

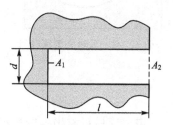

图 12.27 黑体炉

解：(1) 因为从炉内发射出的辐射能几乎全部被室内的物体吸收，所以可以将炉门开口假想为一个黑体表面 A_2，温度为 $27℃$。因此，从炉门的净辐射散热损失就等于炉腔内壁面 A_1 与 A_2 间的辐射换热量。根据式(12-45)

$$\Phi_{1,2}=\frac{E_{b1}-E_{b2}}{\frac{1-\varepsilon_1}{A_1\varepsilon_1}+\frac{1}{A_1X_{1,2}}+\frac{1-\varepsilon_2}{A_2\varepsilon_2}}$$

因为 $\varepsilon_2=1$，$X_{1,2}=\frac{A_2}{A_1}$，$X_{2,1}=\frac{A_2}{A_1}$，所以上式可简化为

$$\Phi_{1,2}=\frac{E_{b1}-E_{b2}}{\frac{1-\varepsilon_1}{A_1\varepsilon_1}+\frac{1}{A_2}}=\frac{\sigma(T_1^4-T_2^4)}{\frac{1-\varepsilon_1}{A_1\varepsilon_1}+\frac{1}{A_2}}$$

由题意知，

$$T_1=273+1000=1273(\text{K}),\quad T_2=273+27=300(\text{K})$$

$$A_1=\pi dl+\frac{1}{4}\pi d^2=\pi\times0.1\times0.4+\frac{1}{4}\times\pi\times0.1^2=13.36\times10^{-2}(\text{m}^2)$$

$$A_2=0.79\times10^{-2}(\text{m}^2),\quad \sigma=5.67\times10^{-8}[\text{W}/(\text{m}^2\cdot\text{K}^4)]$$

代入上式，可得

$$\Phi_{12}=\frac{5.67\times10^{-8}\times(1273^4-300^4)}{\frac{1-0.9}{13.36\times10^{-2}\times0.9}+\frac{1}{0.79\times10^{-2}}}=536(\text{W})$$

(2) 如果假想黑体表面 A_2 的热力学温度为 0K，则 A_1 与 A_2 之间的辐射换热量等于从炉门发射出的辐射能量，即

$$\Phi_{1,2}=\frac{E_{b1}-E_{b2}}{\frac{1-\varepsilon_1}{A_1\varepsilon_1}+\frac{1}{A_2}}=\frac{\sigma(T_1^4-T_2^4)}{\frac{1-\varepsilon_1}{A_1\varepsilon_1}+\frac{1}{A_2}}=\frac{5.67\times10^{-8}\times1273^4}{\frac{1-0.9}{13.36\times10^{-2}\times0.9}+\frac{1}{0.79\times10^{-2}}}=538(\text{W})$$

【例 12.3】 设计一个开口半径 $r=0.1\text{cm}$，开口发射率 $\varepsilon_2=0.999$ 的球形人工黑体管，如图 12.28 所示，已知空腔内壁材料表面黑度为 0.9，试确定黑体腔半径 R 的大小。

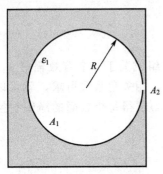

图12.28 球形人工黑体管

解：根据发射率的定义

$$\varepsilon_2 = \frac{E}{E_b}$$

式中，E 为人工黑体腔开口的辐射力；E_b 为温度等于人工黑体腔温度的黑体的辐射。借鉴例12.2的分析，从人工黑体腔开口发射出去的辐射能为

$$A_2 E = A_2 \varepsilon_2 E_{b1} = \frac{E_b}{\dfrac{1-\varepsilon_1}{A_1 \varepsilon_1} + \dfrac{1}{A_2}}$$

由此可得

$$\varepsilon_2 = \frac{1}{\dfrac{A_2}{A_1}\left(\dfrac{1}{\varepsilon_1} - 1\right) + 1}$$

由上式可以看出，空腔的开口相对于空腔内表面积越小，内壁面发射率越大，人工黑体越接近于绝对黑体。由上式可得

$$\frac{r^2}{4R^2} = \frac{\dfrac{1}{\varepsilon_2} - 1}{\dfrac{1}{\varepsilon_1} - 1} = \frac{\varepsilon_1(1-\varepsilon_2)}{\varepsilon_2(1-\varepsilon_1)} = \frac{0.9 \times (1-0.999)}{0.999 \times (1-0.9)} = \frac{1}{111}$$

由上式解得

$$R = 5.27 \text{(cm)}$$

*12.5 遮热板原理

在现代隔热保温技术中，遮热板的应用比较广泛，例如，炼钢工人的遮热面罩、航天器的多层真空舱壁、低温技术中的多层隔热容器以及测温技术中测温元件的辐射屏蔽等，遮热板的主要作用是削弱辐射换热。下面以两块靠得很近的大平壁间的辐射换热为例来说明遮热板的工作原理。

参照图12.29(a)，大平壁1、2的温度分别为 T_1、T_2，表面发射率都为 ε、面积为 A，其辐射网络如图12.29(b)所示。当没有遮热板时，两块平壁间的辐射换热量可按式(12-46)算得。

$$\Phi_{1,2} = \frac{A(E_{b1} - E_{b2})}{\dfrac{1}{\varepsilon_1} + \dfrac{1}{\varepsilon_2} + 1} = \frac{A\sigma(T_1^4 - T_2^4)}{\dfrac{2}{\varepsilon} + 1}$$

如果在两块平壁之间加一块大小相同、表面发射率相同的遮热板3，如图12.29(a)所示。因为通常遮热板为金属薄片，导热热阻很小，可以忽略，遮热板两面的温度基本相同。所以，加一块遮热板相当于给两块平壁之间的辐射换热增加了两个表面辐射热阻、一个空间辐射热阻，如图12.29(c)所示。与未加遮热板相比；加一块遮热板后，总辐射热阻增加了1倍，在平壁温度保持不变的情况下，辐射换热量减少为原来的1/2，即

$$\Phi_{1,2}^{(1)} = \frac{1}{2} \Phi_{1,2}$$

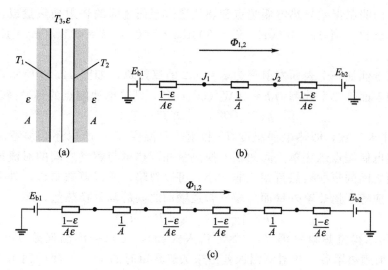

图 12.29 遮热板原理示意图

以此类推，如果加 n 层同样的遮热板，则辐射热阻将增大 n 倍，辐射换热量将减少为

$$\Phi_{1,2}^{(n)}=\frac{1}{n+1}\Phi_{1,2}$$

实际上，遮热板通常采用表面反射率高、发射率小的材料，如表面高度抛光的薄铝板，表面辐射热阻很大，削弱辐射换热的效果要比上式的计算结果好得多。

如上所述，遮热板的作用是增加辐射换热热阻，削弱辐射换热。由于在辐射换热的同时，还往往存在导热和对流换热，所以在工程中，为了增加隔热保温的效果，通常在多层遮热板中间抽真空，将导热和对流换热减少到最低限度，这种隔热保温技术在航天、低温工程中应用广泛。

遮热板在测温技术中也得到了应用。在用热电偶测量高温气体的温度时，为了减少辐射换热产生的测温误差，需要给热电偶加装辐射屏蔽（遮热罩）。图 12.30 是用热电偶测量高温燃气管道中的燃气温度的示意图。

如果用裸露的热电偶进行测量，当忽略热电偶连线的导热时，根据稳态情况下热电偶端点的热平衡，燃气与热电偶端点之间的对流换热量应等于热电偶端点与周围管壁之间的辐射换热量，即

$$Ah(T_f-T_1)=A\varepsilon_1\sigma(T_1^4-T_2^4)$$

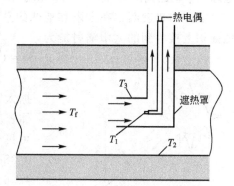

图 12.30 点遮热罩的抽气式

式中，h 为热电偶端点与燃气之间的表面传热系数；ε_1 为热电偶端点的表面发射率；T_f 为燃气的热力学温度；T_1 为热电偶端点的热力学温度，即热电偶的测量结果；T_2 为燃气通道内壁面的热力学温度。由上式可以得出热电偶的测温误差为

$$T_f-T_1=\frac{\varepsilon_1\sigma(T_1^4-T_2^4)}{h}$$

可见，热电偶的测温误差与热电偶端点和燃气通道壁面之间的辐射换热量成正比，与表面传热系数 h 成反比。当 $T_f=1000K$、$T_2=800K$、$\varepsilon_1=0.9$、$h=40W/(m^2\cdot K)$ 时，测温误差可达 144K。

如果给热电偶加一个表面发射率为 $\varepsilon_3=0.2$ 的遮热罩，如图 12.30 所示，假设热电偶和遮热罩处的表面传热系数都为 $h=40W/(m^2\cdot K)$，则热电偶端点的热平衡表达式为

$$h(T_f-T_1)=\varepsilon_1\sigma(T_1^4-T_3^4) \tag{a}$$

式(a)含有两个未知数，即热电偶温度 T_1 和遮热罩温度 T_3，所以还必须考虑遮热罩的热平衡。因为热电偶端点遮热罩之间的辐射换热量和遮热罩与燃气之间的对流换热量及遮热罩与管道壁面之间的辐射换热量相比非常小，可以忽略，所以遮热罩内、外壁面与燃气的对流换热量，应等于遮热罩外壁面与燃气管道壁面之间的辐射换热量，即

$$2h(T_f-T_3)=\varepsilon_3\sigma(T_3^4-T_2^4) \tag{b}$$

由式(b)可求得遮热罩壁温 T_3，然后代入式(a)，可求得测温误差 T_f-T_1，结果为 44K。可见，加遮热罩后，相对测温误差由未加遮热罩时的 14.4% 降低到 4.4%。

为了进一步减少测温误差，通常遮热罩做成抽气式的，以便强化燃气与热电偶端点之间的对流换热，提高表面传热系数 h。

*12.6 太 阳 辐 射

太阳辐射对地球上的人类乃至所有生命都是极为重要的。它是维持地球生存环境温度的热源，还可以通过光合作用转变为化学能存储在食物和燃料之中供人类使用，也可以转变为热能或通过光电效应转变为电能加以利用，是人类赖以生存的主要能源。

太阳是一个半径约为 1.329×10^6 km 的球体辐射源，位于地球椭圆形轨道的焦点上，离地球的平均距离约为 1.496×10^8 km。由于距离遥远，所以到达地球的太阳射线近似于平行。

实测结果表明，在太阳和地球的平均距离上，在地球大气层外缘与太阳射线垂直的单位面积上接收到的太阳辐射能为

$$S_c=(1367\pm1.6)W/m^2 \tag{12-50}$$

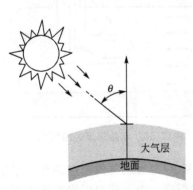

图 12.31 大气层外缘太阳辐射示意图

S_c 称为太阳常数，其值与地理位置和时间无关。根据太阳常数，可算得太阳表面相当于温度为 5762K 的黑体，其光谱辐射力取得最大值的波长约为 $0.5\mu m$，位于可见光范围内。太阳辐射能中紫外线($\lambda=4\times10^{-3}\sim0.38\mu m$)约占 8.7%，可见光($\lambda=0.38\sim0.76\mu m$)约占 44.6%，红外线($\lambda=0.76\sim10^3\mu m$)约占 45.4%。约 98% 的太阳辐射位于 $\lambda=0.2\sim3.0\mu m$ 内。大气层外缘太阳辐射及光谱分布如图 12.31 和图 12.32 所示。参照图 12.31，地球大气层外缘某区域水平面上单位面积所接受到的太阳辐射能为

$$G_{s,0}=S_c f\cos\theta \tag{12-51}$$

式中，f 为考虑到地球绕太阳运行轨道是椭圆形而加的修正系数，$f=0.97\sim1.03$；θ 为太阳射线与水平面法线的夹角，称为天顶角。

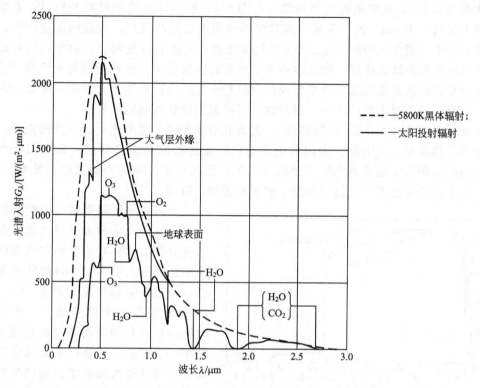

图 12.32 太阳辐射光谱分布

太阳射线在穿过大气层时，沿途被大气层中的 O_3、O_2、H_2O、CO_2 及尘埃等吸收、散射和反射，强度逐渐减弱，减弱程度与太阳射线在大气中的行程长度、大气的成分及被污染的程度有关，而射线行程长度又取决于一年四季的日期、一天的时间及所在的地球纬度。在夏季理想的大气透明度条件下，中午前后到达地面的太阳辐射能约为 $1000 W/m^2$。

大气层中的 O_3、O_2、H_2O、CO_2 等气体对太阳辐射的吸收具有选择性，它们只能吸收一定波长范围的辐射能。例如，O_3 对紫外线有强烈地吸收作用，$\lambda<0.3\mu m$ 的紫外线几乎全部被吸收，$0.4\mu m$ 以下的射线被大大衰减，所以大气中的臭氧层能保护人类免受紫外线的伤害。近些年来，如何保护臭氧层使其免遭破坏已成为全世界关注的环境保护热点问题之一。O_3 和 O_2 对可见光也有一定的吸收作用；H_2O 和 CO_2 主要吸收红外线区域内的辐射能。在整个太阳光谱范围内，大气中的灰尘等悬浮颗粒对太阳辐射都具有吸收作用。

太阳辐射在大气层中会发生两种散射现象。一种是由气体分子引起的几乎各个方向分布均匀的散射，称为瑞利散射(或分子散射)；由于气体分子对短波辐射散射强烈，所以晴朗的天空看起来是蓝色的。另一种是由大气中的灰尘和悬浮颗粒引起的、主要向着原射线方向的散射，称为米散射。因此，到达地球表面的太阳总辐射是直接辐射与散射辐射之和。在晴天，散射辐射约占太阳总辐射的 10%；而阴天时，到达地面的太阳辐射主要是散射辐射。

经过大气层的吸收、散射和反射之后，到达地球表面的太阳辐射光谱如图 12.32 所示。

太阳辐射将热量传递给地球，地球也以热辐射的方式将热量散发到太空中去，热平衡的结果使地球表面温度一年四季在 250~320K 变化。地球表面的发射率接近于 1(水的发射率大约为 0.97),其热辐射主要是波长范围为 $\lambda=4\sim40\mu m$ 之间的红外辐射;光谱辐射力的最大值约为 $10\mu m$。近些年来,随着世界各国工业化的发展,大量的工业废气、汽车尾气排向空中,使大气中的 CO_2、SO_2 及氮氧化物等气体的含量增多。由于它们对地球表面红外辐射的强烈吸收作用,使地球向太空辐射的热量减少,这种所谓的大气层"温室效应"使地球表面的温度升高,带来气候的变化和一系列的自然灾害。因此,降低 CO_2 等气体的排放量,减少对大气的污染,也是世界环境保护的热点问题之一。

太阳辐射是一种无污染的清洁能源,太阳能的开发利用越来越受到人类的重视。太阳能干燥器、热水器、太阳灶、太阳能电池等已经是比较成熟并得到推广的太阳能利用设备,小型的太阳能发电设备在航天领域得到了广泛的应用,大中型的太阳能发电、空调、制冷、海水淡化等技术也正处于开发、完善和实用化阶段。

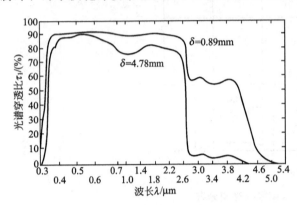

图 12.33 普通玻璃的光谱穿透比

太阳能集热器是将太阳能转换成热能的设备,常用的有平板式集热器和玻璃真空管式集热器。玻璃和选择性表面涂层是制造太阳能集热器的两种重要材料。普通玻璃对可见光和 $\lambda<0.3\mu m$ 的红外辐射有很大的穿透比,而对 $\lambda>0.3\mu m$ 的红外辐射的穿透比却很小,如图 12.33 所示。于是,绝大部分的太阳辐射可以穿过太阳能集热器的玻璃罩到达吸热面;而常温下吸热面所发射的长波红外辐射却不能从玻璃罩透射出去,使集热器既吸收了太阳辐射又减少了本身的辐射散热损失。同样道理,太阳辐射可以通过玻璃窗进入室内,而室内常温物体所发射的长波红外辐射却不能从玻璃窗透射出去,形成了所谓的温室效应。

选择性表面涂层是涂在太阳能集热器吸热面上的表面材料,它对几乎全部集中在波长 $0.3\sim3\mu m$ 内的太阳辐射具有较高的光谱吸收比,而对 $\lambda>3\mu m$ 的红外辐射具有很低的光谱吸收比,也就是说在常温下具有很低的光谱发射率。这意味着,选择性表面涂层能吸收较多的太阳辐射能,而自身的辐射散热损失又很小。例如,铜材上的黑镍镀层对太阳辐射的吸收比可达 0.97,而常温下的自身发射率只有 $0.07\sim0.11$。

实际上,一般材料表面对太阳辐射的吸收比与常温下的发射率都有较大的差别。例如,涂在金属板上的白漆对太阳辐射的吸收比为 0.21,300K 温度下的发射率为 0.96;无光泽的不锈钢对太阳辐射的吸收比为 0.5,而 300K 温度下的发射率为 0.21;雪对太阳辐射的吸收比为 0.28,而发射率为 0.97。

太阳能发电

太阳能发电有两种方式:一种是光—热—电转换方式,另一种是光—电直接转换方式。

(1) 光—热—电转换方式通过利用太阳辐射产生的热能发电,一般是由太阳能集热器将所吸收的热能转换成工质的蒸气,再驱动汽轮机发电。前一个过程是光—热转换过程；后一个过程是热—电转换过程，与普通的火力发电一样。太阳能发电的缺点是效率很低而成本很高，估计它的投资要比普通火电站高 5~10 倍．一座 1000MW 的太阳能热电站需要投资 20~25 亿美元，平均 1kW 的投资为 2000~2500 美元。因此，目前只能小规模地应用于特殊的场合，而大规模利用在经济上很不合算，还不能与普通的火力发电站或核能发电站相竞争。

（2）光—电直接转换方式是利用光电效应，将太阳辐射能直接转换成电能，光—电转换的基本装置就是太阳能电池。太阳能电池是一种由于光生伏特效应而将太阳光能直接转化为电能的器件，是一个半导体光电二极管，当太阳光照到光电二极管上时，光电二极管就会把太阳的光能转换为电能，产生电流。把多个电池串联或并联起来就可以成为有比较大的输出功率的太阳能电池方阵。太阳能电池是一种大有前途的新型电源，具有永久性、清洁性和灵活性三大优点。太阳能电池寿命长，只要太阳存在，太阳能电池就可以一次投资而长期使用；与火力发电、核能发电相比，太阳能电池不会引起环境污染；太阳能电池可以大中小并举，大到百万千瓦的中型电站，小到只供一户用的太阳能电池组，这是其他电源无法比拟的。

利用太阳能发电如图 12.34 所示。

图 12.34 利用太阳能发电

小 结

本章讨论了物体热辐射的基本概念和辐射能的定量描述。

黑体的光谱分布规律是普朗克定律。由普朗克定律得出维恩位移定律。确定黑体辐射力与热力学温度之间关系是斯特藩-玻尔兹曼定律。说明黑体的辐射强度与方向无关的是兰贝特定律。

引入发射率的概念，讨论了实际物体的辐射特性，介绍了揭示物体吸收辐射能的能力与发射辐射能的能力之间的关系的基尔霍夫定律。

讨论了角系数的定义和计算方法，介绍了经过假设简化的辐射换热的计算方法。

思 考 题

1. 何谓黑体、灰体？引入黑体、灰体的概念对热辐射理论及辐射换热计算有何意义？
2. 何谓发射率(黑度)、吸收比？写出其定义式。
3. 何谓辐射力、辐射强度、有效辐射？
4. 何谓光谱辐射力？写出它与辐射力之间的关系式。
5. 何谓漫发射表面？漫发射表面的辐射力与辐射强度有何关系？
6. 简述普朗克定律、维恩位移定律的主要内容。
7. 请写出斯特藩-玻尔兹曼定律的表达式。
8. 简述基尔霍夫定律的主要内容，写出其表达式，说明其适用条件。
9. 有人说："颜色越黑的物体发射率越大"，这种说法正确吗？为什么？
10. 太阳能集热器表面一般涂黑色，以加强对太阳辐射的吸收，是否可以将暖气片表面涂成黑色来增加其辐射散热量？
11. 何谓"角系数"？角系数是物理量还是几何量？
12. 何谓角系数的相对性、完整性和可加性？请用表达式加以说明。
13. 给出 3 个灰体表面组成的封闭空腔的辐射换热网络，说明什么是表面辐射热阻、空间辐射热阻？
14. 简述遮热板的工作原理。
15. 何谓大气温室效应？为什么减小 CO_2 的排放就可以降低温室效应？

习 题

12-1 某种玻璃在波长 $0.4\sim2.5\mu m$ 内的射线的透射比近似为 0.95，而对其他波长射线的透射比近似为 0，试计算此玻璃对温度为 1500K、2000K 和 6000K 的黑体辐射的透射比。

12-2 某黑体辐射最大光谱辐射力的波长 $\lambda_{max}=5.8\mu m$，试计算该黑体辐射在波长为 $1\sim5\mu m$ 内的辐射能份额。

12-3 碘钨灯的灯丝温度约为 2000℃，灯丝可看作黑体，试计算它所发射的可见光占其总辐射能的份额。

12-4 钢块在炉内加热时，随着温度的升高，其颜色逐渐由暗变亮，由暗红变成亮白。假设钢块表面可看作黑体，试分别计算其温度为 700℃、900℃ 和 1100℃ 时所发射的可见光占其全波长辐射能的份额。

12-5 某温室的窗玻璃对波长 0.4～2.5μm 内的辐射线的透射比约为 0.95，而对其他波长反射线的透射比近似为 0，如图 12.35 所示，太阳可近似成温度为 5800K 的黑体，温室内的物体可看作温度为 30℃ 的黑体，试分别计算太阳辐射和室内物体辐射透过窗玻璃的部分占其总辐射的份额。

12-6 有一个漫射物体表面温度为 1200℃，其光谱发射率 ε_λ 随波长的变化如图 12.35 所示，试计算该物体表面在全波长范围的发射率 ε 和辐射力 E。

12-7 秋天的夜晚，天空晴朗，室外空气温度为 2℃，太空背景辐射温度约为 3K。有一块钢板面向太空，下面绝热。设板面和空气之间对流换热的表面传热系数为 10 W/($m^2 \cdot K$)，板面黑度为 0.9，试计算钢板的热平衡温度。

12-8 一个炉膛内的火焰的平均温度为 1400K，炉墙上有一看火孔。试计算当看火孔打开时由看火孔向外的辐射力及光谱辐射力取得最大值的波长。

12-9 试确定图 12.36 中的角系数 $X_{1,2}$。

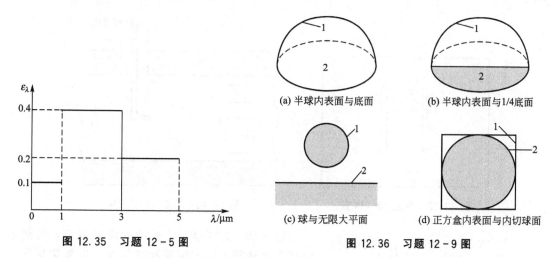

图 12.35 习题 12-5 图

图 12.36 习题 12-9 图

12-10 有一个直径和高度都为 20cm 的圆桶，如图 12.37 所示，试求桶底和侧壁之间的角系数 $X_{1,2}$。

12-11 有两块相互垂直的正方形表面，位置分别如图 12.38(a) 和图 12.38(b) 所示，试求其角系数 $X_{1,2}$。

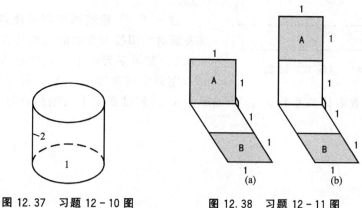

图 12.37 习题 12-10 图

图 12.38 习题 12-11 图

12-12 有两块平行放置的大平板,板间距远小于板的长度和宽度,温度分别为 400℃和50℃,表面发射率均为0.8,试计算两块平板间单位面积的辐射换热量。

12-13 如果在上题中的两块平板之间放一块表面发射率为0.1的遮热板,而两块平板的温度保持不变,试计算加遮热板后这两块平板之间的辐射换热量。

12-14 两块面积均为$1m^2$、表面发射率均为0.9的正方形平板,如图12.39所示,平行对应地放置在一大房间之中,两板之间的距离为$1m$,两板背面绝热。两块平板的温度分别为500℃和200℃。房间的表面温度为20℃,试计算每块平板的净辐射换热量。

12-15 用裸露热电偶测量管道内高温烟气的温度,如图12.40所示。热电偶的指示温度$t_1=700℃$,烟道内壁面温度$t_2=550℃$,热电偶端点和烟道壁面的发射率均为0.8,烟气和热电偶端点之间对流换热的表面传热系数为$h=40W/(m^2·K)$。忽略热电偶线的导热,试确定由于热电偶端点和烟道壁面之间的辐射换热所引起的测温误差及烟气的真实温度。

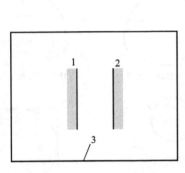

图12.39 习题12-14图

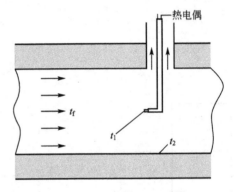

图12.40 习题12-15图

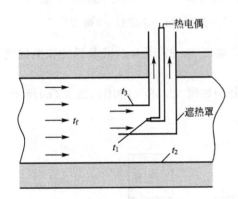

图12.41 习题12-16图

12-16 为了减小上题中的测温误差,给热电偶加装遮热罩,同时安装抽气装置,以强化烟气和热电偶端点之间的对流换热,如图11.41所示。如果遮热罩内外壁面的发射率均为0.2,烟气和热电偶端点间对流换热的表面传热系数加大为$h=80W/(m^2·K)$,其他参数如上题,试确定测温误差。

12-17 某建筑物的屋顶覆盖一层镀锌铁皮,其表面对太阳投入辐射的吸收比为0.5,自身发射率0.2。如果夏天中午太阳的投入辐射为$1000W/m^2$,室外空气温度为35℃,有风时空气与屋顶表面对流换热的表面传热系数为$20W/(m^2·K)$。假设铁皮下面绝热良好,试确定铁皮的温度。

第 13 章 传热与换热器

本章教学要点

知识要点	掌握程度	相关知识
传热过程	掌握传热过程的分析方法；熟悉平壁和圆管壁的传热过程的计算	通过平壁的传热过程；通过圆筒壁的传热过程
换热器	了解换热器的基本概念、工作原理及分类；理解间壁式换热器的设计计算和校核计算的基本方法	换热器的种类；平均对数温差；效能—传热单元数法

导入案例

　　汽车散热器是水冷式发动机冷却系统的关键部件，通过强制水循环对发动机进行冷却，保证发动机在正常温度范围内连续工作，其散热过程是典型的传热过程，热量传递方向具体表现为循环水→散热器内壁→散热器外壁→空气。图 13.1 为汽车散热器的实物图。

图 13.1　汽车散热器实物图

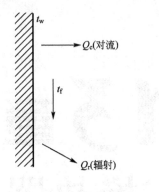

图 13.2 复合换热示意图

前面几章已详细讨论了导热、对流换热和辐射换热三种热量传递的方式及特点,在实际换热过程中,三种热量传递方式往往同时存在。这种换热过程称为复合换热。

以平壁传热为例,如图 13.2 所示。设壁面温度为 t_w,周围流体温度为 t_f,壁面与流体的换热面积为 A,表面传热系数为 h_c,根据牛顿冷却定律,对流换热量为

$$\Phi_c = h_c A(t_w - t_f)$$

流体与壁面的辐射换热量可按辐射换热公式计算,为了计算方便,通常将辐射换热折算成对流换热的计算形式,即

$$\Phi_r = h_r A(t_w - t_f) \tag{13-1}$$

式中,$h_r = \dfrac{\Phi_r}{A(t_w - t_f)} = \dfrac{\varepsilon \sigma_b (T_w^4 - T_f^4)}{A(t_w - t_f)}$,称为辐射换热系数。

则复合换热量为

$$\Phi = \Phi_c + \Phi_r = (h_c + h_r) A(t_w - t_f) = h A(t_w - t_f) \tag{13-2}$$

式中,h 称为复合换热表面传热系数 [W/(m² · K)],h 可通过表面传热系数和辐射换热系数精确计算,但工程上一般情况下可采用经验公式进行近似计算。

复合换热同样可采用热阻网络法加以表示,如图 13.2 所示,这样可得到

$$\frac{1}{\dfrac{1}{h}} = \frac{1}{\dfrac{1}{h_c}} + \frac{1}{\dfrac{1}{h_r}} \tag{13-3}$$

式中,$\dfrac{1}{h}$ 称为复合换热的等效换热热阻;$\dfrac{1}{h_c}$ 为复合换热中对流换热热阻,记为 R_c;$\dfrac{1}{h_r}$ 为复合换热中辐射换热热阻,记为 R_r。

工程中所涉及的辐射换热一般都可认为是复合换热,为了计算简便,通常仅考虑起主导作用的传热方式,而忽略其他次要的传热方式。例如,在锅炉炉膛中,高温火焰与水冷壁之间的换热,由于火焰温度高达 1000℃ 以上,辐射换热量很大;而在炉膛中,因烟气流速小,对流换热量相对很小。所以,一般忽略对流换热,按辐射换热计算火焰与水壁之间的换热。又如,冷凝器中工质与壁面之间的换热,由于各种蒸气凝结时,对流换热系数较大,而蒸气与壁面之间温差较小,因此此时辐射换热量可以忽略不计。

13.1 传 热 过 程

第 9 章已经讨论过传热过程和传热系数,本节将对通过平壁、圆筒壁的传热系数作进一步分析。

13.1.1 通过平壁的传热过程

如图 13.4 所示,冷热流体被一无限大平壁隔开。已知平壁两侧流体温度分别为 t_{f1} 和 t_{f2},且 $t_{f1} > t_{f2}$;平壁厚度为 δ,热导率为 λ;两侧流体对壁面的表面传热系数分别为 h_1 和 h_2,试确定热流量 Φ 及壁面两侧温度。

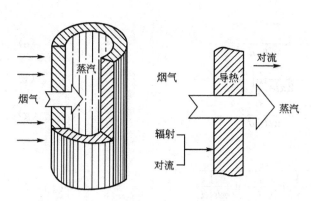

图 13.3 过热器的传热过程分析

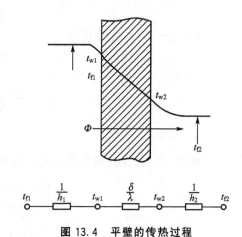

图 13.4 平壁的传热过程

通过平壁的传热在第 9 章已讨论过,其热流量可按式(9-7)计算,即

$$\Phi = kA(t_{f1} - t_{f2}) \tag{13-4}$$

式中,$k = \dfrac{1}{\dfrac{1}{h_1} + \dfrac{\delta}{\lambda} + \dfrac{1}{h_2}}$,称为传热系数,单位为 $W/(m^2 \cdot K)$,为区别于表面传热系数,因此又称为总传热系数,它是表征传热过程强烈程度的标尺。需要说明,当流体与壁面的辐射换热量不可忽略时,传热系数 h_1 和 h_2 可采用复合换热表面传热系数,计算公式为式(13-3)。

另外,很容易算出壁面两侧的温度分别为

$$t_{w1} = t_{f1} - \dfrac{\Phi}{h_1 A} \tag{13-5}$$

$$t_{w2} = t_{f2} + \dfrac{\Phi}{h_2 A} \tag{13-6}$$

13.1.2 通过圆筒壁的传热过程

有一根长为 l 的圆管,管内外直径分别为 d_1 和 d_2,内外两侧的流体温度分别为 t_{f1} 和 t_{f2}($t_{f1} > t_{f2}$),管内外两侧的表面传热系数分别为 h_1 和 h_2,管壁材料的热导率为 λ,如图 13.5 所示。试确定热流量。

热流体传给壁面内侧的换热量

$$\Phi_1 = h_1 \pi d_1 l (t_{f1} - t_{w1}) \tag{a}$$

管壁内侧传给外侧的导热量

$$\Phi_2 = \dfrac{\pi l (t_{w1} - t_{w2})}{\dfrac{1}{2\lambda} \ln\left(\dfrac{d_2}{d_1}\right)} \tag{b}$$

管壁外侧传给冷流体的换热量

$$\Phi_3 = h_2 \pi d_2 l (t_{w2} - t_{f2}) \tag{c}$$

同样,对于稳态导热有

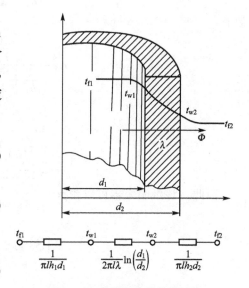

图 13.5 通过圆管的传热过程

$$\Phi_1 = \Phi_2 = \Phi_3 = \Phi \tag{d}$$

式(a)～式(c)可转化为

$$\frac{t_{f1} - t_{w1}}{\Phi} = \frac{1}{\pi l h_1 d_1} \tag{e}$$

$$\frac{t_{w1} - t_{w2}}{\Phi} = \frac{1}{2\pi l \lambda} \ln\left(\frac{d_2}{d_1}\right) \tag{f}$$

$$\frac{t_{w2} - t_{f2}}{\Phi} = \frac{1}{\pi l h_2 d_2} \tag{g}$$

将式(e)～式(g)相加并整理，可得

$$\frac{\Phi}{l} = \frac{t_{f1} - t_{f2}}{\frac{1}{\pi h_1 d_1} + \frac{1}{2\pi\lambda}\ln\left(\frac{d_2}{d_1}\right) + \frac{1}{\pi h_2 d_2}} \tag{13-7}$$

$$= k(t_{f1} - t_{f2}) = q_l$$

式中，q_l 称为单位管长的换热量，从式中可得单位管长的传热系数为

$$k = \frac{1}{\frac{1}{\pi h_1 d_1} + \frac{1}{2\pi\lambda}\ln\left(\frac{d_2}{d_1}\right) + \frac{1}{\pi h_2 d_2}} \tag{13-8}$$

【**例 13.1**】 野外工作者常用纸制容器来烧水。假设厚度为 0.2mm 的纸，纸的热导率为 $0.9\text{W}/(\text{m}\cdot\text{K})$，水在大气压力下沸腾，水侧沸腾表面传热系数为 $2400\text{W}/(\text{m}^2\cdot\text{K})$。容器的加热火焰温度为 1100℃，火焰与纸面的表面传热系数为 $95\text{W}/(\text{m}^2\cdot\text{K})$。若纸的耐火温度为 200℃，试证明该纸制容器能够耐火。

解：本题属于无限大平板的传热过程的热分析问题，因此可用热阻分析方法。从沸腾水(标准大气压力下，水的饱和温度 $t_s = 100$℃)到火焰($t_f = 1100$℃)经历了三个热阻，分别是火焰侧对流换热热阻、纸的导热热阻和水侧的对流换热热阻。只要证明火焰侧纸的温度不超过纸的耐火温度 200℃ 即可。由串联热阻的性质知

$$\frac{t_s - t_f}{\frac{1}{h_1} + \frac{\delta}{\lambda} + \frac{1}{h_2}} = \frac{t_{w2} - t_f}{\frac{1}{h_2}}$$

故有

$$t_{w2} = \frac{\frac{1}{h_2}}{\frac{1}{h_1} + \frac{\delta}{\lambda} + \frac{1}{h_2}} \times (t_s - t_f) + t_f$$

$$= \frac{\frac{1}{95}}{\frac{1}{2400} + \frac{0.2 \times 10^{-3}}{0.9} + \frac{1}{95}} \times (100 - 1100) + 1100$$

$$= 157.2(℃) < 200(℃)$$

因此，该纸制容器可以耐火。

13.2 换 热 器

换热器也称热交换器，是实现热量从一侧热流体传递给另一侧冷流体的设备。换热器

种类繁多，应用很广，是工程传热中的重要设备，广泛应用于石油、化工、动力、建筑、机械等工业部门，如车用水散热器，空调系统中的蒸发器、冷凝器，热电循环中的凝汽器等。本节在介绍换热器的基本原理的基础上，以应用最为广泛的间壁式换热器为例详细讨论换热器的热计算方法及相关的传热分析。

13.2.1 换热器的种类

工程上常用的换热器种类很多，按其工作原理大致可分为三类：表面式（或称间壁式）、回热式（或称蓄热式）和混合式（或称接触式）。

按照流体流动方式不同，即流型不同，表面式换热器又可分为顺流、逆流、叉流和复杂流换热器四种。两种流体平行流动且方向相同时称为顺流，如图 13.6(a)所示；两种流体平行流动但方向相反时称为逆流，如图 13.6(b)所示；流动方向垂直相交时称为叉流，如图 13.6(c)所示；流动方向是上述几种流型的综合时称为复杂流，如图 13.6(d)～图 13.6(f)所示。

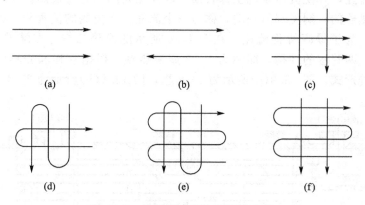

图 13.6　换热器中流体的流动方式

下面分别介绍各类换热器的原理及特点。

1. 表面式换热器

表面式换热器是目前使用最广泛的一种换热器，在这类换热器中，冷热两种流体同时在固体换热面的两侧连续流过，热流体通过壁面把热量传给冷流体。由于冷热两种流体不接触，故这类换热器也称间壁式换热器。空调系统中的蒸发器、冷凝器，火力发电厂中的蒸汽过热器，空气预热器等都属于表面式换热器。

表面式换热器根据其结构不同，可以分为套管式、管壳式、翅片管式、板式、螺旋板式等。

1) 套管式换热器

套管式换热器是表面式换热器中最简单的一种。它由两根同心圆筒组成，两种流体分别在内管和外管流动。如图 13.7 所示，流体 1 在内管流动，流体 2 在外管内流动。

2) 管壳式换热器

管壳式换热器是表面式换热器的一种主要形式，化工厂、电厂及空调系统中的蒸发器、冷凝器等都是管壳式换热器。图 13.8 为一管壳式换热器的结构示意图。它的传热面由管束构成，故这类换热器又称列管式换热器。管子两端固定在管板上，管束与管板再封装在外壳内，外壳两端接有封头。流体 1 在管内流动，流体 2 在管壳内的管束间流动。同

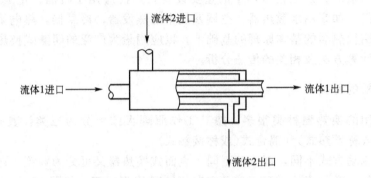

图 13.7　套管式换热器示意图

样流速下,流体横向掠过管子的换热系数优于纵向,因此,通常在壳侧设置一些挡板(折流板)以提高流速,并使流体绕流全部管面,以强化壳侧的对流换热。

流体从换热器的一端流到另一端,称为一个流程。在壳侧的流程称为壳程,在管内的流程称为管程。为了提高管程流速,在图13.8所示的换热器中,左端的封头加以隔板,构成了单壳程—两管程的结构,简称为1-2型换热器。根据管程和壳程的多少,管壳式换热器有不同种形式,图13.9(a)所示为1-2型,图13.9(b)所示为2-4型。

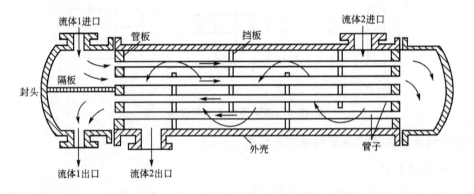

图 13.8　简单的管壳式换热器的结构示意图

3) 肋管式换热器

肋管式换热器为了增大换热面积,减小管外热阻而在管外加有肋片,以达到强化传热的效果。肋管的基管可以是圆管,也可以是扁管和椭圆管等。肋片有连续型的和非连续型的。非连续型肋片管束如图13.10(a)所示,连续型肋片(扭片)管束如图13.10(b)所示。

肋管式换热器由于其单位体积内的换热量很大,近年来应用日益广泛,如汽车上的冷却水箱大多采用这种换热器。

4) 板式换热器

板式换热器是由一组结构相同的具有波形凸起或半球形凸起的传热板和密封垫圈叠置组成的,两相邻板片和密封垫圈构成流道,如图13.11(a)所示。这种换热器结构紧凑,与肋管式换热器统称为紧凑型换热器。为了强化传热可使流体做旋转运动,这种换热器就是螺旋板式换热器,它由两块金属板卷成,具有等间距的螺旋通道,如图13.11(b)所示。

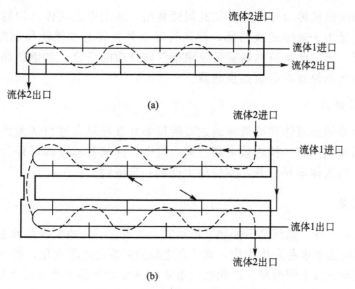

图 13.9 管壳式换热器示意图

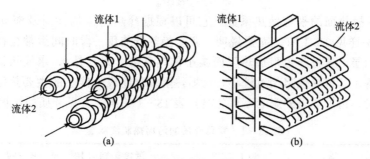

图 13.10 肋管式换热器示意图

板式换热器拆卸方便,因此适用于含有易结垢的流体,如牛奶、海水等的换热。

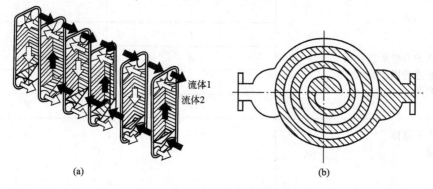

图 13.11 板式换热器示意图

2. 回热式换热器

回热式换热器借助由固体构件(填充物)组成的蓄热体传递热量,即热、冷流体先后交替地流过由蓄热体组成的通道,热流体先流过通道,使通道蓄积热量,当冷流体接着流过时，通道将蓄积的热量传给冷流体，如此周而复始，实现冷热流体之间的热交换。回热式换热器的金属耗量小于表面式换热器，但运行复杂并常伴有少量流体黏附在固体材料上，造成少量的掺混，因此此类换热器通常仅限于气体介质的场合，如钢厂热风炉、大型电厂锅炉的回转式空气预热器就是这类换热器。

3. 混合式换热器

混合式换热器的热流体和冷流体通过直接接触并互相混合进行热量传递。由于是冷热流体相互掺混而交换热量，换热效率高。火力发电厂除氧器和冷却塔即为这类换热器。此类换热器由于冷热流体不易分开，在应用上受到一定限制。

13.2.2 平均温差

表面式换热器中冷、热流体沿换热面流动时，如果它们在整个换热面上均不发生相态变化，则冷热流体沿途温度将发生变化，其两者之间的温差也随之变化，而且这种变化会随着换热器中流体流动方式不同而异。因此在使用 $\Phi = kA\Delta t$ 计算整个换热面上的热流量时，必须使用整个换热面积 F 冷热流体间的平均温度差 Δt_m 来计算，则传热方程式的一般形式为

$$\Phi = kA\Delta t_m \tag{13-9}$$

式中，k 为整个换热面的平均换热系数，它可以根据冷热流体的性质及流动状况进行计算得到，计算方法详见13.1节。需要说明一点，换热器使用一段时间后常会在换热面上积存污垢或出现腐蚀层，这将产生附加热阻而减小传热系数。尤其是水-水换热器、蒸发器、冷凝器等换热设备，其传热热阻相对较小，污垢热阻很可能成为传热的主要热阻，因此在进行换热器的计算时，污垢热阻的影响不可忽略，表13-1给出了常见介质的污垢热阻经验值。

表13-1 常见介质的污垢热阻经验值

介 质	污垢热阻 $\times 10^4 (m^2 \cdot K)/W$	
	供热介质温度115℃以下，水温50℃以下	供热介质温度115~205℃，水温50℃以上
水		
蒸馏水	1	1
海水	1	2
硬度不高的自来水或井水	2	5
经过水处理的锅炉给水	2	5
多泥沙的河水	7	10
汽油、有机液体	2	
石油制品	2~10	
盐水	5	
淬火油	9	
润滑油、变压器油	2	
含油蒸气、有机蒸气	2	
制冷剂蒸气	5	
燃气、焦炉气	2	

平均温差 Δt_m 的计算方法一般有两种：一种是算数平均温差，另一种是对数平均温差。下面以套管式换热器为例分析其平均温差的计算方法。

图 13.12 分别为顺流和逆流时热、冷流体沿换热面的温度变化情况，称为 t-A 图。图中横坐标表示热、冷流体在整个换热面内的流程，纵坐标表示温度。

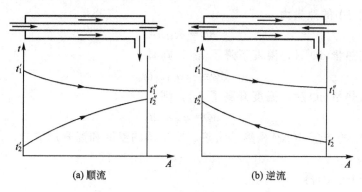

图 13.12 热、冷流体的 t-A 图

1. 算数平均温差

算数平均温差是指热、冷流体间的温度差沿整个换热面的算术平均值。由图 13.12 可见，不管是顺流还是逆流，换热器两端流体间的温差一定存在一个最大值 Δt_{max} 和一个最小值 Δt_{min}，因而顺流或逆流的算数平均温差为

$$\Delta t_m = \frac{\Delta t_{max} + \Delta t_{min}}{2} \tag{13-10}$$

式中，Δt_{max} 为换热器中冷、热流体温差中的最大值（℃）；Δt_{min} 为换热器中冷、热流体温差中的最小值（℃）。

算数平均温差虽然算法简单，但是由于它是假设冷、热流体的温度均按直线变化的平均温差，因而无法真实反映冷、热流体的实际温度变化情况，误差较大。一般当 $\dfrac{\Delta t_{max}}{\Delta t_{min}} < 2$ 时，其计算误差小于 4%，这在工程计算中是允许的。当计算精度要求较高时，应采用对数平均温差，这也是换热器计算中通常采用的温差计算方法。

2. 对数平均温差

下面以一个套管式顺流换热器为例，导出对数平均温差的计算式。

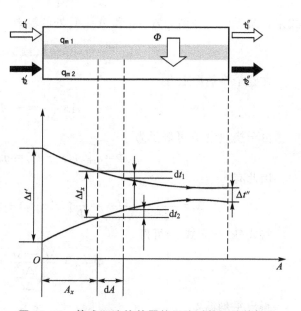

图 13.13 管式顺流换热器的平均对数温差的推导

图 13.13 所示为热、冷流体的 t-A 图。为了简化问题，假设流体的质量流量与比热容均为常数，传热系数 k 在整个换热面为定值，传热过程中无能量损失。需要说明，除了部分发

生相变的换热器外,大多表面式换热器均满足上述假设。

现取流体流动方向上一微元换热面 dA,分析其传热过程。在 dA 两侧,热、冷流体的温度分别为 t_1 和 t_2,故 dA 两侧的传热温差为

$$\Delta t = t_1 - t_2 \tag{a}$$

通过微元面 dA 的热量为

$$d\Phi = k \Delta t dA \tag{b}$$

热流体放出热量 $d\Phi$ 后,温度下降了 dt_1,则有

$$d\Phi = -q_{m1} c_1 dt_1 \tag{c}$$

冷流体吸收热量 $d\Phi$ 后,温度升高了 dt_2,则

$$d\Phi = q_{m2} c_2 dt_2 \tag{d}$$

传热温差 Δt 的增量 $d(\Delta t)$ 显然是由热、冷流体的温降和温升形成的,故有

$$d(\Delta t) = d(t_1 - t_2) = dt_1 - dt_2 \tag{e}$$

利用式(c)和式(d)得

$$d(\Delta t) = dt_1 - dt_2 = -\left(\frac{1}{q_{m1} c_1} + \frac{1}{q_{m2} c_2}\right) d\Phi = -M d\Phi \tag{f}$$

式中,M 为简化表达式而引入的常数,其值为 $\frac{1}{q_{m1} c_1} + \frac{1}{q_{m2} c_2}$。

将式(b)代入式(f)得

$$d(\Delta t) = -Mk \Delta t dA \tag{g}$$

将式(g)分离变量并积分得

$$\int_{\Delta t'}^{\Delta t_x} \frac{d(\Delta t)}{\Delta t} = -Mk \int_0^{A_x} dA \tag{h}$$

式中,$\Delta t'$ 和 Δt_x 分别为 $A=0$ 和 $A=A_x$ 处的温差,积分结果为

$$\ln \frac{\Delta t_x}{\Delta t'} = -Mk A_x \quad \text{或} \quad \Delta t_x = \Delta t' e^{-Mk A_x} \tag{i}$$

在整个换热面上有

$$\ln \frac{\Delta t''}{\Delta t'} = -MkA \tag{j}$$

由于换热量 Φ 可表示为

$$\Phi = q_{m1} c_1 (t_1' - t_1'') = q_{m2} c_2 (t_2'' - t_2')$$

因此有

$$M = \frac{1}{q_{m1} c_1} + \frac{1}{q_{m2} c_2} = \frac{1}{\Phi}[(t_1' - t_2') + (t_1'' - t_2'')] = \frac{1}{\Phi}(\Delta t' + \Delta t'') \tag{k}$$

将式(k)代入式(j)可得

$$\Phi = kA \frac{\Delta t'' - \Delta t'}{\ln \frac{\Delta t''}{\Delta t'}} = kA \Delta t_m \tag{l}$$

得出平均温差

$$\Delta t_m = \frac{\Delta t'' - \Delta t'}{\ln \frac{\Delta t''}{\Delta t'}} \tag{13-11}$$

由于平均温差的计算式(13-11)中出现了对数,故常把 Δt_m 称为对数平均温差。

同理可推导出逆流换热器的平均温差的计算式,结果同式(13-11),由于逆流中,式(d)右边出现负号,故 M 的形式为

$$M = \frac{1}{q_{m1}c_1} - \frac{1}{q_{m2}c_1}$$

式 (f) ~式 (l) 均不变。因此,无论顺流和逆流,对数平均温差统一用 (13-12) 表示

$$\Delta t_m = \frac{\Delta t_{max} - \Delta t_{min}}{\ln \dfrac{\Delta t_{max}}{\Delta t_{min}}} \tag{13-12}$$

式中,Δt_{max} 代表 $\Delta t'$ 和 $\Delta t''$ 两者中的大者,而 Δt_{min} 代表 $\Delta t'$ 和 $\Delta t''$ 两者中的小者,式(13-12)是确定平均对数温差 Δt_m 的基本计算式。

3. 复杂流型的对数平均温差

热、冷流体在换热器中的流动形式,除了上述的顺流和逆流外,还有叉流、混合流等复杂流型。复杂流型换热器的平均温差表达式相对复杂。为了工程计算方便,通常先按逆流型计算出对数平均温差 Δt,然后乘以修正系数 Ψ。其传热方程表示为

$$\Phi = kA\Psi\Delta t_m = kA\Psi \frac{\Delta t_{max} - \Delta t_{min}}{\ln \dfrac{\Delta t_{max}}{\Delta t_{min}}} \tag{13-13}$$

修正系数 Ψ 是辅助量 R 和 P 的函数,即 $\Psi = f(R, P)$,而 R 和 P 定义如下。

$$R = \frac{t_1' - t_1''}{t_2'' - t_2'} \tag{13-14a}$$

$$P = \frac{t_2'' - t_2'}{t_1' - t_2'} \tag{13-14b}$$

$\Psi = f(R, P)$ 的具体函数表达式因换热器形式而异,工程上通常将其整理成曲线图,如图 13.14~图 13.17 所示。从图中可以发现,Ψ 值总是小于 1,因此,复杂流的平均温差总是小于同样温度范围内的逆流型的对数平均温差。

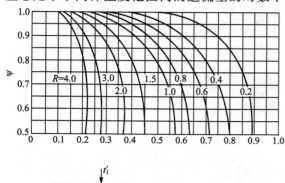

图 13.14 壳程 1 程,管侧 2、4、6…的 Ψ 值

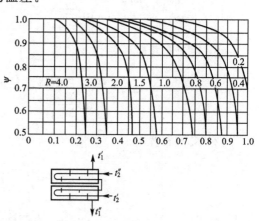

图 13.15 壳程 2 程,管侧 4、8、12…的 Ψ 值

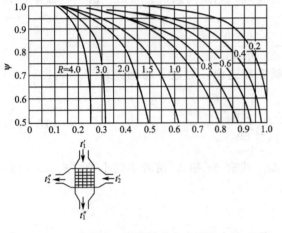
图 13.16 一次叉流，两种流体各自不混合的 Ψ 值

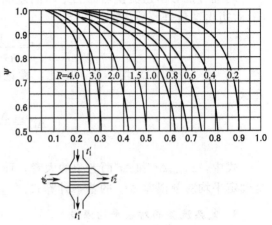
图 13.17 一次叉流，一种流体混合，一种流体不混合的 Ψ 值

【例 13.1】 某水-水壳管式换热器，已知热水流量为 3000kg/h，进口温度 $t_1'=95℃$；冷水流量为 1500kg/h，进口温度 $t_2'=15℃$，出口温度 $t_2''=45℃$，试求该换热器分别布置为顺流、逆流和叉流时的平均温差。

解：冷热流体的比热容近似相等，即 $c_{p1} \approx c_{p2}$。

假设无热量损失，根据能量守恒得

$$q_{m1}c_{p1}(t_1'-t_1'') = q_{m2}c_{p2}(t_2''-t_2')$$

$$3000 \times (95-t_1'') = 1500 \times (45-15)$$

即 $t_1''=80℃$。

(1) 顺流布置时

$$\Delta t_m = \frac{\Delta t_{max} - \Delta t_{min}}{\ln \frac{\Delta t_{max}}{\Delta t_{min}}} = \frac{(95-15)-(80-45)}{\ln \frac{95-15}{80-45}} = 54.3(℃)$$

(2) 逆流布置时

$$\Delta t_m = \frac{\Delta t_{max} - \Delta t_{min}}{\ln \frac{\Delta t_{max}}{\Delta t_{min}}} = \frac{(95-45)-(80-15)}{\ln \frac{95-45}{80-15}} = 57.1(℃)$$

(3) 叉流布置时

$$R = \frac{t_1'-t_1''}{t_2''-t_2'} = \frac{95-80}{45-15} = 0.5$$

$$P = \frac{t_2''-t_2'}{t_1'-t_2'} = \frac{45-15}{95-15} = 0.375$$

查图 13.16 得修正系数 $\Psi=0.96$，于是

$$\Delta t_m = \Psi \frac{\Delta t_{max} - \Delta t_{min}}{\ln \frac{\Delta t_{max}}{\Delta t_{min}}} = 0.96 \times 57.1 = 54.8(\text{℃})$$

*13.3 换热器的热计算

换热器的热计算分为两种：一种是设计计算，另一种是校核计算。前者根据给定的换热量，设计一个新换热器，确定换热器的换热面积；后者对已有的或已选定的换热器，校核它能否实现规定的换热量或按已知求取工作流体的终温。

13.3.1 热计算的基本理论

换热器热计算中所用到的基本方程为传热方程和热平衡方程，分别如下。

$$\begin{cases} \Phi = q_{m1} c_{p1} (t_1' - t_1'') \\ \Phi = q_{m2} c_{p2} (t_2'' - t_2') \\ \Phi = kA\Delta t_m \end{cases} \quad (13-15)$$

式中，$q_{m1}c_{p1}$、$q_{m2}c_{p2}$ 分别为热、冷流体的质量流量热容（W/℃），可记为 $q_{m1}c_{p1}=C_1$，$q_{m2}c_{p2}=C_2$。由此，上述方程组中共包含了 8 个独立变量，即 k、A、C_1、C_2、Φ 及 t_1'、t_2'、t_1''、t_2'' 中的 3 个，因此必须给出其中 5 个变量，方程组才得以封闭，才能进行传热计算。在设计计算时，一般已知热流体和冷流体的初、终温（t_1'、t_2'、t_1''、t_2''）中的 3 个，质量流量热容（C_1、C_2）以及需要传递的热量 Φ 等要求，确定换热器的类型、传热面积。校核计算则是对已有换热器进行校核，一般是给定热力工况的某些参数，如流体质量流量热容（C_1、C_2）及流体入口温度（t_1'、t_2'），校核流体出口温度及热流量。

换热器的计算方法有两类：平均温差法和效能-传热单元数法。下面将分别介绍这两种方法的计算原理。

13.3.2 平均温差法

1. 平均温差法设计计算

平均温差法在换热器设计计算中最为常用，具体的计算步骤如下。

（1）由已知的三个端部温度和两个流体的质量流量热容（C_1、C_2），求出另一个待定端部温度。

（2）选定换热器的结构形式和流型，计算平均温差 Δt_m。

（3）初步选择和布置换热面，计算出其相应的传热系数 k（也可查阅相关资料，选用参考概算值）。

（4）利用热平衡方程式，计算传热量 Φ。

（5）利用传热方程式，求出传热面积 A。

（6）校核热、冷两流体侧的压力损失（压降）。若压降过大则必须改变前面步骤（2）、（3）所选择的方案，重复步骤（3）～（6）的计算，直至满足要求为止。

上述热计算仅是换热器设计的一部分工作。除此之外，还应包括材料强度计算及必要的技术经济分析，同时需要考虑制造工艺、维修保养、安全可靠等因素。因此说，换热器的设计是一个涉及各种参数的分析和经验性决策的综合性课题。

2. 平均温差法校核计算

校核性计算是对现有的换热器进行性能校核，以判断其能否满足工程需要。采用平均温差法进行换热器校核性计算的具体步骤如下。

(1) 假定换热器的一个流体的出口温度，利用热平衡方程计算出另一个流体的出口温度。

(2) 计算热、冷流体的平均温差 Δt_m。

(3) 根据换热器的结构，计算相应工作条件下的传热系数 k 的值。

(4) 已知 kA 和 Δt_m，按传热方程式计算传热量 Φ。由于流体的出口温度是假设的，故 Φ 值未必真实。

(5) 根据4个流体端部温度，用热平衡方程式计算出另一个 Φ，同理该 Φ 值也为假设的。

(6) 比较步骤(4)和步骤(5)求出的两个 Φ 值，一般说两者是不等的，这说明步骤(1)假设的温度不符，必须重新假设一个流体的出口温度，重复上述步骤(1)~步骤(6)，直至两值十分接近(两者偏差小于5%)时，计算结束。

(7) 计算换热器内热、冷流体两侧的压力损失(压降)。

由上述计算步骤可知，利用平均温差法进行换热器校核计算，由于需要试算法，因而计算比较繁杂，通常情况下，可以将计算过程编写为计算程序，借助计算机进行求解。

13.3.3 效能-传热单元数法

效能-传热单元数法(ε-NTU法)是换热器热计算的另一种重要方法，在该方法中引入了一个重要的无量纲参数 NTU(Number of Transfer Unit，传热单元数)。在前面介绍的平均温差法中，热计算的方程包含独立变量的个数多达8个，在设计计算时需要设定变量，在校核计算时需要试算。若将方程无因次化，可以大大减少方程的独立变量的数目，ε-NTU 法就是基于这一理论而建立的表面式换热器的计算方法。下面仍然以顺流式换热器为例介绍 ε-NTU 法。

1. 换热器效能

有效能定义为换热器的实际传热量 Φ 与其理论上最大可能传热量 Φ_{max} 之比，记为 ε，即

$$\varepsilon = \frac{\Phi}{\Phi_{max}} \qquad (13-16)$$

式中，Φ 是某种流型换热器中热、冷流体间实际所能传递的热量；Φ_{max} 为热力学理论上最大可能传递的传热量，此时热流体温度下降到冷流体的进口温度，冷流体温度上升到热流体的进口温度，该情况仅在传热面积为无限大的理想逆流式换热器内实现。该理想的逆流式换热器与实际传热量为 Φ 的换热器具有相同的热、冷流体质量流量热容(C_1、C_2)和进口温度(t_1'、t_2')。

根据式(13-15)，只有热容量较小的流体，其温度才可能发生最大的传热温差，因此理论上最大的传热量应为冷热流体之间的最大极限传热温差($t_1' - t_2'$)乘以热容量较小的流

体热容量,于是 $\varPhi_{\max}$ 可表示为

$$\varPhi_{\max}=(q_m c_p)_{\min}(t_1'-t_2')=C_{\min}(t_1'-t_2') \tag{13-17}$$

将式(13-17)代入式(13-16)得

$$\varepsilon=\frac{\varPhi}{\varPhi_{\max}}=\frac{\varPhi}{C_{\min}(t_1'-t_2')} \tag{13-18}$$

当 $(q_m c_p)_1=C_1=C_{\min}$ 时,则有

$$\varepsilon=\frac{\varPhi}{C_1(t_1'-t_2')}=\frac{C_1(t_1'-t_1'')}{C_1(t_1'-t_2')}=\frac{t_1'-t_1''}{t_1'-t_2'} \tag{13-19a}$$

当 $(q_m c_p)_2=C_2=C_{\min}$ 时,则有

$$\varepsilon=\frac{\varPhi}{C_2(t_1'-t_2')}=\frac{C_2(t_2''-t_2')}{C_2(t_1'-t_2')}=\frac{t_2''-t_2'}{t_1'-t_2'} \tag{13-19b}$$

由此可见,ε 表示某实际换热器与理想换热器相比,其传热性能的完善程度或有效程度。ε 越大,表明流体的可用热量已被利用的程度越高,即换热效果越好;反之换热效果越差。需要说明,换热器效能 ε 仅表征了流体的可用能量被利用的程度,并不体现换热器经济性能。

对于已知的换热器,若其效能 ε 已知,根据式(13-16)即可确定换热器的传热量,进一步可求得冷、热流体的出口温度。那么如何求取换热器的效能 ε,为此引入"传热单元数"的概念。

2. 传热单元数

根据式(13-15),可写出换热器的换热量 $\varPhi$ 为

$$\varPhi=C_1(t_1'-t_1'')=C_2(t_2''-t_2')=kA\Delta t_m \tag{13-20}$$

将式(13-20)代入式(13-18)得

$$\varepsilon=\frac{kA}{C_{\min}}\frac{\Delta t_m}{t_1'-t_2'} \tag{13-21}$$

令

$$\frac{kA}{C_{\min}}=\text{NTU} \tag{13-22}$$

则

$$\varepsilon=\text{NTU}\frac{\Delta t_m}{t_1'-t_2'} \tag{13-23}$$

式中,NTU 称为传热单元数,式(13-22)即为传热单元数的定义式,其中分子 kA 表示当换热器中两流体间的平均温差为 1℃时的换热量,分母 $C_{\min}$ 为热、冷流体热容中较小者,故 NTU 表示换热器传热能力的一个无量纲参数。由于 NTU 中 A 和 k 分别反映了换热器的初投资和运行费用,因此,NTU 可作为衡量换热器综合技术经济性能的指标。

实验证明，ε 与换热器的流体流型及两流体的质量流量热容比 C_1/C_2 有关，下面仍以顺流式换热器为例，导出其具体的函数关系式。

设 $C_1=C_{\min}$，$C_2=C_{\max}$，根据式(13-19a)可得

$$t_1'-t_1''=\varepsilon(t_1'-t_2') \tag{a}$$

根据热平衡式(13-15)可得

$$q_{m1}c_{p1}(t_1'-t_1'')=q_{m2}c_{p2}(t_2''-t_2')$$

即

$$t_2''-t_2'=\frac{C_1}{C_2}(t_1'-t_1'') \tag{b}$$

式(a)、式(b)相加整理得

$$(t_1'-t_2')-(t_1''-t_2'')=\varepsilon\left(1+\frac{C_1}{C_2}\right)(t_1'-t_2')$$

$$1-\frac{t_1''-t_2''}{t_1'-t_2'}=\varepsilon\left(1+\frac{C_1}{C_2}\right) \tag{c}$$

根据 13.2 节式(j)和式(k)可得

$$\frac{t_1''-t_2''}{t_1'-t_2'}=\exp\left[-(MkA)\right]=\exp\left[-\left(\frac{1}{C_1}+\frac{1}{C_2}\right)kA\right]=\exp\left[-\frac{kA}{C_1}\left(1+\frac{C_1}{C_2}\right)\right]$$

根据 NTU 的定义式(13-21)，同时令 $\dfrac{C_{\min}}{C_{\max}}=R$，称为热容比，即 $\dfrac{C_1}{C_2}=R$，代入式(c)中得

$$\varepsilon=\frac{1-\exp[-NTU(1+R)]}{1+R} \tag{13-24}$$

当 $C_1=C_{\max}$，$C_2=C_{\min}$ 时，同理也可得出式(13-24)的结论。

对于逆流式换热器，按上述方法，读者可自行推导得出

$$\varepsilon=\frac{1-\exp[-NTU(1-R)]}{1-R\times\exp[-NTU(1-R)]} \tag{13-25}$$

上述计算过程较复杂，为了工程计算的方便，通常将该函数关系绘成线图。图 13.18 和图 13.19 分别表示为逆流和顺流型换热器的 ε-NTU 关系。两图对冷、热流体均适用，其他类型换热器可查阅有关手册或专著。

3. ε-NTU 法设计计算

采用 ε-NTU 法进行换热器设计计算时，具体步骤如下。

(1) 由已知的 3 个端部温度和 2 个流体的质量流量热容(C_1、C_2)，求出另一个待定端部温度。

(2) 选定换热器的结构形式和流型，计算平均温差 Δt_m。

(3) 计算效能 ε 和质量流量热容比 R。

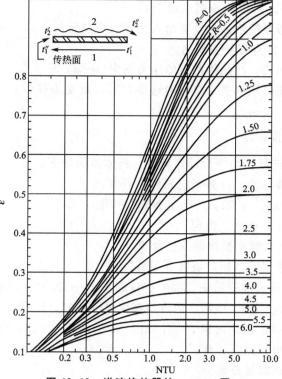

图 13.18 逆流换热器的 ε – NTU 图

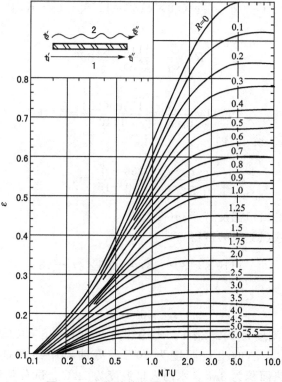

图 13.19 顺流换热器的 ε – NTU 图

(4) 根据流动形式，ε 和 R 查图确定 NTU。

(5) 初步选择和布置换热面，计算出其相应的传热系数 k。

(6) 由 k 和 NTU 计算传热面积 A。

(7) 计算换热器内热、冷流体两侧的压力损失(压降)。

(8) 若压降过大则必须改变换热器的选择方案，重复步骤(2)~步骤(7)的计算，直至满足要求为止。

4. ε-NTU 法校核计算

采用 ε-NTU 法进行换热器设计计算时，具体步骤如下。

(1) 根据已选的换热器，计算相应的传热系数。

(2) 根据 C_1、C_2、A、t_1' 和 t_2'，确定 NTU 和 R。

(3) 根据 NTU 和 R 查图，确定 ε。

(4) 根据 ε 的定义式确定换热器换热量 Φ。

(5) 由热平衡式求得流体出口温度 t_1'' 和 t_2''。

【例 13.2】 某逆流式油冷器中，油的进口温度 $t_1'=130℃$，流量 $q_{m1}=0.5\text{kg/s}$，比定压热容 $c_{p1}=2220\text{J/(kg·K)}$。冷却水的进口温度 $t_2'=15℃$，流量 $q_{m2}=0.3\text{kg/s}$，定压比热容 $c_{p2}=4182\text{J/(kg·K)}$。换热面积 $F=2.4\text{m}^2$，传热系数 $k=1530\text{W/(m}^2\text{·K)}$，试求油冷器的效能和两流体的出口温度 t_1'' 及 t_2''。

解：因油和水的热容量分别为

$$C_1 = q_{m1}c_{p1} = 0.5 \times 2220 = 1110 [\text{J/(s·K)}]$$
$$C_2 = q_{m2}c_{p2} = 0.3 \times 4182 = 1255 [\text{J/(s·K)}]$$

故热容比

$$R = \frac{C_1}{C_2} = \frac{1110}{1255} = 0.885$$

传热单元数为

$$\text{NTU} = \frac{kA}{q_{m1}c_{p1}} = \frac{1530 \times 2.4}{1110} = 3.31$$

查图 13.18 可得 $\varepsilon=0.8$，即

$$\varepsilon = \frac{t_1'-t_1''}{t_1'-t_2'} = \frac{130-t_1''}{130-15} = 0.8$$

解上式，可得油的出口温度 $t_1''=38(℃)$。

将上述各值代入式(13-19)可得

$$1110 \times (130-38) = 1255 \times (t_2''-15)$$

解上式得

$$t_2'' = 96.5(℃)$$

【例 13.3】 质量流量为 2.25kg/s、比热容为 2000J/(kg·K) 的油进入一个逆流式油冷器时的温度为 80℃，油的出口温度为 40℃。冷油器中冷却剂为水，其传热系数为 560W/(m²·K)，传热面积为 8m²。水的入口温度为 12℃。试分别利用对数平均温差法和效能-传热单元数法确定水的质量流量。

解：本题属于换热器的校核计算问题。

(1) 使用对数平均温差法计算。

由热平衡方程知
$$\Phi = q_{m1} c_{p1} (t_1' - t_2') = 2.25 \times 2000 \times (80 - 40) = 180000 (\text{W})$$

对数平均温差
$$\Delta t_m = \frac{\Phi}{kA} = \frac{180000}{560 \times 8} = 40.18 (\text{℃})$$

由对数平均温差的计算式
$$\Delta t_m = \frac{\Delta t_{\max} - \Delta t_{\min}}{\ln \frac{\Delta t_{\max}}{\Delta t_{\min}}}$$

代入数值可得
$$40.18 = \frac{(80 - t_2'') - (40 - 12)}{\ln \frac{80 - t_2''}{40 - 12}}$$

上式为超越方程，可采用试算法求解，具体过程在此省略。求解结果为 $t_2'' = 24.55$℃，则冷油器中水的定性温度 $t_{m2} = \frac{1}{2}(t_2' + t_2'') = \frac{1}{2}(12 + 24.55) = 18.28$℃，查附录 A-8 可得水的比热容为 $4184\text{J}/(\text{kg}\cdot\text{K})$，则水的质量流量为
$$q_{m2} = \frac{\Phi}{c_{p2}(t_2'' - t_2')} = \frac{180000}{4184 \times (24.55 - 12)} = 3.43 (\text{kg/s})$$

(2) 使用效能-传热单元数法计算。

假定油的热容量小于水的热容量，则
$$C_{\min} = q_{m1} c_{p1} = 2000 \times 2.25 = 4500 (\text{W/K})$$

而
$$\text{NTU} = \frac{kA}{(q_m c_p)_{\min}} = \frac{560 \times 8}{4500} = 0.996$$
$$\varepsilon = \frac{t_1' - t_1''}{t_1' - t_2'} = \frac{80 - 40}{80 - 10} = 0.571$$

查图 13.18 得
$$R = \frac{C_{\min}}{C_{\max}} \approx 0.3$$

即
$$C_{\max} = \frac{C_{\min}}{0.3} = \frac{4500}{0.3} = 15000 (\text{W/K})$$

由热平衡方程 $C_{\min}(t_1' - t_1'') = C_{\max}(t_2'' - t_2')$ 得
$$t_2'' = 0.3 \times (80 - 40) + 12 = 24 (\text{℃})$$

因此，水的质量流量为
$$q_{m2} = \frac{C_{\max}}{c_{p2}} = \frac{150000}{4184} = 3.585 (\text{kg/s})$$

由此可见，用效能-传热单元数法进行换热器的校核计算较为方便，但在查图时会造成一定的误差。

热工基础(第2版)

2010年12月,世界首个百万千瓦超临界空冷机组——华电宁夏灵武二期工程3号机组正式投产,改写了中国空冷机组技术设备依赖进口的历史。其中,直接空冷凝汽器作为一种翅片管式空气换热器成为该技术的核心部分。它利用空气直接冷凝从汽轮机的排汽、空气与排汽通过散热器进行热互换,将蒸汽凝结成水。与传统水冷凝汽器相比,该机组节水率达80%以上,因而在我国西部富煤缺水地区具有广阔的发展前景。电站空冷凝汽器及其原理分别如图13.20和图13.21所示。

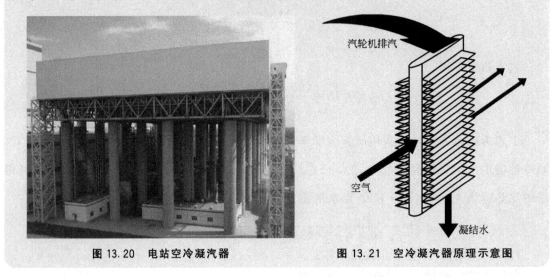

图 13.20　电站空冷凝汽器　　　　图 13.21　空冷凝汽器原理示意图

小　　结

实现冷、热流体间热量交换的设备称为换热器,流体在换热器中所进行的传热过程往往是导热、对流、辐射换热三种方式共同作用的复合传热过程。处理这类复合传热问题的有效方法是热路分析,并从中找出主导传热方式,然后把次要的传热方式归纳到主导传热方式中加以考虑,或者忽略不计。

换热器的种类繁多,按其工作原理,可分为混合式、回热式及表面式,其中表面式应用最为广泛。换热器的计算方法主要有两种,即对数平均温差法和ε-NTU法,它们既可用于换热器的设计计算,也可用于换热器的校核计算。考到对数平均温差法用于校核计算时由于需要复杂的试算过程,相比之下,ε-NTU法更为方便。

思　考　题

1. 什么是复合传热过程？它与传热过程有何区别？
2. 换热器按结构如何分类？各类有什么优缺点？
3. 传热计算中为何要先算平均温差？如何计算？

4. 表面式换热器中两种流体之间的对数平均温差怎样计算？仅从传热角度看，顺流式或逆流式换热器哪种更好？

5. 在换热器中，为了强化传热，试分析将肋片装在表面传热系数小的一侧还是较大的一侧？为什么？

6. 什么是换热器的效能？它的物理含义是什么？

7. 用热水散热器来采暖，如果不改变热水温度，只增加热水流速，能不能有效增加散热量，为什么？

8. 进行换热器设计时所依据的基本方程有哪些？有人认为传热单元数法不需要用到传热方程，你同意这种说法吗？

9. 在进行换热器校核计算时，无论采用平均温差法还是传热单元数法都需要假设一种介质的出口温度，为什么此时使用传热单元数法较为方便？

习　题

13-1　一个厚为 δ 的大平壁，两侧流过温度为 t_f 的流体，表面传热系数为 h。此外，其中一侧受到投射辐射强度为 G 的热源加热。平壁材料的热导率为 λ，表面黑度为 ε，平壁另一侧的辐射换热可不计，如图 13.22 所示。试求被辐射加热的一侧达到稳态时的温度。

13-2　温度为 25℃ 的室内，放置有外直径为 0.05m、表面温度为 200℃ 的管道。以 $\lambda=0.1\text{W}/(\text{m}\cdot\text{K})$ 的材料作为管道外的保温层，而保温层外表面与空气间的表面传热系数 $h=14\text{ W}/(\text{m}^2\cdot\text{K})$，试问保温层需要多厚才能使管道外表面温度不超过 50℃？

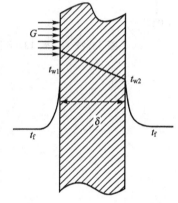

图 13.22　习题 13-1 图

13-3　现有一根外直径为 0.03m 的管子，需要覆盖一层热绝缘材料以减少散热，已知热绝缘的外表面与周围空气间的表面传热系数 $h=14\text{W}/(\text{m}^2\cdot\text{K})$。现有热导率 $\lambda=0.058\text{W}/(\text{m}\cdot\text{K})$ 的矿渣棉和 $\lambda=0.3\text{W}/(\text{m}\cdot\text{K})$ 的水泥两种热绝缘材料，试问选择哪一种材料合适？

13-4　温度为 90℃、直径为 2mm 的电线，被温度为 20℃、表面传热系数为 $25\text{W}/(\text{m}^2\cdot\text{K})$ 的空气所冷却。为增强传热，有人将厚度为 5mm、热导率为 $0.17\text{W}/(\text{m}\cdot\text{K})$ 的绝缘材料包裹在电线的外面，且此时绝缘材料与空气间的表面传热系数为 $12\text{W}/(\text{m}^2\cdot\text{K})$。若不计辐射换热，试问：

（1）此法能否起到增强传热的作用？

（2）若电线内电流保持不变，求电线表面温度。

13-5　在壳管式换热器中，冷流体的进、出口温度分别为 60℃ 和 120℃，热流体的进、出口温度分别为 320℃ 和 160℃。试计算和比较顺流及逆流时的对数平均温差，并求换热器的效能。

13-6　现要将质量流量为 230kg/h、初温为 35℃ 的水加热到 93℃，准备使用质量流量也为 230kg/h，但初温为 175℃、比热容 $c_{p1}=2100\text{J}/(\text{kg}\cdot\text{K})$ 的油。现有两台套管式换

热器可供选择：

换热器 A：传热系数为 570W/(m²·K)，面积为 0.47m²。

换热器 B：传热系数为 370W/(m²·K)，面积为 0.94m²。

试问应选择哪台换热器，流体布置方式应为顺流还是逆流？

13-7 某台 1-2 型壳管式换热器用 33℃ 的河水来冷却 58.7℃ 的热油，冷却水的比热容 $c_{p2}=4174J/(kg·K)$，冷却水的流量 $q_{v2}=47.7 m^3/h$，热油的比热容为 $c_{p1}=1950J/(kg·K)$，热油的流量 $q_{v2}=39m^3/h$，油安排在壳侧，水安排在管侧。假设总传热系数 $k=313W/(m^2·K)$，已知油在运行情况下的密度 $\rho_1=879m^3/kg$。试确定传热面积及冷却水和热油的出口温度。

13-8 一逆流套管式热交换器，其冷流体水由 37.8℃ 加热到 71.1℃，流量为 0.793kg/s，比热容 $c_2=4190J/(kg·K)$；热流体油由 110℃ 降到 65.5℃，油的比热容 $c_1=1890J/(kg·K)$，总传热系数为 340W/(m²·K)，求传热面积。若将套管式改为壳管式，油为单流程，水为双流程，如图 13.23 所示。其他条件不变，试求换热器的换热面积。

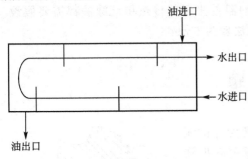

图 13.23　习题 13-8 图

附录 A

附　表

附录 A-1　常用单位换算

序号	物理量	符号	定义式	我国法定单位	米制工程单位		备注
1	质量	m		kg 1 9.807	$kgf \cdot s^2/m$ 0.1020 1		
2	温度	T 或 t		K $T=t+T_0$	℃ $t=T-T_0$		$T_0=273.15K$
3	力	F	ma	N 1 9.807	kgf 0.1020 1		
4	压力 （即压强）	p	$\dfrac{F}{A}$	Pa 1 9.807×10^4	at 或 kgf/cm^2 1.0197×10^{-5} 1		$1atm=1.033at$ $=1.033 \times 10^4 kgf/m^2$ $=1.013 \times 10^5 Pa$
5	密度	ρ	$\dfrac{m}{V}$	kg/m^3 1 9.807	$kgf \cdot s^2/m^4$ 0.1020 1		
6	能量 功量 热量	W 或 Q	Fr 或 $\Phi\tau$	J 1×10^3 4.187×10^3	kcal 0.2388 1		
7	功率 热流量	P 或 Φ	$\dfrac{W}{\tau}$ 或 $\dfrac{Q}{\tau}$	W 1 9.807 1.163	$kgf \cdot m/s$ 0.1020 1 0.1186	kcal/h 0.8598 8.434 1	

（续）

序号	物理量	符号	定义式	我国法定单位	米制工程单位	备注
8	比热容	c	$\dfrac{Q}{m\Delta t}$	J/(kg·K) 1 4.187	kcal/(kg·℃) 0.2388 1	
9	动力黏度	η	$\rho\nu$	Pa·s 或 kg/(m·s) 1 9.807	kgf·s/m² 0.1020 1	ν 为运动黏度，单位为 m²/s
10	热导率	λ	$\dfrac{\Phi\Delta l}{A\Delta t}$	W/(m·K) 1 1.163	kcal/(m·h·℃) 0.8598 1	
11	表面传热系数 总传热系数	h K	$\dfrac{\Phi}{A\Delta t}$	W/(m²·K) 1 1.163	kcal/(m²·h·℃) 0.8598 1	
12	热流密度	q	$\dfrac{\Phi}{A}$	W/m² 1 1.163	kcal/(m²·h) 0.8598 1	

附录 A-2　一些常用气体的摩尔质量和临界参数

物质	分子式	M/(g/mol)	R_g/[J/(kg·K)]	T_{cr}/K	p_{cr}/MPa	Z_{cr}
乙炔	C_2H_2	26.04	319	309	6.28	0.274
空气	—	28.97	287	133	3.77	0.284
氨	NH_3	17.04	488	406	11.28	0.242
氩	Ar	39.94	208	151	4.86	0.290
苯	C_6H_6	78.11	106	563	4.93	0.274
正丁烷	C_4H_{10}	58.12	143	425	3.80	0.274
二氧化碳	CO_2	44.01	189	304	7.39	0.276
一氧化碳	CO	28.01	297	133	3.50	0.294
乙烷	C_2H_6	30.07	277	305	4.88	0.285
乙醇	C_2H_5OH	46.07	180	516	6.38	0.249
乙烯	C_2H_4	28.05	296	283	5.12	0.270
氦	He	4.003	2077	5.2	0.23	0.300
氢	H_2	2.018	4124	33.2	1.30	0.304
甲烷	CH_4	16.04	518	191	4.64	0.290
甲醇	CH_3OH	32.05	259	513	7.95	0.220
氮	N_2	28.01	297	126	3.39	0.291
正辛烷	C_8H_{18}	114.22	73	569	2.49	0.258
氧	O_2	32.00	260	154	5.05	0.290
丙烷	C_3H_8	44.09	189	370	4.27	0.276
丙烯	C_3H_6	42.08	198	365	4.62	0.276
R12	CCl_2F_2	120.92	69	385	4.12	0.278
R22	$CHClF_2$	86.48	96	369	4.98	0.267
R134a	CF_3CH_2F	102.03	81	374	4.07	0.260
二氧化硫	SO_2	64.06	130	431	7.87	0.268
水蒸气	H_2O	18.02	461	647.3	22.09	0.233

附录 A-3 理想气体的平均比定压热容　　[单位：kJ/(kg·K)]

温度/℃	O_2	N_2	CO	CO_2	H_2O	SO_2	空气
0	0.915	1.039	1.040	0.815	1.859	0.607	1.004
100	0.923	1.040	1.042	0.866	1.873	0.636	1.006
200	0.935	1.043	1.046	0.910	1.894	0.662	1.012
300	0.950	1.049	1.054	0.949	1.919	0.687	1.019
400	0.965	1.057	1.063	0.983	1.948	0.708	1.028
500	0.979	1.066	1.075	1.013	1.978	0.724	1.039
600	0.993	1.076	1.086	1.040	2.009	0.737	1.050
700	1.005	1.087	1.093	1.064	2.042	0.754	1.061
800	1.016	1.097	1.109	1.085	2.075	0.762	1.071
900	1.026	1.108	1.120	1.104	2.110	0.775	1.081
1000	1.035	1.118	1.130	1.122	2.144	0.783	1.091
1100	1.043	1.127	1.140	1.138	2.177	0.791	1.100
1200	1.051	1.136	1.149	1.153	2.211	0.795	1.108
1300	1.058	1.145	1.158	1.166	2.243		1.117
1400	1.065	1.153	1.166	1.178	2.274		1.124
1500	1.071	1.160	1.173	1.189	2.305		1.131
1600	1.077	1.167	1.180	1.200	2.335		1.138
1700	1.083	1.174	1.187	1.209	2.363		1.144
1800	1.089	1.180	1.192	1.218	2.391		1.150
1900	1.094	1.186	1.198	1.226	2.417		1.156
2000	1.099	1.191	1.203	1.233	2.442		1.161
2100	1.104	1.197	1.208	1.241	2.466		1.166
2200	1.109	1.201	1.213	1.247	2.489		1.171
2300	1.114	1.206	1.218	1.253	2.512		1.176
2400	1.118	1.210	1.222	1.259	2.533		1.180
2500	1.123	1.214	1.226	1.264	2.554		1.184
2600	1.127				2.574		
2700	1.131				2.594		

附录 A-4 理想气体的平均摩尔定压热容　　[单位：J/(mol·K)]

温度/℃	气体						
	O_2	N_2	CO	CO_2	H_2O	SO_2	空气
0	29.274	29.115	29.123	35.860	33.499	33.854	29.073
100	29.538	29.144	29.178	38.112	33.741	40.654	29.153
200	29.931	29.228	29.303	40.059	34.118	42.329	29.299
300	30.400	29.383	29.517	41.755	34.575	43.878	29.521
400	30.878	29.601	29.789	43.250	35.090	45.217	29.789

(续)

温度/℃	气体						
	O_2	N_2	CO	CO_2	H_2O	SO_2	空气
500	31.334	29.864	30.099	44.573	35.630	46.390	30.095
600	31.761	30.149	30.425	45.753	36.195	47.353	30.405
700	32.150	30.451	30.752	46.813	36.789	48.232	30.723
800	32.502	30.748	31.070	47.763	37.392	48.944	31.028
900	32.825	31.037	31.376	48.617	38.008	49.614	31.321
1000	33.118	31.313	31.665	49.392	38.619	50.153	31.508
1100	33.386	31.577	31.937	50.099	39.226	50.660	31.862
1200	33.633	31.828	32.192	50.740	39.285	51.079	32.109
1300	33.863	32.067	32.427	51.322	40.407	51.623	32.343
1400	34.076	32.293	32.653	51.858	40.976	51.958	32.565
1500	34.282	32.502	32.858	52.348	41.525	52.251	32.774
1600	34.474	32.699	33.051	52.800	42.056	52.544	32.967
1700	34.658	32.883	33.231	53.218	42.576	52.796	33.151
1800	34.834	33.055	33.462	53.604	43.070	53.047	33.319
1900	35.006	33.218	33.561	53.959	43.539	53.214	33.482
2000	35.169	33.373	33.708	54.290	43.995	53.465	33.641
2100	35.328	33.520	33.850	54.596	44.435	53.633	33.787
2200	35.433	33.658	33.980	54.881	44.353	53.800	33.926
2300	35.634	33.787	34.106	55.144	45.255	53.968	34.060
2400	35.735	33.909	34.223	55.391	45.644	54.335	34.185
2500	35.927	34.022	34.336	55.617	46.017	54.261	34.307
2600	36.069	34.206	34.499	55.852	46.381	54.387	34.332
2700	36.207	34.290	34.583	56.061	46.729	54.512	34.457

附录 A-5 气体的平均比定压热容直线关系式

	平均比热容
空气	$\{c_V\}_{kJ/(kg \cdot K)} = 0.7088 + 0.000093 \{t\}_℃$ $\{c_p\}_{kJ/(kg \cdot K)} = 0.9936 + 0.000093 \{t\}_℃$
H_2	$\{c_V\}_{kJ/(kg \cdot K)} = 10.12 + 0.0005945 \{t\}_℃$ $\{c_p\}_{kJ/(kg \cdot K)} = 14.33 + 0.0005945 \{t\}_℃$
N_2	$\{c_V\}_{kJ/(kg \cdot K)} = 0.7304 + 0.00008955 \{t\}_℃$ $\{c_p\}_{kJ/(kg \cdot K)} = 1.032 + 0.00008955 \{t\}_℃$
O_2	$\{c_V\}_{kJ/(kg \cdot K)} = 0.6594 + 0.0001065 \{t\}_℃$ $\{c_p\}_{kJ/(kg \cdot K)} = 0.919 + 0.0001065 \{t\}_℃$
CO	$\{c_V\}_{kJ/(kg \cdot K)} = 0.7331 + 0.00009681 \{t\}_℃$ $\{c_p\}_{kJ/(kg \cdot K)} = 1.035 + 0.00009681 \{t\}_℃$

(续)

	平均比热容
H_2O	$\{c_V\}_{kJ/(kg\cdot K)} = 1.372 + 0.0003111\{t\}_{℃}$ $\{c_p\}_{kJ/(kg\cdot K)} = 1.833 + 0.0003111\{t\}_{℃}$
CO_2	$\{c_V\}_{kJ/(kg\cdot K)} = 0.6837 + 0.0002406\{t\}_{℃}$ $\{c_p\}_{kJ/(kg\cdot K)} = 0.8725 + 0.0002406\{t\}_{℃}$

附录 A-6　空气的热力性质

T/K	$t/℃$	$h/(kJ/kg)$	p_r	v_r	$s^0/[kJ/(kg\cdot K)]$
200	−73.15	201.87	0.3414	585.82	6.3000
210	−63.15	211.94	0.4051	518.39	6.3491
220	−53.15	221.99	0.4768	461.41	6.3959
230	−43.15	232.04	0.5571	412.85	6.4406
240	−33.15	242.08	0.6466	371.17	6.4833
250	−23.15	252.12	0.7458	335.21	6.5243
260	−13.15	262.15	0.8555	303.92	6.5636
270	−3.15	272.19	0.9761	276.61	6.6015
280	6.85	282.22	1.1084	252.62	6.6380
290	16.85	292.25	1.2531	231.43	6.6732
300	26.85	302.29	1.4108	212.65	6.7072
310	36.85	312.33	1.5823	195.92	6.7401
320	46.85	322.37	1.7682	180.98	6.7720
330	56.85	332.42	1.9693	167.57	6.8029
340	66.85	342.47	2.1865	155.50	6.8330
350	76.85	352.54	2.4204	144.60	6.8621
360	86.85	362.61	2.6720	134.73	6.8905
370	96.85	372.69	2.9419	125.77	6.9181
380	106.85	382.79	3.2312	117.60	6.9450
390	116.85	392.89	3.5407	110.15	6.9713
400	126.85	403.01	3.8712	103.33	6.9969
410	136.85	413.14	4.2238	97.069	7.0219
420	146.85	423.29	4.5993	91.318	7.0464
430	156.85	433.45	4.9989	86.019	7.0703
440	166.85	443.62	5.4234	81.130	7.0937
450	176.85	453.81	5.8739	76.610	7.1166
460	186.85	464.02	6.3516	72.423	7.1390
480	206.85	484.49	7.3927	64.929	7.1826
490	216.85	494.76	7.9584	61.570	7.2037
500	226.85	505.04	8.5558	58.440	7.2245
520	246.85	525.66	9.8506	52.789	7.2650
530	256.85	536.01	10.551	50.232	7.2847
540	266.85	546.37	11.287	47.843	7.3040
550	276.85	556.76	12.062	45.598	7.3231
570	296.85	577.59	13.732	41.509	7.3603
590	316.85	598.52	15.572	37.889	7.3964
600	326.85	609.02	16.559	36.234	7.4140

(续)

T/K	t/°C	h/(kJ/kg)	p_r	v_r	s^0/[kJ/(kg·K)]
610	336.85	619.54	17.593	34.673	7.4314
620	346.85	630.08	18.676	33.198	7.4486
630	356.85	640.65	19.810	31.802	7.4655
640	366.85	651.24	20.995	30.483	7.4821
650	376.85	661.85	22.234	29.235	7.4986
660	386.85	672.49	23.528	28.052	7.5148
670	396.85	683.15	24.880	26.929	7.5309
680	406.85	693.84	26.291	25.864	7.5467
690	416.85	704.55	27.763	24.853	7.5623
700	426.85	715.28	29.298	23.892	7.5778
710	436.85	726.04	30.898	22.979	7.5931
720	446.85	736.82	32.565	22.110	7.6081
730	456.85	747.63	34.301	21.282	7.6230
740	466.85	758.46	36.109	20.494	7.6378
750	476.85	769.32	37.989	19.743	7.6523
760	486.85	780.19	39.945	19.026	7.6667
770	496.85	791.10	41.978	18.343	7.6810
780	506.85	802.02	44.092	17.690	7.6951
790	516.85	812.97	46.288	17.067	7.7090
800	526.85	823.94	48.568	16.472	7.7228
810	536.85	834.94	50.935	15.903	7.7365
820	546.85	845.96	53.392	15.358	7.7500
830	556.85	857.00	55.941	14.837	7.7634
840	566.85	868.06	58.584	14.338	7.7767
850	576.85	879.15	61.325	13.861	7.7898
860	586.85	890.26	64.165	13.403	7.8028
870	596.85	901.39	67.107	12.964	7.8156
880	606.85	912.54	70.155	12.544	7.8284
890	616.85	923.72	73.310	12.140	7.8410
900	626.85	934.91	76.576	11.753	7.8535
910	636.85	946.13	79.956	11.381	7.8659
920	646.85	957.37	83.452	11.024	7.8782
930	656.85	968.63	87.067	10.681	7.8904
940	666.85	979.90	90.805	10.352	7.9024
950	676.85	991.20	94.667	10.035	7.9144
960	686.85	1002.52	98.659	9.7305	7.9262
970	696.85	1013.86	102.78	9.4376	7.9380
980	706.85	1025.22	107.04	9.1555	7.9496

(续)

T/K	t/℃	h/(kJ/kg)	p_r	v_r	s^0/[kJ/(kg·K)]
990	716.85	1036.60	111.43	8.8845	7.9612
1000	726.85	1047.99	115.97	8.6229	7.9727
1010	736.85	1059.41	120.65	8.3713	7.9840
1020	746.85	1070.84	125.49	8.1281	7.9953
1030	756.85	1082.30	130.47	7.8945	8.0065
1040	766.85	1093.77	135.60	7.6696	8.0175
1050	776.85	1105.26	140.90	7.4521	8.0285
1060	786.85	1116.76	146.36	7.2424	8.0394
1070	796.85	1128.28	151.98	7.0404	8.0503
1080	806.85	1139.82	157.77	6.8454	8.0610
1090	816.85	1151.38	163.74	6.6569	8.0716
1100	826.85	1162.95	169.88	6.4752	8.0822
1110	836.85	1174.54	176.20	6.2997	8.0927
1120	846.85	1186.15	182.71	6.1299	8.1031
1130	856.85	1197.77	189.40	5.9662	8.1134
1140	866.85	1209.40	196.29	5.8077	8.1237
1150	876.85	1221.06	203.38	5.6544	8.1339
1160	886.85	1232.72	210.66	5.5065	8.1440
1170	896.85	1244.41	218.15	5.3633	8.1540
1180	906.85	1256.10	225.85	5.2247	8.1639
1190	916.85	1267.82	233.77	5.0905	8.1738
1200	926.85	1279.54	241.90	4.9607	8.1836
1210	936.85	1291.28	250.25	4.8352	8.1934
1220	946.85	1303.04	258.83	4.7135	8.2031
1230	956.85	1314.81	267.64	4.5957	8.2127
1240	966.85	1326.59	276.69	4.4815	8.2222
1250	976.85	1338.39	285.98	4.3709	8.2317
1260	986.85	1350.20	295.51	4.2638	8.2411
1270	996.85	1362.03	305.30	4.1598	8.2504
1280	1006.85	1373.86	315.33	4.0592	8.2597
1290	1016.85	1385.71	325.63	3.9616	8.2690
1300	1026.85	1397.58	336.19	3.8669	8.2781
1310	1036.85	1409.45	347.02	3.7750	8.2872
1320	1046.85	1421.34	358.13	3.6858	8.2963
1330	1056.85	1433.24	369.51	3.5994	8.3052
1350	1076.85	1457.08	393.15	3.4338	8.3230
1360	1086.85	1469.02	405.40	3.3547	8.3318
1370	1096.85	1480.97	417.96	3.2778	8.3406

(续)

T/K	t/°C	h/(kJ/kg)	p_r	v_r	s^0/[kJ/(kg·K)]
1380	1106.85	1492.93	430.82	3.2032	8.3493
1390	1116.85	1504.91	444.00	3.1306	8.3579
1400	1126.85	1516.89	457.49	3.0602	8.3665
1410	1136.85	1528.89	471.30	2.9917	8.3751
1420	1146.85	1540.89	485.44	2.9252	8.3836
1430	1156.85	1552.91	499.92	2.8605	8.3920
1440	1166.85	1564.94	514.74	2.7975	8.4004
1450	1176.85	1576.98	529.90	2.7364	8.4087
1460	1186.85	1589.03	545.42	2.6768	8.4170
1470	1196.85	1601.09	561.29	2.6190	8.4252
1480	1206.85	1613.17	577.53	2.5626	8.4334
1490	1216.85	1625.25	594.13	2.5079	8.4415
1500	1226.85	1637.34	611.12	2.4545	8.4496
1510	1236.85	1649.44	628.48	2.4026	8.4577
1520	1246.85	1661.56	646.24	2.3521	8.4657
1530	1256.85	1673.68	664.38	2.3029	8.4736
1540	1266.85	1685.81	682.94	2.2550	8.4815
1550	1276.85	1697.95	701.89	2.2083	8.4894
1560	1286.85	1710.10	721.27	2.1629	8.4972
1570	1296.85	1722.26	741.06	2.1186	8.5050
1580	1306.85	1734.43	761.29	2.0754	8.5127
1590	1316.85	1746.61	781.94	2.0334	8.5204
1600	1326.85	1758.80	803.04	1.9924	8.5280
1610	1336.85	1771.00	824.59	1.9525	8.5356
1620	1346.85	1783.21	846.60	1.9135	8.5432
1630	1356.85	1795.42	869.06	1.8756	8.5507
1640	1366.85	1807.64	892.00	1.8386	8.5582
1650	1376.85	1819.88	915.41	1.8025	8.5656
1660	1386.85	1832.12	939.31	1.7673	8.5730
1670	1396.85	1844.37	963.70	1.7329	8.5804
1680	1406.85	1856.63	988.59	1.6994	8.5877
1690	1416.85	1868.89	1013.99	1.6667	8.5950
1700	1426.85	1881.17	1039.9	1.6348	8.6022
1725	1451.85	1911.89	1107.0	1.5583	8.6201
1750	1476.85	1942.66	1177.4	1.4863	8.6378
1775	1501.85	1973.48	1251.4	1.4184	8.6553
1800	1526.85	2004.34	1329.0	1.3544	8.6726
1825	1551.85	2035.25	1410.4	1.2940	8.6897

（续）

T/K	t/℃	h/(kJ/kg)	p_r	v_r	s^0/[kJ/(kg·K)]
1850	1576.85	2066.21	1495.6	1.2370	8.7065
1875	1601.85	2097.20	1584.9	1.1830	8.7231
1900	1626.85	2128.25	1678.4	1.1320	8.7396
1925	1651.85	2159.33	1776.2	1.0838	8.7558
1950	1676.85	2190.45	1878.4	1.0381	8.7719
1975	1701.85	2221.61	1985.3	0.99481	8.7878
2000	1726.85	2252.82	2096.9	0.95379	8.8035
2025	1751.85	2284.05	2213.5	0.91484	8.8190
2050	1776.85	2315.33	2335.1	0.87791	8.8344
2075	1801.85	2346.64	2461.9	0.84284	8.8495
2100	1826.85	2377.99	2594.2	0.80950	8.8646
2125	1851.85	2409.38	2732.0	0.77782	8.8794
2150	1876.85	2440.80	2875.6	0.74767	8.8941
2175	1901.85	2472.25	3025.0	0.71901	8.9087
2300	2026.85	2630.00	3867.6	0.59468	8.9792
2325	2051.85	2661.64	4056.5	0.57315	8.9929
2350	2076.85	2693.32	4252.6	0.55260	9.0064
2375	2101.85	2725.02	4456.2	0.53297	9.0198
2400	2126.85	2756.75	4667.4	0.51420	9.0331
2425	2151.85	2788.51	4886.5	0.49627	9.0463
2450	2176.85	2820.31	5113.7	0.47911	9.0593
2475	2201.85	2852.12	5349.2	0.46269	9.0722
2500	2226.85	2883.97	5593.2	0.44697	9.0851
2525	2251.85	2915.84	5846.0	0.43192	9.0977
2550	2276.85	2947.74	6107.7	0.41751	9.1103
2575	2301.85	2979.67	6378.7	0.40369	9.1228
2600	2326.85	3011.63	6659.2	0.39044	9.1351
2625	2351.85	3043.61	6949.4	0.37773	9.1474
2650	2376.85	3075.61	7249.5	0.36554	9.1595
2675	2401.85	3107.64	7559.8	0.35385	9.1715
2700	2426.85	3139.70	7880.6	0.34261	9.1835
2725	2451.85	3171.78	8212.1	0.33183	9.1953
2750	2476.85	3203.88	8554.7	0.32146	9.2070
2775	2501.85	3236.01	8908.4	0.31150	9.2186
2800	2526.85	3268.16	9273.7	0.30193	9.2302
2825	2551.85	3300.33	9650.9	0.29272	9.2416
2850	2576.85	3332.53	10040.0	0.28386	9.2530
2875	2601.85	3364.75	10441.6	0.27534	9.2642
2900	2626.85	3396.99	10855.8	0.26714	9.2754
2925	2651.85	3429.25	11283.0	0.25924	9.2865

附录 A-7　饱和水及饱和水蒸气热力性质表(按温度排列)

温度	压力	比体积		比焓		汽化潜热	比熵	
t	p	v′	v″	h′	h″	γ	s′	s″
℃	MPa	m³/kg	m³/kg	kJ/kg	kJ/kg	kJ/kg	kJ/(kg·K)	kJ/(kg·K)
0.00	0.0006112	0.00100022	206.154	−0.05	2500.51	2500.6	−0.0002	9.1544
0.01	0.0006117	0.00100021	206.012	0.00	2500.53	2500.5	0.0000	9.1541
1	0.0006571	0.00100018	192.464	4.18	2502.35	2498.2	0.0153	9.1278
2	0.0007059	0.00100013	179.787	8.39	2504.19	2495.8	0.0306	9.1014
3	0.0007580	0.00100009	168.041	12.61	2506.03	2493.4	0.0459	9.0752
4	0.0008135	0.00100008	157.151	16.82	2507.87	2491.1	0.0611	9.0493
5	0.0008725	0.00100008	147.048	21.02	2509.71	2488.7	0.0763	9.0236
6	0.0009352	0.00100010	137.670	25.22	2511.55	2486.3	0.0913	8.9982
7	0.0010019	0.00100014	128.961	29.42	2513.39	2484.0	0.1063	8.9730
8	0.0010728	0.00100019	120.868	33.62	2515.23	2481.6	0.1213	8.9480
9	0.0011480	0.00100026	113.342	37.81	2517.06	2479.3	0.1362	8.9233
10	0.0012279	0.00100034	106.341	42.00	2518.90	2476.9	0.1510	8.8988
11	0.0013126	0.00100043	99.825	46.19	2520.74	2474.5	0.1658	8.8745
12	0.0014025	0.00100054	93.756	50.38	2522.57	2472.2	0.1805	8.8504
13	0.0014977	0.00100066	88.101	54.57	2524.41	2469.8	0.1952	8.8265
14	0.0015985	0.00100080	82.828	58.76	2526.24	2467.5	0.2098	8.8029
15	0.0017053	0.00100094	77.910	62.95	2528.07	2465.1	0.2243	8.7794
16	0.0018183	0.00100110	73.320	67.13	2529.90	2462.8	0.2388	8.7562
17	0.0019377	0.00100127	69.034	71.32	2531.72	2460.4	0.2533	8.7331
18	0.0020640	0.00100145	65.029	75.50	2533.55	2458.1	0.2677	8.7103
19	0.0021975	0.00100165	61.287	79.68	2535.37	2455.7	0.2820	8.6877
20	0.0023385	0.00100185	57.786	83.86	2537.20	2453.3	0.2963	8.6652
22	0.0026444	0.00100229	51.445	92.23	2540.84	2448.6	0.3247	8.6210
24	0.0029846	0.00100276	45.884	100.59	2544.47	2443.9	0.3530	8.5774
26	0.0033625	0.00100328	40.997	108.95	2548.10	2439.2	0.3810	8.5347
28	0.0037814	0.00100383	36.694	117.32	2551.73	2434.4	0.4089	8.4927
30	0.0042451	0.00100442	32.899	125.68	2555.35	2429.7	0.4366	8.4514
35	0.0056263	0.00100605	25.222	146.59	2564.38	2417.8	0.5050	8.3511
40	0.0073811	0.00100789	19.529	167.50	2573.36	2405.9	0.5723	8.2551
45	0.0095897	0.00100993	15.2636	188.42	2582.30	2393.9	0.6386	8.1630
50	0.0123446	0.00101216	12.0365	209.33	2591.19	2381.9	0.7038	8.0745
55	0.015752	0.00101455	9.5723	230.24	2600.02	2369.8	0.7680	7.9896
60	0.019933	0.00101713	7.6740	251.15	2608.79	2357.6	0.8312	7.9080
65	0.025024	0.00101986	6.1992	272.08	2617.48	2345.4	0.8935	7.8295
70	0.031178	0.00102276	5.0443	293.01	2626.10	2333.1	0.9550	7.7540
75	0.038565	0.00102582	4.1330	313.96	2634.63	2320.7	1.0156	7.6812

(续)

温度	压力	比体积		比焓		汽化潜热	比熵	
t	p	v'	v"	h'	h"	γ	s'	s"
℃	MPa	m³/kg	m³/kg	kJ/kg	kJ/kg	kJ/kg	kJ/(kg·K)	kJ/(kg·K)
80	0.047376	0.00102903	3.4086	334.93	2643.06	2308.1	1.0753	7.6112
85	0.057818	0.00103240	2.8288	355.92	2651.40	2295.5	1.1343	7.5436
90	0.070121	0.00103593	2.3616	376.94	2659.63	2282.7	1.1926	7.4783
95	0.084533	0.00103961	1.9827	397.98	2667.73	2269.7	1.2501	7.4154
100	0.101325	0.00104344	1.6736	419.06	2675.71	2256.6	1.3069	7.3545
110	0.143243	0.00105156	1.2106	461.33	2691.26	2229.9	1.4186	7.2386
120	0.198483	0.00106031	0.89219	503.76	2706.18	2202.4	1.5277	7.1297
130	0.270018	0.00106968	0.66873	546.38	2720.39	2174.0	1.6346	7.0272
140	0.361190	0.00107972	0.50900	589.21	2733.81	2144.6	1.7393	6.9302
150	0.47571	0.00109046	0.39286	632.28	2746.35	2114.1	1.8420	6.8381
160	0.61766	0.00110193	0.30709	675.62	2757.92	2082.3	1.9429	6.7502
170	0.79147	0.00111420	0.24283	719.25	2768.42	2049.2	2.0420	6.6661
180	1.00193	0.00112732	0.19403	763.22	2777.74	2014.5	2.1396	6.5852
190	1.25417	0.00114136	0.15650	807.56	2785.80	1978.2	2.2358	6.5071
200	1.55366	0.00115641	0.12732	852.34	2792.47	1940.1	2.3307	6.4312
210	1.90617	0.00117258	0.10438	897.62	2797.65	1900.0	2.4245	6.3571
220	2.31783	0.00119000	0.086157	943.46	2801.20	1857.7	2.5175	6.2846
230	2.79505	0.00120882	0.071553	989.95	2803.00	1813.0	2.6096	6.2130
240	3.34459	0.00122922	0.059743	1037.2	2802.88	1765.7	2.7013	6.1422
250	3.97351	0.00125145	0.050112	1085.3	2800.66	1715.4	2.7926	6.0716
260	4.68923	0.00127579	0.042195	1134.3	2796.14	1661.8	2.8837	6.0007
270	5.49956	0.00130262	0.035637	1184.5	2789.05	1604.5	2.9751	5.9292
280	6.41273	0.00133242	0.030165	1236.0	2779.08	1543.1	3.0668	5.8564
290	7.43746	0.00136582	0.025565	1289.1	2765.81	1476.7	3.1594	5.7817
300	8.58308	0.00140369	0.021669	1344.0	2748.71	1404.7	3.2533	5.7042
310	9.8597	0.00144728	0.018343	1401.2	2727.01	1325.9	3.3490	5.6226
320	11.278	0.00149844	0.015479	1461.2	2699.72	1238.5	3.4475	5.5356
330	12.851	0.00156008	0.012987	1524.9	2665.30	1140.4	3.5500	5.4408
340	14.593	0.00163728	0.010790	1593.7	2621.32	1027.6	3.6586	5.3345
350	16.521	0.00174008	0.008812	1670.3	2563.39	893.0	3.7773	5.2104
360	18.657	0.00189423	0.006958	1761.1	2481.68	720.6	3.9155	5.0536
370	21.033	0.00221480	0.004982	1891.7	2338.79	447.1	4.1125	4.8076
371	21.286	0.00227969	0.004735	1911.8	2314.11	402.3	4.1429	4.7674
372	21.542	0.00236530	0.004451	1936.1	2282.99	346.9	4.1796	4.7173
373	21.802	0.00249600	0.004087	1968.8	2237.98	269.2	4.2292	4.6458
373.99	22.064	0.003106	0.003106	2085.9	2085.9	0.0	4.4092	4.4092

附录 A-8 饱和水及饱和水蒸气热力性质表（按压力排列）

压力 p MPa	温度 t ℃	比体积 v' m³/kg	比体积 v" m³/kg	比焓 h' kJ/kg	比焓 h" kJ/kg	汽化潜热 γ kJ/kg	比熵 s' kJ/(kg·K)	比熵 s" kJ/(kg·K)
0.0010	6.9491	0.0010001	129.185	29.21	2513.29	2484.1	0.1056	8.9735
0.0020	17.5403	0.0010014	67.008	73.58	2532.71	2459.1	0.2611	8.7220
0.0030	24.1142	0.0010028	45.666	101.07	2544.68	2443.6	0.3546	8.5758
0.0040	28.9533	0.0010041	34.796	121.30	2553.45	2432.2	0.4221	8.4725
0.0050	32.8793	0.0010053	28.191	137.72	2560.55	2422.8	0.4761	8.3930
0.0060	36.1663	0.0010065	23.738	151.47	2566.48	2415.0	0.5208	8.3283
0.0070	38.9967	0.0010075	20.528	163.31	2571.56	2408.3	0.5589	8.2737
0.0080	41.5075	0.0010085	18.102	173.81	2576.06	2402.3	0.5924	8.2266
0.0090	43.7901	0.0010094	16.204	183.36	2580.15	2396.8	0.6226	8.1854
0.010	45.7988	0.0010103	14.673	191.76	2583.72	2392.0	0.6490	8.1481
0.015	53.9705	0.0010140	10.022	225.93	2598.21	2372.3	0.7548	8.0065
0.020	60.0650	0.0010172	7.6497	251.43	2608.90	2357.5	0.8320	7.9068
0.025	64.9726	0.0010198	6.2047	271.96	2617.43	2345.5	0.8932	7.8298
0.030	69.1041	0.0010222	5.2296	289.26	2624.56	2335.3	0.9440	7.7671
0.040	75.8720	0.0010264	3.9939	317.61	2636.10	2318.5	1.0260	7.6688
0.050	81.3388	0.0010299	3.2409	340.55	2645.31	2304.8	1.0912	7.5928
0.060	85.9496	0.0010331	2.7324	359.91	2652.97	2293.1	1.1454	7.5310
0.070	89.9556	0.0010359	2.3654	376.75	2659.55	2282.8	1.1921	7.4789
0.080	93.5107	0.0010385	2.0876	391.71	2665.33	2273.6	1.2330	7.4339
0.090	96.7121	0.0010409	1.8698	405.20	2670.48	2265.3	1.2696	7.3943
0.10	99.634	0.0010432	1.6943	417.52	2675.14	2257.6	1.3028	7.3589
0.12	104.810	0.0010473	1.4287	439.37	2683.26	2243.9	1.3609	7.2978
0.14	109.318	0.0010510	1.2368	458.44	2690.22	2231.8	1.4110	7.2462
0.16	113.326	0.0010544	1.09159	475.42	2696.29	2220.9	1.4552	7.2016
0.18	116.941	0.0010576	0.97767	490.76	2701.69	2210.9	1.4946	7.1623
0.20	120.240	0.0010605	0.88585	504.78	2706.53	2201.7	1.5303	7.1272
0.25	127.444	0.0010672	0.71879	535.47	2716.83	2181.4	1.6075	7.0528
0.30	133.556	0.0010732	0.60587	561.58	2725.26	2163.7	1.6721	6.9921
0.35	138.891	0.0010786	0.52427	584.45	2732.37	2147.9	1.7278	6.9407
0.40	143.642	0.0010835	0.46246	604.87	2738.49	2133.6	1.7769	6.8961
0.50	151.867	0.0010925	0.37486	640.35	2748.59	2108.2	1.8610	6.8214
0.60	158.863	0.0011006	0.31563	670.67	2756.66	2086.0	1.9315	6.7600
0.70	164.983	0.0011079	0.27281	697.32	2763.29	2066.0	1.9925	6.7079
0.80	170.444	0.0011148	0.24037	721.20	2768.86	2047.7	2.0464	6.6625
0.90	175.389	0.0011212	0.21491	742.90	2773.59	2030.7	2.0948	6.6222
1.00	179.916	0.0011272	0.19438	762.84	2777.67	2014.8	2.1388	6.5859

(续)

压力	温度	比体积		比焓		汽化潜热	比熵	
p	t	v'	v"	h'	h"	γ	s'	s"
MPa	℃	m³/kg	m³/kg	kJ/kg	kJ/kg	kJ/kg	kJ/(kg·K)	kJ/(kg·K)
1.10	184.100	0.0011330	0.17747	781.35	2781.21	999.9	2.1792	6.5529
1.20	187.995	0.0011385	0.16328	798.64	2784.29	985.7	2.2166	6.5225
1.30	191.644	0.0011438	0.15120	814.89	2786.99	972.1	2.2515	6.4944
1.40	195.078	0.0011489	0.14079	830.24	2789.37	959.1	2.2841	6.4683
1.50	198.327	0.0011538	0.13172	844.82	2791.46	946.6	2.3149	6.4437
1.60	201.410	0.0011586	0.12375	858.69	2793.29	934.6	2.3440	6.4206
1.70	204.346	0.0011633	0.11668	871.96	2794.91	923.0	2.3716	6.3988
1.80	207.151	0.0011679	0.11037	884.67	2796.33	911.7	2.3979	6.3781
1.90	209.838	0.0011723	0.104707	896.88	2797.58	900.7	2.4230	6.3583
2.00	212.417	0.0011767	0.099588	908.64	2798.66	890.0	2.4471	6.3395
2.20	217.289	0.0011851	0.090700	930.97	2800.41	1869.4	2.4924	6.3041
2.40	221.829	0.0011933	0.083244	951.91	2801.67	1849.8	2.5344	6.2714
2.60	226.085	0.0012013	0.076898	971.67	2802.51	1830.8	2.5736	6.2409
2.80	230.096	0.0012090	0.071427	990.41	2803.01	1812.6	2.6105	6.2123
3.00	233.893	0.0012166	0.066662	1008.2	2803.19	1794.9	2.6454	6.1854
3.50	242.597	0.0012348	0.057054	1049.6	2802.51	1752.9	2.7250	6.1238
4.00	250.394	0.0012524	0.049771	1087.2	2800.53	1713.4	2.7962	6.0688
5.00	263.980	0.0012862	0.039439	1154.2	2793.64	1639.5	2.9201	5.9724
6.00	275.625	0.0013190	0.032440	1213.3	2783.82	1570.5	3.0266	5.8885
7.00	285.869	0.0013515	0.027371	1266.9	2771.72	1504.8	3.1210	5.8129
8.00	295.048	0.0013843	0.023520	1316.5	2757.70	1441.2	3.2066	5.7430
9.00	303.385	0.0014177	0.020485	1363.1	2741.92	1378.9	3.2854	5.6771
10.0	311.037	0.0014522	0.018026	1407.2	2724.46	1317.2	3.3591	5.6139
11.0	318.118	0.0014881	0.015987	1449.6	2705.34	1255.7	3.4287	5.5525
12.0	324.715	0.0015260	0.014263	1490.7	2684.50	1193.8	3.4952	5.4920
13.0	330.894	0.0015662	0.012780	1530.8	2661.80	1131.0	3.5594	5.4318
14.0	336.707	0.0016097	0.011486	1570.4	2637.07	1066.7	3.6220	5.3711
15.0	342.196	0.0016571	0.010340	1609.8	2610.01	1000.2	3.6836	5.3091
16.0	347.396	0.0017099	0.009311	1649.4	2580.21	930.8	3.7451	5.2450
17.0	352.334	0.0017701	0.008373	1690.0	2547.01	857.1	3.8073	5.1776
18.0	357.034	0.0018402	0.007503	1732.0	2509.45	777.4	3.8715	5.1051
19.0	361.514	0.0019258	0.006679	1776.9	2465.87	688.9	3.9395	5.0250
20.0	365.789	0.0020379	0.005870	1827.2	2413.05	585.9	4.0153	4.9322
21.0	369.868	0.0022073	0.005012	1889.2	2341.67	452.4	4.1088	4.8124
22.0	373.752	0.0027040	0.003684	2013.0	2084.02	71.0	4.2969	4.4066
22.064	373.99	0.003106	0.003106	2085.9	2085.9	0.0	4.4092	4.4092

附录 A-9　未饱和水与过热水蒸气热力性质表

p	0.001MPa (t_s = 6.949℃)			0.005MPa (t_s = 32.879℃)		
	v' 0.001001 m³/kg	h' 29.21 kJ/kg	s' 0.1056 kJ/(kg·K)	v' 0.0010053 m³/kg	h' 137.72 kJ/kg	s' 0.4761 kJ/(kg·K)
	v'' 129.185 m³/kg	h'' 2513.3 kJ/kg	s'' 8.9735 kJ/(kg·K)	v'' 28.191 m³/kg	h'' 2560.6 kJ/kg	s'' 8.3930 kJ/(kg·K)
t ℃	v m³/kg	h kJ/kg	s kJ/(kg·K)	v m³/kg	h kJ/kg	s kJ/(kg·K)
0	0.001002	−0.05	−0.0002	0.0010002	−0.05	−0.0002
10	130.598	2519.0	8.9938	0.0010003	42.01	0.1510
20	135.226	2537.7	9.0588	0.0010018	83.87	0.2963
40	144.475	2575.2	9.1823	28.854	2574.0	8.43466
60	153.717	2612.7	9.2984	30.712	2611.8	8.5537
80	162.956	2650.3	9.4080	32.566	2649.7	8.6639
100	172.192	2688.0	9.5120	34.418	2687.5	8.7682
120	181.426	2725.9	9.6109	36.269	2725.5	8.8674
140	190.660	2764.0	9.7054	38.118	2763.7	8.9620
160	199.893	2802.3	9.7959	39.967	2802.0	9.0526
180	209.126	2840.7	9.8827	41.815	2840.5	9.1396
200	218.358	2879.4	9.9662	43.662	2879.2	9.2232
220	227.590	2918.3	10.0468	45.510	2918.2	9.3038
240	236.821	2957.5	10.1246	47.357	2957.3	9.3816
260	246.053	2996.8	10.1998	49.204	2996.7	9.4569
280	255.284	3036.4	10.2727	51.051	3036.3	9.5298
300	264.515	3076.2	10.3434	52.898	3076.1	9.6005
350	287.592	3176.8	10.5117	57.514	3176.7	9.7688
400	310.669	3278.9	10.6692	62.131	3278.8	9.9264
450	333.746	3382.4	10.8176	66.747	3382.4	10.0747
500	356.823	3487.5	10.9581	71.362	3487.5	10.2153
550	379.900	3594.4	11.0921	75.978	3594.4	10.3493
600	402.976	3703.4	11.2206	80.594	3703.4	10.4778

(续)

p	0.010MPa (t_s=45.799℃)			0.10MPa (t_s=99.634℃)		
	v' 0.0010103 m³/kg	h' 191.76 kJ/kg	s' 0.6490 kJ/(kg·K)	v' 0.0010431 m³/kg	h' 417.52 kJ/kg	s' 1.3028 kJ/(kg·K)
	v'' 14.673 m³/kg	h'' 2583.7 kJ/kg	s'' 8.1481 kJ/(kg·K)	v'' 1.6943 m³/kg	h'' 2675.1 kJ/kg	s'' 7.3589 kJ/(kg·K)
t ℃	v m³/kg	h kJ/kg	s kJ/(kg·K)	v m³/kg	h kJ/kg	s kJ/(kg·K)
0	0.0010002	−0.04	−0.0002	0.0010002	0.05	−0.0002
10	0.0010003	42.01	0.1510	0.0010003	42.10	0.1510
20	0.0010018	83.87	0.2963	0.0010018	83.96	0.2963
40	0.0010079	167.51	0.5723	0.0010078	167.59	0.5723
60	15.336	2610.8	8.2313	0.0010171	251.22	0.8312
80	16.268	2648.9	8.3422	0.0010290	334.97	1.0753
100	17.196	2686.9	8.4471	1.6961	2675.9	7.3609
120	18.124	2725.1	8.5466	1.7931	2716.3	7.4665
140	19.050	2763.3	8.6414	1.8889	2756.2	7.5654
160	19.976	2801.7	8.7322	1.9838	2795.8	7.6590
180	20.901	2840.2	8.8192	2.0783	2835.3	7.7482
200	21.826	2879.0	8.9029	2.1723	2874.8	7.8334
220	22.750	2918.0	8.9835	2.2659	2914.3	7.9152
240	23.674	2957.1	9.0614	2.3594	2953.9	7.9940
260	24.598	2996.5	9.1367	2.4527	2993.7	8.0701
280	25.522	3036.2	9.2097	2.5458	3033.6	8.1436
300	26.446	3076.0	9.2805	2.6388	3073.8	8.2148
350	28.755	3176.6	9.4488	2.8709	3174.9	8.3840
400	31.063	3278.7	9.6064	3.1027	3277.3	8.5422
450	33.372	3382.3	9.7548	3.3342	3381.2	8.6909
500	35.680	3487.4	9.8953	3.5656	3486.5	8.8317
550	37.988	3594.3	10.0293	3.7968	3593.5	8.9659
600	40.296	3703.4	10.1579	4.0279	3702.7	9.0946

(续)

p	0.5MPa (t_s=151.867℃)			1MPa (t_s=179.916℃)		
	v' 0.0010925 m³/kg	h' 640.35 kJ/kg	s' 1.8610 kJ/(kg·K)	v' 0.0011272 m³/kg	h' 762.84 kJ/kg	s' 2.1388 kJ/(kg·K)
	v'' 0.37490 m³/kg	h'' 2748.6 kJ/kg	s'' 6.8214 kJ/(kg·K)	v'' 0.19440 m³/kg	h'' 2777.7 kJ/kg	s'' 6.5859 kJ/(kg·K)
t ℃	v m³/kg	h kJ/kg	s kJ/(kg·K)	v m³/kg	h kJ/kg	s kJ/(kg·K)
0	0.0010000	0.46	−0.0001	0.0009997	0.97	−0.0001
10	0.0010001	42.49	0.1510	0.0009999	42.98	0.1509
20	0.0010016	84.33	0.2962	0.0010014	84.80	0.2961
40	0.0010077	167.94	0.5721	0.0010074	168.38	0.5719
60	0.0010169	251.56	0.8310	0.0010167	251.98	0.8307
80	0.0010288	335.29	1.0750	0.0010286	335.69	1.0747
100	0.0010432	419.36	1.3066	0.0010430	419.74	1.3062
120	0.0010601	503.97	1.5275	0.0010599	504.32	1.5270
140	0.0010796	589.30	1.7392	0.0010783	589.62	1.7386
160	0.38358	2767.2	6.8647	0.0011017	675.84	1.9424
180	0.40450	2811.7	6.9651	0.19443	2777.9	6.5864
200	0.42487	2854.9	7.0585	0.20590	2827.3	6.6931
220	0.44485	2897.3	7.1462	0.21686	2874.2	6.7903
240	0.46455	2939.2	7.2295	0.22745	2919.6	6.8804
260	0.48404	2980.8	7.3091	0.23779	2963.8	6.9650
280	0.50336	3022.2	7.3853	0.24793	3007.3	7.0451
300	0.52255	3063.6	7.4588	0.25793	3050.4	7.1216
350	0.57012	3167.0	7.6319	0.28247	3157.0	7.2999
400	0.61729	3271.1	7.7924	0.30658	3263.1	7.4638
420	0.63608	3312.9	7.8537	0.31615	3305.6	7.5260
440	0.65483	3354.9	7.9135	0.32568	3348.2	7.5866
450	0.66420	3376.0	7.9428	0.33043	3369.6	7.6163
460	0.67356	3397.2	7.9719	0.33518	3390.9	7.6456
480	0.69226	3439.6	8.0289	0.34465	3433.8	7.7033
500	0.71094	3482.2	8.0848	0.35410	3476.8	7.7597
550	0.75755	3589.9	8.2198	0.37764	3585.4	7.8958
600	0.80408	3699.6	8.3491	0.40109	3695.7	8.0259

(续)

p	3MPa (t_s=233.893℃)			5MPa (t_s=263.980℃)		
	v' 0.0012166 m³/kg	h' 1008.2 kJ/kg	s' 2.6454 kJ/(kg·K)	v' 0.0012861 m³/kg	h' 1154.2 kJ/kg	s' 2.9200 kJ/(kg·K)
	v'' 0.066700 m³/kg	h'' 2803.2 kJ/kg	s'' 6.1854 kJ/(kg·K)	v'' 0.039400 m³/kg	h'' 2793.6 kJ/kg	s'' 5.9724 kJ/(kg·K)
t ℃	v m³/kg	h kJ/kg	s kJ/(kg·K)	v m³/kg	h kJ/kg	s kJ/(kg·K)
0	0.0009987	3.01	0.0000	0.0009977	5.04	0.0002
10	0.0009989	44.92	0.1507	0.0009979	46.87	0.1506
20	0.0010005	86.68	0.2957	0.0009996	88.55	0.2952
40	0.0010066	170.15	0.5711	0.0010057	171.92	0.5704
60	0.0010158	253.66	0.8296	0.0010149	255.34	0.8286
80	0.0010276	377.28	1.0734	0.0010267	338.87	1.0721
100	0.0010420	421.24	1.3047	0.0010410	422.75	1.3031
120	0.0010587	505.73	1.5252	0.0010576	507.14	1.5234
140	0.0010781	590.92	1.7366	0.0010768	592.23	1.7345
160	0.0011002	677.01	1.9400	0.0010988	678.19	1.9377
180	0.0011256	764.23	2.1369	0.0011240	765.25	2.1342
200	0.0011549	852.93	2.3284	0.0011529	853.75	2.3253
220	0.0011891	943.65	2.5162	0.0011867	944.21	2.5125
240	0.068184	2823.4	6.2250	0.0012266	1037.3	2.6976
260	0.072828	2884.4	6.3417	0.0012751	1134.3	2.8829
280	0.077101	2940.1	6.4443	0.042228	2855.8	6.0864
300	0.084191	2992.4	6.5371	0.045301	2923.3	6.2064
350	0.090520	3114.4	6.7414	0.051932	3067.4	6.4477
400	0.099352	3230.1	6.9199	0.057804	3194.9	6.6446
420	0.102787	3275.4	6.9864	0.060033	3243.6	6.7159
440	0.106180	3320.5	7.0505	0.062216	3291.5	6.7840
450	0.107864	3343.0	7.0817	0.063291	3315.2	6.8170
460	0.109540	3365.4	7.1125	0.064358	3338.8	6.8494
480	0.112870	3410.1	7.1728	0.066469	3385.6	6.9125
500	0.116174	3454.9	7.2314	0.068552	3432.2	6.9735
550	0.124349	3566.9	7.3718	0.073664	3548.0	7.1187
600	0.132427	3679.9	7.5051	0.078675	3663.9	7.2553

(续)

p	7MPa (t_s=285.869℃)			10MPa (t_s=311.037℃)		
	v' 0.0013515 m³/kg	h' 1266.9 kJ/kg	s' 3.1210 kJ/(kg·K)	v' 0.0014522 m³/kg	h' 1407.2 kJ/kg	s' 3.3591 kJ/(kg·K)
	v'' 0.027400 m³/kg	h'' 2771.7 kJ/kg	s'' 5.8129 kJ/(kg·K)	v'' 0.018000 m³/kg	h'' 2724.5 kJ/kg	s'' 5.6139 kJ/(kg·K)
t ℃	v m³/kg	h kJ/kg	s kJ/(kg·K)	v m³/kg	h kJ/kg	s kJ/(kg·K)
0	0.0009967	7.07	0.0003	0.0009952	10.09	0.0004
10	0.0009970	48.80	0.1504	0.0009956	51.70	0.1550
20	0.0009986	90.42	0.2948	0.0009973	93.22	0.2942
40	0.0010048	173.69	0.5696	0.0010035	176.34	0.5684
60	0.0010140	257.01	0.8275	0.0010127	259.53	0.8259
80	0.0010258	340.46	1.0708	0.0010244	342.85	1.0688
100	0.0010399	424.25	1.3016	0.0010385	426.51	1.2993
120	0.0010565	508.55	1.5216	0.0010549	510.68	1.5190
140	0.0010756	593.54	1.7325	0.0010738	595.50	1.7924
160	0.0010974	679.37	1.9353	0.0010953	681.16	1.9319
180	0.0011223	766.28	2.1315	0.0011199	767.84	2.1275
200	0.0011510	854.59	2.3222	0.0011481	855.88	2.3176
220	0.0011842	944.79	2.5089	0.0011807	945.71	2.5036
240	0.0012235	1037.6	2.6933	0.0012190	1038.0	2.6870
260	0.0012710	1134.0	2.8776	0.0012650	1133.6	2.8698
280	0.0013307	1235.7	3.0648	0.0013222	1234.2	3.0549
300	0.029457	2837.5	5.9291	0.0013975	1342.3	3.2469
350	0.035225	3014.8	6.2265	0.022415	2922.1	5.9423
400	0.039917	3157.3	6.4465	0.026402	3095.8	6.2109
450	0.044143	3286.2	6.6314	0.029735	3240.5	6.4184
500	0.048110	3408.9	6.7954	0.032750	3372.8	6.5954
520	0.049649	3457.0	6.8569	0.033900	3423.8	6.6605
540	0.051166	3504.8	6.9164	0.035027	3474.1	6.7232
550	0.051917	3528.7	6.9456	0.035582	3499.1	6.7537
560	0.052664	3552.4	6.9743	0.036133	3523.9	6.7837
580	0.054147	3600.0	7.0306	0.037222	3573.3	6.8423
600	0.055617	3647.5	7.0857	0.038297	3622.5	6.8992

(续)

p	14MPa (t_s=336.707℃)			20MPa (t_s=365.789℃)		
	v' 0.0016097 m³/kg v'' 0.011500 m³/kg	h' 1570.4 kJ/kg h'' 2637.1 kJ/kg	s' 3.6220 kJ/(kg·K) s'' 5.3711 kJ/(kg·K)	v' 0.0020379 m³/kg v'' 0.0058702 m³/kg	h' 1827.2 kJ/kg h'' 2413.1 kJ/kg	s' 4.0153 kJ/(kg·K) s'' 4.9322 kJ/(kg·K)
t ℃	v m³/kg	h kJ/kg	s kJ/(kg·K)	v m³/kg	h kJ/kg	s kJ/(kg·K)
0	0.0009933	14.10	0.0005	0.0009904	20.08	0.0006
10	0.0009938	55.55	0.1496	0.0009911	61.29	0.1488
20	0.0009955	96.95	0.2932	0.0009929	102.50	0.2919
40	0.0010018	179.86	0.5669	0.0009992	185.13	0.5645
60	0.0010109	262.88	0.8239	0.0010084	267.90	0.8207
80	0.0010226	346.04	1.0663	0.0010199	350.82	1.0624
100	0.0010365	429.53	1.2962	0.0010336	434.06	1.2917
120	0.0010527	513.52	1.5155	0.0010496	517.79	1.5103
140	0.0010714	598.14	1.7254	0.0010679	602.12	1.7195
160	0.0010926	683.56	1.9273	0.0010886	687.20	1.9206
180	0.0011167	769.96	2.1223	0.0011121	773.19	2.1147
200	0.0011443	857.63	2.3116	0.0011389	860.36	2.3029
220	0.0011761	947.00	2.4966	0.0011695	949.07	2.4865
240	0.0012132	1038.6	2.6788	0.0012051	1039.8	2.6670
260	0.0012574	1133.4	2.8599	0.0012469	1133.4	2.8457
280	0.0013117	1232.5	3.0424	0.0012974	1230.7	3.0249
300	0.0013814	1338.2	3.2300	0.0013605	1333.4	3.2072
350	0.013218	2751.2	5.5564	0.0016645	1645.3	3.7275
400	0.017218	3001.1	5.9436	0.0099458	2816.8	5.5520
450	0.020074	3174.2	6.1919	0.0127013	3060.7	5.9025
500	0.022512	3322.3	6.3900	0.0147681	3239.3	6.1415
520	0.023418	3377.9	6.4610	0.0155046	3303.0	6.2229
540	0.024295	3432.1	6.5285	0.0162067	3364.0	6.2989
550	0.024724	3458.7	6.5611	0.0165471	3393.7	6.3352
560	0.025147	3485.2	6.5931	0.0168811	3422.9	6.3705
580	0.025978	3537.5	6.6551	0.0175328	3480.3	6.4385
600	0.026792	3589.1	6.7149	0.0181655	3536.3	6.5035

(续)

p	25MPa			30MPa		
t ℃	v m³/kg	h kJ/kg	s kJ/(kg·K)	v m³/kg	h kJ/kg	s kJ/(kg·K)
0	0.0009880	25.01	0.0006	0.0009857	29.92	0.0005
10	0.0009888	66.04	0.1481	0.0009866	70.77	0.1474
20	0.0009908	107.11	0.2907	0.0009887	111.71	0.2895
40	0.0009972	189.51	0.5626	0.0009951	193.87	0.5606
60	0.0010063	272.08	0.8182	0.0010042	276.25	0.8156
80	0.0010177	354.80	1.0593	0.0010155	358.78	1.0562
100	0.0010313	437.85	1.2880	0.0010290	441.64	1.2844
120	0.0010470	521.36	1.5061	0.0010445	524.95	1.5019
140	0.0010650	605.46	1.7147	0.0010622	608.82	1.7100
160	0.0010854	690.27	1.9152	0.0010822	693.36	1.9098
180	0.0011084	775.94	2.1085	0.0011048	778.72	2.1024
200	0.0011345	862.71	2.2959	0.0011303	865.12	2.2890
220	0.0011643	950.91	2.4785	0.0011593	952.85	2.4706
240	0.0011986	1041.0	2.6575	0.0011925	1042.3	2.6485
260	0.0012387	1133.6	2.8346	0.0012311	1134.1	2.8239
280	0.0012866	1229.6	3.0113	0.0012766	1229.0	2.9985
300	0.0013453	1330.3	3.1901	0.0013317	1327.9	3.1742
350	0.0015981	1623.1	3.6788	0.0015522	1608.0	3.6420
400	0.0060014	2578.0	5.1386	0.0027929	2150.6	4.4721
450	0.0091666	2950.5	5.6754	0.0067363	2822.1	5.4433
500	0.0111229	3164.1	5.9614	0.0086761	3083.3	5.7934
520	0.0117897	3236.1	6.0534	0.0093033	3165.4	5.8982
540	0.0124156	3303.8	6.1377	0.0098825	3240.8	5.9921
550	0.0127161	3336.2	6.1775	0.0101580	3276.6	6.0359
560	0.0130095	3368.2	6.2160	0.0104254	3311.4	6.0780
580	0.0135778	3430.2	6.2895	0.0109397	3378.5	6.1576
600	0.0141249	3490.2	6.3591	0.0114310	3442.9	6.2321

附录 A-10 氨(NH₃)饱和液及饱和蒸气的热力性质

温度	压力	比体积		比焓		比熵	
		液体	蒸气	液体	蒸气	液体	蒸气
t/℃	p/kPa	v_l/(m³/kg)	v_g/(m³/kg)	h_l(kJ/kg)	h_g/(kJ/kg)	s_l/[kJ/(kg·K)]	s_g/[kJ/(kg·K)]
−30	119.5	0.001476	0.96339	44.26	1404.0	0.1856	5.7778
−25	151.6	0.001490	0.77119	66.58	1411.2	0.2763	5.6947

(续)

温度	压力	比体积		比焓		比熵	
		液体	蒸气	液体	蒸气	液体	蒸气
t/℃	p/kPa	v_l/(m³/kg)	v_g/(m³/kg)	h_l/(kJ/kg)	h_g/(kJ/kg)	s_l/[kJ/(kg·K)]	s_g/[kJ/(kg·K)]
−20	190.2	0.001504	0.62334	89.05	1418.0	0.3657	5.6155
−15	236.3	0.001519	0.50838	111.66	1424.6	0.4538	5.5397
−10	290.9	0.001534	0.41808	134.41	1430.8	0.5408	5.4673
−5	354.9	0.001550	0.34648	157.31	1436.7	0.6266	5.3997
0	429.6	0.001556	0.28920	180.36	1442.2	0.7114	5.3309
5	515.9	0.001583	0.24299	203.58	1447.3	0.7951	5.2666
10	615.2	0.001600	0.20504	226.97	1452.0	0.8779	5.2045
15	728.6	0.001619	0.17462	250.54	1456.3	0.9598	5.1444
20	857.5	0.001638	0.14922	274.30	1460.2	1.0408	5.0860
25	1003.2	0.001658	0.12813	298.25	1463.5	1.1210	5.0293
30	1167.0	0.001680	0.11049	322.42	1466.3	1.2005	4.9738
35	1350.4	0.001702	0.09567	346.80	1468.6	1.2792	4.9169
40	1554.9	0.001725	0.08313	371.43	1470.2	1.3574	4.8662
45	1782.0	0.001750	0.07428	396.31	1471.2	1.4350	4.8136
50	2033.1	0.001777	0.06337	421.48	1471.5	1.5121	4.7614
55	2310.1	0.001804	0.05555	446.96	1471.0	1.5888	4.7095
60	2614.4	0.001834	0.04880	472.79	1469.7	1.6652	4.6577
65	2947.8	0.001866	0.04296	499.01	1467.5	1.7415	4.6057
70	3312.0	0.001900	0.03787	525.69	1464.4	1.8178	4.5533
75	3709.0	0.001937	0.03341	552.88	1460.1	1.8943	4.5001
80	4140.5	0.001978	0.02951	580.69	1454.6	1.9712	4.4458
85	4608.6	0.002022	0.02606	609.21	1447.8	2.0488	4.3901
90	5115.3	0.002071	0.02300	638.59	1439.4	2.1273	4.3325
95	5662.9	0.002126	0.02028	668.99	1429.2	2.2073	4.2723
100	6253.7	0.002188	0.01784	700.64	1416.9	2.2893	4.2088
105	6890.4	0.002261	0.01546	733.87	1402.0	2.3740	4.1407
110	7575.7	0.002347	0.01363	769.15	1383.7	2.4625	4.0665
115	8313.3	0.002452	0.01178	807.21	1361.0	2.5566	3.9833
120	9107.2	0.002589	0.01003	849.36	1331.7	2.6593	3.8861
132.3	11333.2	0.004255	0.00426	1085.85	1085.9	3.2316	3.2316

附录 A-11 几种理想气体的真实摩尔比定压热容式

$$\frac{C_{pm}}{R}=\alpha+\beta T+\gamma T^2+\delta T^3+\varepsilon T^4 \text{（适用范围：300～1000K）}$$

气体	α	$\beta \times 10^3$	$\gamma \times 10^6$	$\delta \times 10^9$	$\varepsilon \times 10^{12}$
CO	3.710	−1.619	3.692	−2.032	0.240
CO_2	2.401	8.735	−6.607	2.002	0
H_2	3.057	2.677	−5.810	5.521	−1.812
H_2O	4.070	−1.108	4.152	−2.964	0.807
O_2	3.626	−1.878	7.055	−6.764	2.156
N_2	3.675	−1.208	2.324	−0.632	−0.226
空气	3.653	−1.337	3.294	−1.913	0.2763
SO_2	3.267	5.324	0.684	−5.281	2.559
CH_4	3.826	−3.979	24.558	−22.733	6.963
C_2H_2	1.410	19.057	−24.501	16.391	−4.135
C_2H_4	1.426	11.383	7.989	−16.254	6.749
单原子气体	2.5	0	0	0	0

附录 A-12 过热氨(NH_3)蒸气的热力性质表

t	\multicolumn{3}{c}{$p=50$kPa($t_s=-46.53$℃)}			\multicolumn{3}{c}{$p=75$kPa($t_s=-39.16$℃)}			\multicolumn{3}{c}{$p=100$kPa($t_s=-33.60$℃)}		
	v	h	s	v	h	s	v	h	s
℃	m³/kg	kJ/kg	kJ(kg·K)	m³/kg	kJ/kg	kJ/(kg·K)	m³/kg	kJ/kg	kJ/(kg·K)
−30	2.34484	1413.4	6.2333	1.55321	1410.1	6.0247	1.15727	1406.7	5.8734
−20	2.44631	1434.6	6.3187	1.62221	1431.7	6.1120	1.21007	1428.8	5.9626
−10	2.54711	1455.7	6.4006	1.69050	1453.3	6.1954	1.26213	1450.8	6.0477
0	2.64736	1476.9	6.4795	1.75823	1474.8	6.2756	1.31362	1472.6	6.1291
10	2.74716	1498.1	6.5556	1.82551	1496.2	6.3527	1.36465	1494.4	6.2073
20	2.84661	1519.3	6.6293	1.89243	1517.7	6.4272	1.41532	1516.1	6.2826
30	2.94578	1540.6	6.7008	1.95906	1539.2	6.4993	1.46569	1537.7	6.3553
40	3.04472	1562.0	6.7703	2.02547	1560.7	6.5693	1.51582	1559.5	6.4258
50	3.14348	1583.5	6.8379	2.09168	1582.4	6.6373	1.56577	1581.2	6.4943
60	3.24209	1605.1	6.9038	2.15775	1604.1	6.7036	1.61557	1603.1	6.5609
70	3.34058	1626.9	6.9682	2.22369	1626.0	6.7683	1.66525	1625.1	6.6258
80	3.43897	1648.8	7.0312	2.28954	1648.0	6.8315	1.71482	1647.1	6.6892
100	3.63551	1693.2	7.1533	2.42099	1692.4	6.9539	1.81373	1691.7	6.8120
120	3.83183	1738.2	7.2708	2.55221	1737.5	7.0716	1.91240	1736.9	6.9300
140	4.02797	1783.9	7.3842	2.68326	1783.4	7.1853	2.01091	1782.8	7.0439
160	4.22398	1830.4	7.4941	2.81418	1829.9	7.2953	2.10927	1829.4	7.1540
180	4.41988	1877.7	7.6008	2.94499	1877.2	7.4021	2.20754	1876.8	7.2609

(续)

	$p=125\text{kPa}(t_s=-29.07\text{°C})$			$p=150\text{kPa}(t_s=-25.22\text{°C})$			$p=200\text{kPa}(t_s=-18.86\text{°C})$		
t	v	h	s	v	h	s	v	h	s
°C	m³/kg	kJ/kg	kJ/(kg·K)	m³/kg	kJ/kg	kJ/(kg·K)	m³/kg	kJ/kg	kJ/(kg·K)
−20	0.96271	1425.9	5.8446	0.79774	1422.9	5.7465	—	—	—
−10	1.00506	1448.3	5.9314	0.83364	1445.7	5.8349	0.61926	1440.6	5.6791
0	1.04682	1470.5	6.0141	0.86892	1468.3	5.9189	0.64648	1463.8	5.7659
10	1.08811	1492.5	6.0933	0.90373	1490.6	5.9992	0.67319	1486.8	5.8484
20	1.12903	1514.4	6.1694	0.93815	1512.8	6.0761	0.69951	1509.4	5.9270
30	1.16964	1536.3	6.2428	0.97227	1534.8	6.1502	0.72553	1531.9	6.0025
40	1.21003	1558.2	6.3138	1.00615	1556.9	6.2217	0.75129	1554.3	6.0751
50	1.25022	1580.1	6.3827	1.03984	1578.9	6.2910	0.77685	1576.6	6.1453
60	1.29026	1602.1	6.4496	1.07338	1601.0	6.3583	0.80226	1598.9	6.2133
70	1.33017	1624.1	6.5149	1.10678	1623.2	6.4238	0.82754	1621.3	6.2794
80	1.36998	1646.3	6.5785	1.14009	1645.4	6.4877	0.85271	1643.7	6.3437
100	1.44937	1691.0	6.7017	1.20646	1690.2	6.6112	0.90282	1688.8	6.4679
120	1.52852	1736.3	6.8199	1.27259	1735.6	6.7297	0.95268	1734.4	6.5869
140	1.60749	1782.2	6.9339	1.33855	1781.7	6.8439	1.00237	1780.6	6.7015
160	1.68633	1828.9	7.0443	1.40437	1828.4	6.9544	1.05192	1827.4	6.8123
180	1.76507	1876.3	7.1513	1.47009	1875.9	7.0615	1.10136	1875.0	6.9196
200	1.84371	1924.5	7.2553	1.53572	1924.1	7.1656	1.15072	1923.3	7.0239
220	1.92229	1973.4	7.3566	1.60127	1973.1	7.2670	1.20000	1972.4	7.1255

	$p=250\text{kPa}(t_s=-13.66\text{°C})$			$p=300\text{kPa}(t_s=-9.24\text{°C})$			$p=350\text{kPa}(t_s=-5.36\text{°C})$		
t	v	h	s	v	h	s	v	h	s
°C	m³/kg	kJ/kg	kJ/(kg·K)	m³/kg	kJ/kg	kJ/(kg·K)	m³/kg	kJ/kg	kJ/(kg·K)
0	0.51293	1459.3	5.6441	0.42382	1454.7	5.5420	0.36011	1449.9	5.4532
10	0.53481	1482.9	5.7288	0.44251	1478.9	5.6290	0.37654	1474.9	5.5427
20	0.55629	1506.0	5.8093	0.46077	1502.6	5.7113	0.39251	1499.1	5.6270
30	0.57745	1529.0	5.8861	0.47870	1525.9	5.7896	0.40814	1522.9	5.7068
40	0.59835	1551.7	5.9599	0.49636	1549.0	5.8645	0.42350	1546.3	5.7828
50	0.61904	1574.3	6.0309	0.51382	1571.9	5.9365	0.43865	1569.5	5.8557
60	0.63958	1596.8	6.0997	0.53111	1594.7	6.0060	0.45362	1592.6	5.9259
70	0.65998	1619.4	6.1663	0.54827	1617.5	6.0732	0.46846	1615.5	5.9938
80	0.68028	1641.9	6.2312	0.56532	1640.2	6.1385	0.48319	1638.4	6.0596
100	0.72063	1687.3	6.3561	0.59916	1685.8	6.2642	0.51240	1684.3	6.1860
120	0.76073	1733.1	6.4756	0.63276	1731.8	6.3842	0.54135	1730.5	6.3066
140	0.80065	1779.4	6.5906	0.66618	1778.3	6.4996	0.57012	1777.2	6.4223
160	0.84044	1826.4	6.7016	0.69946	1825.4	6.6109	0.59876	1824.4	6.5340
180	0.88012	1874.1	6.8093	0.73263	1873.2	6.7188	0.62728	1872.3	6.6421
200	0.91972	1922.5	6.9138	0.76572	1921.7	6.8235	0.65571	1920.9	6.7470
220	0.95923	1971.6	7.0155	0.79872	1970.9	6.9254	0.68407	1970.2	6.8491

(续)

t ℃	p=400kPa(t_s=-1.89℃)			p=500kPa(t_s=4.13℃)			p=600kPa(t_s=9.28℃)		
	v m³/kg	h kJ/kg	s kJ/(kg·K)	v m³/kg	h kJ/kg	s kJ/(kg·K)	v m³/kg	h kJ/kg	s kJ/(kg·K)
10	0.32701	1470.7	5.4663	0.25757	1462.3	5.3340	0.21115	1453.4	5.2205
20	0.34129	1495.6	5.5525	0.26949	1488.3	5.4244	0.22154	1480.8	5.3156
30	0.35520	1519.8	5.6338	0.28103	1513.5	5.5090	0.23152	1507.1	5.4037
40	0.36884	1543.6	5.7111	0.29227	1538.1	5.5889	0.24118	1532.5	5.4862
50	0.38226	1567.1	5.7850	0.30328	1562.3	5.6647	0.25059	1557.3	5.5641
60	0.39550	1590.4	5.8560	0.31410	1586.1	5.7373	0.25981	1581.6	5.6383
70	0.40860	1613.6	5.9244	0.32478	1609.6	5.8070	0.26888	1605.7	5.7094
80	0.42160	1636.7	5.9907	0.33535	1633.1	5.8744	0.27783	1629.5	5.7778
100	0.44732	1682.8	6.1179	0.35621	1679.8	6.0031	0.29545	1676.8	5.9081
120	0.47279	1729.2	6.2390	0.37681	1726.6	6.1253	0.31281	1724.0	6.0314
140	0.49808	1776.0	6.3552	0.39722	1773.8	6.2422	0.32997	1771.5	6.1491
160	0.52323	1823.4	6.4671	0.41748	1821.4	6.3548	0.34699	1819.4	6.2623
180	0.54827	1871.4	6.5755	0.43764	1869.6	6.4636	0.36389	1867.8	6.3717
200	0.57321	1920.1	6.6806	0.45771	1918.5	6.5691	0.38071	1916.9	6.4776
220	0.59809	1969.5	6.7828	0.47770	1968.1	6.6717	0.39745	1966.6	6.5806
240	0.62289	2019.6	6.8825	0.49763	2018.3	6.7717	0.41412	2017.1	6.6808
260	0.64764	2070.5	6.9797	0.51749	2069.3	6.8692	0.43073	2068.2	6.7786
280	0.67234	2122.1	7.0747	0.53731	2121.1	6.9644	0.44729	2120.1	6.8741

t ℃	p=700kPa(t_s=13.80℃)			p=800kPa(t_s=17.85℃)			p=900kPa(t_s=21.52℃)		
	v m³/kg	h kJ/kg	s kJ/(kg·K)	v m³/kg	h kJ/kg	s kJ/(kg·K)	v m³/kg	h kJ/kg	s kJ/(kg·K)
20	0.18721	1473.0	5.2196	0.16138	1464.9	5.1328	—	—	—
30	0.19610	1500.4	5.3115	0.16947	1493.5	5.2287	0.14872	1486.5	5.1530
40	0.20464	1526.7	5.3968	0.17720	1520.8	5.3171	0.15582	1514.7	5.2447
50	0.21293	1552.2	5.4770	0.18465	1547.0	5.3996	0.16263	1541.7	5.3296
60	0.22101	1577.1	5.5529	0.19189	1572.5	5.4774	0.16922	1567.9	5.4093
70	0.22894	1601.6	5.6254	0.19896	1597.5	5.5513	0.17563	1593.3	5.4847
80	0.23674	1625.8	5.6949	0.20590	1622.1	5.6219	0.18191	1618.4	5.5565
100	0.25205	1673.7	5.8268	0.21949	1670.6	5.7555	0.19416	1667.5	5.6919
120	0.26709	1721.4	5.9512	0.23280	1718.7	5.8811	0.20612	1716.1	5.8187
140	0.28193	1769.2	6.0698	0.24590	1766.9	6.0006	0.21787	1764.5	5.9389
160	0.29663	1817.3	6.1837	0.25886	1815.3	6.1150	0.22948	1813.2	6.0541
180	0.31121	1866.0	6.2935	0.27170	1864.2	6.2254	0.24097	1862.4	6.1649
200	0.32570	1915.3	6.3999	0.28445	1913.6	6.3322	0.25236	1912.0	6.2721
220	0.34012	1965.2	6.5032	0.29712	1963.7	6.4358	0.26368	1962.3	6.3762
240	0.35447	2015.8	6.6037	0.30973	2014.5	6.5367	0.27493	2013.2	6.4774
260	0.36876	2067.1	6.7018	0.32228	2065.9	6.6350	0.28612	2064.8	6.5760

(续)

t	$p=1000\text{kPa}(t_s=24.90℃)$			$p=1200\text{kPa}(t_s=30.94℃)$			$p=1400\text{kPa}(t_s=36.26℃)$		
	v	h	s	v	h	s	v	h	s
℃	m³/kg	kJ/kg	kJ/(kg·K)	m³/kg	kJ/kg	kJ/(kg·K)	m³/kg	kJ/kg	kJ/(kg·K)
30	0.13206	1479.1	5.0826	—	—	—	—	—	—
40	0.13868	1508.5	5.1778	0.11287	1495.4	5.0564	0.09432	1481.6	4.9463
50	0.14499	1536.3	5.2654	0.11846	1525.1	5.1497	0.09942	1513.4	5.0462
60	0.15106	1563.1	5.3471	0.12378	1553.3	5.2357	0.10423	1543.1	5.1370
70	0.15695	1589.1	5.4240	0.12890	1580.5	5.3159	0.10882	1571.5	5.2209
80	0.16270	1614.6	5.4971	0.13387	1606.8	5.3916	0.11324	1598.8	5.2994
100	0.17389	1664.3	5.6342	0.14347	1658.0	5.5325	0.12172	1651.4	5.4443
120	0.18477	1713.4	5.7622	0.15275	1708.0	5.6631	0.12986	1702.5	5.5775
140	0.19545	1762.2	5.8834	0.16181	1757.5	5.7860	0.13777	1752.8	5.7023
160	0.20597	1811.2	5.9992	0.17071	1807.1	5.9031	0.14552	1802.9	5.8208
180	0.21638	1860.5	6.1105	0.17950	1856.9	6.0156	0.15315	1853.2	5.9343
200	0.22669	1910.4	6.2182	0.18819	1907.1	6.1241	0.16068	1903.8	6.0437
220	0.23693	1960.8	6.3226	0.19680	1957.9	6.2292	0.16813	1955.0	6.1495
240	0.24710	2011.9	6.4241	0.20534	2009.3	6.3313	0.17551	2006.7	6.2523
260	0.25720	2063.6	6.5229	0.21382	2061.3	6.4308	0.18283	2059.0	6.3523
280	0.26726	2116.0	6.6194	0.22225	2114.0	6.5278	0.19010	2111.9	6.4498

附录 A-13 氟利昂 134a 的饱和性质（温度基准）

t	p_s	v''	v'	h''	h'	s''	s'	e_x''	e_x'
℃	kPa	m³/kg×10⁻³		kJ/kg		kJ/(kg·K)		kJ/kg	
−85.00	2.56	5899.997	0.64884	345.37	94.12	1.8702	0.5348	−112.877	34.014
−80.00	3.87	4045.366	0.65501	348.41	99.89	1.8535	0.5668	−104.855	30.243
−75.00	5.72	2816.477	0.66106	351.48	105.68	1.8379	0.5974	−97.131	26.914
−70.00	8.27	2004.070	0.66719	354.57	111.46	1.8239	0.6272	−89.867	23.818
−65.00	11.72	1442.296	0.67327	357.68	117.38	1.8107	0.6562	−82.815	21.091
−60.00	16.29	1055.363	0.67947	360.81	123.37	1.7987	0.6847	−76.104	18.584
−55.00	22.24	785.161	0.68583	363.95	129.42	1.7878	0.7127	−69.740	16.266
−50.00	29.90	593.412	0.69238	367.10	135.54	1.7782	0.7405	−63.706	14.122
−45.00	39.58	454.926	0.69916	370.25	141.72	1.7695	0.7678	−57.971	12.145
−40.00	51.69	353.529	0.70619	373.40	147.96	1.7618	0.7949	−52.521	10.329
−35.00	66.63	278.087	0.71348	376.54	154.26	1.7549	0.8216	−47.328	8.671
−30.00	84.85	221.302	0.72105	379.67	160.62	1.7488	0.8479	−42.382	7.168
−25.00	106.86	177.937	0.72892	382.79	167.04	1.7434	0.8740	−37.656	5.815
−20.00	133.18	144.450	0.73712	385.89	173.52	1.7387	0.8997	−33.138	4.611
−15.00	164.36	118.481	0.74572	388.97	180.04	1.7346	0.9253	−28.847	3.528
−10.00	201.00	97.832	0.75463	392.01	186.63	1.7309	0.9504	−24.704	2.614

(续)

t	p_s	v''	v'	h''	h'	s''	s'	e_x''	e_x'
℃	kPa	$m^3/kg \times 10^{-3}$		kJ/kg		kJ/(kg·K)		kJ/kg	
−5.00	243.71	81.304	0.76388	395.01	193.29	1.7276	0.9753	−20.709	1.858
0.00	293.14	68.164	0.77365	397.98	200.00	1.7248	1.0000	−16.915	1.203
5.00	349.96	57.470	0.78384	400.90	206.78	1.7223	1.0244	−13.258	0.701
10.00	414.88	48.721	0.79453	403.76	213.63	1.7201	1.0486	−9.740	0.331
15.00	488.60	41.532	0.80577	406.57	220.55	1.7182	1.0727	−6.363	−0.091
20.00	571.88	35.576	0.81762	409.30	227.55	1.7165	1.0965	−3.120	−0.018
25.00	665.49	30.603	0.83017	411.96	234.63	1.7149	1.1202	−0.001	0.000
30.00	770.21	26.424	0.84347	414.52	241.80	1.7135	1.1437	2.995	0.148
35.00	886.87	22.899	0.85768	416.99	249.07	1.7121	1.1672	5.868	0.419
40.00	1016.32	19.893	0.87284	419.34	256.44	1.7108	1.1906	8.629	0.828
45.00	1159.45	17.320	0.88919	421.55	263.94	1.7093	1.2139	11.274	1.364
50.00	1317.19	15.112	0.90694	423.62	271.57	1.7078	1.2373	13.795	2.031
55.00	1490.52	13.203	0.92634	425.51	279.36	1.7061	1.2607	16.195	2.834
60.00	1680.47	11.538	0.94775	427.18	287.33	1.7041	1.2842	18.471	3.780
65.00	1888.17	10.080	0.97175	428.61	295.51	1.7016	1.3080	20.612	4.869
70.00	2114.81	8.788	0.99902	429.70	303.94	1.6986	1.3321	22.609	6.119
75.00	2361.75	7.638	1.03073	430.38	312.71	1.6948	1.3568	24.440	7.539
80.00	2630.48	6.601	1.06869	430.53	321.92	1.6898	1.3822	26.073	9.158
85.00	2922.80	5.647	1.11621	429.86	331.74	1.6829	1.4089	27.454	11.014
90.00	3240.89	4.751	1.18024	427.99	342.54	1.6732	1.4379	28.483	13.189
95.00	3587.80	3.851	1.27926	423.70	355.23	1.6574	1.4714	28.900	15.883
100.00	3969.25	2.779	1.53410	412.19	375.04	1.6230	1.5234	27.656	20.192
101.00	4051.31	2.382	1.96810	404.50	392.88	1.6018	1.5707	26.276	23.917
101.15	4064.00	1.969	1.96850	393.07	393.07	1.5712	1.5712	23.976	23.976

附录 A-14 氟利昂 134a 的饱和性质（压力基准）

p_s	t	v''	v'	h''	h'	s''	s'	e_x''	e_x'
kPa	℃	$m^3/kg \times 10^{-3}$		kJ/kg		kJ/(kg·K)		kJ/kg	
10.00	−67.32	1676.284	0.67044	356.24	114.63	1.8166	0.6428	−86.039	22.331
20.00	−56.74	868.908	0.68353	362.86	127.30	1.7915	0.7030	−71.922	17.053
30.00	−49.94	591.338	0.69247	367.14	135.62	1.7780	0.7408	−63.631	14.095
40.00	−44.81	450.539	0.69942	370.37	141.95	1.7692	0.7688	−57.762	12.074
50.00	−40.64	364.782	0.70527	373.00	147.16	1.7627	0.7914	−53.199	10.553
60.00	−37.08	306.836	0.71041	375.24	151.64	1.7577	0.8105	−49.457	9.342
80.00	−31.25	234.033	0.71913	378.90	159.04	1.7503	0.8414	−43.593	7.528
100.00	−26.45	189.737	0.72667	381.89	165.15	1.7451	0.8665	−39.050	6.157
120.00	−22.37	159.324	0.73319	384.42	170.43	1.7409	0.8875	−35.262	5.165

(续)

p_s	t	v''	v'	h''	h'	s''	s'	e_x''	e_x'
kPa	℃	\multicolumn{2}{c}{m³/kg×10⁻³}	\multicolumn{2}{c}{kJ/kg}	\multicolumn{2}{c}{kJ/(kg·K)}	\multicolumn{2}{c}{kJ/kg}
140.00	−18.82	137.972	0.73920	386.63	175.04	1.7378	0.9059	−32.146	4.306
160.00	−15.64	121.490	0.74461	388.58	179.20	1.7351	0.9220	−29.390	3.654
180.00	−12.79	108.637	0.74955	390.31	182.95	1.7328	0.9364	−26.969	3.130
200.00	−10.14	98.326	0.75438	391.93	186.45	1.7310	0.9497	−24.813	2.636
250.00	−4.35	79.485	0.76517	395.41	194.16	1.7273	0.9786	−20.221	1.750
300.00	0.63	66.694	0.77492	398.36	200.85	1.7245	1.0031	−16.447	1.132
350.00	5.00	57.477	0.78388	400.90	206.77	1.7223	1.0244	−13.260	0.701
400.00	8.93	50.444	0.79220	403.16	212.16	1.7206	1.0435	−10.478	0.399
450.00	12.44	45.016	0.79992	405.14	217.00	1.7191	1.0604	−8.064	0.205
500.00	15.72	40.612	0.80744	406.96	221.55	1.7180	1.0761	−5.892	0.066
550.00	18.75	36.955	0.81461	408.62	225.79	1.7169	1.0906	−3.914	−0.003
600.00	21.55	33.870	0.82129	410.11	229.74	1.7158	1.1038	−2.104	0.006
650.00	24.21	31.327	0.82813	411.54	233.50	1.7152	1.1164	−0.483	−0.012
700.00	26.72	29.081	0.83465	412.85	237.09	1.7144	1.1283	1.045	0.038
800.00	31.32	25.428	0.84714	415.18	243.71	1.7131	1.1500	3.771	0.208
900.00	35.50	22.569	0.85911	417.22	249.80	1.7120	1.1695	6.154	0.459
1000.00	39.39	20.228	0.87091	419.05	255.53	1.7109	1.1877	8.303	0.773
1200.00	46.31	16.708	0.89371	422.11	265.93	1.7089	1.2201	11.948	1.526
1400.00	52.48	14.130	0.91633	424.58	275.42	1.7069	1.2489	15.002	2.413
1600.00	57.94	12.198	0.93864	426.52	284.01	1.7049	1.2745	17.547	3.371
1800.00	62.92	10.664	0.96140	428.04	292.07	1.7027	1.2981	19.737	4.396
2000.00	67.56	9.398	0.98526	429.21	299.80	1.7002	1.3203	21.656	5.490
2400.00	75.72	7.482	1.03576	430.45	314.01	1.6941	1.3604	24.689	7.761
2800.00	82.93	6.036	1.09510	430.28	327.59	1.6861	1.3977	26.919	10.214
3200.00	89.39	4.860	1.17107	428.32	341.14	1.6746	1.4342	28.381	12.900
4064.00	101.15	1.969	1.96850	393.07	393.07	1.5712	1.5712	23.976	23.976

附录 A−15 过热氟利昂 134a 蒸气的热力性质

	$p=0.05\text{MPa}(t_s=-40.64℃)$			$p=0.10\text{MPa}(t_s=-26.45℃)$		
t	v	h	s	v	h	s
℃	m³/kg	kJ/kg	kJ/(kg·K)	m³/kg	kJ/kg	kJ/(kg·K)
−20.0	0.40477	388.69	1.8282	0.19379	383.10	1.7510
−10.0	0.42195	396.49	1.8584	0.20742	395.08	1.7975
0.0	0.43898	404.43	1.8880	0.21633	403.20	1.8282
10.0	0.45586	412.53	1.9171	0.22508	411.44	1.8578
20.0	0.47273	420.79	1.9458	0.23379	419.81	1.8868
30.0	0.48945	429.21	1.9740	0.24242	428.32	1.9154

(续)

t	v	h	s	v	h	s
	$p=0.05\text{MPa}(t_s=-40.64℃)$			$p=0.10\text{MPa}(t_s=-26.45℃)$		
℃	m³/kg	kJ/kg	kJ/(kg·K)	m³/kg	kJ/kg	kJ/(kg·K)
40.0	0.50617	437.79	2.0019	0.25094	436.98	1.9435
50.0	0.52281	446.53	2.0294	0.25945	445.79	1.9712
60.0	0.53945	455.43	2.0565	0.26793	454.76	1.9985
70.0	0.55602	464.50	2.0833	0.27637	463.88	2.0255
80.0	0.57258	473.73	2.1098	0.28477	473.15	2.0521
90.0	0.58906	483.12	2.1360	0.29313	482.58	2.0784
	$p=0.15\text{MPa}(t_s=-17.20℃)$			$p=0.20\text{MPa}(t_s=-10.14℃)$		
℃	m³/kg	kJ/kg	kJ/(kg·K)	m³/kg	kJ/kg	kJ/(kg·K)
-10.0	0.13584	393.63	1.7607	0.09998	392.14	1.7329
0.0	0.14203	401.93	1.7916	0.10486	400.63	1.7646
10.0	0.14183	410.32	1.8218	0.10961	409.17	1.7953
20.0	0.15140	418.81	1.8512	0.11426	417.79	1.8252
30.0	0.16002	427.42	1.8801	0.11881	426.51	1.8545
40.0	0.16586	436.17	1.9085	0.12332	435.34	1.8831
50.0	0.17168	445.05	1.9365	0.12775	444.30	1.9113
60.0	0.17742	454.08	1.9640	0.13215	453.39	1.9390
70.0	0.18313	463.25	1.9911	0.13652	462.62	1.9663
80.0	0.18883	472.57	2.0179	0.14086	471.98	1.9932
90.0	0.19449	482.04	2.0443	0.14516	481.50	2.0197
100.0	0.20016	491.66	2.0704	0.14945	491.15	2.0460
	$p=0.25\text{MPa}(t_s=-4.35℃)$			$p=0.30\text{MPa}(t_s=0.63℃)$		
℃	m³/kg	kJ/kg	kJ/(kg·K)	m³/kg	kJ/kg	kJ/(kg·K)
0.0	0.08253	399.30	1.7427	—	—	—
10.0	0.08647	408.00	1.7740	0.07103	406.81	1.7560
20.0	0.09031	416.76	1.8044	0.07434	415.70	1.7868
30.0	0.09406	425.58	1.8340	0.07756	424.64	1.8168
40.0	0.09777	434.51	1.8630	0.08072	433.66	1.8461
50.0	0.10141	443.54	1.8914	0.08381	442.77	1.8747
60.0	0.10498	452.69	1.9192	0.08688	451.99	1.9028
70.0	0.10854	461.98	1.9467	0.08989	461.33	1.9305
80.0	0.11207	471.39	1.9738	0.09288	470.80	1.9576
90.0	0.11557	480.95	2.0004	0.09583	480.40	1.9844
100.0	0.11904	490.64	2.0268	0.09875	490.13	2.0109
110.0	0.12250	500.48	2.0528	0.10168	500.00	2.0370

(续)

t	$p=0.40\text{MPa}(t_s=8.93\text{℃})$			$p=0.50\text{MPa}(t_s=15.72\text{℃})$		
	v	h	s	v	h	s
℃	m³/kg	kJ/kg	kJ/(kg·K)	m³/kg	kJ/kg	kJ/(kg·K)
20.0	0.05433	413.51	1.7578	0.04227	411.22	1.7336
30.0	0.05689	422.70	1.7886	0.04445	420.68	1.7653
40.0	0.05939	431.92	1.8185	0.04656	430.12	1.7960
50.0	0.06183	441.20	1.8477	0.04860	439.58	1.8257
60.0	0.06420	450.56	1.8762	0.05059	449.09	1.8547
70.0	0.06655	460.02	1.9042	0.05253	458.68	1.8830
80.0	0.06886	469.59	1.9316	0.05444	468.36	1.9108
90.0	0.07114	479.28	1.9587	0.05632	478.14	1.9382
100.0	0.07341	489.09	1.9854	0.05817	488.04	1.9651
110.0	0.07564	499.03	2.0117	0.06000	498.05	1.9915
120.0	0.07786	509.11	2.0376	0.06183	508.19	2.0177
130.0	0.08006	519.31	2.0632	0.06363	518.46	2.0435

t	$p=0.60\text{MPa}(t_s=21.55\text{℃})$			$p=0.70\text{MPa}(t_s=26.72\text{℃})$		
	v	h	s	v	h	s
℃	m³/kg	kJ/kg	kJ/(kg·K)	m³/kg	kJ/kg	kJ/(kg·K)
30.0	0.03613	418.58	1.7452	0.03013	416.37	1.7270
40.0	0.03798	428.26	1.7766	0.03183	426.32	1.7593
50.0	0.03977	437.91	1.8070	0.03344	436.19	1.7904
60.0	0.04149	447.58	1.8364	0.03498	446.04	1.8204
70.0	0.04317	457.31	1.8652	0.03648	455.91	1.8496
80.0	0.04482	467.10	1.8933	0.03794	465.82	1.8780
90.0	0.04644	476.99	1.9209	0.03936	475.81	1.9059
100.0	0.04802	486.97	1.9480	0.04076	485.89	1.9333
110.0	0.04959	497.06	1.9747	0.04213	496.06	1.9602
120.0	0.05113	507.27	2.0010	0.04348	506.33	1.9867
130.0	0.05266	517.59	2.0270	0.04483	516.72	2.0128
140.0	0.05417	528.04	2.0526	0.04615	527.23	2.0385

t	$p=0.80\text{MPa}(t_s=31.32\text{℃})$			$p=0.90\text{MPa}(t_s=35.50\text{℃})$		
	v	h	s	v	h	s
℃	m³/kg	kJ/kg	kJ/(kg·K)	m³/kg	kJ/kg	kJ/(kg·K)
40.0	0.02718	424.31	1.7435	0.02355	422.19	1.7287
50.0	0.02867	434.41	1.7753	0.02494	432.57	1.7613
60.0	0.03009	444.45	1.8059	0.02626	442.81	1.7925
70.0	0.03145	454.47	1.8355	0.02752	453.00	1.8227
80.0	0.03277	464.52	1.8644	0.02874	463.19	1.8519
90.0	0.03406	474.62	1.8926	0.02992	473.40	1.8804
100.0	0.03531	484.79	1.9202	0.03106	483.67	1.9083
110.0	0.03654	495.04	1.9473	0.03219	494.01	1.9375
120.0	0.03775	505.39	1.9740	0.03329	504.43	1.9625
130.0	0.03895	515.84	2.0002	0.03438	514.95	1.9889
140.0	0.04013	526.40	2.0261	0.03544	525.57	2.0150

(续)

t ℃	p = 1.0MPa (t_s = 39.39℃)			p = 1.1MPa (t_s = 42.99℃)		
	v m³/kg	h kJ/kg	s kJ/(kg·K)	v m³/kg	h kJ/kg	s kJ/(kg·K)
40.0	0.02061	419.97	1.7145	—	—	—
50.0	0.02194	430.64	1.7481	0.01947	428.64	1.7355
60.0	0.02319	441.12	1.7800	0.02066	439.37	1.7682
70.0	0.02437	451.49	1.8107	0.02178	449.93	1.7994
80.0	0.02551	461.82	1.8404	0.02285	460.42	1.8296
90.0	0.02660	472.16	1.8692	0.02388	470.89	1.8588
100.0	0.02766	482.53	1.8974	0.02488	481.37	1.8873
110.0	0.02870	492.96	1.9250	0.02584	491.89	1.9151
120.0	0.02971	503.46	1.9520	0.02679	502.48	1.9424
130.0	0.03071	514.05	1.9787	0.02771	513.14	1.9692
140.0	0.03169	524.73	2.0048	0.02862	523.88	1.9955
150.0	0.03265	535.52	2.0306	0.02951	534.72	2.0214

t ℃	p = 1.2MPa (t_s = 46.31℃)			p = 1.3MPa (t_s = 49.44℃)		
	v m³/kg	h kJ/kg	s kJ/(kg·K)	v m³/kg	h kJ/kg	s kJ/(kg·K)
50.0	0.01739	426.53	1.7233	0.01559	424.30	1.7113
60.0	0.01854	437.55	1.7569	0.01673	435.65	1.7459
70.0	0.01962	448.33	1.7888	0.01778	446.68	1.7785
80.0	0.02064	458.99	1.8194	0.01875	457.52	1.8096
90.0	0.02161	469.60	1.8490	0.01968	468.28	1.8397
100.0	0.02255	480.19	1.8778	0.02057	478.99	1.8688
110.0	0.02346	490.81	1.9059	0.02144	489.72	1.8972
120.0	0.02434	501.48	1.9334	0.02227	500.47	1.9249
130.0	0.02521	512.21	1.9603	0.02309	511.28	1.9520
140.0	0.02606	523.02	1.9868	0.02388	522.16	1.9787
150.0	0.02689	533.92	2.0129	0.02467	533.12	2.0049

t ℃	p = 1.4MPa (t_s = 52.48℃)			p = 1.5MPa (t_s = 55.23℃)		
	v m³/kg	h kJ/kg	s kJ/(kg·K)	v m³/kg	h kJ/kg	s kJ/(kg·K)
60.0	0.01516	433.66	1.7351	0.01379	431.57	1.7245
70.0	0.01618	444.96	1.7685	0.01479	443.17	1.7588
80.0	0.01713	456.01	1.8003	0.01572	454.45	1.7912
90.0	0.01802	466.92	1.8308	0.01658	465.54	1.8222
100.0	0.01888	477.77	1.8602	0.01741	476.52	1.8520
110.0	0.01970	488.60	1.8889	0.01819	487.47	1.8810
120.0	0.02050	499.45	1.9168	0.01895	498.41	1.9092
130.0	0.02127	510.34	1.9442	0.01969	509.38	1.9367
140.0	0.02202	521.28	1.9710	0.02041	520.40	1.9637
150.0	0.02276	532.30	1.9973	0.02111	531.48	1.9902

(续)

t	\multicolumn{3}{c	}{$p=1.6\text{MPa}(t_s=57.94℃)$}	\multicolumn{3}{c	}{$p=1.7\text{MPa}(t_s=60.45℃)$}
	v	h	s	v	h	s
℃	m³/kg	kJ/kg	kJ/(kg·K)	m³/kg	kJ/kg	kJ/(kg·K)
60.0	0.01256	429.36	1.7139	—	—	—
70.0	0.01356	441.32	1.7493	0.01247	439.37	1.7398
80.0	0.01447	452.84	1.7824	0.01336	451.17	1.7738
90.0	0.01532	464.11	1.8139	0.01419	462.65	1.8058
100.0	0.01611	475.25	1.8441	0.01497	473.94	1.8365
110.0	0.01687	486.31	1.8734	0.01570	485.14	1.8661
120.0	0.01760	497.36	1.9018	0.01641	496.29	1.8948
130.0	0.01831	508.41	1.9296	0.01709	507.43	1.9228
140.0	0.01900	519.50	1.9568	0.01775	518.60	1.9502
150.0	0.01966	530.65	1.9834	0.01839	529.81	1.9770

附录A-16 金属材料的密度、比热容和热导率

材料名称	20℃ 密度 ρ (kg/m³)	20℃ 比热容 c_p [J/(kg·K)]	20℃ 热导率 λ [W/(m·K)]	热导率 λ/[W/(m·K)] 温度/℃								
				-100	0	100	200	300	400	600	800	1000	1200
纯铝	2710	902	236	243	236	240	238	234	228	215			
杜拉铝(96Al-4Cu, 微量Mg)	2790	881	169	124	160	188	188	193					
铝合金(92Al-8Mg)	2610	904	107	86	102	123	148						
铝合金(87Al-13Si)	2660	871	162	139	158	173	176	180					
铍	1850	1758	219	382	218	170	145	129	118				
纯铜	8930	386	398	421	401	393	389	384	379	366	352		
铝青铜(90Cu-10Al)	8360	420	56		49	57	66						
青铜(89Cu-11Sn)	8800	343	24.8		24	28.4	33.2						
黄铜(70Cu-30Zn)	8440	377	109	90	106	131	143	145	148				
铜合金(60Cu-40Ni)	8920	410	22.2	19	22.2	23.4							
黄金	19300	127	315	331	318	313	310	305	300	287			
纯铁	7870	455	81.1	96.7	83.5	72.1	63.5	56.5	50.3	39.4	29.6	29.4	31.6
阿姆口铁	7860	455	73.2	82.9	74.7	67.5	61.0	54.8	49.9	38.6	29.3	29.3	31.1
灰口铸铁($w_C\approx3\%$)	7570	470	39.2		28.5	32.4	35.8	37.2	36.6	20.8	19.2		
碳钢($w_C\approx0.5\%$)	7840	465	49.8		50.5	47.5	44.8	42.0	39.4	34.0	29.0		
碳钢($w_C\approx1.0\%$)	7790	470	43.2		43.0	42.8	42.2	41.5	40.6	36.7	32.2		
碳钢($w_C\approx1.5\%$)	7750	470	36.7		36.8	36.6	36.2	35.7	34.7	31.7	27.8		
铬钢($w_C\approx5\%$)	7830	460	36.1		36.3	35.2	34.7	33.5	31.4	28.0	27.2	27.2	27.2
铬钢($w_C\approx13\%$)	7740	460	26.8		26.5	27.0	27.0	27.6	28.4	29.0	29.0		
铬钢($w_C\approx17\%$)	7710	460	22		22	22.2	22.6	22.6	23.3	24.0	24.8	25.5	
铬钢($w_C\approx26\%$)	7650	460	22.6		22.6	23.8	25.5	27.2	28.5	31.8	35.1	38	

(续)

材料名称	20℃ 密度 ρ (kg/m³)	比热容 c_p [J/(kg·K)]	热导率 λ [W/(m·K)]	热导率 λ/[W/(m·K)] 温度/℃ −100	0	100	200	300	400	600	800	1000	1200
铬镍钢(18-20Cr/8-12Ni)	7820	460	15.2	12.2	14.7	16.6	18.0	19.4	20.8	23.5	26.3		
铬镍钢(17-19Cr/9-13Ni)	7830	460	14.7	11.8	14.3	16.1	17.5	18.8	20.2	22.8	25.5	28.2	30.9
镍钢(w_{Ni}≈1%)	7900	460	45.5	40.8	45.2	46.8	46.1	44.1	41.2	35.7			
镍钢(w_{Ni}≈3.5%)	7910	460	36.5	30.7	36.0	38.8	39.7	39.2	37.8				
镍钢(w_{Ni}≈25%)	8030	460	13.0										
镍钢(w_{Ni}≈35%)	8110	460	13.8	10.9	13.4	15.4	17.1	18.6	20.1	23.1			
镍钢(w_{Ni}≈44%)	8190	460	15.8		15.7	16.1	16.5	16.9	17.1	17.8	18.4		
镍钢(w_{Ni}≈50%)	8260	460	19.6	17.3	19.4	20.5	21.0	21.1	21.3	22.5			
锰钢(w_{Mn}≈12%~13%, w_{Ni}≈3%)	7800	487	13.6			14.8	16.0	17.1	18.3				
锰钢(w_{Mn}≈0.4%)	7860	440	51.2			51.0	50.0	47.0	43.5	35.5	27		
钨钢(w_W≈5%~6%)	8070	436	18.7		18.4	19.7	21.0	22.3	23.6	24.9	26.3		
铅	11340	128	35.3	37.2	35.5	34.3	32.8	31.5					
镁	1730	1020	156	160	157	154	152	150					
钼	9590	255	138	146	139	135	131	127	123	116	109	103	93.7
镍	8900	444	91.4	144	94	82.8	74.2	67.3	64.6	69.0	73.3	77.6	81.9
铂	21450	133	71.4	73.3	71.5	71.6	72.0	72.8	73.6	76.6	80.0	84.2	88.9
银	10500	234	427	431	428	422	415	407	399	384			
锡	7310	228	67	75	68.2	63.2	60.9						
钛	4500	520	22	23.3	22.4	20.7	19.9	19.5	19.4	19.9			
铀	19070	116	27.4	24.3	27	29.1	31.1	33.4	35.7	40.6	45.6		
锌	7140	388	121	123	122	117	112						
锆	6570	276	22.9	26.5	23.2	21.8	21.2	20.9	21.4	22.3	24.5	26.4	28.0
钨	19350	134	179	204	182	166	153	142	134	125	119	114	110

附录 A-17 保温、建筑及其他材料的密度和热导率

材料名称	温度 t/℃	密度 ρ/(kg/m³)	热导率 λ/[W/(m·K)]
膨胀珍珠岩散料	25	60~300	0.021~0.062
沥青膨胀珍珠岩	31	233~282	0.069~0.076
磷酸盐膨胀珍珠岩制品	20	200~250	0.044~0.052
水玻璃膨胀珍珠岩制品	20	200~300	0.056~0.065
岩棉制品	20	80~150	0.035~0.038
膨胀蛭石	20	100~130	0.051~0.07
沥青蛭石板管	20	350~400	0.081~0.10
石棉粉	22	744~1400	0.099~0.19
石棉砖	21	384	0.099
石棉绳		590~730	0.10~0.21
石棉绒		35~230	0.055~0.077

(续)

材料名称	温度 $t/℃$	密度 $\rho/(kg/m^3)$	热导率 $\lambda/[W/(m\cdot K)]$
石棉板	30	770～1045	0.10～0.14
碳酸镁石棉灰		240～490	0.077～0.086
硅藻土石棉灰		280～380	0.085～0.11
粉煤灰砖	27	458～589	0.12～0.22
矿渣棉	30	207	0.058
玻璃丝	35	120～492	0.058～0.07
玻璃棉毡	28	18.4～38.3	0.043
软木板	20	105～437	0.044～0.079
木丝纤维板	25	245	0.048
稻草浆板	20	325～365	0.068～0.084
麻秆板	25	108～147	0.056～0.11
甘蔗板	20	282	0.067～0.072
葵芯板	20	95.5	0.05
玉米梗板	22	25.2	0.065
棉花	20	117	0.049
丝	20	57.7	0.036
锯木屑	20	179	0.083
硬泡沫塑料	30	29.5～56.3	0.041～0.048
软泡沫塑料	30	41～162	0.043～0.056
铝箔间隔层(5层)	21		0.042
红砖(营造状态)	25	1860	0.87
红砖	35	1560	0.49
松木(垂直木纹)	15	496	0.15
松木(平行木纹)	21	527	0.35
水泥	30	1900	0.30
混凝土板	35	1930	0.79
耐酸混凝土板	30	2250	1.5～1.6
黄砂	30	1580～1700	0.28～0.34
泥土	20		0.83
瓷砖	37	2090	1.1
玻璃	45	2500	0.65～0.71
聚苯乙烯	30	24.7～37.8	0.04～0.043
花岗石		2643	1.73～3.98
大理石		2499～2707	2.70
云母		290	0.58
水垢	65		1.31～3.14
冰	0	913	2.22
黏土	27	1460	1.3

附录 A-18　标准大气压($p=1.01325\times10^5$Pa)下过热水蒸气的热物理性质

T K	ρ kg/m³	c_p kJ/(kg·K)	$\eta\times10^5$ kg/(m·s)	$\nu\times10^5$ m²/s	λ W/(m·K)	$a\times10^5$ m²/s	Pr
380	0.5863	2.060	1.271	2.16	0.024 6	2.036	1.060
400	0.5542	2.014	1.344	2.42	0.026 1	2.338	1.040
450	0.4902	1.980	1.525	3.11	0.029 9	3.07	1.010
500	0.4405	1.985	1.704	3.86	0.033 9	3.87	0.996
550	0.4005	1.997	1.884	4.70	0.037 9	4.75	0.991
600	0.3852	2.026	2.067	5.66	0.042 2	5.73	0.986
650	0.3380	2.056	2.247	6.64	0.046 4	6.66	0.995
700	0.3140	2.085	2.426	7.72	0.050 5	7.72	1.000
750	0.2931	2.119	2.604	8.88	0.054 9	8.33	1.005
800	0.2730	2.152	2.786	10.20	0.059 2	10.01	1.010
850	0.2579	2.186	2.969	11.52	0.063 7	11.30	1.019

注：1.01325×10^5Pa=760mmHg，下同。

附录 A-19　几种保温、耐火材料的热导率与温度的关系

材料名称	材料最高允许温度 $t/℃$	密度 $\rho/(kg/m^3)$	热导率 $\lambda/[W/(m\cdot K)]$
超细玻璃棉毡、管	400	18～20	$0.033+0.00023\{t\}_℃$
矿渣棉	550～600	350	$0.0674+0.000215\{t\}_℃$
水泥蛭石制品	800	400～450	$0.103+0.000198\{t\}_℃$
水泥珍珠岩制品	600	300～400	$0.0651+0.000105\{t\}_℃$
粉煤灰泡沫砖	300	500	$0.099+0.0002\{t\}_℃$
岩棉玻璃布缝板	600	100	$0.0314+0.000198\{t\}_℃$
A 级硅藻土制品	900	500	$0.0395+0.00019\{t\}_℃$
B 级硅藻土制品	900	550	$0.0477+0.0002\{t\}_℃$
膨胀珍珠岩	1000	55	$0.0424+0.000137\{t\}_℃$
微孔硅酸钙制品	650	≯250	$0.041+0.0002\{t\}_℃$
耐火黏土砖	1350～1450	1800～2040	$(0.7～0.84)+0.00058\{t\}_℃$
轻质耐火黏土砖	1250～1300	800～1300	$(0.29～0.41)+0.00026\{t\}_℃$
超轻质耐火黏土砖	1150～1300	540～610	$0.093+0.00016\{t\}_℃$
超轻质耐火黏土砖	1100	270～330	$0.058+0.00017\{t\}_℃$
硅砖	1700	1900～1950	$0.93+0.0007\{t\}_℃$
镁砖	1600～1700	2300～2600	$2.1+0.00019\{t\}_℃$
铬砖	1600～1700	2600～2800	$4.7+0.00017\{t\}_℃$

附录 A-20　标准大气压($p=1.01325\times10^5$Pa)下烟气的热物理性质
（烟气中组成成分的质量分数：$w_{CO_2}=13\%$；$w_{H_2O}=11\%$；$\omega_{N_2}=76\%$）

t ℃	ρ kg/m³	c_p kJ/(kg·K)	$\lambda\times10^2$ W/(m·K)	$a\times10^6$ m²/s	$\eta\times10^6$ kg/(m·s)	$\nu\times10^6$ m²/s	Pr
0	1.295	1.042	2.28	16.9	15.8	12.20	0.72
100	0.950	1.068	3.13	30.8	20.4	21.54	0.69
200	0.748	1.097	4.01	48.9	24.5	32.80	0.67
300	0.617	1.122	4.84	69.9	28.2	45.81	0.65
400	0.525	1.151	5.70	94.3	31.7	60.38	0.64

(续)

t ℃	ρ kg/m³	c_p kJ/(kg·K)	$\lambda \times 10^2$ W/(m·K)	$a \times 10^6$ m²/s	$\eta \times 10^6$ kg/(m·s)	$\nu \times 10^6$ m²/s	Pr
500	0.457	1.185	6.56	121.1	34.8	76.30	0.63
600	0.405	1.214	7.42	150.9	37.9	93.61	0.62
700	0.363	1.239	8.27	183.8	40.7	112.1	0.61
800	0.330	1.264	9.15	219.7	43.4	131.8	0.60
900	0.301	1.290	10.00	258.0	45.9	152.5	0.59
1 000	0.275	1.306	10.90	303.4	48.4	174.3	0.58
1 100	0.257	1.323	11.75	345.5	50.7	197.1	0.57
1 200	0.240	1.340	12.62	392.4	53.0	221.0	0.56

附录 A-21 干空气的热物理性质($p = 1.01325 \times 10^5$ Pa)

t ℃	ρ kg/m³	c_p kJ/(kg·K)	$\lambda \times 10^2$ W/(m·K)	$a \times 10^6$ m²/s	$\eta \times 10^6$ kg/(m·s)	$\nu \times 10^6$ m²/s	Pr
−50	1.584	1.013	2.04	12.7	14.6	9.23	0.728
−40	1.515	1.013	2.12	13.8	15.2	10.04	0.728
−30	1.453	1.013	2.20	14.9	15.7	10.80	0.723
−20	1.395	1.009	2.28	16.2	16.2	11.61	0.716
−10	1.342	1.009	2.36	17.4	16.7	12.43	0.712
0	1.293	1.005	2.44	18.8	17.2	13.28	0.707
10	1.247	1.005	2.51	20.0	17.6	14.16	0.705
20	1.205	1.005	2.59	21.4	18.1	15.06	0.703
30	1.165	1.005	2.67	22.9	18.6	16.00	0.701
40	1.128	1.005	2.76	24.3	9.1	16.96	0.699
50	1.093	1.005	2.83	25.7	19.6	17.95	0.698
60	1.060	1.005	2.90	27.2	20.1	18.97	0.696
70	1.029	1.009	2.96	28.6	20.6	20.02	0.694
80	1.000	1.009	3.05	30.2	21.1	21.09	0.692
90	0.972	1.009	3.13	31.9	21.5	22.10	0.690
100	0.946	1.009	3.21	33.6	21.9	23.13	0.688
120	0.898	1.009	3.34	36.8	22.8	25.45	0.686
140	0.854	1.013	3.49	40.3	23.7	27.80	0.684
160	0.815	1.017	3.64	43.9	24.5	30.09	0.682
180	0.779	1.022	3.78	47.5	25.3	32.49	0.681
200	0.746	1.026	3.93	51.4	26.0	34.85	0.680
250	0.674	1.038	4.27	61.0	27.4	40.61	0.677
300	0.615	1.047	4.60	71.6	29.7	48.33	0.674
350	0.566	1.059	4.91	81.9	31.4	55.46	0.676
400	0.524	1.068	5.21	93.1	33.0	63.09	0.678
500	0.456	1.093	5.74	115.3	36.2	79.38	0.687
600	0.404	1.114	6.22	138.3	39.1	96.89	0.699
700	0.362	1.135	6.71	163.4	41.8	115.4	0.706
800	0.329	1.156	7.18	188.8	44.3	134.8	0.713
900	0.301	1.172	7.63	216.2	46.7	155.1	0.717
1 000	0.277	1.185	8.07	245.9	49.0	177.1	0.719
1 100	0.257	1.197	8.50	276.2	51.2	199.3	0.722
1 200	0.239	1.210	9.15	316.5	53.5	233.7	0.724

附录 A-22 饱和水的热物理性质

t °C	$p\times10^{-5}$ Pa	ρ kg/m³	h' kJ/kg	c_p kJ/(kg·K)	$\lambda\times10^2$ W/(m·K)	$a\times10^8$ m²/s	$\eta\times10^6$ kg/(m·s)	$\nu\times10^6$ m²/s	$\alpha\times10^4$ K⁻¹	$\gamma\times10^4$ N/m	Pr
0	0.006 11	999.8	−0.05	4.212	55.1	13.1	1 788	1.789	−0.81	756.4	13.67
10	0.012 28	999.7	42.00	4.191	57.4	13.7	1 306	1.306	+0.87	741.6	9.52
20	0.023 38	998.2	83.90	4.183	59.9	14.3	1 004	1.006	2.09	726.9	7.02
30	0.042 45	995.6	125.7	4.174	61.8	14.9	801.5	0.805	3.05	712.2	5.42
40	0.073 81	992.2	167.5	4.174	63.5	15.3	653.3	0.659	3.86	696.5	4.31
50	0.123 45	988.0	209.3	4.174	64.8	15.7	549.4	0.556	4.57	676.9	3.54
60	0.199 33	983.2	251.1	4.179	65.9	16.0	469.9	0.478	5.22	662.2	2.99
70	0.311 8	977.7	293.0	4.187	66.8	16.3	406.1	0.415	5.83	643.5	2.51
80	0.473 8	971.8	354.9	4.195	67.4	16.6	355.1	0.365	6.40	625.9	2.21
90	0.701 2	965.3	376.9	4.208	68.0	16.8	314.9	0.326	6.96	607.2	1.95
100	1.013	958.4	419.1	4.220	68.3	16.9	282.5	0.295	7.50	588.6	1.75
110	1.43	950.9	461.3	4.233	68.5	17.0	259.0	0.272	8.04	569.0	1.60
120	1.98	943.1	503.8	4.250	68.6	17.1	237.4	0.252	8.58	548.4	1.47
130	2.70	934.9	546.4	4.266	68.6	17.2	217.8	0.233	9.12	528.8	1.36
140	3.61	926.2	589.2	4.287	68.5	17.2	201.1	0.217	9.68	507.2	1.26
150	4.76	917.0	632.3	4.313	68.4	17.3	186.4	0.203	10.26	486.6	1.17
160	6.18	907.5	675.6	4.346	68.3	17.3	173.6	0.191	10.87	466.0	1.10
170	7.91	897.5	719.3	4.380	67.9	17.3	162.8	0.181	11.52	443.4	1.05
180	10.02	887.1	763.2	4.417	67.4	17.2	153.0	0.173	12.21	422.8	1.00
190	12.54	876.6	807.6	4.459	67.0	17.1	144.2	0.165	12.96	400.2	0.96
200	15.54	864.8	852.3	4.505	66.3	17.0	136.4	0.158	13.77	376.7	0.93
210	19.06	852.8	897.6	4.555	65.5	16.9	130.5	0.153	14.67	354.1	0.91
220	23.18	840.3	943.5	4.614	64.5	16.6	124.6	0.148	15.67	331.6	0.89
230	27.95	827.3	990.0	4.681	63.7	16.4	119.7	0.145	16.80	310.0	0.88
240	33.45	813.6	1037.2	4.756	62.8	16.2	114.8	0.141	18.08	285.5	0.87
250	39.74	799.0	1085.3	4.844	61.8	15.9	109.9	0.137	19.55	261.9	0.86
260	46.98	783.8	1134.3	4.949	60.5	15.6	105.9	0.135	21.27	237.4	0.87
270	55.00	767.7	1184.5	5.070	59.0	15.1	102.1	0.133	23.31	214.8	0.88
280	64.13	750.5	1236.0	5.230	57.4	14.6	98.1	0.131	25.79	191.3	0.90
290	74.37	732.2	1289.1	5.485	55.8	13.9	94.2	0.129	28.84	168.7	0.93
300	85.83	712.4	1344.0	5.736	54.0	13.2	91.2	0.128	32.73	144.2	0.97
310	98.60	691.0	1401.2	6.071	52.3	12.5	88.3	0.128	37.85	120.7	1.03
320	112.78	667.4	1461.2	6.574	50.6	11.5	85.3	0.128	44.91	98.10	1.11
330	128.51	641.0	1524.9	7.244	48.4	10.4	81.4	0.127	55.31	76.71	1.22
340	145.93	610.8	1593.1	8.165	45.7	9.17	77.5	0.127	72.10	56.70	1.39
350	165.21	574.7	1670.3	9.504	43.0	7.88	72.6	0.126	103.7	38.16	1.60
360	186.57	527.9	1761.1	13.984	39.5	5.36	66.7	0.126	182.9	20.21	2.35
370	210.33	451.5	1891.7	40.321	33.7	1.86	56.9	0.126	676.7	4.709	6.79

附录 A-23　干饱和水蒸气的热物理性质

t ℃	$p \times 10^{-5}$ Pa	ρ'' kg/m³	h'' kJ/kg	r kJ/kg	c_p kJ/(kg·K)	$\lambda \times 10^2$ W/(m·K)	$a \times 10^3$ m²/h	$\eta \times 10^6$ kg/(m·s)	$\nu \times 10^6$ m²/s	Pr
0	0.00611	0.004851	2500.5	2500.6	1.8543	1.83	7313.0	8.022	1655.01	0.815
10	0.01228	0.009404	2518.9	2476.9	1.8594	1.88	3881.3	8.424	896.54	0.831
20	0.02338	0.01731	2537.2	2453.3	1.8661	1.94	2167.2	8.84	509.90	0.847
30	0.04245	0.03040	2555.4	2429.7	1.8744	2.00	1265.1	9.218	303.53	0.863
40	0.07381	0.05121	2573.4	2405.9	1.8853	2.06	768.45	9.620	188.04	0.883
50	012345	0.08308	2591.2	2381.9	1.8987	2.12	483.59	10.022	120.72	0.896
60	0.19933	0.1303	2608.8	2357.6	1.9155	2.19	315.55	10.424	80.07	0.913
70	0.3118	0.1982	2626.1	2333.1	1.9364	2.25	210.57	10.817	54.57	0.930
80	0.4738	0.2934	2643.1	2308.1	1.9615	2.33	145.53	11.219	38.25	0.947
90	0.7012	0.4234	2659.6	2282.7	1.9921	2.40	102.22	11.621	27.44	0.966
100	1.0133	0.5975	2675.7	2256.6	2.0281	2.48	73.57	12.023	20.12	0.984
110	1.4324	0.8260	2691.3	2229.9	2.0704	2.56	53.38	12.425	15.03	1.00
120	1.9848	1.121	2703.2	2202.4	2.1198	2.65	40.15	12.798	11.41	1.02
130	2.7002	1.495	2720.4	2174.0	2.1763	2.76	30.46	13.170	8.80	1.04
140	3.612	1.965	2733.8	2144.6	2.2408	2.85	23.28	13.543	6.89	1.06
150	4.757	2.545	2746.4	2114.1	2.3145	2.97	18.10	13.896	5.45	1.08
160	6.177	3.256	2757.9	2085.3	2.3974	3.08	14.20	14.249	4.37	1.11
170	7.915	4.118	2768.4	2049.2	2.4911	3.21	11.25	14.612	3.54	1.13
180	10.019	5.154	2777.7	2014.5	2.5958	3.36	9.03	14.965	2.90	1.15
190	12.502	6.390	2785.8	1978.2	2.7216	3.51	7.29	15.298	2.39	1.18
200	15.537	7.854	2792.5	1940.1	2.8428	3.68	5.92	15.651	1.99	1.21
210	19.062	9.580	2797.7	1900.0	2.9877	3.87	4.86	15.995	1.67	1.24
220	23.178	11.61	2801.2	1857.7	3.1497	4.07	4.00	16.338	1.41	1.26
230	27.951	13.98	2803.0	1813.0	3.3310	4.30	3.32	16.701	1.19	1.29
240	33.446	16.74	2802.9	1765.7	3.5366	4.54	2.76	17.073	1.02	1.33
250	39.735	19.96	2800.7	1715.4	3.7723	4.84	2.31	17.446	0.873	1.36
260	46.892	23.70	2796.1	1661.8	4.0470	5.18	1.94	17.848	0.752	1.40
270	54.496	28.06	2789.1	1604.5	4.3735	5.55	1.63	18.280	0.651	1.44
280	64.127	33.15	2779.1	1543.1	4.7675	6.00	1.37	18.750	0.565	1.49
290	74.375	39.12	2765.8	1476.7	5.2528	6.55	1.15	19.270	0.492	1.54
300	85.831	46.15	2748.7	1404.7	5.8632	7.22	0.96	19.839	0.430	1.61
310	98.557	54.52	2727.0	1325.9	6.6503	8.06	0.80	20.691	0.380	1.71
320	112.78	64.60	2699.7	1238.5	7.7217	8.65	0.62	21.691	0.336	1.94
330	128.81	77.00	2665.3	1140.4	9.3613	9.61	0.48	23.093	0.300	2.24
340	145.93	92.68	2621.3	1027.6	12.2108	10.70	0.34	24.692	0.266	2.82
350	165.21	113.5	2563.4	893.0	17.1504	11.90	0.22	26.594	0.234	3.83
360	186.57	143.7	2481.7	720.6	25.1162	13.70	0.14	29.193	0.203	5.34
370	210.33	200.7	2338.8	447.1	76.9157	16.60	0.04	33.989	0.169	15.7
373.99	220.64	321.9	2085.9	0.0	∞	23.79	0.0	44.992	0.143	∞

附录 A-24 几种饱和液体的热物理性质

液体	t °C	ρ kg/m³	c_p kJ/(kg·K)	λ W/(m·K)	$a \times 10^8$ m²/s	$\nu \times 10^6$ m²/s	$\alpha \times 10^3$ K⁻¹	r kJ/kg	Pr
NH₃	−50	702.0	4.354	0.6207	20.31	0.4745	1.69	1416.34	2.337
	−40	689.9	4.396	0.6014	19.83	0.4160	1.78	1388.81	2.098
	−30	677.5	4.448	0.5810	19.28	0.3700	1.88	1359.74	1.919
	−20	664.9	4.501	0.5607	18.74	0.3328	1.96	1328.97	1.776
	−10	652.0	4.556	0.5405	18.20	0.3018	2.04	1296.39	1.659
	0	638.6	4.617	0.5202	17.64	0.2753	2.16	1261.81	1.560
	10	624.8	4.683	0.4998	17.08	0.2522	2.28	1225.04	1.477
	20	610.4	4.758	0.4792	16.50	0.2320	2.42	1185.82	1.406
	30	595.4	4.843	0.4583	15.89	0.2143	2.57	1143.85	1.348
	40	579.5	4.943	0.4371	15.26	0.1988	2.76	1098.71	1.303
	50	562.9	5.066	0.4156	14.57	0.1853	3.07	1049.91	1.271
R12	−50	1544.3	0.863	0.0959	7.20	0.2939	1.732	173.91	4.083
	−40	1516.1	0.873	0.0921	6.96	0.2666	1.815	170.02	3.831
	−30	1487.2	0.884	0.0883	6.72	0.2422	1.915	166.00	3.606
	−20	1457.6	0.896	0.0845	6.47	0.2206	2.039	161.81	3.409
	−10	1427.1	0.911	0.0808	6.21	0.2015	2.189	157.39	3.241
	0	1395.6	0.928	0.0771	5.95	0.1847	2.374	152.38	3.103
	10	1362.8	0.948	0.0735	5.69	0.1701	2.602	147.64	2.990
	20	1328.6	0.971	0.0698	5.41	0.1573	2.887	142.20	2.907
	30	1292.5	0.998	0.0663	5.14	0.1463	3.248	136.27	2.846
	40	1254.2	1.030	0.0627	4.85	0.1368	3.712	129.78	2.819
	50	1213.0	1.071	0.0592	4.56	0.1289	4.327	122.56	2.828
R22	−50	1435.5	1.083	0.1184	7.62		1.942	239.48	
	−40	1406.8	1.093	0.1138	7.40		2.043	233.29	
	−30	1377.3	1.107	0.1092	7.16		2.167	226.81	
	−20	1346.8	1.125	0.1048	6.92	0.193	2.322	219.97	2.792
	−10	1315.0	1.146	0.1004	6.66	0.178	2.515	212.69	2.672
	0	1281.8	1.171	0.0962	6.41	0.164	2.754	204.87	2.557
	10	1246.9	1.202	0.0920	6.14	0.151	3.057	196.44	2.463
	20	1210.0	1.238	0.0878	5.86	0.140	3.447	187.28	2.384
	30	1170.7	1.282	0.0838	5.58	0.130	3.956	177.24	2.321

(续)

液体	t ℃	ρ kg/m³	c_p kJ/(kg·K)	λ W/(m·K)	$a \times 10^8$ m²/s	$v \times 10^6$ m²/s	$\alpha \times 10^3$ K⁻¹	r kJ/kg	Pr
R22	40	1128.4	1.338	0.0798	5.29	0.121	4.644	166.16	2.285
	50	1082.1	1.414				5.610	153.76	
R152a	−50	1063.3	1.560			0.3822	1.625	351.69	
	−40	1043.5	1.590			0.3374	1.718	343.54	
	−30	1023.3	1.617			0.3007	1.830	335.01	
	−20	1002.5	1.645	0.1272	7.71	0.2703	1.964	326.06	3.505
	−10	981.1	1.674	0.1213	7.39	0.2449	2.123	316.63	3.316
	0	958.9	1.707	0.1155	7.06	0.2235	2.317	306.66	3.167
	10	935.9	1.743	0.1097	6.73	0.2052	2.550	296.04	3.051
	20	911.7	1.785	0.1039	6.38	0.1893	2.838	284.67	2.965
	30	886.3	1.834	0.0982	6.04	0.1756	3.194	272.77	2.906
	40	859.4	1.891	0.0926	5.70	0.1635	3.641	259.15	2.869
	50	830.6	1.963	0.0872	5.35	0.1528	4.221	244.58	2.857
R134a	−50	1443.1	1.229	0.1165	6.57	0.4118	1.881	231.62	6.269
	−40	1414.8	1.243	0.1119	6.36	0.3550	1.977	225.59	5.579
	−30	1385.9	1.260	0.1073	6.14	0.3106	2.094	219.35	5.054
	−20	1356.2	1.282	0.1026	5.90	0.2751	2.237	212.84	4.662
	−10	1325.6	1.306	0.0980	5.66	0.2462	2.414	205.97	4.348
	0	1293.7	1.335	0.0934	5.41	0.2222	2.633	198.68	4.108
	10	1260.2	1.367	0.0888	5.15	0.2018	2.905	190.87	3.915
	20	1224.9	1.404	0.0842	4.90	0.1843	3.252	182.44	3.765
	30	1187.2	1.447	0.0796	4.63	0.1691	3.698	173.29	3.648
	40	1146.2	1.500	0.0750	4.36	0.1554	4.286	163.23	3.564
	50	1102.0	1.569	0.0704	4.07	0.1431	5.093	152.04	3.515
11号润滑油	0	905.0	1.834	0.1449	8.73	1336			15310
	10	898.8	1.872	0.1441	8.56	564.2			6591
	20	892.7	1.909	0.1432	8.40	280.2	0.69		3335
	30	886.6	1.947	0.1423	8.24	153.2			1859
	40	880.6	1.985	0.1414	8.09	90.7			1121
	50	874.6	2.022	0.1405	7.94	57.4			723
	60	868.8	2.064	0.1396	7.78	38.4			493

（续）

液体	t ℃	ρ kg/m³	c_p kJ/(kg·K)	λ W/(m·K)	$a \times 10^8$ m²/s	$\nu \times 10^6$ m²/s	$\alpha \times 10^3$ K⁻¹	r kJ/kg	Pr
11号润滑油	70	863.1	2.106	0.1387	7.63	27.0			354
	80	857.4	2.148	0.1379	7.49	19.7			263
	90	851.8	2.190	0.1370	7.34	14.9			203
	100	846.2	2.236	0.1361	7.19	11.5			160
14号润滑油	0	905.2	1.866	0.1493	8.84	2237			25310
	10	899.0	1.909	0.1485	8.65	863.2			9979
	20	892.8	1.915	0.1477	8.48	410.9	0.69		4846
	30	886.7	1.993	0.1470	8.32	216.5			2603
	40	880.7	2.035	0.1462	8.16	124.2			1522
	50	874.8	2.077	0.1454	8.00	76.5			956
	60	869.0	2.114	0.1446	7.87	50.5			462
	70	863.2	2.156	0.1439	7.73	34.3			444
	80	857.5	2.194	0.1431	7.61	24.6			323
	90	851.9	2.227	0.1424	7.51	18.3			244
	100	846.4	2.265	0.1416	7.39	14.0			190

附录 B

附 图

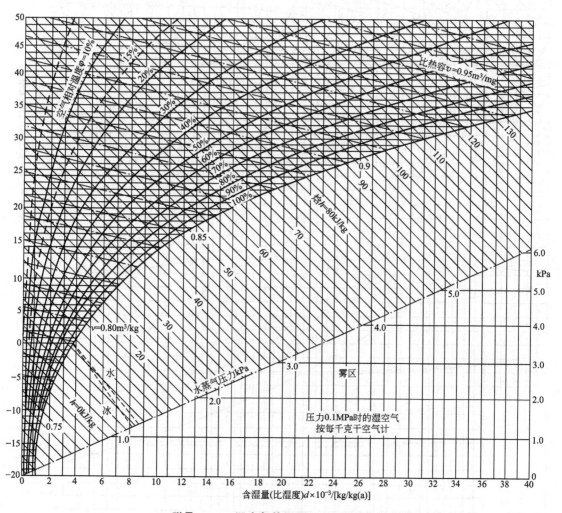

附录 B-1 湿空气焓湿图（$p_b = 0.1\text{MPa}$）

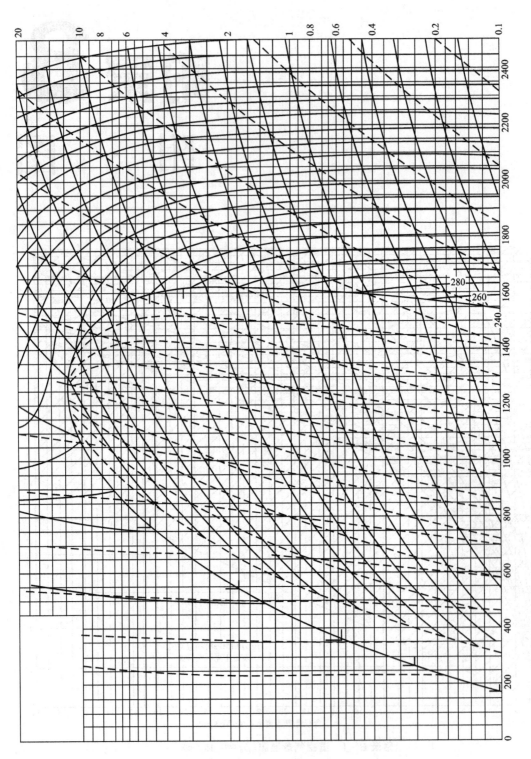

附录 B-2 氨(NH_3)的压焓图

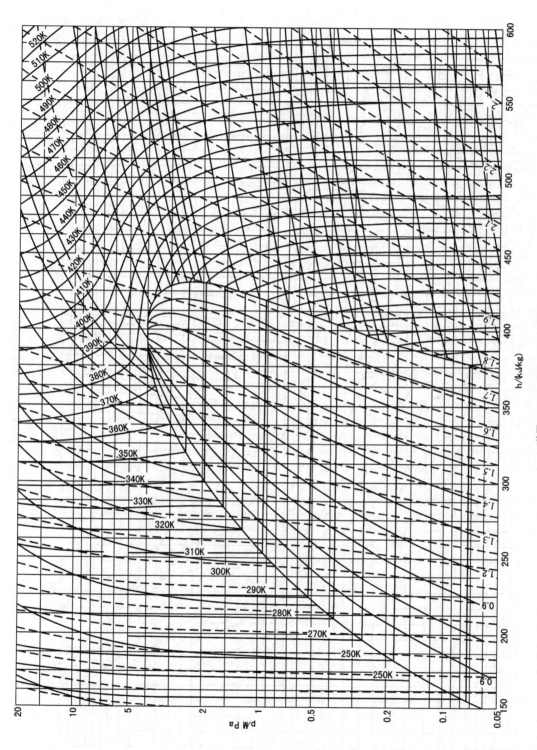

附录 B-3 R134a 压焓图

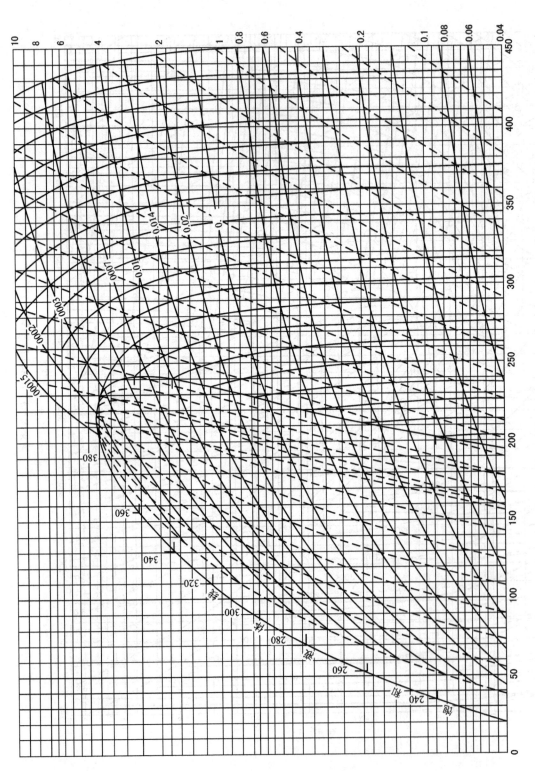

附录 B-4　R12 压焓图

附录 C 主要符号

【附录B-5 水蒸气焓熵图】

拉丁字母

a 热扩散率，m^2/s

A 面积，m^2

b 宽度，m

c 比热容（质量热容），$J/(kg·K)$；声速、光速，m/s

c_f 流速，m/s；范宁摩擦系数

c_p 比定压热容，$J/(kg·K)$

c_V 比定容热容，$J/(kg·K)$

C_m 摩尔热容，$J/(mol·K)$

d 含湿量，kg/kg（干空气）；直径，m

e 比总能量，J/kg

E 总能量，J；辐射力，W/m^2

E_k 宏观动能，J

E_p 宏观位能，J

e_x 比㶲，J/kg

E_x 㶲，J

$e_{x,H}$ 比焓㶲，J/kg

$E_{x,H}$ 焓㶲，J

$e_{x,Q}$ 比热量㶲，J/kg

$E_{x,Q}$ 热量㶲，J

f 阻力系数；频率 Hz

F 作用力，N

g 重力加速度，m^2/s

h 比焓，J/kg；高度，m；表面传热系数，$W/(m^2·K)$

H 焓，J；高度，m

I 做功能力损失，J

J 　有效辐射，W/m^2

k 　传热系数；$W/(m^2 \cdot K)$

l 　长度，m；特征长度，m

m 　质量，kg

M 　摩尔质量，kg/mol

n 　物质的量，mol；多变指数；折射率

p 　绝对压力，Pa

p_b 　大气压力，Pa

p_e 　表压力，Pa

p_i 　混合物组元 i 的分压力，Pa

p_v 　真空度，Pa；水蒸气分压力，Pa

p_s 　饱和压力，Pa

P 　功率，W

q 　比热量，J/kg；热流密度，W/m^2

q_m 　质量流量；kg/s

Q 　热量，J

r 　汽化潜热，J/kg；半径，m

R 　摩尔气体常数，$J/(mol \cdot K)$；热阻，K/W

R_g 　气体常数，$J/(kg \cdot K)$

s 　比熵，$J/(kg \cdot K)$；管间距，m

S 　熵，J/K；形状因子

t 　摄氏温度，℃

t_d 　露点温度，℃

t_w 　湿球温度，℃

t_s 　饱和温度，℃

T 　热力学温度，K；周期，s

u 　比热力学能，J/kg；速度，m/s

U 　热力学能，J

v 　比体积，m^3/kg；速度，m/s

V 　体积，m^3

V_m 　摩尔体积，m^3/mol

V_c 　余隙容积，m^3

w 　比膨胀功，J/kg

w_i 　混合物组元 i 的质量分数

w_s 　比轴功，J/kg

w_t 　比技术功，J/kg

w_f 　比流动功，J/kg

w_{net} 　比循环净功，J/kg

W 　膨胀功，J

W_s 　轴功，J

W_t 技术功，J

W_f 流动功，J

W_{net} 循环净功，J

x 干度；笛卡儿坐标

x_i 混合物组元 i 的摩尔分数

y, z 笛卡儿坐标

希腊字母

α 抽气量；体胀系数，K^{-1}；吸收比

β 肋化系数

γ 比热容比

δ 厚度，m

ε 压缩比；制冷系数；发射率

ε' 供热系数

η 效率；动力黏度，Pa·s

κ 绝热指数

θ 过余温度，K 或℃；平面角，rad

λ 升压比；波长，m 或 μm；热导率，W/(m·K)

π 增压比

ν 运动粘度，m^2/s

ρ 密度，kg/m^3；预胀比；反射比

φ 相对湿度；平面角，rad

φ_i 混合物组元 i 的体积分数

Ω 立体角，sr

特征数

$Bi = \dfrac{hl}{\lambda}$ 毕渥数

$Fo = \dfrac{a\tau}{l^2}$ 傅里叶数

$Gr = \dfrac{ga\Delta t l^3}{\nu^2}$ 格拉晓夫数

$Nu = \dfrac{hl}{\lambda}$ 努塞尔数

$Pr = \dfrac{\nu}{a}$ 普朗特数

$Re = \dfrac{ul}{\nu}$ 雷洛数

$St = \dfrac{Nu}{RePr} = \dfrac{h}{\rho u c_p}$ 斯坦顿数

参 考 文 献

[1] 廉乐明,李力能,吴家正,等. 工程热力学 [M]. 北京:中国建筑工业出版社,1999.
[2] 杨世铭,陶文铨. 传热学 [M]. 北京:高等教育出版社,2004.
[3] 李岳林. 工程热力学与传热学 [M]. 北京:人民交通出版社,2007.
[4] 俞佐平,陆煜. 传热学 [M]. 3版. 北京:高等教育出版社,1995.
[5] 姚仲鹏,王瑞君. 传热学 [M]. 2版. 北京:北京理工大学出版社,2003.
[6] 岳丹婷. 工程热力学和传热学 [M]. 大连:大连海事大学出版社,2002.
[7] 刘志刚,等. 工质热物理性质计算程序的编制及应用 [M]. 北京:科学出版社,1992.
[8] 傅秦生,何雅玲,赵小明. 热工基础与应用 [M]. 北京:机械工业出版社,2003.
[9] 张亦. 传热学 [M]. 南京:东南大学出版社,2004.
[10] 唐莉萍. 实用热工基础 [M]. 北京:中国电力出版社,2006.
[11] 陆荣耀. 工程热力学及传热学 [M]. 北京:中国农业出版社,1992.
[12] 朱明善,林兆庄,刘颖,等. 工程热力学 [M]. 2版. 北京:清华大学出版社,2011.
[13] 沈维道,蒋智敏,童钧耕. 工程热力学 [M]. 3版. 北京:高等教育出版社,2001.
[14] 严家騄. 工程热力学 [M]. 4版. 北京:高等教育出版社,2006.
[15] 刘桂玉,刘志刚. 工程热力学 [M]. 北京:高等教育出版社,1998.
[16] 张学学. 热工基础 [M]. 2版. 北京:高等教育出版社,2006.
[17] 国家高技术研究发展计划(十一五863计划)先进能源技术领域专家组. 中国先进能源技术发展概论 [M]. 北京:中国石化出版社 2010.
[18] 傅秦生. 工程热力学 [M]. 北京:机械工业出版社,2012.
[19] 国际能源署. 能源技术展望:面向2050年的情景与战略 [M]. 张阿玲,原鲲,石琳,等译. 北京:清华大学出版社,2009.
[20] 傅秦生. 热工基础与应用 [M]. 2版. 北京:机械工业出版社,2007.
[21] 童钧耕,赵镇南. 热工基础 [M]. 2版. 北京:高等教育出版社,2009.